디 엔드

디 엔드

과학과 종교가 재앙에 대해 말하는 것들

THE END: What Science and Religion Tell Us about the Apocalypse

필 토레스 지음
제효영 옮김

현암사

옮긴이 제효영

성균관대학교 유전공학과와 번역대학원을 졸업하였다. 현재 번역 에이전시 엔터스코리아에서 출판기획 및 전문 번역가로 활동하고 있다.

주요 역서로는 『암의 진실』, 『몸은 기억한다』, 『밥상의 미래』, 『세뇌』, 『브레인 바이블』, 『콜레스테롤 수치에 속지 마라』, 『약 없이 스스로 낫는 법』, 『독성프리』, 『내 몸을 지키는 기술』, 『잔혹한 세계사』, 『러시안룰렛에서 이기는 법』, 『IQ 148을 위한 멘사 수학 퍼즐 프리미어』 등 다수가 있다.

디 엔드

초판 1쇄 발행 | 2017년 7월 30일

지은이 | 필 토레스
옮긴이 | 제효영
펴낸이 | 조미현

편집주간 | 김현림
책임편집 | 류현수
교정교열 | 이현미
디자인 | 유보람, 임영수

펴낸곳 | (주)현암사
등록 | 1951년 12월 24일 제10-126호
주소 | 04029 서울시 마포구 동교로12안길 35
전화 | 02-365-5051 팩스 | 02-313-2729
전자우편 | editor@hyeonamsa.com
홈페이지 | www.hyeonamsa.com

ISBN 978-89-323-1866-0 03400

이 도서의 국립중앙도서관 출판예정도서목록(CIP)은
서지정보유통지원시스템 홈페이지(http://seoji.nl.go.kr)와
국가자료공동목록시스템(http://www.nl.go.kr/kolisnet)에서
이용하실 수 있습니다. (CIP제어번호 : CIP2017016312)

책값은 뒤표지에 있습니다. 잘못된 책은 바꾸어 드립니다.

우리는 스위치를 누르고 불빛을 보았다. 잠시 그 불빛을 보다가, 모든 스위치를 끄고 집으로 돌아갔다. 그날 밤, 내 마음속에는 세상이 어쩌면 비통한 곳으로 향하고 있을지도 모른다는 아주 작은 의심이 피어올랐다.

– 레오 실라르드Leó Szilárd(1939년 핵 연쇄반응의 가능성을 입증한 실험을 마친 후)

제3차 세계 대전에 어떤 무기가 사용될지는 알 수 없지만, 제4차 세계 대전에서는 막대기와 돌을 가지고 싸우게 될 것이다.

– 알베르트 아인슈타인Albert Einstein

이렇게나 무수한 종말 가능성이 사라지는 날이 오기나 할까?

– 데이비드 브린David Brin

종교는 아편과 같다. 사람들에게 먼 미래에 관한 무언가를 약속하면서 그저 가만히 있게 만든다. 그런데 가까운 미래에 대해서는 종교적 종말론이 아편이 아니라 향정신적 약물인 LSD와 크랙을 섞어놓은 것 같은 역할을 한다.

– 리처드 랜디스Richard Landes

차례

3 균

4 분자를 만들다

5 인류의 목숨을 위협하는 발명품

6 인류의 목숨을 위협하는 인류의 부모

7 공룡과 도도새

추천사

지금으로부터 약 6,500만 년 전, 공룡의 시대였던 중생대는 극적으로 막을 내렸다. 그 사실을 입증하는 백악기-제3기 경계[1]는 오늘날까지 전해진다. 짙은 색의 얇은 지층을 이루는 이 경계에는 희한한 특성이 있다. 우주 바깥에서 유입된 것으로 추정되는 이리듐이 다량 검출된 것이다. 과학자들은 우주에서 급격히 하강한 물체가 오늘날 멕시코 동남부 유카탄 반도의 칙술루브Chicxulub라는 지역에 떨어졌을 것으로 추정한다. 이 충돌로 인해 지구에는 지진과 화산 폭발, 광범위한 땅을 집어삼킨 들불, 산처럼 거대한 해일, 핵겨울에 맞먹는 한랭 현상 등 대격변이 발생한 것이 확실시되고 있다. 당시 충돌로 발생한 너비 160킬로미터에 달하는 거대한 구멍은 1960년대와 1970년대에 처음 발견되었으나 1980년대 초반이 되어서야 과학계에 널리 알려졌다. 중생대가 끝나면서 지구 전체의 생태계가 망가져 생물의 대규모 멸종 사태가 빚어졌고 비조류 공룡도 사라졌다.

이 백악기-제3기 경계 시기의 사건과 그로 인한 멸종은 지구에서 비슷한 규모로 벌어진 다섯 번의 멸종 사건 중 제일 마지막에 해당한다. 첫 번째는 대략 4억 4,500만 년 전, 고생대 오르도비스기 말에 두 차례에 걸쳐 발생했다. 이어 고생대 데본기(약 3억 6,000만 년 전) 말과 고생대가 막을 내린 페름기(약 2억 5,000만 년 전), 그리고 트라이아스기가 끝나고 쥐라기가 시작되는 시기(약 2억 년 전)에도 지구 전역의 생물이 멸종했다. 백악기-제3기 경계의 멸종 사건은 이 가운데 가장 많이 알려진 사건이자 중생대 말에 서식하던 인상적인 공룡(트리케라톱스, 티라노사우루스 렉스도 이 시기가 전성기였다)들도 영향을 받았다는 점에서 가장 극적인 사건으로 여겨진다. 인류의 견지에서 볼 때 이 사건의 가장 중요한 의미는 공룡의 멸종으로 호모 사피엔스라는 존재를 탄생시킨 진화의 시작점이 되었다는 것이다.

그런데 지금 우리가 사는 지구에서 여섯 번째 대대적인 멸종 사건이 진행되고 있다. 인간이 행한 일들로 촉발된 이 변화에서도 수많은 생물종과 드넓은 자연 서식지가 사라지는 특징이 두드러지게 나타난다. 인류는 하늘과 땅, 바다를 오염시키고, 숲을 없애고, 지구의 온도를 상승시키고 있다. 지구의 생물권 전반을 바꿔놓고 있는 셈이다. 인간이 지구를 더 이상 살 수 없는 곳으로 만들어 지구 생태계 붕괴라는 결말로 줄줄이 이어질 일들을 자초했다는 다소 극단적인 견해도 전혀 일리가 없는 말은 아니다.

그러나 푸르스름하게 빛나는 우리의 소중한 행성의 최후는 소행성이나 혜성이 떨어지는 등 외부에서 시작될 가능성도 있다. 먼 옛날 공룡들이 겪은 것처럼 마치 머나먼 우주에서 망치가 뚝 떨어진 것 같은 사건이 벌어질 수 있다는 의미다. 현재 우리가 가진 기술로는 이를 막을 재간이 없다. 혹은 7만여 년 전에 초화산인 인도네시아의 토바산이 폭발한 것처럼 거대한 화산 폭발이 일어나 인류 문명이 사라지고 인간이라는 생물종의 생존이 위험에 처하는 상황이 발생할 수도 있다.

필 토레스는 이 책 『디 엔드: 과학과 종교가 재앙에 대해 말하는 것들』에서 인류에 종말을 가져올 수 있는 여러 원인들을 분석한다. 인류 전체의 종말이 이루어지는 과정을 집중적으로 다루지만, 되돌릴 수 없는 문화적 분열로 인해 누군가가 외로움에 시달려야만 하는 문제에 대해서도 살펴본다. 어느 쪽이든 실제로 일어난다면 호모 사피엔스의 사회적, 과학적 발전 가능성에도 종지부를 찍어야 할 것이다. 토레스는 그러한 일이 벌어질 가능성에 대해 포괄적인 정보를 제공하고, 인류의 운명을 가르는(또는 가를 수 있는) 유력한 후보를 지목하여 그에 대해 설명한다. 더불어, 가장 큰 위험은 채 드러나지도 않은 미지의 영역에서 나타날 수 있다는 사실도 알려준다. 즉 현재 우리의 지식과 지능으로는 아예 상상조차 할 수 없는 원인으로 인류가 멸망 수순을 밟을 수도 있다.

기술의 발달, 특히 파괴력이 어마어마하게 큰 무기가 세상을 바꾸어 놓은 지금, 그것을 설계하고 만들어낸 인간이 세상을 파괴하는 주체가 될 가능성도 생겼다. 약 25년 전에 막을 내린 냉전으로 소비에트 연방이 무너지고 핵탄두의 분리 조치가 어느 정도 진행되었지만 러시아와 미국, 그 밖에 핵무기를 보유한 국가들은 현대 문명사회의 허술한 부분을 망가뜨리고 전 세계 생태계의 균형을 망가뜨릴 만한 양의 수소폭탄을 켜켜이 쌓아두었다. 또한 군사 전문가들은 정교한 기술을 활용한 새로운 무기를 계속해서 고안하고 있다. 가령 더욱 발전된 나노 기술로 탄생한 무기를 실제로 사용할 경우, 큰 파괴를 일으킬 수 있다.

현재 우리가 사는 세상은 지정학적으로 극단주의 단체나 독자적으로 활동하는 테러리스트와 같은 비국가주의자들*이 대량살상무기를 거머쥔 상황이다. 여기에 이념적 극단주의자와 테러리스트, 심지어 주류 정치인

* 비국가주의자(nonstate actors)란 국가가 아니지만 국제관계에서 중대한 영향력을 행사하는 집단, 개인, 기업, 조직 등을 의미한다—옮긴이.

들 중에서도 종말론, 혹은 천년왕국설*을 믿는 사람들이 나타나면서 이와 같은 상황의 심각성이 가중되고 있다. 일부 광신도들은 목적을 이루기 위해서는 전 세계를 휩쓸 재난도 기꺼이 감수해야 한다고 주장한다. 토레스도 이 책에서 아마겟돈, 즉 선과 악이 맞서는 최후의 전쟁을 직접 일으킬 방법을 적극적으로 찾아 나선 사람들이 있다는 사실을 알려준다. 정리해보면, 현재 우리가 살아가는 세상에는 무익한 종말론적 이론에 빠진 사람들이 너무나 많고, 파멸을 불러일으킬 수 있는 강력한 무기도 너무나 많다. 세밀한 균형을 이룬 생태계와 문화적 시스템의 한 부분이라 할 수 있는 인류는 동그란 눈을 깜박이며 말간 얼굴로 총알이 잔뜩 장전된 기관총을 서툴게 쥐고 노는 어린아이와 같다. 아무 일도 생기지 않을 '가능성'도 물론 있지만, 현상황은 가진 걸 모두 걸어야 하는 위험천만한 도박판이나 다름 없다.

그럼에도 기술의 발전을 중단시킬 수는 없고, 그래서도 안 된다. 인간이 개발한 기술이 인류(그리고 지구)에 새로운 위협을 만들어낸다 하더라도 우주 공간에서 갑자기 망치가 뚝 떨어지듯 우리를 덮칠 수 있는 자연의 위협으로부터 우리를 지키려면 기술이 절대적으로 필요하다.

문제가 되는 요소들을 완전하게 정리하고픈 열망과 순수한 지적 호기심에서 시작된 것으로 보이는 탐구를 통해 필 토레스는 추론의 영역에 더 가까운 몇 가지 위협 요소들을 이 책에서 설명한다. 가령 인간의 능력을 뛰어넘는 고급 인공지능 기술, 일명 '마음의 아이들'로 불리는 기술이 등장해 인류를 돕거나 반대로 인류의 파멸을 부작용쯤으로 여기는 포

* 천년왕국설은 성경의 요한계시록에 나온 내용을 바탕으로 세상의 마지막 날에 그리스도가 다시 나타나 최후의 심판까지 1000년 동안 지상을 통치할 것이라고 보는 신념 체계다—옮긴이.

용력 없는 계획을 '아무렇지 않게' 추진할 가능성을 제기한다. 또한 현재 우리가 영화 〈매트릭스〉에 등장하는 것과 같은 가상현실에 살고 있으며, 눈에 보이지 않는 이 가상현실의 마스터는 인간을 영원히 안전하게 보호할 생각이 없을지도 모른다는 가설도 제시된다. 터무니없다고 여겨지겠지만, 이러한 생각들도 당혹스러울 만큼 완전히 배제하기 힘든 이유가 있다.

『디 엔드: 과학과 종교가 재앙에 대해 말하는 것들』의 목적은 지극히 현실적이다. 진지한 탐구로 도출된 결과를 명확하고 흡입력 있게 전하는 이 책은 위협의 실체를 거시적으로 분석한 안내서라 할 수 있다. 무엇보다 지구와 인류가 어렵사리 이룩한 문명을 제대로 지키려면 무엇을 우선순위에 두어야 하고 어떤 계획을 수립해야 하는지 고민한다는 점에서 큰 의미가 있다. 유일한 해결책도 없지만 희망이 완전히 없는 것도 아니다. 우선 종말론의 현실적인 의미를 파악할 수 있는 과학적 토대를 구축하기 위해 우리에게 닥친 위험을 체계적으로, 진지하게 살펴보고 어떤 자원이 필요한지 알아내려는 노력부터 시작하면 된다. 또한 우리 아이들에게도 꾸준히 이어지는 문제들을 제대로, 서둘러 최선을 다해 대처해야 한다는 사실을 가르칠 수 있다. 소행성과 혜성으로부터 지구를 보호하기 위한 행성 차원의 방어 수단을 마련하고 종말을 선동 수단으로 이용하는 문제를 없애기 위한 해결 방안을 마련하는 일까지, 지금 당장 시작해야 할 일도 아주 많다.

전 지구적 재앙을 피하기 위해 인류가 우선적으로 해야 할 일을 다양하게 제시한 토레스의 조언은 세밀한 연구와 판단에 그 뿌리를 두고 있다. 우리는 일상생활에서 온갖 문제에 시달리고 스트레스에 시달리느라 지금 우리가 살고 있는 세상에 어떤 위험이 존재하는지 까맣게 모르고 지내는 경우가 많으며, 그로 인해 인류가 스스로 해야 할 노력들이 상당 부분 이루어지지 못하는 실정이다. 지구 전체를 위협하는 문제가 무엇인지 의식을 깨우고 구체적으로 실천할 수 있는 해결 방안을 마련해야 한다. 이것이 제대로 이루어지지 않는다면 인류의 종말은 예견된 순서가 될 수밖에 없다. 이 책을 읽고 이 점을 꼭 명심하기 바란다. 그런 노력만으로도 많은 문제를 해결할 수 있다.

러셀 블랙퍼드Russell Blackford

호주 뉴사우스웨일스주 뉴캐슬에서

머리말

신新 무신론의 핵심 동력은 한 가지로 정리할 수 있다. 종교는 잘못된 것일 뿐만 아니라 위험하다는 생각이다. 『디 엔드: 과학과 종교가 재앙에 대해 말하는 것들』은 이 추론을 동일한 맥락에서 논리적으로 한 단계 더 발전시켜 탐구한 결과물이다. 구체적으로는 신 무신론과 새로 등장한 지 얼마 안 된 새로운 학문 분야인 '실존적 위기학'의 통찰을 종합했다. 후자의 경우 인류미래연구소Future of Humanity Institute(옥스퍼드 대학교)와 실존위기연구센터Center for the Study of Existential Risk, CSER(케임브리지 대학교), 미국의 삶의 미래연구소Future of Life Institute가 주축이 되어 이끌고 있다. 이 책은 이 두 분야를 한곳에 놓고, 초자연적인 능력을 특별히 부여받았다고 주장하는 예언자들이 은밀하게 구축한 신앙 중심의 신뢰 체계는 인류가 스스로 파멸하는 길로 나아갈 것이라는 예측에 점차 큰 힘이 실리는 현재의 분위기와 직접적인 관련이 있다는 사실을 밝히고자 한다. 더불어 그러한 신뢰 체계로 인해 인간의 멸종으로 이어질 수 있는 위협을 제대로 예측하지 못하는(따라서 피하지도 못하는) 사태가 발생할 수 있다는 사실도 설명할 것이다. 이성을 잃은 독단론자들이 이야기해온 종말론적 환상이 현실이 될 수 있는 기술들이 실제로 점차 늘어나는 추세다. 이러한 상관관계가 지금처럼 큰 적도 없었다. 그리고 무신론의 확산이 지금처럼 중요한 의미를 가진 때도 없었다.*

종교가 세상을 움직이는 여러 원인 요소 중 하나인 것은 분명한 사실이다. 또한 종교는 세상에서 중요한 자리를 차지한다. 실존적 위기론자(내가 붙인 명칭이다)들 중에는 인류의 미래를 위협하는 문제를 거시적으로 연구하는 것으로 위험을 약화시킬 수 있으며, 이러한 연구는 세계정세나 고급 기술이 발전해나가는 사회적, 문화적, 종교적 환경을 심층적으로 들여다보지 않아도 가능하다고 보는 사람들도 많다. 나는 이 견해에 강력히 반대한다. 닉 보스트롬Nick Bostrom과 밀란 치르코비치Milan Ćirković가 2008년에 발표한 『전 지구적 재앙 위험Global Catastrophic Risks』만 하더라도 학문적 요소가 다소 강하긴 하지만 실존적 위기학을 소개하고 관련 분야의 전문가들이 제시한 다양한 위기 시나리오에 관한 문헌을 정리한 훌륭한 책이지만, 전체적으로는 이야기의 절반만 다루었다고 볼 수 있다. '휴거'의 의미, 수니파와 시아파가 믿는 마디(구세주) 사상, 세대주의 신학(Dispensationalism, 천계적 사관)을 바탕으로 한 종말론에서 이스라엘의 역할, 시리아의 도시 중 한 곳인 다비크가 이슬람의 종말론에서 중요한 장소로 여겨지는 이유 등을 알지 못한다면 "닥쳐올 재앙을 어떻게 피할 것인가"라는 엄청난 숙제를 해결할 수 없다는 것이 나의 견해다. 닉 보스트롬의 표현대로 인류가 "긍정적인 결과를 맞이할 확률을 최대한 높이는 것"이 우리의 목표라면, 이 목표를 달성하기 위해서는 실존적 위기론자들이 갖추어야 할 지식이 과학과 기술에 국한되지 말아야 한

* 무신론으로의 '개종'은 인식론적 사유에서 비롯된다는 점을 유념해야 한다.

다. 즉 종교의 기본적인 원리를 알고, 종교적 믿음으로 바라본 미래가 인류 역사 형성에 얼마나 적극적으로 영향력을 발휘해왔는지 살펴보아야 한다.[1]

이 책은 바로 그러한 지식을 제공한다. 일반 독자들이나 학계 전문가 모두를 대상으로 새로운 기술과 구식 신념 체계가 충돌하면서 발생할 수 있는 재앙, 우리에게 닥친 총체적 위기에 관한 포괄적인 정보를 담았다.[2] 또 다른 관점에서 이 책 『디 엔드: 과학과 종교가 재앙에 대해 말하는 것들』은 종교 분야나 비종교 분야 모두에서 점차 확대되고 있는 종말론에 관한 일종의 '경과보고서'에 해당한다. 두 분야는 명백히 다르지만 완전히 분리된 것도 아니다. 종교 분야와 비종교 분야는 복잡한 방식으로 상호작용하며 한 쪽이 제기한 위험이 다른 쪽에서 확대되기도 한다. 그러므로 종말은 반드시 거시적 관점에서 다루어져야 한다. 『디 엔드: 과학과 종교가 재앙에 대해 말하는 것들』도 그러한 관점을 택했다. 심층적인 과학적 지식을 다루는 동시에 인류의 사회적, 역사적 의식을 충분히 담았다(새로운 기술과 무신론을 다룬 책에서는 이 부분이 빠지는 경우가 많다). 내가 철학을 공부하고 철학을 진심으로 사랑하는 이유 중 하나는 철학이 사실상 모든 연구 분야와 접점이 있는 수평적 학문이기 때문이다. 철학자 윌프리드 셀러스Wilfrid Sellars도 "철학의 목표를 추상적으로 표현하자면 가장 넓은 의미에서 함께 속하는 요소들이 서로 맞물리는 방식을 최대한 넓은 의미로 이해하는 것"이라고 이 점을 설명했다.[3] 철학의 이러한 특징은 철학자를 다방면의 지식을 보유한 종합 지식인으로 만들며[4] 바로 이러한 점에서 철학자는 인류의 실존적 위기에 관한 종교적 믿음이 가득한 세상에서 종말론을 연구해야 하는 독특한 과제를 해낼 만한 적임자라고 할 수 있다.

나는 이 책 곳곳에 배어 있는 철학적인 정신이 신 무신론자와 위기론자로 하여금 현대 종말론을 양쪽 모두의 견지에서 연구하도록 하는 계기가 되기를 희망한다. 그리하여 두 분야의 사상가들이 임박한 위기의 면면을 놓치지 않고 인류 문명의 미래를 거시적으로 바라볼 수 있는 복합적인 시각을 가졌으면 하는 바람이다. 21세기 인류 문명이 마주한 희대의 곤경을 얼마나 이해하고 그에 따라 어떤 행동을 하느냐에 따라, 인간은 멸종이라는 영겁의 무덤에 처박히거나 다가올 수백만 년도 계속 번성하며 살아갈 수 있을 것이다.

THE END

What Science and Religion Tell Us about the Apocalypse

1

미래를 바라보는 시각

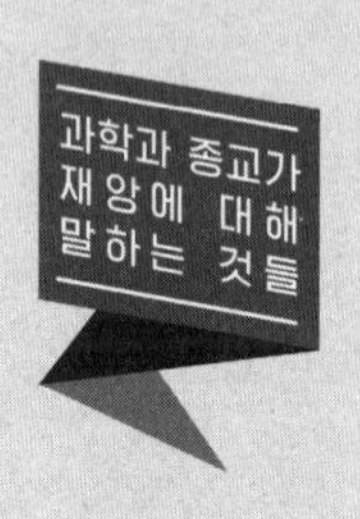
과학과 종교가
재앙에 대해
말하는 것들

현시대에 다루어야 할 가장 중요한 문제

'종말론: 세상의 종말에 관한 학문'

"종말이 임박했다! 세상이 끝나기 전에 대비하라!" 나이를 막론하고 다양한 사람들이 팔을 세차게 흔들며 외쳐댄다. 알베르트 슈바이처Albert Schweitzer가 쓴 『역사 속 예수에 관한 새로운 탐구The Quest of the Historical Jesus』(1906)가 발표된 이후 유럽과 미국에서 신약성서를 연구한 학자들 대부분은 예수를 종말론의 선지자로 본다. 다만 지상에 내려왔을 때 자신이 머무르는 동안 세상이 곧 끝날 것으로 예상했으나 그 뜻이 이루어지지 않았다는 것이 그들의 해석이다.[1] 마태복음 24장에서 예수가 "내가 진실로 너희에게 말하노니, 이 세대가 지나가기 전에 이 모든 일이 일어날 것이다"라고 한 것도 같은 의미로 볼 수 있다. 사도 바울도 종말이 임박했다고 예상한 것으로 보인다. 가령 남자들에게 "아내를 구하려 하지 말라"고 하면서 "형제들이여, 시간이 얼마 남지 않았다…… 이 세상의 현재 모습이 지나가고 있다"라고 한 것에서도 그러한 생각을 엿볼 수 있다.

예수와 사도 바울의 시대 이후 엄청나게 많은 기독교인들이 자신의 생이 끝나기 전에, 혹은 머지않은 미래에 종말이 찾아오리라 믿었다. 이러한 믿음이 얼마나 광범위하고 다양한 전통으로 이어져왔는지 잘 아는 기독교인은 별로 없지만, 역사에서 몇 가지 예만 들여다봐도 충분히 확인할 수 있는 사실이다. 2세기에 주교였던 이레나이우스Irenaeus는 세상에 네 개의 지역이 있고 네 가지 중요한 바람이 불고 있으므로, 네 가지 복음서가 존재해야 한다고 주장하는 한편 예수가 서기 500년에 돌아올 것이라고 밝혀 기독교에 큰 영향을 주었다.[2] 그로부터 2세기가 지난 뒤, 프랑스 투르의 주교였던 성 마르티누스St. Martinus는 "적그리스도가 이미 태어났다는 사실에는 의심의 여지가 없다. 그는 어릴 때 이미 확고한 기반을 구축해서 나중에 성인이 되면 대단한 힘을 얻게 될 것"이라는 글을 남겼다.

종교 개혁의 핵심 인물인 마르틴 루터Martin Luther는 1600년이 오기 전에 종말이 올 것으로 내다봤다. 보다 최근에는 팻 로버트슨Pat Robertson이 1980년대 초에 종말이 올 것이라는 예측과 함께 "1982년이 되기 전에 심판의 날이 찾아올 것이라 확신한다"고 밝혔다.[3] 미국 항공우주국NASA 엔지니어로 일하다 은퇴한 에드거 휘젠넌트Edgar Whisenant는 『1988년에 휴거가 일어나는 88가지 이유88 Reasons Why the Rapture Will Be in 1988』라는 저서를 발표했다. 제목에서도 짐작할 수 있듯이 1988년에 휴거가 일어날 것이라는 저자의 예측은 완전히 빗나갔다(그럼에도 그의 책은 베스트셀러에 올랐다). 휘젠넌트는 "성경이 틀리지 않는 한 내 예측이 틀릴 리 없다"고 주장했었다.

종말론을 주창하다 실패한 사람들 중에서 가장 민망한 사례는 미국의 침례교 목사 윌리엄 밀러William Miller를 따르던 일명 '밀러교파Millerites'일 것이다. 너무나 독실했던 밀러교 신자들은 1844년 10월 22일에 종말이 올 것으로 믿었다. 밀러는 「한밤중의 외침The Midnight Cry」이라는 소식지 최종호에서 다음과 같이 밝혔다.

> 영원을 생각하십시오! "이 세상은 내가 가진 에너지를 전부 쏟아부을 만한 가치가 있는 곳이다. 다가올 세상은 아무 쓸모 없는 허상이다." 수천 명의 사람들이 이런 생각을 하며 잠을 청할 것입니다. 아아, 이런 계산적인 잔소리를 당장 뒤집어버리십시오! 최대한 빨리 세상의 속박에서 벗어나십시오! 세상이 반드시 해야만 하는 의무를 지우며 여러분을 부른다면, 빗속에서도 걸작을 만들어내는 사람처럼 임하십시오. 얼른 달려가서 신속히 해치우고, 더 나은 것을 위해 서둘러 떠나갈 것임을 알게 하십시오. 여러분의 행동이 세상을 향해 다음과 같이 외치는 가장 또렷한 음성이 되도록 하십시오. "주님이 오신다." — "시간이 얼마 남지 않았다." — "이 세상은 사라질 것이다." — "주님과 만날 준비를 하라."[4]

이를 굳게 믿은 수많은 밀러교파 신도들은 "정갈하고 깨끗하게 지상낙원으로 가기 위해" 재산과 직업을 버리고 가족과도 작별을 고했다.[5] 10월이 되자 "주님이 '겨울이 오기 전에' 반드시 오신다는 믿음으로 논밭을 돌보지 않는" 신도들도 있었다. 그리고 이 같은 기대가 "전 지역에

고착되자 설사 밭을 일구었다 하더라도 그 결실을 거두는 것은 신앙과 맞지 않는 일로 여겨졌다".[6]

그러나 구름 속에서 나타날 줄 알았던 예수가 모습을 보이지 않자 많은 신도들이 실망하고 실의에 빠졌다. 낙담한 어느 신도는 다음과 같은 글을 남겼다 "화요일에 하루 종일 기다렸지만 사랑하는 주님은 오시지 않았다. 수요일에도 오전 내내 기다렸고 컨디션도 평소와 같이 괜찮았지만, 정오가 지나자 어지럽기 시작하더니 날이 저물기도 전에 누가 도와주지 않으면 자리에서 일어날 수조차 없는 상태가 되었다. 몸에 있던 힘이 급속히 빠져나갔다. 너무 상심한 나머지 이틀 동안 죽은 듯이 엎드려 있었다." 다른 신도도 자신의 상황을 기록했다. "10월 22일이 그냥 지나가자 그토록 갈망하던 신실한 신도들은 형언할 수 없는 슬픔에 빠지고, 믿음이 없는 자들과 사악한 자들은 크게 기뻐했다. 모든 것이 멈춰버렸다. 외로움이 밀려오고 누구와도 말하고 싶지 않았다. 차가운 세상이 이대로 정지되다니! 구원은 없었다. 주님은 오시지 않았다!"

최근에는 해럴드 캠핑Harold Camping이라는 미국의 전도사가 2011년 5월 21일에 휴거가 일어날 것이라는 주장을 전 세계를 무대로 펼쳤다. 휴거를 알리기 위해 3,000개 넘는 옥외 광고판을 세계 곳곳에 세운 것이다. 캠핑을 지지한 사람들은 19세기 밀러교도들처럼 하늘에서 예수가 모습을 드러낼 날을 준비한다는 이유로 가족과 직장을 내팽개쳤다. 휴거를 알리는 일에 써달라며 14만 달러가 넘는 재산을 내놓은 사람도 있었다. 대망의 휴거일 전날, 캠핑은 「로이터Reuters」와의 인터뷰에서 "우리는 휴거가 일어날 것임을 한 치의 의심도 없이 믿고 있다"고 밝혔다.[7] 무신론자들은 5월 21일에 '휴거 파티'를 열기로 하고, 다음 날인 22일에는 '심판이 일어나지 않은 날'로 지정해 특별한 활동을 하기로 계획했다. 그리고 두 행사 모두 예정대로 진행되었다. 캠핑의 예상이 빗나간 것이다.*

나중에 다시 설명하겠지만, 현시대 미국 종교인들 중 상당 비율이 종말이 임박했다고 굳게 믿고 있다. 이 같은 '세대주의 신학'은 미국 사회와 정치에 상당한 영향을 끼쳤다. 역사학자 폴 보이어Paul Boyer는 2003년에 발발한 이라크 전쟁과 세대주의 신학의 연관성을 분석한 글에서 "성경의 예언에 관한 믿음은 크게 드러나지 않지만 미국의 현 외교 정책을 바라보는 국민들의 태도 형성에 명백히 영향을 준다"고 밝혔다. 그리고 학계는 "종교적 믿음이 과거뿐만 아니라 현재 미국 공공 분야에서 어떤 역할을 하는지 더 많은 관심을 기울여야 한다. 수백만 명의 미국 국민들이 수용한 예언 내용을 면밀히 살펴보지 않는다면 현재 미국의 정치적 분위기가 어떤 상황인지 제대로 이해할 수 없다"고 덧붙였다.[8] 이 책 13장에서는, 기독교 시온주의자들이 미국에서 펼치는 강력한 로비 활동의 중심 동력이 세대주의 신앙에 대한 확신에서 비롯된 과정임을 살펴보고, '미리 기록된 하느님의 역사' 마지막 장이 팔레스타인의 유대 민족 국가 존립 여부에 좌우된다고 보는 시각을 자세히 설명할 것이다. 이러한 믿음은 시온주의를 향한 독단적인 충성으로 이어지고, 결국 한층 더 심각한 갈등이 촉발되는 정해진 흐름이 나타나고 있다.

* 이 사례와 함께 '인지 부조화'라는 용어가 처음 만들어진 배경을 설명하는 것이 좋을 것 같다. 인지 부조화는 1950년대 중반 UFO의 존재를 믿던 추종 집단에 속했던 몇몇 사회 심리학자들이 종말이 오리라는 기대가 어긋나는 상황과 관련해서 만든 용어다. '추종자들(Seekers)'이라 불리던 이들 집단은 UFO가 세상에 큰 변화를 일으키는 대재앙으로부터 자신들을 구하기 위해 '하늘 위의 존재들'이 보낸 것이라고 믿었다. 기대했던 일이 일어나지 않았음에도 수많은 신도들은 예언이 사실이라며 더욱 굳건하게 확신했고, 개종자도 더 늘어났다. 심리학자들은 서로 상충되는 믿음을 동시에 붙들고 있을 때(즉 여기서는 종말이 일어날 것이라고 믿었지만 실제로 종말은 일어나지 않은 것) 인지 부조화 또는 인지적인 불편감이 발생하고, 그 결과 이러한 현상이 나타난다고 주장했다. 이처럼 인지 부조화라는 개념은 허구가 되어버린 종교적 믿음에 뿌리를 두고 있다.

모하메드가 예언자로 알려진 이슬람 세계도 종말에 관한 뜨거운 관심에서 결코 뒤지지 않는다. 알렌 프롬헤르츠Allen Fromherz는 『옥스퍼드 이슬람 백과사전The Oxford Encyclopedia of the Islamic World』에서 다음과 같이 밝혔다. "일부 학자들은 모하메드가 맨 처음 출현한 시기부터 이슬람교에서 종말론적 행보가 시작된 것이나 다름없다고 본다. 심지어 모하메드가 일부러 계승자를 지명하지 않았으며, 이는 최후의 심판이 자신의 죽음 이후에 일어날 것임을 예상했기 때문이라고 보는 학자들도 있다."[9] 8세기에 모하메드가 세상을 떠나자 수많은 이슬람교도들은 하디트Hadith, 즉 모하메드의 행동과 말을 기록한 모음집에 예언된 구세주인 마디Mahdi가 나타나 무슬림 세계를 하나로 통합할 것이며(이렇게 탄생하는 공동체를 '움마ummah'라 칭한다), 후세에 길이 남을 만한 전쟁이 벌어지면 예수(또는 이사, 하늘에서 지상으로 내려온 존재)의 도움을 받아 다잘(이슬람에서 이야기하는 적그리스도)을 물리칠 것이라고 주장해왔다.

그리 오래전도 아닌 1979년에는 이슬람교의 종말론에서 비롯된 극적인 사건이 벌어졌다. 모하메드가 탄생한 도시이자 이슬람의 성지로 여겨지는 메카의 그랜드 모스크에 종말론을 추종하는 집단이 들이닥친 것이다. 그랜드 모스크는 이슬람 세계에 건립된 규모가 가장 큰 예배당으로, 이슬람교에서 가장 신성한 장소로 여겨지는 카바를 둘러싸는 형태로 세워졌다. 무슬림들이 기도할 때 바라보는 곳이 바로 이 카바가 있는 방향이다. 그랜드 모스크에 10만여 명의 신도가 모여 있던 1979년 11월 20일, 약 500명의 반란군이 건물 전체를 통제하고,[10] 자신들 중에 마디가 존재하며 그의 이름은 모하메드 압둘라 알카타니Mohammed Abdullah al-Qahtani라 주장했다. 사우디아라비아 당국은 병력을 투입해 모스크를 되찾으려 했지만 번번이 실패로 돌아갔다. 2주 동안이나 맞서던 반란군은

‘마디’라 주장하던 자가 목숨을 잃고 나서야(그로써 종말이 온다는 주장이 틀렸다는 사실이 입증되고 나서야) 마침내 항복했다. 살아남은 60명가량의 반란군 중 대다수가 1980년, 사우디아라비아에서 지금까지도 실시되는 공개 참수형에 처해졌다.

그 외에도 자신을 마디라 주장하는 사람들은 많았다. 시아파의 극단주의 단체 ‘천국의 병사Soldiers of Heaven’를 이끈 디아 압둘 자라 카딤Dia Abdul Zahra Kadim도 자신이 마디라고 믿었지만, 2007년 이라크에서 연합군과 싸우던 중 목숨을 잃었다. 영향력 있는 인물로 여겨지던 이란 출신의 한 성직자(종교와 정치의 분리를 지지해 유명해졌다)는 “다른 여러 가지 의혹과 더불어 스스로를 마디라 주장한 혐의”로 징역 11년형을 선고받았다. 2013년까지 자신이 구세주 마디라고 외치다가 이란에서 철창신세를 진 사람만 무려 3,000명이 넘는다.[11] 역사상 무력 면에서나 자금을 확보하는 능력 면에서 가장 강력한 테러리스트 단체로 꼽히는 이슬람국가Islamic State, IS의 리더도 “자신을 마디와 같이 만들기 위해” 애쓰는 것으로 알려져 있다(13장에서 이에 대한 반대 의견도 다룰 예정이다).[12] 수니파에 속한 IS의 탄생 동기에도 종말론적 예측이 큰 몫을 차지한다. 이들은 지구 종말에 일어난다는 대전쟁, 즉 아마겟돈이 임박했으며 시리아 북부의 작은 마을이 전장이 될 것이라 믿는다. 이 부분은 13장에서 상세히 다룰 것이다.

시선을 조금 다른 곳으로 옮겨보면, 오늘날 세계 곳곳에 형성된 테러리스트 단체 상당수가 인류 역사의 결말이 얼마 남지 않았다는 착각에 빠져 있는 것을 알 수 있다. 나이지리아를 기반으로 활동하는 이슬람 극단주의 단체 보코 하람Boko Haram이 그 예로, 보코 하람이라는 명칭에는 ‘서구 사회의 교육을 금지한다’는 의미가 담겨 있다. 이들은 2015년 IS에 공식적으로 충성을 맹세하고, 세상에 재앙이 임박했다는 IS의 종말론적 세계관을 받아들였다. 극동 지역에서는 천년왕국설Millenarian을 추종하는 '동방의 빛Eastern Lightning'이라는 광신도 집단이 등장해 중국 중부 지역에 사는 한 여성이 자신이 부활한 예수라 주장하고, 중국공산당을 '거대한 붉은 용'이라 칭하면서 "의로운 자들은 공산당에 맞서 종말을 대비해야 한다"는 이야기를 설파하고 있다.[13] 동방의 빛이라는 이름은 "번개가 동편에서 나서 서편까지 번쩍이듯 인자의 임함도 그러하리라"라는 마태복음 24장 27절의 내용에서 따온 것이다. 2012년까지 동방의 빛이 모은 추종 세력은 100만 명에 이르는 것으로 추정된다.[14] 미국에서는 '기독교 정체 신학Christian Identity'을 따르는 테러리스트 단체가 등장했다. 이들은 "현 세상의 질서가 끝나는 날이 다가오고 있으며, 종말의 날을 알리기 위해 적극적으로 노력해야 한다"는 이데올로기를 주장한다. 또한 "무력을 동원해 종말을 가속화해야 한다"고 본다.[15]

이렇듯 유럽과 미국, 중동, 중국에 이르기까지 종말론 혹은 천년왕국설은 시간과 공간, 역사, 지리적인 차이와 무관하게 공통적으로 존재한다. 그러므로 주요 종교에서 세상의 끝을 어떻게 예상하는지 파악하지 않고서는 세상사를 제대로 이해할 수 없다. 현재까지 종말론에 열광한 사람들이 내놓은 예측은 전부 틀린 것으로 드러났고, 이를 토대로 세상에 조만간 종말이 찾아온다는 주장은 전부 잘못된(그리고 정신 나간) 것으로 여기는 사람들도 있다. 그러나 검증된 사실만 놓고 보더라도 이러한 결론은 옳지 않다(그 이유는 부록 4에서 알아본다). 1,000명이나 되는 사람이 "늑대가 나타났다!"고 외쳤지만 늑대가 나타나지 않았다고 해서 이 포악한 동물이 슬금슬금 우리 뒤에 다가올 가능성이 전혀 없는 것은 아니다. 중요한 것은 그런 외침이 왜 나왔는지 이유를 밝히는 것이다. 즉 양팔을 마구 휘저으며 "종말이 임박했다!" 와 같은 이상한 소리를 외치는 사람들이 무엇을 근거로 그런 주장을 펼치는지가 핵심이다.

그러려면 현시대에 종말론이라 불리는 분야가 어떻게 나뉘는지 정의를 분명히 해야 한다. 종말론은 고대 페르시아인들(구체적으로는 예언자 조로아스터)을 통해 맨 처음 등장한 이후 지금까지 종교적 종말론 단 한 가지로만 여겨졌다.[16] 그러나 20세기 중반 들어 세속적 종말론이 두 번째 갈래로 등장했다. 이 두 갈래는 몇 가지 두드러지는 차이점이 있다. 먼저 종교적 종말론에서는 보통 기적 같은 사건과 초자연적인 존재가 등장하는 반면, 세속적 종말론은 철저히 자연주의적이다. 자연주의(물질주의, 물리주의로도 불린다)에서는 죽고 나면 다른 세상 같은 건 존재하지 않으며 이 세상이 사라진 뒤에는 '선택된 자들'이 살아가는 영원한 천국도 없다고 본다. 그러므로 세속적인 시각에서 종말은 위험한 것이다. 현재 주어진 인생이 단 한 번, 유일하게 주어진 기회이므로 위험성이 훨씬 더 크다고 볼 수 있다.

같은 맥락에서, 종교적 종말론은 본질적으로 선과 악의 잇따른 대결이 절정에 달할 때 세상에 대대적인 변화가 일어나고 그 가운데 살아남는 인간이 존재한다고 여긴다. 죄와 고통으로 가득한 이 세상은 파괴되고 '단 한 가지 진짜 종교(그게 무엇이든)'로 개종하지 않은 사람들도 세상과 함께 파괴된다는 것이다. 반면 세속적 종말론이 본질적으로 우려하는 것은 실존적 위기로 불리는, 특수한 유형에 해당하는 비극적 사태다. 이 내용에 대해서는 뒤에서 더 상세히 알아볼 것이다. 일단 여기서는 실존적 위기란 누구도 생존하지 못하거나, 일부가 생존하더라도 대재앙 이후 혹독하고 되돌릴 수 없는 결핍이 발생해 고된 세상을 살게 되는 것으로 정리할 수 있다. 세계 권력을 쟁탈하기 위한 핵전쟁, 인위적으로 만든 병원균을 이용한 테러 공격, 초화산 폭발 등이 이러한 실존적 위기에 해당한다.

그러나 종교적 종말론과 세속적 종말론의 가장 중요한 차이는 인식론적 토대가 완전히 다르다는 점이다. 종교적 종말론에서 세상의 끝에 관한 이야기는 신의 계시에 담긴 예언을 믿는 것에서 시작되지만 세속적 종말론은 관찰로 얻은 경험적 증거를 바탕으로 한다. "늑대가 나타났다!"고 외치는 사람이 세속적 위기론자라면 사태를 더(경우에 따라 매우) 진지하게 받아들여야 하는 반면, 휴거나 그리스도의 부활, 또는 초자연적 존재가 돌아왔다는 터무니없는 이야기를 무시해야 하는 이유도 이처럼 두 분야의 철학적 기반이 다르기 때문이다. 무언가를 두려워하는 사람과 불안을 조성하는 사람의 차이도 이와 같은 인식론에서 비롯된다. 그럼에도 지구 온난화와 같은 인류의 거시적인 위기에 관한 공적인 논의에서조차 이 두 가지가 혼동되는 일이 자주 발생한다.* 또한 12장과 13장에서 살펴보겠지만, 대다수의 인류가 증거를 중시하는 과학자들이 제시한 종말 시나리오보다는 종교적 종말에 훨씬 더 큰 관심을 보인다. 세속적 종말론은 인식론적으로 더 우월함에도 불구하고 수많은 사람들이 잘못된 종말론에 집착하는 것이다.

참으로 끔찍한 일이 아닐 수 없다. 무엇보다 현재까지 나온 예측 결과를 최대한 종합할 때, 호모 사피엔스가 도도새의 뒤를 이어 멸종할 가능성은 인류 역사상 그 어느 때보다 커진 상황이다(그리고 우리가 잘못된 방향을 바라보는 것이 그 원인에 포함된다). 우리는 지난 역사와 비교할 때 질적으로 전혀 다른 시대를 살고 있으며, 실존적 위기가 발생할 수 있는 시나

* 또 한 가지 차이점은 종교적 종말론에서는 종말이 일어난다고 본다는 것이다. 즉 세속적 종말론과 달리 종교적 종말론은 목적론적 세계관에 해당한다.

리오도 점점 늘어나는 추세가 특징적으로 나타난다(14장에서 이 내용을 다룬다). 인간은 자연 속에서 늘 여러 위기와 마주쳤지만 용케 잘 피해왔다. 그러지 못했다면 지금 여러분이 이 책을 읽고 있을 수도 없을 것이다. 그러나 현재, 그리고 다가올 미래에 인류가 맞닥뜨릴 위기를 무사히 피했다는 증거는 거의 찾아보기 힘들다. 우리는 지금 미지의 땅을 향해, 어스름이 내려앉은 곳에서 길을 인도해줄 별도 드문드문 흐릿한, 깜깜한 어둠 속으로 돌진하고 있다.

이러한 상황을 감안하면 실존적 위기에 관한 연구가 현재 우리에게 가장 중요한 일이라 해도 과언이 아닐 것이다. 내가 이 책을 쓴 이유도 궁극적인 가치가 이보다 더 큰 주제는 없다는 판단 때문이다. 우리가 이 세상을 살면서, 문명이라는 거대한 실험을 해나가면서 관심을 갖는 모든 일들이 인류의 존재론적 재앙을 막아낼 수 있느냐에 따라 좌우된다. 미래를 살아갈 인류도 마찬가지다. 즉 수십억 인구가 자아실현과 번영 측면에서 지금보다 훨씬 더 값진 삶을 살 것인가도 재앙을 막을 수 있느냐에 달려 있다.

우리 자손들이 무한정 오래오래 살고, 엄청난 지능을 보유한 존재가 되고, 더 나아가 우주를 지배하고 방대한 우주 공간을 빛과 가까운 속도로 가로지를 일이 실현될 가능성은 충분히 있다(비현실적인 공상으로만 들린다면, 네안데르탈인이 스마트폰이나 인공 달팽이관 이식 수술, 제트 엔진을 어떻게 받아들일지 한번 생각해보라). 그러므로 종말론에 관한 연구는 인류가 처한 위험성이나 종말론이 세계정세에 미치는 침투효과(그리고 왜곡을 만들어내는 영향)를 고려할 때 현재 우리가 가장 시급히 다루어야 할 중차대한 일임이 분명하다.

거시적 관점에서 본 위험: 정의

먼저 세속적인 종말론은 어떻게 생겨났는지 자세히 살펴보자. 이 책의 다른 내용들에 비해 다소 전문적이지만 존재론적 위기가 세속적 종말론의 핵심임을 감안한다면 짚고 넘어갈 필요가 있다.

존재론적 위기란 정확히 무엇일까? 역사적으로는 최소 20세기 중반부터 이러한 개념이 등장했다. 방심하고 있던 일본에 미국이 두 개의 원자폭탄을 떨어뜨린 뒤, 학계는 물론 일반 여론에서도 세속적 종말이 찾아올지 모른다는 이야기가 주된 화두로 떠올랐다.* '존재론적 위기'라는 표현 자체가 새로 만들어진 것은 아니지만, 1945년 이전으로 거슬러 올라가지는 않는다. 피터 프레이Peter Frey가 1988년에 발표한 논문에 언급된 존재론적 위기에도 당시의 상황이 반영되었다. 프레이는 이 논문에서 우리가 논의할 내용을 예상이라도 한 것처럼 다음과 같이 밝혔다. "존재론적 위기는 자연적으로 발생하거나 인간에 의해 발생한다. 그리고 면밀히 분석해보면 '자연적인' 줄 알았던 위기가 인간이 만든 것으로 드러나는 일이 점점 많아질 것이다."

존재론적 위기라는 표현이 이후 10여 년간 널리 알려진 데는 옥스퍼드 대학교의 철학자이자 인류미래연구소 소장인 닉 보스트롬의 연구가 큰 몫을 했다. 이 책에서는 논의 목적을 고려해, 위기를 바람직하지 않은 일이자 그 결과로 인해 문제가 더욱 증폭될 수 있는 일로 정의하기로 한다. 보험통계 분야에서 사용하는 위기의 표준적인 정의이기도 하다. 위기

* 1996년에 초판이 나온 존 레슬리(John Leslie)의 저서 『충격 대예측 세계의 종말(The End of the World)』에서는 존재론적 위기를 다른 용어로 칭하면서 이와 관련된 흥미로운 내용을 포괄적으로 다룬다.

로 인한 결과는 보스트롬이 자신의 유명한 논문 「존재론적 위기: 인류 멸종 시나리오의 분석Existential Risks: Analyzing Human Extinction Scenarios」(2002)에서 직접 실행한 것처럼 강도(영향이 얼마나 크게 발생했는가)와 범위(얼마나 많은 사람이 영향을 받았는가)를 기준으로 분석하면 더욱 정확하게 파악할 수 있다. 보스트롬은 그 정도 분석으로 끝냈지만, 우리는 한 걸음 더 나아가 위기로 인해 시간적, 공간적으로 각각 어떤 영향이 발생할 수 있는지도 구분할 것이다(그림 A). 위기는 시공간적인 영향에 따라 다양하게 나뉠 수 있으므로, 이 두 요소를 구분할 필요가 있다는 판단 때문이다. 예를 들어 딱 한 번 일어난 사건으로 10억 명의 인구가 단번에 즉각적인 영향을 받을 수도 있지만, 처음에는 영향을 받은 사람이 100명 정도로 한정되었으나 그 여파가 다음 세대로 계속 전해져 결국 10억 명이라는 똑같은 규모의 사람들이 영향을 받을 수도 있다. 이 두 가지 시나리오는 대응 방식과 대비 전략이 완전히 다르다. 그러므로 위기를 분석하기 위해서는 위기의 시간적, 공간적 측면 모두를 충분히 고려해야 한다.[17]

그림 A는 그림 B에 나온 위기 유형 분류를 위한 전 단계 분석에 해당한다. 그림 A에서 위기의 개념을 세분했다면, 유형 분류 단계인 그림 B에서는 세분된 각각의 특성을 다양하게 조합해 위기의 유형을 나누었다. 그림 B를 보면 그림 A의 결과를 토대로 위기의 시간적 범위와 공간적 범위, 강도에 해당하는 세 개의 축이 마련된 것을 볼 수 있다. 시간적 범위는 한 세대 전체와 여러 세대에 걸친 영향으로 나뉘고,[18] 공간적 범위는 개인, 지역, 전 세계로 나뉜다. 위기의 강도는 견딜 만한 수준부터 멸종에 이르는 수준으로 구분된다.

구체적인 예시를 들어 이 분류 체계에서 각각 어디에 해당하는지 살펴보자. 세상에 파괴적인 영향을 주는 물리적 재앙은 그림 B의 빨간색

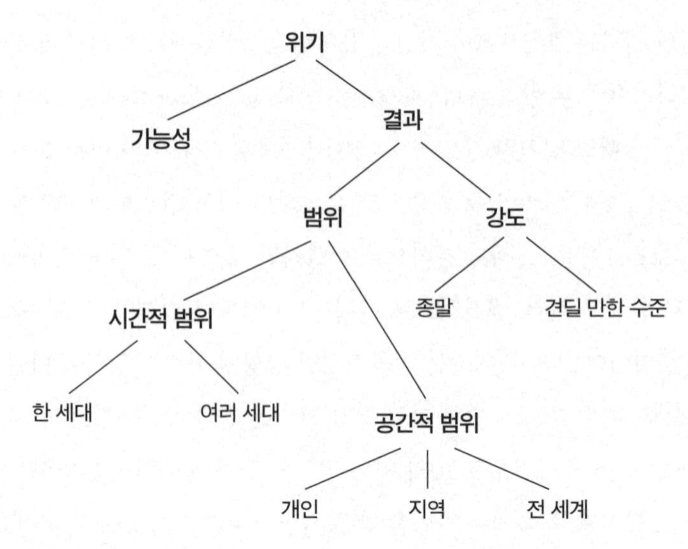

그림 A 위기 개념의 상세 분석

점에 해당할 것이고, 전 세계를 통제할 수 있는 힘을 거머쥔 억압적인 정부는 검은색 점에 자리한다. 노화 현상은 인간이라면 누구나 죽음을 맞이하는 만큼 모두에게 영향을 주지만, 이로 인해 반드시 인간이 멸종하는 것은 아니므로 주황색 점의 위치에 해당한다.[19] 해수면 상승으로 몰디브 공화국이 처한 수몰 위기는 녹색 점, 화산 폭발은 보라색 점, 2012년에 뉴욕을 휩쓴 초강력 허리케인 샌디와 같은 위기는 회색 점, 생식세포에 돌연변이가 발생해 생존에는 영향을 주지 않지만 다음 세대로 전해지는 경우는 파란색 점,[20] 목숨에 지장이 없는 피부암은 노란색 점에 위치한다고 볼 수 있다. 이와 같은 방식으로 사실상 모든 종류의 위기를 그림 B의 어느 위치로 분류할 수 있다.

이와 같은 분류를 기억하면서, 이제 존재론적 위기를 정의해보자. 일단 이 표현에는 현재 인류나 미래의 자손들에게 발생할 수 있는 최악의

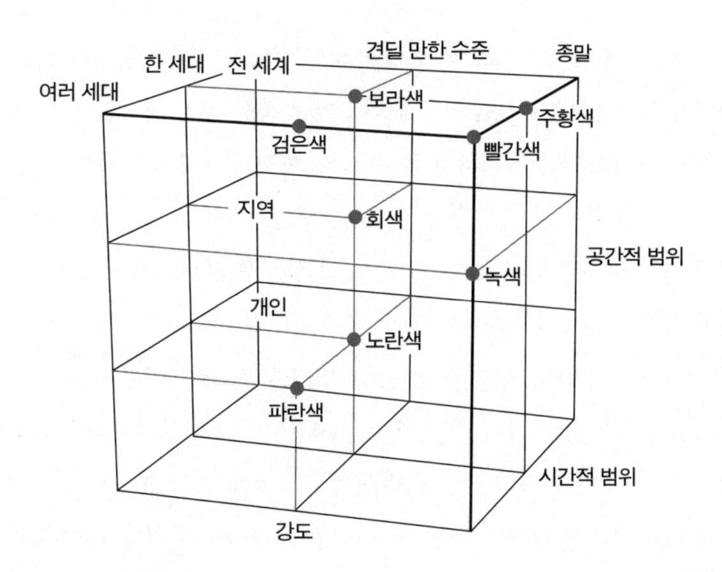

그림 B 위기의 유형 분류

시나리오라는 직관적인 의미가 담겨 있다. 그림 B에서 빨간색 점이 인류의 절멸을 발생시킬 수 있는 아주 위험한 사건인 것은 분명하므로 존재론적 위기는 최소한 이 정도 재앙에 해당해야 한다고 생각할 수 있다. 그러나 실제로 이 빨간색 점과 같은 사건이 존재론적 위기의 정의를 전부 포괄할 수 있을까? 데릭 파핏Derek Parfit은 저서 『사유와 사람들Reasons and Persons』에서 인류가 사라질 확률은 1퍼센트와 99퍼센트일 때의 격차보다 99퍼센트와 100퍼센트 사이의 격차가 훨씬 더 크다고 주장한 것으로 유명하다[21](대부분의 사람들은, 후자는 인류 전체에서 1퍼센트가 추가로 사라지고, 전자는 무려 98퍼센트가 추가로 사라진다는 의미로 해석해 이와 반대로 생각할 것이다). 파핏이 이같이 주장한 근거는 무엇일까? 100퍼센트가 사라지는 시나리오에는 현재 세상에 살고 있는 인류 전체는 물론 미래의 인류, 어쩌면 우리보다 훨씬 더 값진 삶을 살 수도 있을 사람들까지 포괄하기 때문이다.

그러므로 그림 B에서 빨간색 점에 해당하는 위기는 미래 문명의 존속 가능성을 없애는 위기이며, 인류 대다수가 목숨을 잃는 위기를 포함해 다른 어떤 유형보다 심각하다고 볼 수 있다. 이것이 파핏이 제시한 근거다.

그의 설명이 옳다고 볼 수 있을까? 생존은 가능하지만 인류의 번영에 치명적인 영향을 주고 두 번 다시 회복할 수 없는 재앙도 있다. 예를 들어 미래의 인류가 현재 우리로선 아주 생경한 가학적이고 폭압적인 통치 체제에 내몰리고, 그러한 상황이 태양으로 인해 지구가 불모의 땅이 되어버릴 때까지 수십억 년 동안이나 지속된다고 상상해보자.[22] 미국에서 사는 것이 현재 북한 사람들의 삶보다 열악해지고, 그 상태가 세상이 끝날 때까지 이어진다면 어떨까? 이러한 시나리오가 정말 파핏이 판단한 것처럼 인류가 멸종하는 것보다 낫다고 할 수 있을까? 나는 그렇지 않다고 생각한다. 그리고 위기를 연구하는 수많은 학자들도 내 의견에 동의하리라 본다. 그림 B를 기준으로 설명하자면 검은색 점에 해당하는 사건(즉 견딜 만한 수준이지만 여러 세대에 걸쳐 영향이 전 세계적으로 발생하는 재앙)은 빨간색 점이 가리키는 사건만큼이나 심각하다. 이 두 가지 중 하나를 반드시 선택해야 한다면 결코 쉽게 판단할 수 없을 것이다. 검은색 점이 의미하는 재앙은 생존은 할지언정 그 영향이 심각하고 되돌릴 수 없다는 점에서 인류 전체가 사라지는 것보다 덜 끔찍하다고 할 수 없다.

그렇다면 '존재론적 위기'라는 개념의 정확한 정의는 무엇일까? 그림 B를 토대로 할 때 존재론적 위기란 빨간색 점에 해당하는 재앙과 검은색 점에 해당하는 재앙이며, 인류의 번영에 심각한 악영향을 주는 모든 사건으로 정의할 수 있다.* 이는 위기 시나리오에서 존재론적 위기의 수준이 반드시 멸종에 이를 정도일 필요는 없다는 사실을 반영한 정의다. 인류의 존재를 위협하는 모든 위기에서 공통분모는 전 세계적으로 영향을 주고, 여러 세대에 걸쳐 영향이 발생한다는 점이다. 이 두 가지는 존재론적 위기의 필수 요건이다.

우리는 존재론적 재앙이 다른 어떤 위기 유형과도 다른, 독특한 문제라는 데 주목할 필요가 있다. 지금까지 인간이 맞닥뜨린 어떤 위기도 이와 비슷한 사례는 없었다. 존재론적 재앙의 정의를 생각해보면, 생물종 입장에서 역사적으로 단 한 번 일어날 수 있는 일임을 알 수 있다.[23] 인류는 위기에서 벗어날 방도를 찾을 때 주로 미래를 예견하고 과거를 살펴보는 방식을 활용해왔으니, 존재론적 위기는 아주 특수한 과제일 수밖에 없다. 이제껏 써온 방식을 존재론적 위기에는 적용할 수 없기 때문이다. 다른 재난처럼 실수를 하더라도 거기서 교훈을 발견할 수도 없다. 존재에 위기가 닥치면 그 한 번의 사건으로 게임은 끝나고 우리는 패자가 된다. 또한 존재론적 위기를 피할 방도를 찾기 위해 되돌아볼 과거도 없으니 오로지 앞으로 일어날 일에 대한 예측에 의존해야만 한다. 일이 닥쳤을 때 반응할 수 없으니 선제적 대응이 이루어져야 하는 것이다.[24] 즉 존재론적 위기에 다음 기회 같은 건 없다.

더 나아가, 지금껏 존재론적 위기가 한 번도 없었다고 해서 앞으로도 그런 위기가 찾아올 가능성이 희박하다고 할 수도 없다. 그 이유는 무엇일까? 우리는 존재가 위태로운 상황에 놓인 일이 한 번도 없는 세상만 볼 수 있기 때문이다. 다시 말해 어떤 사건이 일어나 그 사건을 목격한 존

* 위기 분류 체계 항목 중 '멸종'은 양자택일 요소라는 점에 유념해야 한다. 즉 죽거나 생존하거나 둘 중 한쪽만 가능하다는 의미이고, 일반적으로 우리가 생각하는 뜻과 일치한다. 반대로 '견딜 수 있는 수준'이라는 의미에는 인지조차 하지 못하는 사건부터 세상을 바꿔놓는 사건까지 넓은 범위를 포괄한다. 이 두 번째 의미를 반영하면 검은색 점에 해당하는 존재론적 위기는 극도로 심각한 영향을 발생시켜 세상에 변화를 일으키고 도덕적으로도 바람직하지 않은 결과를 낳는 위기로 볼 수 있다.

재가 모두 사라져버린다면 그 사건은 누구에게도 목격되지 않은 일이 된다. 같은 맥락에서 그림 B의 붉은색 점에 해당하는 사건이 당장 내일 일어날 수 있다고 이야기할 수는 있지만, 어제 그런 일이 있었다고 말할 수는 없다. 결론적으로 우리는 멸종 가능성을 크게 과소평가하고 있는지도 모른다.* 밀란 치르코비치와 닉 보스트롬은 이 점을 다음과 같이 지적했다. "행성이나 생물종을 파괴하는 재앙이 흔히 일어나건 그렇지 않건 간에, 우리가 알 수 있는 사실은 현재 우리가 아직까지 파괴되지 않은 똑똑한 종의 일원으로서 아직 남아 있는 행성 중 한 곳에 살고 있다는 것뿐이다."[25] 이러한 상황은 '관찰 선택 효과'로 불리며 과거의 성공이 반드시 미래의 성공을 보장할 수는 없고, 현재까지 생존했다고 해서 전멸 위기가 닥쳐도 안전하다고 볼 수는 없다는 의미가 담겨 있다.[26] 드레이크 방정식(고도 문명의 수를 계산하는 방정식)을 토대로 우주의 관점에서 내다본 예측대로라면 우주는 생명체로 가득해야 하는데, 우리는 껌껌한 우주에서 다른 생명체의 외침은커녕 속삭임조차 들어본 적이 없다. 우주는 으스스할 정도로 완전한 침묵에 잠겨 있다. 지적 생명체가 어딘가에서 상당히 빈번하게 멸종하고 있는데 우리가 그런 상황을 전혀 모르고 있는지도 모른다. 멸종 가능성 또한 알고 보면 굉장히 높은데 유독 우리가 순전히 운이 좋아서 지금껏 살아왔는지도 모를 일이다.

그런데 우리가 염려해야 할 위기가 존재론적 위기 한 가지만 있는 것은 아니다. 그만큼 우리가 관심을 기울여야 하는 더 광범위한 문제가 존재한다. 지금부터 그러한 문제를 '거시적 위험'이라고 칭하자. 공간적 측면에서는 그 속에 포함된 모든 것에 전면적인 영향을 주는 모든 재앙

* 이 문제에 대해서는 10장에서 다시 설명할 것이다.

을 거시적 위험으로 볼 수 있다. 즉 이 위기의 가장 중요한 단일 특성은 전체성이다. 그림 B를 기준으로 한다면 보라색, 주황색, 빨간색, 검은색 점에 해당하는 재난이 모두 거시적 위기에 포함된다. 거시적 위험은 더 흔히 사용되는 '전 지구적 재앙 위험'과 거의 유사한 표현이지만 의미가 완전히 동일하지는 않다. 일반적으로 전 지구적 재앙 위험이라는 용어는 위기 유형 분류의 하나로 사용되며, 그림 B에서도 이 두 가지에 해당하는 위기는 동일하지 않다(부록 1 참고).

거시적 위험 역시 무엇이 되었든 실제로 벌어질 경우 인류 문명에 중대한 해를 끼치므로, 이 책에서는 존재론적 위기와 함께 비존재론적 위기도 다룰 예정이다. 실제로 이번 세기에 존재론적 재앙이 닥칠 가능성보다 영향력이 전체적으로 발생하는 재난이 1건 이상 발생해 문명을 초토화시킬 가능성이 훨씬 더 크다. 또한 위기의 특성상 결과의 심각성이 덜할수록 일어날 확률은 더 큰 경우가 대부분이다.** 나중에 다시 이야기하겠지만, 존재론적 재앙을 성공리에 막아낸 것이 오히려 한 가지 이상의 거시적 위험이 발생할 가능성을 높이는 결과를 초래할 수도 있다. 생존과 고통은 그렇게 균형을 이루는 것 같다. 즉 생존 가능성이 명확해질수록 전례 없던 비극으로 고통받을 가능성은 높아지고 그 반대 경우도 마찬가지다. 이런 특징을 감안하면 거시적 위험은 존재론적 위기와 같은 특수한 사건과 더불어 연구해야 할 가치가 충분하다는 사실을 알 수 있다.

** 예를 들어 전 세계적인 유행병으로 인류 절반이 숨질 확률이 인류 전체가 사망할 확률보다 높다. 마찬가지로 쌍방 간의 핵 공격이 벌어졌을 때 50억 인구가 목숨을 잃을 확률보다 100만 명이 숨질 확률이 더 높다. 그러나 이러한 원리가 적용되지 않는 위기도 몇 가지 있다. 이 책 마지막 부분에서 그러한 위기에 대해 설명할 예정이다.

거시적 위험이 발생하는 원인

원인을 모르고 존재론적 위기를 막을 수는 없는 노릇이다. 지금으로부터 200만 년 전, 식물로 무성하던 아프리카 동부 대평원에 최초의 인간이 등장한 이후 지금까지 우리는 소행성과 혜성의 충돌, 초화산 폭발, 대유행병 등 일어날 것 같지 않던 위험과 맞닥뜨렸다. 이 같은 자연재해 외에 인류가 사라질 만큼 심각한 위험이 발생한 일은 그리 많지 않았다.

그러나 오늘날 우리가 마주한 존재론적 위기는 대부분이 인간에게서 비롯되었다. 시초가 자연이 아닌 인간의 활동인 것이다. 14장에서 살펴보겠지만 이번 세기에 인적 요인으로 발생한 위협이 몇 가지나 되는지 정확히 규명하기도 쉽지 않다. 추정에 더 가까운 것까지 포함하면 인간이 발생시킨 존재론적 위험은 20가지 정도로 볼 수 있고, 이 숫자는 점점 늘어나고 있다.[27] 인간이 만든 위기 중에서도 기술로 인한 위기, 즉 고도의 기술을 오용하거나 남용함으로써 시작된 존재론적 위기 시나리오는 중요한 항목으로 꼽힌다. 기술로 인한 위기 외에 지구 온난화와 생물 다양성의 상실도 인간이 만든 위기에 속한다. 생물 테러나 나노 기술을 전쟁에 이용하는 행위를 생각하면 그 두 가지의 차이를 알 수 있다. 현재까지 인류가 당면한 종말의 불안감은 뿌리를 찾아가면 기술로 인한 위험이 가장 큰 몫을 차지한다고 볼 수 있다.

이 책에서 자주 언급되는 주제인 기술로 인한 위기에 대해 좀 더 상세히 살펴보자. 이러한 위기는 발전된 기술의 특정한 측면으로 인해 일종의 부산물로 발생한다. 고도의 기술은 대부분 혹은 전체가 본질적으로 이중적인 목적으로 쓰일 수 있다. 즉 인공적으로 만들어진 결과물과 기술, 이론, 연구, 정보, 지식이 도덕적으로 올바르게 활용될 수도 있지만 똑같은 결과물과 기술이 부적절하게 사용될 수도 있으며, 좋은 목적과 악의적인 목적이 모두 적용될 수도 있다는 뜻이다. 용도의 이중성을 보여주는 예 중 하나가 원심 분리기다. 원자력발전소에서 우라늄 농축에 사용되는 이 기계는 핵무기에 들어가는 우라늄 농축에도 활용될 수 있다. 마찬가지로 에볼라를 치료하는 원리가 악의적인 병원균을 만들어내는 일에 쓰일 수도 있다. 기술에는 좋은 용도와 나쁜 용도가 항상 한 묶음으로 공존한다는 사실을 인지하는 것이 가장 중요하다. 한 가지 용도가 확보되면 다른 용도도 반드시 생겨나며, 어느 한쪽을 없애면 양쪽 다 없어진다.

기술에 양면적인 목적이 있다는 사실이 종말론으로 직결되지는 않지만, 고도의 기술 자체가 종말과 관련 있다면 이야기는 달라진다. 즉 기술의 영향력이 가공할 만한 수준이고 일부의 경우 더욱 확대될 뿐만 아니라 기술의 영향이 기하급수적인 속도로 증폭될 수 있는 경우가 이에 해당한다.[28] 실제로 인간이 기존과 다른 방식으로 세상을 조작하고 재구성하는 경우가 빠른 속도로 늘고 있다. 컴퓨터로 유전체를 디자인하거나 폭탄 하나로 도시 전체를 날려버리는 일도 가능해졌고 (그리 머지않은 미래에) 생물권을 '먹어치우는' 미세 로봇까지 만들어질 것으로 예상된다. 성냥을 가지고 놀던 아이들은 다 사라지고 화염 방사기로 주변을 초토화시키는 아이들이 생겨난 셈이다.

고도의 기술은 점점 강력해지는 동시에 접근성도 증대되고 있다. 특히 생명공학 기술과 합성생물학, 나노 기술 분야에서 이와 같은 특징이 두드러지게 나타난다. 일반적으로 접근성의 수준은 지능(지력)과 지식(기술을 아는 것), 기술(사용법을 아는 것), 도구(물질적 수단)의 네 가지 측면에서 평가할 수 있다고 여겨지며, 나 역시 이 의견에 동의한다. 이를 다시 해석하면 특정한 기술을 활용해 세상에 거대한 변화를 일으키려고 할 때

지적 능력이 차지하는 몫이 급속히 줄고 있다는 의미다. 오늘날에는 '사악한 천재'가 아니라도 얼마든지 대규모 재난을 일으킬 수 있고 미래에는 그 가능성이 더욱 커질 것이다. 인공지능 연구가인 엘리저 유드코프스키Eliezer Yudkowsky는 이를 '과학의 비정상성에 관한 무어의 법칙'이라 표현하고, "세상을 파괴할 수 있는 지능지수IQ의 최저 요건이 18개월마다 1씩 낮아진다"고 설명했다.*

고도의 기술에서 나타나는 두 번째 특징은 전문가에 비견할 만한 실력으로 기술을 다루기 위한 교육 수준도 낮아졌다는 사실이다. 미래에는 대학원은 고사하고 대학에서 미생물학을 공부하지 않은 테러리스트도 절망과 죽음을 온 사방에 확산시키는 병원균을 만들어낼 수 있을지 모른다. 독학으로 그러한 기술을 익히려는 사람들은 몇 주만 투자해 유튜브에서 강의를 듣고 전자책 사이트인 리브젠libgen.org에서 교과서를 다운받아 공부하고, 누구나 이용할 수 있는 온라인 데이터베이스에서 소아마비Polio나 천연두Smallpox 바이러스 유전체를 확보하면 된다(3장 참고). 유드코프스키가 언급한 과학의 비정상성에 관한 무어의 법칙을 지능지수 대신 사회에 해를 가하는 데 필요한 지식수준으로 바꾸기만 하면 여기에도 똑같이 적용할 수 있다.

세 번째 특징은 원하는 대로 무언가를 조작하기 위해 필요한 기술이 전반적으로 점차 줄어드는 추세라는 점이다. 이론을 알고 있다고 해서 그대로 실행에 옮기는 것은 아니지만, 특정한 실험을 수행하는 데 필요한 실용적인 능력은 줄고 있다는 사실이 여러 증거를 통해 입증되었다. 프린스턴 대학교의 연구자 크리스토퍼 시바Christopher Chyba는 "실험 과

* 수학적으로 정확하게 계산할 수 있다는 의미로 사용한 표현은 아니다. 지난 수십 년간 관찰한 결과에서 실제로 이러한 경향이 나타났음을 설명하기 위한 비유이다.

정의 많은 부분이 자동화되고 핵심 내용이 철저히 기록되면서, 그와 관련된 기술을 사용하는 데 필요한 암묵적 지식(즉 실질적인 노하우)은 점점 줄고 있다"고 밝혔다.[29] 이처럼 전문적인 지식을 갖춘 사람과 비전문가의 기술적인 수준 차이가 대폭 감소하는 현상을 '탈숙련화'라고 한다.[30] 여기에도 지능지수나 지식 대신 기술을 대입하면 과학의 비정상성에 관한 무어의 법칙을 적용할 수 있다.

마지막으로 나타나는 특징은 장비와 재료, 즉 유전학 실험실에 구비된 설비를 집에도 마련할 수 있고, 심지어 그리 큰돈 들이지 않아도 가능하다는 사실이다. 지금도 수천 달러만 있으면 오픈피시알openpcr.org과 같은 온라인 업체에서 필요한 도구를 구입해 가정에 얼마든지 실험실을 차릴 수 있다. DNA 염기서열을 알고 싶으면 마크로젠dna.macrogen.com 같은 업체에 의뢰해 분석 결과를 받아볼 수 있다. 3장에서 더 자세히 알아보겠지만, 극히 위험한 병원균으로 분류되는 미생물의 DNA를 과학자는 물론 비과학자도 쉽게 확보할 수 있는 놀랍고도 섬뜩한 일이 지금도 일어나고 있다. 변수를 모든 기자재가 완비된 실험실을 가정에 구비하는 데 드는 비용으로 바꾸면 이 문제 또한 과학의 비정상성에 관한 무어의 법칙을 적용할 수 있다.

정리하면 고도의 기술은 본질적으로 양면적인 목적으로 활용될 수 있고, 기술은 영향력이 점점 더 강력해지고 있으며, 일부 경우엔 이 막강한 힘이 특정 개인의 손에 들어갈 수도 있다. 세상에는 온갖 사람들이 살고 있고, 그중에는 인류에 악의적인 시선을 던지며 문명을 다 무너뜨려야겠다는 환상을 몰래 숨기고 있는 사람들도 있다는 점에서 이는 상당히 우려되는 일이다. 게다가 현실은 이보다 더 심각하다. 사악한 의도를 가지고 인간 자체를 혐오하는 사람만 어마어마한 재앙을 일으키고 막대한 피해를 낳는 것은 아니기 때문이다. 영국의 우주학자 마틴 리스 경Sir Martin Rees이 "오류와 테러"라고 표현한 것처럼, '부적절한 활용'을 구분하는 것이 매우 중요한 이유도 이 때문이다.[31] 오류와 테러는 파괴적인 행위가 저질러진 의도만 다를 뿐, 그 행위의 파괴력에는 차이가 없다. 그러므로 오류가 인류의 멸종을 야기할 가능성은 테러와 비등하다고 본다. 오류로 분류할 수 있는 문제에는 부주의, 실수, 사고, 기술적 결함, 합당한 사유로 인한 순간적인 실책, 어설픈 기술 등이 포함되고 테러는 의도적으로 일으킨 사건에 해당된다. 이 책에 등장하는 '테러'라는 표현에는 테러 행위와 더불어 국가 간의 전쟁을 포괄하는 보다 넓은 의미가 담겨 있다.

14장에서 보다 상세히 정리하겠지만, 우리가 (문명을 몽땅 포기하지 않고도) 존재론적 재앙을 피할 수 있는 가장 좋은 방법은 이 오류와 테러에 해당하는 문제를 없애는 것이다. 방법은 여러 가지가 있지만 대부분의 해결 방안은 인류의 도덕적 성장과 합리적 행동이라는 어려운 숙제가 필수 요건으로 포함되어 있다. 이 과제를 해내지 못한다면 향후 몇 세기 내에 분명 인류의 존재에 위기가 닥쳐올 것이다.

추측과 예측

세속적 종말론은 미래학의 한 분야로 볼 수 있다. 미래학에서는 가능성(Possibility, 일어날 수 있는 일)과 확률(Probability, 일어날 가능성 정도), 선호(Preferability, 일어나기를 바라는 일)에 해당하는 '3P'를 중시한다. 학자들 중에는 미래에 대해 구체적으로 무언가를 이야기하기가 어렵다는 이유로 미래학 자체를 거부하는 사람들도 있다. 10년, 20년, 100년 후에 세상이 어떻게 될지 누가 알 수 있느냐는 것이 이들의 생각이다. 1950년대에 사람들이 내다본 2000년도의 세상이나, 1960년대에 인공지능을 연구한 학자들이 세상에 혁명을 일으킬 초지능적인 기계가 곧 등장할 것이라고 주장한 내용만 떠올려봐도 그러한 생각을 이해할 수 있다. 이들의 주장으로 인해 미래의 일은 실체를 밝히려고 아무리 애써봐야 정확하게 알 수 없으므로 시간 낭비일 뿐이라는 문제가 지적된다.

그러나 이와 같은 비난은 절반만 옳다. 그 첫 번째 이유로 모든 연구에는 분야와 상관없이 미래에 관한 주장, 즉 미래학적인 요소가 포함된다는 점을 들 수 있다. 자연과학에서 이론이나 가설을 수립하는 주된 이유 중 하나가 특정한 조건이 충족되었을 때 어떤 일이 일어날지 예측하는 것이다. 아인슈타인의 상대성 이론대로라면 국제우주정거장에 머물면서 지구 궤도를 도는 우주 비행사들은 지구에 있는 우리보다 노화가 더 천천히 진행되어야 한다. 빠르게 움직일수록 시간이 느리게 흐른다는 원리를 적용한 이 가설에서는 우주정거장에 있는 사람이 느끼는 주관적인 속도가 아니라 지구에 있는 우리가 느끼는 상대적 속도가 기준이 된다. '시간 지연'이라 불리는 이 현상을 적용할 경우, 쌍둥이 중 어느 한쪽이 명왕성으로 떠났다면 지구에 남아 있던 쪽보다 나이가 덜 든 상태로 돌아오게 된다. 중력도 시간의 속도를 늦춘다. 즉 지구와 가까운 곳에 있을수록 시간은 (상대적으로 지구와 멀리 있는 사람보다) 더 천천히 흐른다. 발가락은 두피보다 지구 가까이에서 보내는 시간이 훨씬 더 많으므로, 이 원리대로라면 두피는 발가락보다 더 빨리 늙는 것이다.

이것은 모두 아인슈타인 이론을 토대로 예측한 결과다. 미래에 벌어질 수 있는 일을 구체적으로 주장한 것이고, 실험 증거를 통해 매우 정확한 가설로 확인되었다. 예를 들어 국제우주정거장에 있는 시계는 실제로 지구에 있는 시계보다 천천히 간다. 또한 '지면과의 거리가 1미터 이내로 차이 나면' 시간이 흐르는 속도가 다르다는 사실도 여러 실험을 통해 입증되었다.[32] 요지는 물리학이나 관련 분야의 이론에는 미래학적인 요소가 본질적으로 중심이 된다는 것이다. 그리고 미래학은 다양한 분야에 걸쳐지는 부분이 많은 광범위한 학문이다. 어떤 분야든 앞으로의 일을 예측한 가설에는 모두 미래학의 요소가 포함되어 있다.

미래 예측이 무익하다는 주장이 절반만 옳은 두 번째 이유는 예측을 통해 일종의 스펙트럼이 형성되기 때문이다. 스펙트럼의 한쪽 끝은 예측 정확성이 매우 높은 현상이 차지하며, 일부의 경우 이에 해당하는 현상이 '사실상 확실하게' 일어난다. 한 예로, 과학자들은 67P 추류모프 게라시멘코67P/Churyumov-Gerasimenko라는 혜성에 탐사선 로제타호를 착륙시켰다. 여러 매체가 이 사건을 "62억 킬로미터 떨어진 곳으로 세탁기를 총알처럼 쏘았는데 무사히 착륙한 것"과 다름없는 일이라고 묘사했다.[33] 또한 이것은 목적지로 정한 혜성이 앞으로 어떻게 될 것인지 정확히 알아야 할 수 있는 일이었다. 이를 위해 과학자들은 관찰 결과와 물리학 법칙을 토대로 상당히 정확한 예측을 할 수 있었다. 일식과 월식, 수소 원자 두 개와 산소 원자 하나가 결합될 때 발생하는 에너지, 핵 연쇄 반응으로 발생할 수 있는 결과, '핏빛 개기월식'이라 불리는 현상이 나타나는 시기(일부 기독교인들은 요엘 2장 30~31절과 요한계시록 6장 12절 같은 예언 구절을 근거로 들며, 이를 종말과 밀접한 관련이 있는 중요한 현상으로 여긴다)도 그와 같이 결과를 쉽게 예측할 수 있는 사례에 해당한다.

예측 스펙트럼 반대쪽 끝에는 예상을 완전히 벗어나는 사건들이 자리한다. 예를 들어 다음에 등장할 커뮤니케이션 기술의 대대적인 변화가 어떤 형태일지 예측하기란 거의 불가능하다. 20년 전만 하더라도, 스마트폰이 개발되어 사람들의 옷 주머니마다 들어 있는 필수품이 될 것임을 짐작한 사람은 아무도 없었다. 마찬가지로 2060년 미국 대통령 선거에서 누가 당선될 것인지, 지금으로부터 5주 뒤 남아프리카공화국 요하네스버그는 낮 12시 1분에 기온이 몇 도일지, 인간의 수명을 연장해줄 엄청난 기술이 언제 나타날지 등은 예측할 수 없다.

우주는 결정론을 따른다. 즉 우주와 모든 자연법칙을 꿰뚫을 수 있다면 미래도 한 치의 오차 없이 정확하게 예측할 수 있다.* 그러나 우리는 우주의 세세한 부분을 다 알 수도 없거니와 자연의 법칙을 모두 알 수도 없다. 위에서 언급한 것과 같은 사건들을 전혀 예측할 수 없다는 사실은 우리가 이해할 수 있는 범위에 한계가 있다는 우려를 낳는다. 우리는 2060년의 세상이 어떤 구조일지, 무엇이 미국 대통령 선거에서 승자를 가늠하는 요소가 될지 제대로 예측할 수 없다(아예 그 근처에도 가지 못한다). 미래 예측이 전적으로 가능한 일이기도 하지만, 전혀 가능성 없는 일이 될 수 있음을 보여주는 사례이기도 하다.

다음 장부터 이야기할 거시적 위험은 이 예측 스펙트럼 여러 곳에 분산되어 있다. 일부 주제는 객관적인 역사적 기록이 풍부해 상당히 명확한 예측이 가능하다. 소행성과 행성, 초화산의 영향과 같은 내용이 이에 해당한다. 반면 대유행병의 경우, 과거 기록은 충분히 확보할 수 있지만 맨 처음 병이 발생한 요인이 너무 많아 이 기록만으로는 정확한 원인

* 이 부분은 전체 내용을 간단하게 요약한 것이며, 우주가 결정론을 따른다는 이야기는 확정된 사실이 아니다. 이론물리학자 숀 캐럴(Sean Carroll)이 운영하는 웹 사이트 '뚱딴지같은 우주(Preposterous Universe)'에 방문해보면 "결정론에 관하여(On Determinism)"라는 글에서 이와 관련된 쟁점을 확인할 수 있다. http://www.preposterousuniverse.com/blog/2011/12/05/on-determinism/.

을 파악할 수 없다. 객관적인 증거를 바탕으로 가능성을 가늠할 수 없는 경우에는 어쩔 수 없이 추측의 영역에 들어서게 된다. 이 영역에서 도출되는 가능성은 '객관적'이기보다 '주관적'이라고 할 수 있다. 또한 확실한 자료보다는 예감이 바탕이 된다. 그렇다 해도 이러한 예측이 전부 독단적이라거나 되는대로 내놓은 결과라고 치부할 수는 없다. 주관적인 예측에도 정보가 담겨 있으며, 한정적이나마 최대한 확보할 수 있는 근거를 활용한다. 그러므로 이러한 주관적 예측은 경험적 관점에서 세상을 관찰한 결과가 바탕이 되고 사실이 담겨 있는 추론이라 할 수 있다. 이 책에서 다루는 시나리오 중 가장 추측성이 강한 종말 시나리오를 예로 들면, 우리가 컴퓨터 시뮬레이션 속에서 살고 있으며 이 시뮬레이션이 중단될 수도 있다는 내용이다. 익숙하지 않은 사람들에게는 이러한 원리로 재앙을 논의한다는 것이 터무니없다고 생각될 수도 있겠지만, 이 책에서 제시한 예측은 인간 의식의 기본적인 특징에 '무차별의 원칙'을 어느 정도 적용하고 현시대의 기술적 동향을 있는 그대로 반영해 도출되었다는 점에서 타당성이 매우 높은 추정이라 할 수 있다.

예측과 확률은 서로 직각으로 교차하며 미래학적 추측을 구성하는 양대 축이다. 그리고 예측한 일이 실현될 확률은 추정된 사실인지 여부와 무관하다. 예를 들어 X라는 위기가 발생할 수 있는 객관적인 확률이 5퍼센트일 때, Y라는 위기가 발생할 수 있는 주관적인 확률은 95퍼센트가 될 수 있다. 세계에서 가장 뛰어난 학자들로 꼽히는 위기학자들 중에도 소행성과 지구의 충돌 가능성을 밝힌 구체적이고 세밀한 예측보다는 초지능 기술이 세상을 지배할 수 있다는 추측성 시나리오가 실현될 가능성을 더 염려하는 사람들이 있다. 소행성 충돌이 연구가 훨씬 더 많이 이루어진 위기임에도 불구하고, 실제로 여러(혹은 일부) 위기학자들은 초지능 기술의 영향이 더 중요하다고 보는 것이다.

그러나 주관적인 확률을 이야기할 때는 주의해야 한다. 자유로운 추측에 인지적 편향이 슬그머니 끼어들 경우 명확한 사고를 흐릴 수 있기 때문이다. 따라서 예측 시나리오에 대해 논의하는 경우, 우리는 사후 확신 편향*이나 고정관념, 상상한 내용에 대해서는 논의하지 않고, 도박사의 오류와 같은 나쁜 사고습관에 얽매이지 않도록 계속해서 주의를 기울여야 한다.[34] 이와 같은 편향의 유혹에 넘어가면 위에서 이야기한 X라는 위기가 발생할 리 없다고 판단하거나 Y라는 위기 역시 일어날 가능성이 없다고 판단하는 틀린 결론을 도출할 수 있다.

이번 장의 요지는 예측 시나리오라는 이유만으로 발생 가능성을 무시해서는 안 된다는 것이다. 다음 장부터 이야기할 여러 가지 위기 가운데 일부는 예측이 많은 부분을 차지하지만 전체적으로 과학적인 근거가 토대를 이루므로 의미 있게 살펴보아야 한다. 부록 4에서 상세히 설명하겠지만, 터무니없는 주장이란 그 주장을 뒷받침할 수 있는 근거가 충분하지 않은 경우에만 해당한다.

* 특정 사건의 결과를 확인한 후 애초에 그 일이 일어나리라는 것을 예견했다고 믿는 것-옮긴이.

THE END

What Science and Religion Tell Us about the Apocalypse

2

불과 얼음

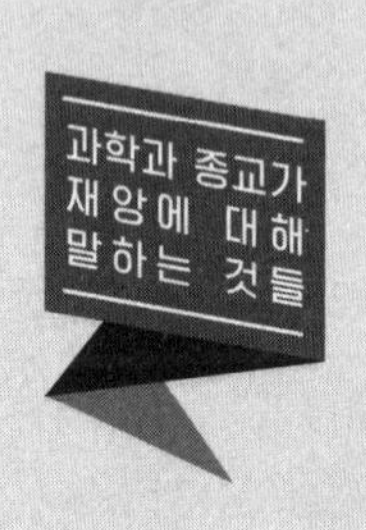
과학과 종교가
재앙에 대해
말하는 것들

분초를 다투는 지구 종말 시계

인류의 미래에 중대한 위기를 가져올 수 있는 현실적인 요소 중 하나는 핵무기다. 지금까지는 핵으로 인한 대참사를 힘들게 피해왔지만, 1945년에 시작된 '원자력 시대' 이후 재난 상황은 수차례나, 그것도 무서울 정도로 임박했었다. 미국의 존 F. 케네디John F. Kennedy 대통령이 쿠바 미사일 위기가 발생한 당시 양국이 전면전에 돌입할 가능성을 '3분의 1에서 2분의 1 사이'라고 추정한 일도 그러한 사례에 해당한다. 미국과 소비에트 연방이 서로 핵 공격을 주고받을지 모르는 이 위험천만한 상황은 이후에도 두세 차례 반복되었다. 하버드 대학교의 그레이엄 앨리슨Graham Allison이 지적한 것처럼 "[쿠바 미사일 위기 이후] 지난 수십 년간 교훈을 얻었지만 그

것이 공격 가능성을 낮추는 데는 전혀 도움이 되지 않았다".[1] 역사적으로 파국을 피한 사례는 많지만 '가까스로 모면한' 것이 사실이다. 세상은 지나온 역사와 어쩌면 전혀 다른 방향으로 흘러갔을지도 모른다.

오늘날 대다수 전문가들이 핵무기의 위협이 상당하다는 점에 동의한다. 즉 세계 어딘가에서 핵폭탄이 터지는 문제는 이제 가능성을 가늠하기보다 시점이 언제인지 파악하는 것이 대체로 더 중요한 사안이 되었다. 앨리슨도 2004년에 발표한 저서 『핵 테러리즘Nuclear Terrorism』에서 "개인적인 판단으로는, 현재와 같은 상황이 이어진다면 10년 내 미국에 핵 테러리스트의 공격이 있을 가능성이 그렇지 않을 가능성보다 높다"고 밝혔다.[2] 다행히 이 예상은 빗나갔지만, 앨리슨의 암울한 예측은 여러 핵 전문가들의 견해를 대변한다. 조지타운 대학교 외교대학 학장인 로버트 갈루치Robert Gallucci는 2005년에 "알카에다 또는 이들과 연계된 집단 중 한 곳이 향후 5년에서 10년 내 미국 어느 도시에 핵폭발을 일으킬 가능성이 있다"고 전망했다.[3] 스탠퍼드 대학교의 암호학자이자 웹 사이트 '뉴클리어리스크NuclearRisk.org'를 만든 마틴 헬먼Martin Hellman도 핵폭발이 발생할 확률은 현시점부터 매년 1퍼센트씩 증가하며 "실질적인 변화가 이루어지지 않는다면 10년 뒤에는 약 10퍼센트가 되고, 50년 뒤에는 40퍼센트에 이를 것"으로 내다보았다.[4] 미국 대량살상무기 확산·테러리즘방지위원회도 2008년 발행한 보고서에서 그리 낙관적이지 않은 전망을 내놓았다. "2013년 말까지 세계 어딘가에서 대량살상무기를 이용한 테러리스트 공격이 발생할 가능성이 있다"는 것이 해당 보고서의 결론이다. 보다 일반적인 견해로, 2005년 미국 안보 전문가 85명을 대상으로 한 조사에서 "응답자의 60퍼센트가 10년 이내 핵 공격이 발생할 가능성을 10~50퍼센트, 평균 29.2퍼센트로 전망했다". 또한 80퍼센트 가까운 응답자가 이러한

공격은 테러리스트 단체에서 비롯될 것이라고 예상했다.[5]

핵 테러의 위험성은 더욱 증가할 가능성이 높다. 게리 애커먼Gary Ackerman과 윌리엄 포터William Potter는 2008년에 발표한 닉 보스트롬과 밀란 치르코비치의 저서 『전 지구적 재앙 위험』에서 "그동안 테러리스트들이 목적 달성에 핵무기를 사용하지 못하도록 방지하던 요소 중 일부가 사라진 것 같다"고 분석했다.[6] 핵무기로 적과 상대하고 싶다는 의사를 노골적으로 밝히는 테러리스트가 점차 늘고 있다는 사실도 이를 뒷받침한다. 이미 고인이 된 오사마 빈 라덴Osama bin Laden은 핵무기를 획득하고 폭발을 일으키는 일이 자신의 "종교적 의무"라 언급했고, 2004년 「뉴욕 타임스New York Times」에는 CIA의 도청에서 알카에다가 '미국판 히로시마' 사태를 일으키려는 계획이 드러났다는 기사가 실렸다.[7] 오늘날 일어나는 종교적 테러는 대부분의 이슬람 국가들에서 결집한 근본주의자들과 관련 있지만, 핵 공격의 위협은 이처럼 종교적인 이유로 인한 폭력의 범위를 훌쩍 뛰어넘어 '극단적인 우익 세력', 특히 '과격한 기독교 신앙을 지지하는 자들'이 포괄되는 더 넓은 범위에서 존재한다.[8] 뒤에서 다시 간략히 설명하겠지만 미국, 러시아, 파키스탄, 북한과 같은 핵무장 국가 역시 핵 공격의 위협이 발생하는 근원이다.

핵으로 인한 파멸 위험성을 평가할 때 필요한 정보를 얻을 수 있는 우수한 출처 중 『핵과학자회보Bulletin of the Atomic Scientists』가 있다. 맨해튼 프로젝트(핵폭탄을 맨 처음 개발한 '거대과학' 사업)에 참여한 물리학자들 가운데 자신이 개발한 무기의 엄청난 파괴력을 깨닫고 충격을 받은 사람들이 발행하기 시작한 이 학술지는 1947년, 인류가 파국에 얼마나 가까워졌는지 대중에게 쉽게 알리기 위해 '지구 종말 시계'를 고안했다. 이 시계에서 분침이 가리키는 위치를 보면 현재 우리가 처한 상황과 인류의 존재가 멸망하는 시점인 자정까지 남은 시간의 비율을 알 수 있다. 지난 수년 동안 이 분침은 상황이 흘러가는 방향에 따라 앞뒤로 이동하며 자정에 가까이 가기도 하고 멀어지기도 했다. 가령 냉전이 사실상 종료된 1991년에는 지구 종말 시계도 뒤로 감겨 11시 43분을 가리켰다. 시계가 처음 만들어진 이후 파멸의 시각과 가장 멀리 떨어진 시기였다.

그러나 최근 시계의 변화를 보면 전 세계가 멸망할 가능성이 높아졌다는 해석이 그대로 나타난다. 2015년, 핵과학자회는 자정까지 남은 시간이 불과 5분이던 시계의 분침을 자정 3분 전으로 앞당겼다. (학회 측이 밝힌 그대로 전하면) "전 세계적인 핵무기의 현대화와 대형화"가 부분적인 이유로 언급되었다. 핵과학자회는 또한 "세계 지도자들은 잠재적 파멸로부터 시민을 보호하기 위한 조치를 속도 면에서나 규모 면에서 적절히 취하지 못했다. 정치적 리더십의 실패로 빚어진 이 같은 상황이 지구의 모든 인류를 위험에 빠뜨리고 있다"고 밝혔다.[9] 1945년 이후 지구 종말 시계가 자정에 이보다 더 가까이 간 적은 '딱 한 번'뿐이었다. 미국과 소비에트 연방 모두 핵융합 무기를 시험했던 1953년의 일이다. 그리고 또 한 가지 깊이 생각해봐야 할 사실이 있다. 핵과학자회의 평가에 따르면 이 책이 출판될 시점을 기준으로 할 때, 현재 우리는 이 시계가 역사상 두 번째로 자정에 가까워진 상태로 70년 이상 머물러 있다는 점이다.

얼음으로 뒤덮인 지옥

지금부터는 몇 가지 전문적인 부분을 상세히 들여다보자. 핵의 위협이 어느 정도인지 이해하는 데 도움이 될 것이다. 일단 핵무기는 두 종류로 나뉜다(전통적인 폭발물에 방사성 물질을 동여맨 일명 '더티 밤'은 제외한다). 첫 번째는 원자폭탄(영어 첫 글자를 따서 'A 폭탄'으로도 불린다), 두 번째는 수소폭탄(H 폭탄, 열핵폭탄으로도 불린다)이다. 이 두 가지 모두 플루토늄Pu이나 우라늄U이 원재료이며, 우라늄의 경우 반드시 '농축' 과정을 거쳐야 한다. 우라늄 농축이란 폭탄의 재료로 사용할 우라늄에 중성자가 많은 동위원소 U-235의 비율을 높이는 것을 의미한다. 원자력발전소에서 사용되는 우라늄('원자로 등급'으로 지칭된다)의 경우 U-235의 비율이 3~4퍼센트인데 반해, '무기 등급'에 해당하는 핵폭탄 원료는 이 동위원소의 비율이 90퍼센트다. 자연에서 발견되는 우라늄은 U-235의 비율이 채 1퍼센트도 안 된다.

원자폭탄과 수소폭탄은 폭발을 일으키는 방식으로 구분된다. 원자폭탄은 원료를 압축하거나 두 개로 나눈 뒤 빠른 속도로 쏘아서 합쳐지도록 해(이를 '포탄' 반응이라고 한다) '임계질량', 즉 원자에서 중성자가 빠져나오는 지점에 이르도록 한다. 이렇게 생성된 아원자 입자는 인접한 다른 원자와 충돌해 중성자 방출을 유도하며 이와 같은 방식으로 원자의 충돌 빈도는 점점 높아진다. 이 '핵분열' 반응으로 핵 연쇄반응이라 불리는 자체 증식이 이루어진다. 그 결과 엄청난 양의 에너지가 폭발 형태로 방출되는 것이다. 한 가지 흥미로운 사실은 히로시마에 떨어진 핵폭탄이 우라늄 비율이 고작 2퍼센트에 불과해, 엄밀히 따지면 핵폭탄이라기보다는 더티 밤dirty bomb*에 더 가깝다는 것이다.[10]

수소폭탄에는 핵분열 반응과 수소의 각기 다른 동위원소가 하나로 합쳐지는 핵융합 반응이 모두 활용된다. 핵이 융합될 때도 핵분열과 마

* 일반 폭탄에 방사능 물질이 포함된 것-옮긴이.

찬가지로 엄청난 양의 에너지가 방출되므로 수소폭탄은 다른 핵무기보다 훨씬 더 파괴적이다. '아이비 마이크Ivy Mike'라는 최초의 수소폭탄은 1952년 미국에서 폭파 실험이 실시되었는데, 히로시마에 떨어진 핵폭탄보다 대략 700배 더 강력한 폭발력을 가진 것으로 확인되었다.[11] 현재까지 지구상에서 폭발한 가장 강력한 폭탄은 1961년 소비에트 연방이 만든 폭탄이다. '차르 봄바(Tsar Bomba, 황제 폭탄)'라는 이름의 이 폭탄은 아이비 마이크의 5배에 달하는 폭발을 일으켰는데, 소비에트 당국이 방사성 낙진을 줄이기 위해 폭발력을 줄이지 않았다면 그 차이는 10배에 이르렀을 것이다.

핵무기가 폭발하면 인접 지역에 속한 모든 것이 기화될 만큼 뜨거운 불덩이가 생겨난다. 그리고 시간당 약 970킬로미터 속도에 달하는 엄청난 폭발이 사방으로 터져나간다. 대기에 거대한 폭발물질이 고밀도로 밀어닥치는 환경에 노출될 경우, 폭발 중심점과의 거리에 따라 고막 파열, 폐와 복강 출혈, 관절 손상과 같은 영향이 발생할 수 있다. 또한 핵무기가 폭발할 때 발생하는 열에너지와 자외선은 10킬로미터 이상 떨어진 곳에 있던 사람까지 1도 화상을 입을 정도로 강력하다. 폭발 순간의 환한 빛(구체적으로는 두 차례 빠르게 번쩍 하고 발생한다)도 워낙 강력해 이후 40분가량 일시적으로 앞이 보이지 않는 증상이 나타난다. 일부의 경우 각막이 타버리는 바람에 영구적으로 시력을 잃을 수도 있다.

폭발이 일어난 뒤 위로 솟구치는 뜨거운 공기로 인해 방사성 입자는 반경 수 킬로미터의 대기 속으로 퍼져나간다. 이것이 '방사성 낙진'으로 불리는 끔찍한 현상이다. 넓은 범위에서는 이렇게 퍼져나간 방사성 입자가 지구 전 대륙의 식품을 오염시킬 수 있고, 좁은 범위에서는 폭발 지역에 있던 사람들이 방사능에 노출되어 DNA가 손상되고 방사능으로 인한 급성 질환과 암 같은 문제에 시달릴 수 있다. 히로시마와 나가사키에 핵폭탄이 투하되었을 때, 폭발이 일어나고 30~40분 흐른 뒤 하늘에서 "방사능 오염도가 굉장히 높은, 찐득찐득하고 시커먼 물" 형태로 낙진이 나타나기 시작했다. '검은 비'로 불린 이 물질은 "피부와 옷, 건물을 오염시켰을 뿐만 아니라 숨을 쉬면서 흡입되고 오염된 음식과 물을 통해서도 체내로 유입되었다". 이로 인해 폭발 지역에 있던 수많은 사람들이 극심한 방사선 질환의 희생양이 되었다.[12]

핵폭발은 불이 폭풍처럼 휘몰아치는 현상, 즉 대형 화재가 돌풍을 일으킬 정도로 엄청나게 번져가는 사태를 일으키기도 한다. 히로시마 핵폭발 당시 7만 명에서 8만 명에 이르는 인명 피해가 발생한 원인 중 하나가 바로 이 불 폭풍이었다. 게다가 거대한 불 폭풍으로 그을음이 성층권(우리가 살고 있는 대류권 바로 위에 해당하는 대기층)까지 도달할 정도로 다량 발생한다. 어마어마한 양의 그을음이 수개월에서 수년, 심지어 수십 년 동안이나 대기를 뒤덮어 태양빛을 가릴 수도 있다.[13] 이로 인해 대지의 온도가 영하권으로 뚝 떨어져 기후가 비정상적으로 서늘해지는 핵겨울이 시작될 수 있다. 핵겨울이 찾아오면 농작물 생산량이 급감해 대대적인 기근과 기아, 영양실조가 광범위하게 발생하는 것은 물론, 감염 질환 확산(영양실조도 여기에 한몫한다), 사회적 혼란, 경제 붕괴와 같은 문제가 뒤따른다.

9장에서 이야기하겠지만 화산 폭발 시에도 화산 겨울이 발생한다. 그러나 화산 겨울은 그 영향력이 아무리 심각해도 장기적인 핵겨울의 영향력에는 미치지 못할 것으로 추정된다. 한 예로 200여 년 전 화산 폭발로 기후가 서늘해지자 농작물 생산이 크게 줄고 기근과 굶주림, 영양실조, 광범위한 사회적 불안, 폭동, 여러 건의 대형 전염병과 같은 사태가 발생했다. 핵무기가 불 폭풍을 일으키고 그 과정에서 발생한 그을음이 이후 10년 동안 태양빛을 차단할 정도로 다량 발생할 경우, 종말론적 측면에서 훨씬 더 암울한 결과가 나타날 수 있다. 인류 문명이 영구적으로 망가지거나 완전히 파괴되는 결과도 초래할 수 있다. 극단적인 경우, 핵겨울의 영향이 지구 전체로 확산되어 핵무기가 결국 인류의 멸종을 일으키는 일이 벌어질 가능성도 있다.

신은 우리 편

2010년 10월, 일본인 예술가 하시모토 이사오橋本勇男는 '핵무기의 두려움과 어리석음'을 보여주기 위해 시작한 세 가지 프로젝트 중 첫 번째 비디오 영상을 유튜브에 게시했다.[14] 그가 프로젝트에 담아낸 개념은 단순하지만 매우 날카로운 시각이 느껴진다. 1990년대 초반에 유행했던 비디오게임 화면을 떠올리게 하는 하시모토의 영상에는 원자력 시대의 막이 열린 1945년부터 1998년까지 첫 53년 동안 일어난 사건들이 총 12분 분량의 타임랩스 비디오 형식으로 압축되어 있다. 가만히 보고 있으면 우울한 분위기를 자아내는 칙칙한 푸른색 세계 지도가 나타나고 한 달이 지날 때마다 1초 간격으로 규칙적인 기계음이 들린다. 그러다 태평양의 어느 섬과 아프리카, 중국에서 핵폭탄이 터진 시점이 되면 (기본적으로 깔린 기계음과는 다른) 경고음이 울리면서 그 지점이 점으로 표시된다. 화면 하단에는 핵폭탄을 폭파시킨 국가의 국기가 등장하고 그 옆에 터트린 폭탄의 숫자가 표시된다.

　초반부에는 아무런 일도 벌어지지 않는다. 화면이 그대로 고정된 것처럼 보여 그만 꺼야겠다고 생각하는 사람도 있을지 모른다. 그러나 중반부에 이르면 번쩍이는 점 표시가 여기저기서 마구 튀어나오고 스피커에서 기계음이 울려대 기본적으로 들리던 규칙적인 소리는 거의 들리지 않는다. 이런 상황이 지속되다가 1993년에 이르면 영상은 다시 으스스할 정도로 침묵에 휩싸이고 빛과 소리는 간간이 등장한다. 영상은 막바지에 이를 때까지 아주 고요하게 흘러가는데, 끝부분이 되면 핵폭발 누계가 2,053건이라는 충격적인 집계가 나타난다. 이런 광기 어린 상황이 펼쳐졌음에도 현재까지 핵겨울이 찾아오지 않은 유일한 이유는 핵폭탄이 그을음의 주원인인 불 폭풍이 시작될 수 없는 외진 장소에 의도적으로 설치되었기 때문이다(그러나 그린피스는 다음과 같이 지적한다. "핵실험과 핵무기 연구, 배치로 인해 발생한 방사성 물질은 수만 년에 걸쳐 현재 지구상에 살고 있는 사람들과 후대에 전달될 것이다. 이는 생애 중 암이 발생할 위험성을 작게나마 높이는 결과를 초래한다"[15]).

우리 모두가 함께 살아가는 지구촌에 핵무기가 가장 많이 존재한 시기는 1986년으로, 6만 5,000개라는 어마어마한 규모에 달했다. 이 불명예스러운 시기 이후에는 핵무기 보유고가 크게 줄었지만 아직까지 남아 있는 양도 지구를 파괴하기에 충분하다. 미국은 2009년을 기준으로 약 1만 기의 핵탄두를 보유하고 있으며, 약 1,500개의 미니트맨 대륙간 탄도미사일과 잠수함에서 발사되는 탄도미사일, B-52 폭격기에 이 핵탄두가 설치되어 있다. 표 A를 보면 러시아는 미국보다 수천 개 더 많은 핵무기를 보유하고 있으며 대륙간 탄도미사일 보유고도 두 배 이상 많다. 러시아와 미국 외에 핵무기 보유국은 프랑스, 영국, 중국, 파키스탄, 인도, 이스라엘, 북한이다(이들이 보유한 무기는 하시모토가 만든 영상에 등장하지 않는다). 이스라엘은 대략 200개의 핵무기를 가진 것으로 추정되나 '핵확산금지조약'에 서명하지 않았다. 인도, 파키스탄, 북한도 마찬가지다.[16] 이스라엘은 공식적으로 자국이 중동 지역에서 유일하게 핵무기를 보유한 국가라고 이야기하지만, 이 주장에는 다소 애매하고 비밀스러운 부분이 있다.

냉전 이후 소비에트 연방이 붕괴되고 공산주의와 자본주의의 충돌은 진정 국면에 접어들었지만, 미국과 러시아 사이의 긴장감은 더 고조된 것으로 보인다. 실제로 지난 몇 년간 지구상에서 핵무기를 가장 많이 보유한 이들 양대 핵 제국의 관계는 악화일로로 치달았다. 러시아의 블라디미르 푸틴Vladimir Putin 대통령이 2014년 연설에서 두 나라가 '신新 냉전'에 돌입할 수 있다고 언급했을 정도다. 그 와중에 북한은 미국을 향해 핵전쟁을 일으킬 수 있다고 계속 협박해왔다. 최근 제임스 프랑코James Franco 감독이 만든 2류 '코미디' 영화 〈인터뷰The Interview〉에 이러한 상황이 잘 담겨 있다. 겁 없는 북한 지도자 김정은의 암살을 다룬 이 영화가 완성되자 북한은 '테러 영화', '전쟁 행위'라고 비난하며 개봉할 경우 2014년 6월 '무자비한' 앙갚음이 시작될 것이라고 협박했다. 다행히 핵공격이 감행되지는 않았으나, 이 영화는 역사상 최대 규모의 사이버 파

표 A 핵무기 보유 현황, 2009년 기준[17]

국가	대륙간 탄도 미사일	단거리 미사일	폭탄	잠수함/비전략 미사일	보관/해체 대기 중	2009년 총계	2000년 총계
러시아	1,355	576	856	2,050	8,150	12,987	21,000
미국	550	1,152	500	500	6,700	9,552	10,577
프랑스	-	-	60	240	-	300	350
이스라엘	-	-	-	-	-	200	0
영국	-	-	-	192	-	192	185
중국	121	-	55	-	-	176	400
파키스탄	-	-	-	-	-	90	0
인도	-	-	-	-	-	75	0
북한	-	-	-	-	-	2	0

괴 행위, 혹은 사이버 테러 행위의 표적이 되었다.

인도와 파키스탄 역시 역사적으로 오랫동안 이어진 갈등이 쌓이고 쌓여 2002년에는 급기야 "양국 정부가 전쟁을 한다면 아마도 핵전쟁이 될 것"이라는 예상이 나왔다.[18] 실제로 많은 전문가들이 향후 핵전쟁이 발발할 가능성이 가장 높은 지역으로 남아시아를 꼽는다. 만약 이 두 나라 사이에 핵전쟁이 일어난다면, 북아메리카나 유럽 대륙보다 인구밀도가 훨씬 높은 특성 탓에 지역민들은 엄청난 타격을 입을 것이다.[19] 즉 똑같은 폭발력으로 더 많은 사람이 목숨을 잃는 것이다. 또한 인도와 파키스탄의 핵전쟁으로 핵겨울이 시작되어 결국 전 세계 모든 사람들이 피해를 입을 수 있다. 한 연구에서는 "아열대 지역의 도시에 히로시마에 투하된 폭탄 100기(15킬로톤)에 해당하는 규모로 핵전쟁이 발생할 경우 수년간 해당 지역과 전 세계의 기온이 낮아질 것"이라고 분석했다. 또한 "해로운 자외선으로부터 지구를 보호하는 오존층에 새로운 구멍이 발생하고 전 세계 강수량이 10퍼센트가량 감소해 농업 생산량이 크게 줄어들 것"이라는 전망도 내놓았다.[20]

그런데 파키스탄이 특히 우려되는 또 다른 이유가 있다. 표 A에도 나와 있듯이 90기의 핵무기를 보유한 이 나라의 상황이 지난 10년간 더욱 불안정해졌기 때문이다. 핵무기 보유고는 세 배로 늘어났지만 알카에다 지도부가 파키스탄 북부 지역을 기지로 삼지 못하도록 막는 일에는 실패했다는 점도 이러한 상황을 뒷받침한다.[21] IS는 파키스탄군과 전투를 지속하기 위한 종합 계획으로 10인 '전략계획팀'을 구성했는데, 이후 2015년까지 수많은 전투 인력이 IS에 가담한 것으로 알려져 있다.[22] 파키스탄이 핵개발 프로그램의 보안을 철저히 유지하지 못한 전례가 있다는 점을 떠올리면 이러한 변화는 상당히 걱정스럽다. 보안 실패 사례로 가장 많이 알려진 사건은 이제 명성보다 악명이 더 높아진 물리학자 압둘 카디르 칸Abdul Qadeer Khan이 북한과 이란, 리비아에 핵폭탄과 관련 기술을 몰래 팔아넘긴 일이다. 칸은 2004년에 체포되었지만 그가 저지른 불법적인 행위는 제대로 해결되거나 수습되지 않았다(심지어 2009년에는 가택연금에서 풀려나 지금은 자유의 몸이 되었다). 그러니 IS와 같은 단체를 대상으로 "핵 기술을 퍼뜨리는 제2의 칸"이 등장할 가능성이 매우 다분한 상황이다.[23] 미국 대량살상무기 확산·테러리즘 방지위원회도 "오늘날 발생하는 테러와 대량살상무기를 지도에 표시한다면, 모든 길이 파키스탄과 만날 것"이라는 입장을 밝혔다.[24]

극단적 이슬람교도만 핵을 꿈꾸는 것은 아니다. 우익에서도 그러한 위협적인 세력이 증가하는 추세이며, 그 대부분이 극단적인 기독교 이데올로기와 관련이 있다. 앞서 1장에서 이야기했던 기독교 정체 신학 운동도 그중 하나다. 이 흐름에 동참하는 이들은 종말론적 시각을 바탕으로, "폭력적인 대혼란을 일으키는 한이 있더라도 믿지 않는 자들을 제거해 세상을 깨끗하게 정리하고 정화시켜야 한다"는 깊은 믿음을 갖고 있다.[25] 찰스 퍼거슨Charles Ferguson과 윌리엄 포터도 공동 저술한 『핵 테러의 네 가지 얼굴The Four Faces of Nuclear Terrorism』에서 "절박한 마음과 종교적 열정으로 뭉친 이러한 유형의 단체들에서는 몇 가지 특성이 나타난다"고 설명하면서, "이러한 특징을 살펴보면, 향후 이들이 핵 테러리스트가 될 수 있다는 심각한 우려를 하게 된다"고 밝혔다.[26] 큐클럭스클랜Ku Klux Klan, 명령the Order, 방어행동Defensive Action, 프리먼 커뮤니티Freemen Community, 아리안 네이션Aryan Nations과 같은 테러리스트 그룹도 비슷한 상황이다. 오클라호마시에서 폭탄 테러를 일으킨 티머시 맥베이Timothy McVeigh도 "민간 무장단체에 소속되어 활동하면서 기독교 정체 신학을 접했다"고 밝힌 것을 보면, 테러 행위에 정체 신학이 영향을 주었을 것으로 추정할 수 있다.[27] 오클라호마시의 폭발 사건은 9·11 테러 이전 미국에서 가장 큰 피해를 발생시킨 테러였다.

'평화를 위한 원자력'을 기치로 내세우며 이를 알리는 일에 전력을 쏟고 있는 국제원자력기구IAEA 전前 사무총장도 "핵 테러는 현재 전 세계가 직면한 가장 심각한 위협이다"라는 견해를 밝힌 적이 있다. 앞서 등장한 하버드 대학교의 앨리슨과 동료들도 동의한 그의 생각이 사실인지는 모르지만, 핵으로 인한 종말의 위협이 현대판 메소포타미아 사막 한복판에서 AK-47 소총을 거머쥐고 있는 사람들만 일으킬 수 있는 것이 아닌 것도 분명한 사실이다. 핵전쟁 가능성을 높이는 데 적지 않은 역할을 담당하지만 아직 테러리스트로 분류되지 않은 수많은 존재들이 있다. 이 책 13장에서 설명할 '아마겟돈 로비', 즉 미국에 이란과 대립하라는 압박이 가해졌던 사례도 그러한 예에 해당한다. 이 로비 활동에서 막강한 영향력을 발휘한 리더들 중 한 사람은 이란을 상대로 핵 선제공격을 감행해야 한다고 수차례 단호하게 주장해왔다. '세대주의 신앙'을 믿는 이러한 세력은 이라크와 시리아에서 활동하는 지하드 세력만큼이나 세계평화를 위협한다.

위기일발, 일촉즉발

지금까지는 테러로 인해 발생할 수 있는 위협에 대해서만 집중적으로 살펴보았다. 그러나 이중용도로 활용할 수 있는 기술에 오류라는 문제가 발생할 수도 있다. 인류가 스스로 제물이 되지 않으려 조심하고 가까스로 그 위협을 넘긴다 한들, 핵겨울의 어두컴컴한 하늘 아래에서 굶어 죽을 가능성은 여전히 존재한다. 지나온 역사에서도 실수와 사고, 태만, 기술적인 문제로 핵이 재앙을 일으킬 뻔했던 사례를 무수히 찾을 수 있다. 1961년 1월 24일, 수소폭탄 두 기가 실린 보잉 B-52 스트래토포트리스 폭격기가 미국 동부 해안 상공을 날고 있었다. 소비에트 연방이 사전 경고 없이 공격해올 것에 대비해 핵무기를 상공에 상시적으로 띄워두는 '크롬 돔 작전'에 따라 비행 중이었다. 그런데 비행기 우측 날개에서 다량의 연료가 새어나오기 시작했다. 불과 1분 30초 만에 연료 탱크 중 하나가 텅 비고 메인 탱크에 저장된 연료도 흘러나왔다. 조종사는 다급히 비행기를 노스캐롤라이나 웨인카운티에 위치한 미 공군기지 쪽으로 돌렸다.

비행기가 지상 3킬로미터에서 600미터 상공까지 내려와 착륙 장치가 활주로에 막 닿으려는 순간, 폭발이 일어났다.[28] 선체에 실려 있던 수소폭탄 두 기가 분리되어 그대로 공중에 떨어졌다. 하나는 시속 약 1,000킬로미터 속도로 추락해 땅과 충돌했고,[29] 다른 하나는 낙하산이 펼쳐지고도 공군 측이 처음 작성한 보고서 내용과 달리 총 7단계로 구성된 폭발 과정이 6단계까지 진행되었다. 둘 다 폭발하지는 않았지만 "우라늄이 담긴 폭탄 하나의 일부가 소실되었다. 침수된 농지를 15미터 깊이까지 파헤치고도 찾지 못했다".[30] 혹시라도 수소폭탄 중 하나가 터졌다면 미국이 공격받은 것으로 오인받아 소련에 보복 공격을 해야 한다고 내몰리는 상황이 촉발될 수도 있었다. 이것이 악명 높은 '골즈버러 B-52 추락사고'의 전말이다.[31]

2007년에는 노스다코타에서 루이지애나 공군기지로 향하던 B-52에서 사고가 발생했다. 선체에 핵미사일 여섯 기가 실려 있다는 사실을 조종

사가 까맣게 모르고 있었다는 것만 제외하면 별다를 것 없는 비행이었다. 공군 무기 담당관이 조종사에게 무기가 실린 사실을 통지하도록 되어 있었지만, 해당 담당자는 이 폭격기의 화물칸 점검을 다섯 번이나 누락하는 실수를 저질렀다. 루이지애나 기지에 도착한 비행기는 적절한 안전조치가 없는 상태로 활주로에 24시간 동안 서 있었다. 이 어리석은 실수로 70명의 항공병이 처벌을 받았다. (비행기 충돌사고가 일어날 경우) 핵 재앙이 발생할 수도 있고, 미사일이 도난당할 수도 있었다.[32]

그런데 이런 사례는 한두 건이 아니다. 핵 어뢰를 싣고 있던 미국 잠수함이 자취를 감춰버린 일도 있다. 선체에 실려 있던 어뢰 두 기는 지금도 대서양 바닥 어딘가에 가라앉아 있을지 모른다. 1969년 해군 법정에 제출된 보고서는 1993년에야 일반에 공개됐는데, 그 내용을 보면 해상 훈련 도중 잠수함에 실려 있던 일반 어뢰 가운데 하나가 갑자기 활성화되어 함장은 잠수함과 분리시키기로 결정했다. 그런데 어뢰의 자동유도장치가 작동하는 바람에 멀리 날아가던 어뢰가 잠수함을 향해 다시 날아왔다.[33] 1983년에는 스타니슬라프 페트로프Stanislav Petrov라는 사람이 미국에서 발사되어 소비에트 연방으로 날아간 핵미사일을 미사일 조기경보 시스템을 통해 두 차례 보고받았으나 문제의 미사일이 실수로 발사되었다는 사실을 제대로 파악해 세상을 큰 위험으로부터 구했다. 2014년 우드스톡 영화제에서는 이 사고를 소재로 한 영화가 '세상을 구한 남자'라는 썩 어울리는 제목으로 상연되었다.

미국에는 LGM-30 미니트맨 핵미사일이 포함된 미사일 발사 시설이 세 군데 마련되어 있는데, 하나같이 관리 상태가 그리 좋지 않다. CBS는 와이오밍주의 미사일 격납고를 취재하고 탄두 캡슐로 이어진 출입문이 망가졌다는 사실을 보도했다. 문은 계속 열려 있도록 쇠 지렛대로 고정되어 있어 문 바로 위에 붙어 있는 위험 경고판이 무색할 정도다. 미국 대통령이 미사일 발사 명령을 내릴 경우 그 통보가 도착하는 컴퓨터도 1980년대와 1990년대에나 쓰던, 플로피디스켓으로 작업을 처리해야 하는 구형 모델이다. 몬태나주 맘스트롬 공군기지에서는 미사일 발사 담당관이 매달 치르는 업무능력시험의 답을 동료에게 문자 메시지로 알려준 사실이 드러났다. 「뉴욕 타임스」는 "매월 실시되는 이 평가시험에서 부정행위를 저지르거나 부정행위가 이루어지고 있다는 사실을 발사 담당관 절반 가까이가 알고 있다"고 보도했다.[34] 이 사건에 연루된 '100여 명의 관련자'를 둘러싼 파문이 거세지자 34명이 자격을 박탈당했고, 9명은 해고되었다.[35] 노스다코타 기지에서는 감사 기간에 맡은 역할을 제대로 수행하지 못한 17명의 핵미사일 발사 담당관이 자격을 잃었다. ABC는 "이들 중 한 사람은 핵 발사 암호에 문제를 일으킨 혐의로 조사를 받고 있는데, 징계 여부는 아직 보류 중"이라고 보도했다.[36]

지금까지 살펴보았듯이, 핵 테러의 위협은 중대한 문제이고 지금도 계속 이어지고 있다. 세계 각국이 핵으로 만든 무기를 대량 보유하고 있는 한, 실수로 그중 하나가 발사될지 모른다는 암울한 가능성도 계속 우리를 따라다니며 위협할 것이다. 최악의 경우 실수로 벌어진 사고가 다른 나라와의 핵 교전을 촉발할 수도 있다. 내가 이 글을 쓰는 시점에 미국과 러시아는 2,000기에 달하는 핵미사일을 서로 겨누고 있다(여러분이 이 책을 읽을 때쯤이면 제발 상황이 바뀌기를 바란다).[37] (더 구체적으로 설명하면 이 미사일들이 정확히 서로의 국토를 향하고 있지는 않지만 15분 정도면 그렇게 만들 수 있다.[38]) 핵폭발이 한두 차례 일어나면 수백만 명이 목숨을 잃을 뿐만 아니라 불 폭풍의 여파로 핵겨울이 시작되고, 지구에서 살아가는 지적 생명체의 목숨이 위태로워진다. 2009년, 핵무기 확산 금지와 해체를 주제로 열린 유엔 안전보장이사회에서 버락 오바마Barack Obama는 "지구상 어느 곳에서든 핵폭탄 하나가 터진다면 우리의 안보 수준과 경제, 생존 방식이 크게 불안해질 것"이라고 정확하게 지적했다.[39] 이를 한마디로 정리하면, 핵이라는 죽음의 계곡에 드리워진 거대한 그림자는 테러가 아니라 실수 때문에 그 범위가 더욱 확대될지도 모른다.

머리 숙이고 덮기

원자력 시대가 열렸지만 손쓸 방법이 전혀 없는 것은 아니다. 핵무기의 위협으로부터 벗어나기 위해 우리가 실천할 수 있는 구체적인 방법이 있다. 그 한 가지가 핵 보유고를 제한하거나 아예 핵무기를 없애자는 조약을 체결하고 실행하는 것이다. 전 세계 "공직자, 외교관, 두뇌 집단, 학자들"은 현행 '핵확산금지조약'이 "적절치 않고 위험과 위태로움에 처한 상황이며 효력이 약하다"는 견해에 대체로 동의한다.[40] 2005년, 조지 W. 부시George W. Bush 대통령이 임명한 유엔 주재 미국대사 존 볼턴John Bolton은 2000년에 합의된 핵 군축과 총 13단계로 구성된 실행 계획에 대해 실효성이 없다고 밝혔다. 볼턴은 이와 관련해, 핵확산금지조약 검토 회의에서 도출되는 '결과 문서'에 '군축'이라는 단어를 사용해서는 안 된다는 입장을 전했다.[41] 우연의 일치인지, 부시 행정부는 그보다 2년 앞서 '핵 벙커버스터'라 불린 방사능 소량 방출 무기를 새로 개발한다는 계획을 밝혀 논란을 일으켰다. 핵 벙커버스터는 폭파 전에 땅속 깊숙이 침투할 수 있는 무기다. 전문가들은 이런 무기가 핵전쟁과 전통적인 전쟁의 경계를 모호하게 만들 수 있으며, 이는 더 강력한 핵무기가 동원되는 갈등의 씨앗이 될 수 있다고 우려했다. 다행히 이 계획은 무산되었다.

역사적인 관점에서 보면 핵확산금지조약과 같은 협의도 어느 정도는 효과가 있다. 적어도 국가 간 협약 수준에서는 그런 것으로 보인다. 그 예가 1993년에 시작된 '메가톤 메가와트 전환 프로그램The Megatons to Megawatts Program'이다. 러시아가 '미국 도시를 파괴하려는 목적으로 설치된 핵탄두'의 고농축 우라늄을 저농축 우라늄으로 바꾸어 미국 원자력발전소가 연료로 사용하기로 한 협약이었다. 이를 통해 미국에서 2000년부터 2010년까지 생산된 원자력 에너지의 절반가량이 한때 서구 지역을 공격하려는 목적으로 만들어진 우라늄을 재처리한 연료로 만들어졌다는 사실을 아는 사람은 별로 없다.[42] 악의적인 목적을 가진 테러 집단도 엄중한 대응책을 마련하면 위협을 크게 약화시킬 수 있다. 앞서 소개했던 앨리슨의 저서 『핵 테러리즘』도 부제가 '결국에는 막을 수 있는 재앙The Ultimate Preventable Catastrophe'이다. 그러나 테러의 위협을 줄이기 위해서는 세계 모든 정부가 중대한 역할을 하고 일치된 노력을 기울여야 한다. 1993년부터 2013년까지 국제원자력기구에 신고 접수된 '핵 또는 기타 방사성 물질의 도난 또는 소실' 사고는 664건에 이른다.[43] 심각한 문제로 이어질 수 있는 이 같은 사례를 막기 위한 대책도 필요하다.

핵무기가 있는 세상이 없는 세상보다 더 안전하다고 주장하는 분석가들도 있지만,[44] 핵무기가 존재하는 한 핵과 관련된 실수와 테러가 인류의 미래에 거대한 위협이 된다는 사실은 분명하다.

THE END
What Science and Religion Tell Us about the Apocalypse

3

끝

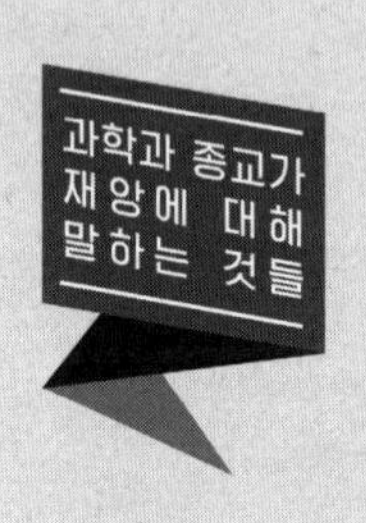
과학과 종교가
재앙에 대해
말하는 것들

아수라장

제1차 세계 대전과 1918년에 번진 스페인 독감 중 더 많은 사람들에게 고통을 안겨준 사건은 무엇일까? 제1차 세계 대전은 1914년부터 1918년까지 4년간 이어졌지만 스페인 독감은 1918년에 시작되어 1920년에 끝났다. 대부분 이 질문에 "당연히 제1차 세계 대전!"이라고 대답한다. 물론 둘 다 큰 재난이었지만 사람들의 전반적인 평가대로라면 제1차 세계 대전 쪽이 더 커다란 불행인 것 같다. 반면 스페인 독감은 아예 들어본 적도 없는 사람이 많다. 그러나 놀랍게도 스페인 독감이 단 2년 만에 앗아간 생명은 칼과 총, 폭탄에 맞아 진흙에 고꾸라진 제1차 세계 대전 희생자보다 무려 6,300만 명이나 더 많다. 이 인플루엔자로 숨진 사람은 제1차 세계 대전 사망자 수의 약 세 배에 달한다. 다른 감염병과 전쟁을 비교한 통계 결과에서도 이와 비슷한 양상이 나타난다. 14세기에 유럽 대륙을 초토화시킨 흑사병만 하더라도 30년 전쟁과 러시아 내전, 몽골 침략 전쟁, 십자군 전쟁, 제1차 세계 대전, 제2차 세계 대전 희생자를 모두 합한 것보다 더 많은 목숨을 앗아갔다.

우리가 흔히 균이라고 칭하는, 병을 일으키는 미생물은 인류 역사에 어마어마한 절망과 고통, 죽음을 일으키고 있다. 믿기 힘들지만, 현재 우리가 처한 현실이 그렇다. 전염병은 역사의 흐름에 실제로 커다란 영향력을 발휘해왔다. 3세기 키프로스에 번진 역병도 한 예다. 흑사병으로 추정되는 이 전염병이 돌자 로마에서 하루 만에 5,000명이 숨진 것으로 전해진다.* 흥미롭게도 이 비통한 사태로 인해 기독교가 융성했다. 세상에 나온 지 얼마 안 된 이 신흥 종교를 따르던 사람들이 병으로 목숨을 잃기 전에 '순교'의 길을 택한 것이 가장 큰 영향을 준 것으로 보인다. 신을 믿지 않는 자는 죽어도 마땅하다는 시각이 기독교 내에 형성되자 개종자가 늘어난 것이다. 이를 뒤집어서 이야기하면 키프로스에 역병이 번지지 않았다면 기독교가 종교적으로 현재와 같은 막강한 힘을 가지지 못했을지도 모른다.[1]

균이 역사를 만든 또 하나의 예는 크리스토퍼 콜럼버스Christopher Columbus가 바하마 제도를 발견하고 몇 세기 흐른 뒤 유럽인들로 인해 아메리카 원주민들이 대거 목숨을 잃은 일이다. 규모가 큰 사회의 대표적

* 수많은 사망자를 낸 이 사태는 우연찮게도 예수가 예언한 내용과 일치했다. 그로 인해 수많은 기독교인들이 끔찍한 비극 앞에서 "어마어마한 기쁨"에 사로잡혔다. 어떤 키프로스 사람은 신나서 당시 상황을 다음과 같이 묘사했다. "하느님의 왕국에서 가장 사랑받는 형제들에게 아슬아슬한 순간이 찾아오기 시작했다."

인 특징 중 하나는 구성원들이 '안고 있는 병'이 심각한 수준이라는 점이다. 소위 '문명화된' 사람들은 '원시인'이라 일컬어지는 사람들보다 훨씬 더 몸이 골골한 경향이 있고, 이러한 비대칭적인 특징은 거대한 제국이 소집단을 비교적 쉽게 무찌르고 파괴하는 유리한 수단이 되었다. 혹시라도 외계 문명이 지구를 찾아온다면 인류는 그들의 사악한 목적보다는 그들을 통해 전달된 병 때문에 목숨을 잃을 가능성이 높다.

이렇듯 인류의 과거를 유령처럼 따라다닌 병원균은 미래에도 도사리고 있는 불안 요소다. 20세기 이전에는 감염 질환을 예방하고 증상을 약화시킬 수 있는 현대의학의 성과(백신, 항생제 등)가 활용되지 못했지만, 지금처럼 도심에 빼곡하게 밀집해서 살지도 않았고, 이리저리 복잡하게 형성된 국가 간 이동과 무역 네트워크에 크게 의존하지도 않았다. 이와 같은 현대 사회의 특징은 모두 병원균의 확산을 가속화하는 요인이 될 수 있다. 2014년에 에볼라가 창궐했을 때도 라이베리아에서 미국까지 바이러스가 번진 속도는 실제 제트 여객기의 속도와 맞먹는 수준이었다. 오늘날 비행기를 타고 수백, 수천 킬로미터 떨어진 수백 곳의 목적지로 향하는 사람들의 숫자는 하루 300만 명에 이른다. 식품을 다량 수입하고 수출하는 국가도 점차 늘면서 사람뿐만 아니라 식품도 전 세계를 오간다.[2] 좁은 지역에 엄청난 인구가 모여 사는 것도 문제다. 스페인 독감이 발생했을 때 피해 규모가 전 세계 인구의 33퍼센트라는 어마어마한 규모가 된 것도 사회의 이러한 특징이 큰 영향을 미쳤다.

자연은 생명체의 유전자를 이리저리 조정할 수 있는 전문가이고 생명의 기본 구조를 쉼 없이 다듬고 손보는 주체인 만큼, 스페인 독감이나 흑사병, 에볼라와 같은 치명적인 결과를 가져올 새로운 병원균이 자연에서 생겨날 가능성도 배제할 수 없다. 한 가지 다행스러운 점은 치사율이 극히 높은 병원균은 진화라는 게임에서 별로 우세하지 못했다는 점이다. 병원균이 자연에서 존속하려면 다른 생명체로 퍼져나가야 하는데, 숙주의 생명을 너무 단시간에 앗아가면 그럴 기회도 제한되기 때문이다. 숙주가 너무 일찍 목숨을 잃으면 그저 병원균을 담는 관, 균이 더 나아가지 못하는 종점이 된다. 자연에는 자연적으로 진화하는 균의 병독성을 점검하는 체계가 마련되어 있다는 의미다.

병을 일으키는 두 가지 원인: 생명을 배신한 생물학

지나온 인류 역사를 살펴보면 거의 대부분의 질병이 온전히 자연에서 발생했다. 그것이 병이 생기는 유일한 원인이었다. 하지만 이제는 상황이 달라졌다. 원인을 전적으로 인간의 활동으로 돌릴 수 있는 핵무기나 자연에 모든 책임을 부과하는 초화산 분출과 같은 위기와 달리, 감염 질환의 원인은 자연과 인간 모두에게 돌릴 수 있다. 이 책에서 다루는 각종 위기 가운데 이처럼 원인이 두 가지인 것은 감염 질환이 유일하다.[3] 대유행 질환이 전혀 다른 두 원인에서 비롯될 수 있다는 사실은 현시대를 사는 인류에게 이것이 엄청난 위협이 될 수 있는 이유이기도 하다.

감염 질환의 원인에 인간도 포함된 것은 최근의 일로,[4] 생명공학과 합성생물학이라는 서로 밀접하게 연관된 두 신생 분야와 관련이 있다. 생명공학의 범주에는 과학자들이 생물의 유전체에 새로운 유전자를 첨가하거나 원래 있던 유전자를 '못 쓰게' 만들어 제대로 기능하지 못하게 함으로써 생물의 구조와 기능, 행동을 직접적으로 변형시키는 유전공학이 포함된다. RNA 간섭이라 불리는 기술도 생명공학에 해당된다. RNA

분자로 특정 유전자의 발현을 억제하는 이 기술은 에이즈나 암 같은 질환의 치료에 활용할 수 있다. RNA 간섭에 관한 연구를 선도한 두 명의 과학자가 2006년 노벨 생리·의학상을 수상한 것으로도 여기에 얼마나 중요한 의미가 담겨 있는지 알 수 있다.

생명공학의 목표가 기존에 있던 구조를 조작하고 재결합하여 새로운 결과물을 만들어내는 것이라면 합성생물학은 '처음부터' 전혀 새로운 형태를 만들어내는 것이 목표다.[5] 유전학자 크레이그 벤터Craig Venter가 이끄는 연구진은 2010년, 최초의 합성 생명체를 성공적으로 만들어냈다. 벤터와 연구진은 자연에 존재하는 균의 유전체 정보를 컴퓨터에 그대로 옮겨놓고 몇 가지를 변형해(일종의 '워터마크' 표시를 하는 등) 새로운 DNA 염기서열을 인위적으로 합성했다. 그리고 세포가 원래 가지고 있던 유전물질을 제거한 후 이 새로운 DNA를 집어넣었다.[6] '신시아Synthia'*라는 별명이 붙은 이 균은 수십억 회 이상 증식했다. 연구진은 이 엄청난 성과를 토대로 다음 목표를 수립했다. 세포가 생존하는 데 필요한 최소한의 유전자가 몇 개인지 찾아 나선 것이다. 일단 균이 인공적으로 만들어지고 나면 세포가 원하는 기능을 수행할 수 있게 해줄 유전자를 하나씩 추가하면 된다. 백신이나 의약품, 생물 연료, 식품, 그 밖에 다른 생산물을 더 효율적이고 경제적으로 만들어내는 기능을 그와 같은 방식으로 추가할 수 있다.[7] 그러므로 합성생물학은 곧 세포를 프로그램 조작이 가능한 초소형 컴퓨터로 만들어 세상을 원하는 방식대로 재구성하는 기술이라고 할 수 있다.

계속 급성장하는 생명공학과 합성생물학 분야 모두 분명 인류가 살

* 합성을 의미하는 영어 단어 synthesize를 변형한 것-옮긴이.

아가는 환경을 크게 개선시킬 수 있다. 두 분야의 지식과 그 지식으로 만들어진 결과물은 새로운 치료법과 깨끗한 에너지를 제공하는 동시에 에너지를 안정적으로 확보할 수 있게 할 뿐만 아니라 우리가 자연에 일으킨 피해를 원상복구할 기회를 제공하기도 한다(예를 들어 대기 중의 이산화탄소를 흡수할 수 있는 미생물을 만들 수도 있다). 2011년을 기준으로 합성생물학 산업의 가치가 16억 달러 규모로 추정됐는데, 2016년이면 108억 달러로 껑충 뛰어오를 것이라는 분석 전망이 나오는 것도 이 때문이다. 세계 각국 정부가 '주요 미래 산업'으로 여겨지는 합성생물학 분야에 아낌없이 투자하는 이유를 충분히 알 수 있다.[8]

그러나 핵 기술과 마찬가지로, 밝은 구름에도 어두운 부분이 존재한다. 이점이 크면 큰 위험이 따르게 마련이다. 미국 의학연구소와 국립연구회의는 2006년 발표한 보고서에서 "안타깝게도 생명과학 기술에서 이루어진 발전은 거의 다 '이중용도'로 사용될 수 있는 현실적인 위험이 존재한다"고 밝혔다.[9] 그와 같은 기술이 윤리적으로 책임감 있게 활용된다면 세상은 우리 아이들이 살기에 더 좋은 곳으로 바뀌겠지만, 똑같은 기술이 비도덕적인 의도를 가진 자들로 인해 인류 역사상 전례 없는 고통을 발생시키는 원인이 될 수도 있다는 뜻이다. 즉 앞에서 설명한 빨간색 점 혹은 검은색 점에 해당하는 재앙이 시작될 수도 있다. 국립연구회의가 「핑크 보고서Fink Report」에서 밝힌 바와 같이, '이중용도의 딜레마'는 인류의 미래에 심각한 위협이 될 수 있다. "동일한 기술이 인류에게 더 나은 삶을 안겨주거나 바이오 테러의 수단으로 오용되는 일이 모두 충분히 일어날 수 있다."[10] 좋은 것과 나쁜 것은 한 묶음으로 늘 함께 존재하는 만큼, 이 문제를 해결할 수 있는 방법은 없는 것으로 보인다.

1장에서도 언급했지만 양날의 검이 될 수 있는 기술이라도 세상에 변화를 일으킬 수 있는 영향이 안전한 틀 내로 한정된다면 우려할 필요가 없다. 그러나 생명공학과 합성생물학 분야 모두 기하급수적인 속도로 그 경계를 넘어설 정도로 강력한 성장세를 보이고 있다. 현미경으로 들여다보는 새로운 세상에서 세포핵을 조물조물 조작하는 기술은 불과 10년 전과 비교해도 엄청나게 발전했다(DNA 구조는 1953년이 되어서야 밝혀졌다). CIA의 공개 문건에도 '폭발적인 성장세'로 명시된 이 같은 변화가 염려되는 이유는, 과거 자연환경에서는 한 번도 나온 적이 없었던, 유례를 찾아볼 수 없는 거대한 파괴력을 지닌 균이 나타날 가능성 때문이다.[11] 앞서 언급한 대로 균이 발휘할 수 있는 병독성의 최대 한계는 자연 선택으로 정해진다. 그러나 인위적으로 만들어진 병원균은 이러한 제약에서 자유롭다. 이런 병원균 입장에서는 자원이 극히 한정된 환경에서 오직 생존할 방법만 찾는 '이기적인 유전자' 같은 건 필요하지 않다. 오히려 다른 생명을 빼앗기 위한 목적으로 설계될 수도 있다.

이론적으로는 합성생물학 기술이 생경한 병원균을 만드는 데 활용될 가능성이 더 높다. 생물권에 지금까지 한 번도 나타난 적 없는 감염원이 생겨날 수 있는 것이다. 앞서 언급한 CIA 문건에서는 이를 다음과 같이 설명했다. "생명의 근간이 되는 복잡한 생화학적 원리가 더 많이 밝혀질수록 더욱 막강한 병독성을 나타내는 새로운 생물체가 생겨날 가능성이 있다. 이 새로운 생물학적 주체는 생화학적 작용 방식이 자신과 다른 생물도 공격하며 특정한 영향력을 행사할 수 있을 것이다…… 이렇듯 인류 최악의 질병을 치료할 수 있는 과학 기술이 세상에서 가장 무시무시한 무기 재료로 활용될 수 있다."

전문가는 물론 비전문가가 합성생물학과 생명공학 기술을 쉽게 이용할 수 있다는 사실도 상황을 악화시킨다. 앞에서 우리는 접근성이 지능과 지식, 기술, 도구를 축으로 이루어진다는 사실을 살펴보았다. 생명과학 분야에서 이 네 가지 축이 모두 점차 높아지고 있다는 데는 이견이 거의 없어 보인다.

조너선 터커Jonathan Tucker도 계간지 『뉴아틀란티스The New Atlantis』에 게재된 글에서 "몇 가지 유전공학 기술은 이미 20여 년 전부터 탈숙련화가 진행되었다"고 밝혔다. "유전자 클로닝(세균의 유전자에 외래 유전자를 집어 복제되도록 하는 기술)과 형질 주입(외래 유전물질을 세포에 도입하는 기술), 연결 또는 결합 기술(DNA 절편끼리 이어주는 것), PCR로 불리는 중합효소 연쇄반응(특정 DNA 염기서열을 무엇이든 수백만 단위로 복제하는 기술)" 등이 그러한 기술에 해당한다. 터커는 다음과 같이 덧붙였다. "기본적인 유전공학 기술 몇 가지는 대학원생은 물론 출중한 실력을 갖춘 고등학생들, 심지어 테러리스트 단체도 무난히 활용할 수 있을 정도로 탈숙련화가 진행되었다."[12]

소포를 보내는 방식으로 여러 건의 폭탄 사고를 일으킨 테드 카친스키Ted Kaczynski가 수학 박사과정을 밟는 대신 미생물학 석사학위를 취득했다면(물론 그는 당연히 하버드에서 공부했으리라), 사회에 그가 실제로 일으킨 것보다 훨씬 더 큰 혼란을 일으켰을 것이라는 의견도 많다. 이제는 석사학위도 그리 필요하지 않은 것 같다. 야심만 충분하면 온라인에서 온갖 강의와 교과서, 영상 자료를 풍성하게 구해 독학할 수 있고 소아마비, 천연두와 같은 병을 일으키는 균의 모든 유전체 정보도 찾을 수 있기 때문이다. 잠시 짬이 나는 독자는 컴퓨터 앞으로 가서 다음 사이트에 접속해보기 바란다. http://www.ncbi.nlm.nih.gov/bioproject/PRJNA257197. 아직까지 치료법도 없고 치사율이 무려 90퍼센트에 달하는 에볼라 바이러스 유전자의 염기서열을 해당 사이트에서 확인할 수 있다. 생물학자와 같은 전문가부터 IS의 활동에 동조하는 사람들까지, 누구나 이러한 정보를 얻을 수 있는 상황이다.

병독성이 상상을 초월할 정도로 엄청난 균이 만들어질 수도 있다는 전망이 가설로 그칠 것 같지도 않다. 여러분도 나도 충분히 일어날 수 있는 일임을 잘 알고 있다. 2001년, 마우스용 피임 백신을 연구하던 호주의 한 연구진이 우연히 천연두 바이러스와 매우 흡사한 마우스팍스 바이러스mousepox virus의 변종을 만들어낸 일도 유명한 사례로 꼽힌다. 이 변종 바이러스는 독성이 대단해 이미 백신을 맞은 마우스까지 폐사할 정도였다. 이 사건을 통해 그러잖아도 치명적인 천연두 바이러스가 훨씬 더 위험해질 수 있다는 사실이 알려졌다. 글로벌 챌린지 재단Global Challenges Foundation은 2015년 초에 발표한 문서에서 에볼라의 치료 불가능성, 광견병의 치사율, 감기의 감염성, HIV 바이러스의 기나긴 잠복기 등 "자연에 이미 존재하는 질병 중에서도 극히 파괴적인 질병에서 나타나는 특성"이 서로 결합될 수 있다는 획기적인 견해를 밝혔다. 그리고 다음과 같은 결론을 내놓았다. "이러한 특징을 모두 가진 병원균이 생겨난다면 사망자가 엄청나게 발생할 것이다."[13]

마우스팍스 바이러스 충격이 있고 1년 뒤 뉴욕 주립대학교 스토니 브룩 캠퍼스의 연구진은 "화학물질과 일반에 공개된 유전정보로 살아 있는 소아마비 바이러스"를 만들었다고 밝혔다. 아동기에 발생하는 소아마비는 19세기 말과 20세기에 수많은 아이들의 신체가 마비되는 사태를 일으켰지만, 1950년대에 백신이 개발된 이후에는 환자가 크게 감소했다. 연구진은 구하기 힘든 재료는 전혀 활용하지 않고, "인터넷으로 구한 유전체 염기서열과 청사진(구조), 주문한 대로 DNA를 만들어주는 여러 대형 업체 중 한 곳에 의뢰하여 만든 유전물질"로 바이러스를 만드는 데 성공했다. 연구진이 밝힌 실험 목적은 "테러범들이 천연 바이러스가 없어도 생물무기를 만들 수 있다는 사실을 밝히고 경고하는 것"이다. 연구진 대표는 보고서에서 "이 바이러스는 진본이 없어도 이와 같이 인위적으로 만들어내고 증식시킬 수 있다"는 불길한 결과를 전했다.[14]

좀 더 효과적인 질병 치료법을 개발하던 일부 과학자들은 2002년부터 지구상에 존재하는 병원균 가운데 극히 위험한 균 몇 가지를 선별해서 되살리고 깜짝 놀랄 만큼 다양한 변종을 만들어내고 있다. 중증급성호흡기증후군SARS 유사 바이러스, 1918년 스페인 독감을 일으키고 이후 멸종된 인플루엔자 바이러스 등이 그 대상에 포함된다.[15] 스페인 독감 원인 바이러스의 경우 이들을 통해 재합성되기 전에는 해당 바이러스가 남아 있는 표본이라고는 "알래스카 영구 동토층에 묻힌 희생자에게서 발견된 작은 DNA 절편과 미군 병리학연구소에 보관된 조직 검체"가 전부였다.[16] 그러므로 기술이 뛰어나지도 않고 지적 수준이 천재 수준에 미치지 않더라도 지구상에서 가장 치명적인 미생물의 표본을 획득해 병독성을 높이고 전염성을 증대시키는 동시에 광범위한 인구 집단에 최대한 확산될 수 있게 증상 발현이 지연되도록 변형시키는 생물 테러리스트가 등장할지도 모른다는 예상은 충분히 설득력이 있다. 이렇게 만들어진 무생물이 사람은 물론 가축까지 감염시켜 식량 부족 사태를 일으킬지도 모른다.

물리학자 프리먼 다이슨Freeman Dyson은 2007년, 미래에는 어린아이들도 합성생물학 실험을 할 정도로 탈숙련화가 진행될 것이라는 견해를 밝혔다. 최근 몇 년간 등장한 비전문가들의 활동을 보면 실제로 다이슨의 예견과 일치하는 경향이 보인다. 취미 삼아 직접 실험실을 꾸미고 미생물 실험을 실시하는 아마추어 활동은 '바이오해킹biohacking'으로도 불린다. 바이오 해커들은 대부분 호기심과 새로운 지식을 얻으려는 열정,

질병 치료법을 찾으려는 희망으로 참여하지만, 자신의 '기량'을 뽐내거나 바이오 테러를 저지를 목적으로 병원균을 만들려는 이들도 나타날 수 있다. 놀랍게도 이제는 수천 달러 정도만 들이면 가정에 손색없는 실험실을 차릴 수 있고 비용도 빠른 속도로 감소하는 추세다. 또한 이러한 실험실에서는 많은 과정이 자동화되어(앞서 설명한 내용) 버튼을 누를 손가락만 있으면 누구나 실험을 할 수 있다. 몇몇 실험은 구글로 검색하면 모르는 부분을 거의 다 해결할 수 있다.

스토니브룩 캠퍼스의 연구진이 증명해 보인 바와 같이, 취미 삼아서 하는 실험에 필요한 원재료는 업체에 주문만 하면 쉽게 구할 수 있다. 「가디언Guardian」지 기자들은 2006년, "천연두 유전체의 일부를 우편 주문으로 얻을 수 있었다"고 밝혔다.[17] 핵폭탄과 같은 무기를 만들기 위해서는 우라늄, 플루토늄 등 구하기 힘든 원료가 필요하지만 미생물 실험에 사용되는 재료는 복제가 가능하므로 한 번 구해놓으면 풍족하게 사용할 수 있다. 능력이 출중한 어느 비전문가가 인터넷 검색으로 에볼라 바이러스의 유전자 염기서열을 다운받아 역시 온라인을 통해 여러 업체에 DNA 절편을 주문한 뒤 하나로 결합해 백신 개발을 시도할 수도 있다. 똑같은 아마추어지만 테러리스트라면 에볼라 바이러스의 특성을 변형시켜 훨씬 더 위험한 결과물을 만들려고 할지도 모른다.[18]

이와 같은 접근성 증대와 관련해 가장 우려되는 문제는, 소위 '외로운 늑대'라 불리는 테러범이 이런 활동을 시작해도 그 사실을 포착하기가 거의 불가능하다는 것이다. 극히 예리한 감시자가 있어도 이들은 그 눈길을 피해갈 수 있다. 게다가 외로운 늑대의 숫자는 꽤 많은 것 같다. 테러를 일삼는 국가보다 테러 단체가 훨씬 많은 것과 마찬가지로, 통계적으로는 비정상적인 개인 테러리스트가 테러 단체보다 훨씬 더 많을 것으로 추정된다. 쉽게 말해 전 세계에 존재하는 테드 카친스키 같은 테러범이 IS보다 수적으로 훨씬 많고, IS는 북한보다 수적으로 우세하다. 그러므로 생명공학과 합성생물학이 발전하고 기술 접근성을 좌우하는 네 가지 축도 점차 확대되는 현재 상황에서 볼 때, 언젠가 대유행병이 인위적으로 발생할 가능성은 계속 늘어나고 있다. 위협 수준이 이처럼 증가할 경우 각국 정부는 '전체를 지키기 위한 안보'라는 이름으로 규정 개입 수준을 높인 엄격한 정책을 택할 수 있다. 이로 인해 개개인의 일거수일투족을 감시하기 위한 장치가 늘어나면서 국민의 사생활이 심각하게 침해당하고, 억압적인 전체주의적 정권이 형성되어 인류를 존속시키는 다양성을 해침으로써, 결국 그 자체가 인류의 존재를 흔드는 재앙이 될 수 있다.[19]

그와 같은 감시 장치가 우리의 삶을 침해하는 것과 별개로, 인류는 위협이 될 줄 꿈에도 생각지 못했던 사람들, 혹은 작은 단체(가령 지시가 올 때까지 잠입한 곳에서 평범하게 사는 테러리스트들)의 공격에 갈수록 취약해지는 실정이다. 그와 같은 테러범들이 런던 지하철이나 인구밀도가 높은 빈민가(인도 뭄바이나 멕시코시티, 나이로비 등)에 인위적으로 제작된 병원균을 살포할 경우 엄청난 사망자가 발생할 것이다. 이러한 사태는 사회적 혼란과 경제 붕괴, 농업 실패의 원인이 되고 '세계 무역 네트워크에 중대한 피해'를 일으킴으로써 세계적인 문제로 번질 가능성이 있다.[20] 극단적인 경우에는 병원균이 거의 인구 전체로 확산되어 인류의 생존을 위협할 수도 있다.

최근 발생한 에볼라와 SARS, 돼지독감과 국제 사회의 대응을 보면 끔찍한 균이 나타나더라도 현재 마련된 전략이 충분한 방어 효과를 발휘한다는 사실을 알 수 있다. 그러나 인류가 어디까지 막을 수 있을지는 예측할 수 없다. 예를 들어 오직 생명을 빼앗기 위한 목적으로 개발된 천연두 바이러스의 변종을 얼마나 막아낼 수 있을 것인지는 누구도 알 수 없다. 미국 연방정부가 2014년 9월 실시한 조사 결과, 감염 질환으로 인한 긴급 상황 발생 시 국토안보부의 대응 전략이 깜짝 놀랄 정도로 '부실하다'는 사실이 드러났다. 엄청난 양의 손 살균제와 항바이러스제가 유효 기간이 경과한 상태로 쌓여 있고, 개인보호 장구는 소실된 분량이 파악조차 되지 않은 상태였으며, 남아 있는 분량도 사용이 불가능한 경우가 많았다. 조사 보고서에는 미국이 세계에서 가장 발전한 국가임에도 불구하고 전염병이 발생할 경우 "환자와 사망자가 다량 발생할 수 있고, 이로 인해 국가 경제와 사회적 안정성이 흔들릴 수 있다"는 평가가 명시되었다.[21]

불길한 징조가 아닐 수 없다. 코피 아난Kofi Annan 전前 유엔 사무총장도 2006년 프린스턴 대학교에서 열린 강연에 참석해 인위적인 대유행병, 또는 새로운 형태의 생물 테러가 "가장 중요함에도 불구하고 제대로 대처되지 않는 위협에 해당하며, 이에 관한 새로운 고찰이 시급하다"고 언급했다.[22] 많은 전문가들이 이러한 우려에 공감한다. 미국 국립연구회의 산하 생물안보위원회도 현재 인류는 존재론적 위협이 가득한 황야에서 새로운 '위협의 수평선'과 마주한 상태라고 설명했다.

실수가 만들어내는 위험

인공적으로 만들어져 이중용도로 사용될 수 있는 결과물의 공통점은 '해로운' 용도가 실수와 테러로 나뉜다는 점이다. 지금까지는 균과 관련해 테러의 위협에 대해서만 살펴보았지만 지금부터는 사고와 과실, 실수로 인해 대규모 재앙이 발생할 가능성은 없는지 생각해보자.

앞에서 우리는 바이오 해커 대부분이 순수한 호기심이나 지식을 쌓고 싶은 인간 본연의 충동으로 '살아 있는 생명을 이리저리 조작'한다고 이야기했다. 문제는 이들이 취급하는 균 중에 병원성 미생물이 포함되어 있고, 미생물을 이리저리 다루는 사람들이 늘어날수록 그 과정에서 실수를 저지르는 사람이 발생할 통계학적 확률도 커진다는 사실이다. 그리고 이러한 실수는 공중보건에 심각한 위험이 될 수 있다. 심지어 정부의 감시감독 활동이 적절히 이루어지는 상황에서도, 관리가 엄격히 이루어지는 실험실에서 고병원성 미생물과 관련된 사고가 믿기 힘들 만큼 빈번하게 발생한다. 미국 정부가 최근 공개한 보고서에도 2008년부터 2012년까지 1,100곳 넘는 실험실에서 유해한 생체 재료와 관련된 과실이 발생했다는 사실이 명시되어 있다. "1978년 이후 미국에서 자취를 감춘 돼지 콜레라에 실험동물 두 마리가 실수로 감염되는" 사고도 포함되어 있고, "유제품을 통해 인체에도 전염될 수 있는 브루셀라 바이러스에 인근 농가에서 사육되던 소가 감염"된 사례도 있었다.[23]

「뉴욕 타임스」는 2014년 6월 첫째 주와 둘째 주에 "살아 있는 탄저균 표본이 필수 장비가 갖추어지지 않은 실험실로 보내져 미국 질병통제예방센터CDC 소속 과학자 중 최대 75명이 해당 균에 노출되었을 가능성이 있다"고 보도했다.[24] 일부는 항생제 치료를 받았고, 다행히 감염자는 한 사람도 발생하지 않았다. 그러나 바로 다음 달 대중은 또 다른 사고 소식을 접했다. 이번에는 "CDC 실험실 한 곳에서 실수가 발생해, 2003년 이후 총 386명의 사망자를 발생시킨 위험한 H5N1 조류독감 바이러스 표본 중 비교적 병독성이 약한 바이러스 검체에 오염되었다"는 소식이었다.[25] 비슷한 시기에 메릴랜드주 베데스다에 위치한 식품의약국에서는 몇몇 직원이 사용하지 않는 창고에서 그 장소에 있어서는 안 되는 천연두 바이러스 표본을 우연히 발견했다. 더 놀라운 사실은 작은 바이얼에 담긴 이 두 개의 표본은 1954년에 만들어진 것으로 확인됐는데, 바이러스의 병독성이 그대로 남아 있었다는 점이다. 즉 문제의 균은 활발히 증식하는 상태였고, 누구라도 노출되었다면 감염될 뻔했다.[26] 또한 같은 창고에서 병원균이 담긴 바이얼이 300개 이상 발견되었는데, 그중에는 "열대 지역 질환인 뎅기열 바이러스와 홍반과 열 증상을 유발하는 균"을 비롯해 인플루엔자, 큐열을 일으키는 원인균도 포함되어 있었다.[27] CDC는 센터장의 설명처럼 '세계적인 참조 실험실'이고 뛰어난 과학자들과 엄격한 관리 체계가 갖추어진 곳임에도 불구하고, 지구상에서 가장 위험한 미생물이 제대로 관리되지 못하는 이 같은 사태가 반복적으로 발생해왔다.

2009년에 돼지독감 사태를 일으킨 바이러스가 1950년대부터 실험실에 보존되어 있다가 1970년대 말 실수로 유출된 바이러스와 관련 있다는 보도도 있다.[28] 2009년부터 2010년까지 돼지독감으로 6,000만 명 넘는 감염자가 발생하고, 27만여 명이 입원 치료를 받았을 뿐만 아니라, 1만 2,000명의 사망자가 발생하는 등 전 세계적으로 큰 피해가 발생했다는 사실을 생각하면, 크게 우려하지 않을 수 없는 내용이다.[29]

이러한 예시는 여기서 그치지 않지만, 이 정도만으로도 핵심을 명확히 알 수 있다. 바로 대대적인 유행병은 테러뿐만 아니라 실수에 의해서도 얼마든지 발생할 수 있다는 사실이다. 실수도 테러만큼 인류의 미래에 중대한 위협이 될 수 있으며, 둘 다 이번 세기에 한층 더 극심해질 가능성이 높다. 지금까지 설명한 것이 대유행병이 발생할 수 있는 두 가지 원인 중 인간이 원인을 제공하는 부분이다. 동시에 자연에는 그늘에 몰래 숨어 있다가 언제 어디서 튀어나와 사람을 감염시킬지 모르는 병원균이 존재한다. 문명화된 현대 사회에는 대규모 유행병의 위험을 약화시킬 수 있는 방안이 분명 마련되어 있지만, 그것을 훌쩍 뛰어넘을 수 있는 요소가 더 많은 것 같다.

THE END

What Science and Religion Tell Us about the Apocalypse

4

분자를 만들다

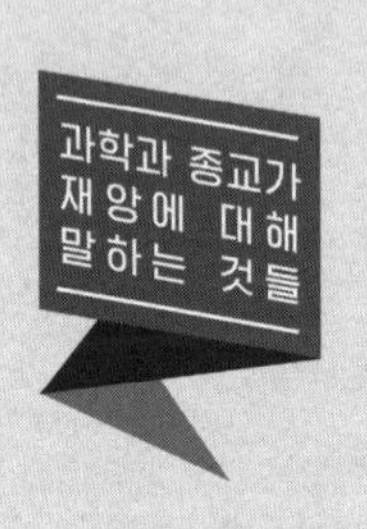
과학과 종교가
재앙에 대해
말하는 것들

하늘로 가는 계단

이른 아침, 핸드폰 알람 소리에 몽롱한 정신이 천천히 깨어난다. 침대에서 빠져나와 어기적어기적 부엌으로 가서 커피를 내린다. 현관문 옆에는 옷가방 세 개가 놓여 있다. 간단히 샤워를 한 뒤 택시를 잡아타고 집에서 가장 가까운 항구로 향한다. 그곳에서 태평양 한가운데, 적도 지역에 위치한 '태평양 바다 둥둥기지 역'으로 향하는 고속 선박에 오른다. 주머니를 뒤져 몇 개월 전에 구입해둔 '상행 우주 캡슐' 탑승권을 확인한다. 오후 5시에 출발하는 이 우주 캡슐을 타면 3만 5,000여 킬로미터 길이의 케이블을 따라 5일에 걸쳐 지상에서 우주까지 곧장 올라갈 수 있다.

제시간에 역에 도착해 가지고 온 짐을 챙겨 들고 우주 캡슐에 오른다.

대기 중으로 캡슐이 높이 떠오를 때 창문에 얼굴을 대고 지구의 지평선이 서서히 한 점으로 모이는 광경을 바라본다. 머리 위에 파랗게 펼쳐졌던 하늘은 새까만 우주에 덮이고 지구는 빛 한 점 없는 어둠 속에 톡 떨어진 물감 방울처럼 보이다가 점점 작은 점이 되어간다. 매번 이렇게 비행할 때마다 몸무게가 차츰 가벼워지는 것이 느껴진다. 무중력 상태가 되면 둥둥 떠다니기 시작한다. 캡슐은 마침내 3만 5,000여 킬로미터 상공 지구 궤도에 설치된 '태평양 지구 정지궤도 플랫폼'에 도착한다. 이 플랫폼은 '태평양 바다 둥둥기지 역'과 연결된 상태로 고정되어 있다. 이제 마지막 여정만 남았다. 행성 간 셔틀에 올라 대학 동창을 만나러 화성으로 향한다.

이런 여행이 아주 유치한 이야기로 들리거나 불가능한 상상처럼 들릴지도 모른다. 그러나 로켓보다 훨씬 더 저렴한 비용으로 사람과 물건을 우주 공간에 보낼 수 있는 우주 엘리베이터를 개발하기 위해 현재 전 세계 여러 기관과 업체들이 연구를 거듭하고 있다(이산화탄소만 하더라도 우주선 한 대가 발사되면 28톤이 발생하지만 우주 엘리베이터에서 발생하는 양은 그보다 적다[1]). 최근 NASA도 이와 같은 연구에 자금을 지원했고, 일본의 한 업체도 시간당 200킬로미터 속도로 승객들을 지구 대기권 밖으로 운송하는 서비스를 2050년까지 개발할 예정이라고 발표했다.[2]

불과 얼마 전까지만 해도 공학자들은 이와 같은 기술은 나올 수가 없다고 보았다. 우주 엘리베이터가 가동되려면 바다에 설치될(기상 상황이 나빠지면 이동할 수 있으므로) 지상 기지와 엘리베이터를 연결해줄 거대한 케이블이 필요하다. 그래야 엘리베이터가 평형 상태를 유지하며 기지 상공의 '지구 정지 궤도를 따라' 움직일 수 있다. 그 엄청난 거리를 일부라도 포괄할 만큼 탄탄한 물질이 없는 것이 문제였지만, 탄소 나노튜브가 등장하면서 상황이 바뀌었다. "적은 양의 물질을 쌓고 또 쌓는 방식으로"

만들어진 탄소 나노튜브는 "강철보다 117배, 케블라 섬유*보다 30배 더 튼튼하다".[3] 기다란 탄소 나노튜브 여러 개를 엮어서 '매듭'을 만들면 인장강도가 지구 대기권을 수직으로 가로지르는 케이블로 충분히 사용할 만한 수준이 된다.

이것은 나노 기술이 미래에 가져올 혁신적 변화의 한 가지 예에 불과하다. 이 분야의 선구자인 에릭 드렉슬러Eric Drexler를 통해 널리 알려진 나노 기술이라는 용어는 관련 기술과 방법, 연구, 인공적인 산물이 광범위하게 포괄되는 개념이다. 나노 기술의 일반적인 특징은 10억 분의 1미터에 해당하는 공간, 또는 원자 몇 개 정도가 서로 붙어 있는 길이 정도로 크기가 극히 작은 물질로 이루어지는 기술이라는 점이다.[4] 이러한 '나노 단위'의 제품들은 이미 다양한 종류가 사용되고 있다. 나노 입자가 함유된 선크림, 사람의 뼈를 대체할 수 있는 합성 뼈, 나노 복합재로 만들어져 수명이 두 배는 길어진 테니스공,[5] '유기 발광 다이오드'를 사용해 효율성과 밝기가 향상된 디스플레이 등이 그러한 예에 해당한다. 스탠퍼드 대학교의 엔지니어들은 2013년, 탄소 나노튜브가 놀랍도록 튼튼할 뿐만 아니라 반도체 재료로도 우수하다는 점에 착안해 실리콘 트랜지스터 대신 탄소 나노튜브를 사용한 컴퓨터를 최초로 만들어냈다. IBM은 얼마 전 2020년까지 나노튜브 트랜지스터를 시중에 판매한다는 계획을 발표했다. 이 새로운 트랜지스터가 설치되면 컴퓨터의 작업 처리 속도는 현재보다 다섯 배 빨라지고 효율성도 훨씬 좋아질 전망이다.[6]

나노 기술은 대폭 줄어든 비용으로 더 나은 제품을 만들 수 있는 등 인류에게 놀랍도록 많은 이익을 제공한다. 그러나 안타깝게도 나노 기술

* 방탄조끼, 펑크에 강한 자전거 타이어, 방화복의 소재로 사용되는 나일론계 고분자 섬유-옮긴이.

역시 앞에서 살펴본 원심분리기나 실험 기술에 내포된 이중용도의 문제에서 그리 자유롭지 못하다. 역시나 좋은 의도와 심각한 위험성이 공존하는 것이다. 나노 기술도 생명공학 기술이나 합성생물학과 마찬가지로 급속히 발전 중인 분야라는 점에서 상당히 당황스러운 일이 아닐 수 없다. 미국 국립과학기술위원회 산하 나노 기술분과위원회 초대 대표를 역임한 미하일 로코Mihail Roco도 나노 기술 분야의 연구 성과에 관한 다수의 문헌을 분석하고, "나노 기술에 해당하는 영역 중 한 가지 이상에 종사하는 연구자, 종사자가 많았다"는 사실과 함께 "나노 기술이 활용된 제품은 가치가 높다는 점이 이 기술의 핵심 특성"이라고 밝혔다. 모두 이 분야의 폭발적 성장세를 보여주는 현상이다.[7]

생명공학 기술, 합성생물학처럼 나노 기술에 대한 접근성이 점차 좋아지는 점도 상황을 악화시키고 있다. 특히 미래에는 나노 기술 덕분에 훨씬 더 적은 수의 사람들이 세상에 더욱 막강한 영향력을 행사할 것으로 전망된다. 이는 테러로 연결될 수 있는 문제일 뿐만 아니라 이번 장에서 살펴볼 지정학적 불안감의 확산 요인이 될 수 있다. 여기서 핵심은 이 책에서 다루는 모든 위험을 종합할 때 나노 기술이 이중용도와 권력, 접근성 면에서 또 다른 영역에 놓여 있다는 사실이다. 인류의 미래에 극히 위험한 요소로 꼽히는 여러 문제들 중에서 나노 기술이 상위권을 차지하는 것도 이 때문이다.

문제를 만들어내는 기술

나노 기술은 여러 가지 형태로 활용된다. 그중 대다수는 현재 일반적인 공산품과 그 생산 공정에서 발생하는 것과 동일한 문제가 따르며, 위험도는 한층 더 증폭될 가능성이 있다.[8] 예를 들어 나노 기술은 기존에 없던 독성 물질을 탄생시킬 수 있고, 새로운 특성을 가진 나노 입자가 생명체에 해를 가하거나 생태계에 악영향을 줌으로써 환경이 파괴될 확률을 높인다. 또한 치사율이 매우 높은 병원균을 보다 수월하게 만드는 수단으로 나노 기술이 활용될 수도 있으며, 컴퓨터의 성능을 향상시켜 슈퍼인텔리전스(초지능)와 관련된 문제를 증폭시킬 수도 있다.[9]

그러나 나노 기술의 가장 큰 문제로는 아직 실현되지 않았지만 '분자 제조'를 꼽을 수 있다. 분자 제조란 일종의 '분자 조립기'라 할 수 있는 나노 크기의 기계로 개별 분자를 한 번에 하나씩 연결하고 재배열하여 큰 물체를 만들어내는 것을 말한다. 현재 활용되는 나노 단위의 기술은 분자의 자가 결합(직접적인 개입 없이 자연적으로 이루어지는 물리학적 과정으로, 드렉슬러가 '브라운 운동 방식의 조립'이라 일컬은 결합)에 의존한다. 분자 제조 기술은 이와 달리 원자 수준까지 정밀한 제품을 만들어낼 수 있다. 예를 들어 분자 제조 기술로 똑같이 완성된 마이크로 칩은 육안으로 보이는 특징은 물론 칩을 구성한 원자 전체가 완전히 동일하게 배치되어야 한다.

물체를 원자 단위까지 정확하게 똑같이 만들 수 있는 기술은 인류에게 엄청난 혜택을 안겨줄 수 있다. 분자 제조 기술을 활용하면 태양 전지판도 지금보다 훨씬 저렴하게 생산할 수 있고, "이산화탄소 순배출량도 제로 수준으로 만들 수 있다".[10] 바다와 토양, 대기 중에 이미 방출된 오염물질을 깨끗이 청소해 7장과 8장에서 논의할 환경의 질적 저하 문제도 바로잡을 수 있다.[11] 분자 조립기를 이용하면 의학계에 혁신적인 변화가 일어날 것이라는 전망도 거의 확실시되고 있다. 예를 들어 2075년에 위암 진단을 받았다고 가정해보자. 2015년에는 같은 진단을 받아든 사람에게 의사가 앞으로 살날이 두 달 남았다고 통보했지만, 2075년에는 발전된 나노 기술 덕분에 치료할 수 있을 뿐만 아니라 환자가 거의 아무런 통증에도 시달릴 필요가 없다. 간호사가 나노봇이 포함된 약을 혈액에 주입하기만 하면 금세 종양이 사라지기 때문이다. 암 세포는 건강한 세포와 다른 화학물질을 분비하므로 이들을 잡으러 나선 나노봇은 체내에서 이 물질을 토대로 암 세포를 찾아낼 수 있다. 일단 표적 세포를 찾아내면 나노봇이 직접 파괴하거나 세포 내부로 들어가 문제를 일으킨 유전자의 활성을 없앤다.[12] 그 밖에도 나노봇은 인체의 표적 부위에서 특정 의약품을 방출하거나 세포를 수선하고 몸에 침입한 병원균을 찾아내는 등 다른 의학적 용도로도 활용될 수 있다.[13]

추측의 비율을 더 높여보면, 다음 장에서 다시 살펴보겠지만 나노봇이 척추가 시작되는 곳, 즉 뇌척수액을 헤엄쳐 돌아다니는 일이 가능해질지도 모른다. 이렇게 돌아다니면서 뇌의 미세구조를 완벽하게 포착해 무선신호로 슈퍼컴퓨터에 그 정보를 보내면, 이를 토대로 뇌 구조를 3차원으로 재구축할 수 있다. 현재 인지과학 분야에서 인간 정신의 특성에 관한 이론 중 최고로 꼽히는 내용들이 사실이라면(기능주의 등), 이처럼 가상 환경에 구축된 뇌도 여러분이나 나처럼 의식이 있고 인지 능력을 갖추게 될 것이다. 결국에는 죽고 썩어 없어질 육신에 매이지 않아도 얼마든지 생존할 수 있는, 인지적 클론이 생겨날 수도 있다.[14]

이와 함께 분자 제조 기술은 '나노 공장'으로도 불리는, 세상의 판도를 뒤집어놓을 도구의 밑거름이 될 가능성이 있다. 나노 공장은 사실상 누구든 거의 아무런 비용도 들이지 않고 엄청나게 광범위한 물건을 만들 수 있는 혁신적 변화의 시초가 될 것이다. 어쩌다 휴대폰을 잃어버렸다면? 걱정할 것 없다. 새 것으로 하나 인쇄해서 만들면 된다. 새 옷을 입고 싶다면? 새로 하나 인쇄하면 된다. 새 신발, 부엌칼, 컴퓨터, 원목 옷장, 종이, 펜, 화장품, 안경 등 필요한 게 있더라도 걱정할 것 없다. 나노 공장을 가동하기만 하면 전부 가질 수 있다. 이론상으로는 저녁 식탁에 차릴 음식까지 인쇄해서 만들 수 있고, 심지어 차고에서 지구 궤도를 날아다닐 우주선도 만들어낼 수 있다.[15] 미래예측연구소Foresight Institute에서는 이렇게 만든 우주선이 "자가용처럼 가족들과 짐 가방을 싣고 지구 궤도로 향할 것"이며 우주선 재료는 "강철보다 50~100배 더 튼튼하면서 무게는 더 가벼울 것"이라고 설명했다.[16] 마찬가지 방식으로 나노 공장은 누구나 로켓과학을 쉽게 접하게 함으로써 사람들이 우주 탐험을 간절히 바라는 시대가 찾아오고, 우주의 문이 활짝 열리는 계기가 될지도 모른다(나노 공장이 어떤 원리로 가동되는지 상세히 볼 수 있는 영상을 하나 소개한다. https://www.youtube.com/watch?v=vEYN18d7gHg).

나노 공장이 돌아가려면 세 가지 간단한 재료가 필요하다. 바로 설계도와 공급 원료, 에너지원이다. 설계도는 컴퓨터에 저장할 수 있는 파일 형태여야 하고(나노 공장과 직접 연결해야 하므로), 공급 원료는 공장에서 만들려는 물건을 구성하는 원재료, 즉 아세톤 또는 아세틸렌과 같은 단순 분자를 가리킨다.[17] 일부 경우엔 공장의 크기가 다소 커질 수도 있고, 반대로 '개인 나노 공장'이라 불리는 형태처럼 가정에서 책상 위에 설치할 정도로 축소된 형태가 될 수도 있다.

나노 공장에서 만들어낼 수 있는 결과물 중에서 가장 놀라운 것은 아마도 또 다른 나노 공장일 것이다. 만약 이것이 실현된다면, 인류 역사에 중대한 분기점이 될 것이다. 사상 처음으로, 거의 모든 물건을 떨어질 염려 없이 계속 만들어낼 수 있게 되는 것이다.[18] 공장 기능의 세 가지 필수 요소 중 하나인 공급 원료도 '원료 생산 시설'로 활용할 나노 공장을 마련하면 더욱 원활하게 획득할 수 있다.[19] 라이프보트 재단Lifeboat Foundation은 나노 공장 한 곳이 28회 주기를 거쳐 또 다른 나노 공장 하나를 만들어낼 수 있다고 가정한다면, 단 18일 만에 2억 개의 공장이 만들어진다는 계산 결과를 발표했다.[20] 미국에 사는 열여덟 살 이상 전체 인구수에 맞먹는 규모다. 모든 나라가 필요한 물질적 자원을 그것도 충분히 저렴한 비용으로, 부족함 없이 거의 풍족한 수준으로 확보할 수 있게 되는 것이다. 사회가 제 기능을 하려면 꼭 필요한 것, 즉 컴퓨터, 자동차, 의약품, 식품을 비롯한 모든 것을 다른 나라 회사에서 만들어지는 것으로 채워 넣는 대신 각국에서 직접 만들어낼 수 있다면 세상이 어떤 모습일지, 한번 상상해보라. 국가마다 필요한 자원을 스스로 충당할 수 있다면 복잡하게 얽힌 국제 무역망은 모두 사라질 것이다.[21]

드렉슬러가 '급진적 풍요'로 표현한 이 같은 상황이 실현될 경우 얻게 될 긍정적인 결과는 뚜렷하다. 경기불황과 그 밖의 각종 혼란에 끊임없이 몸살을 앓던 세계 경제 상황이 평온해진다. 어디든 물질적인 풍요로움을 누리고 이 풍족함은 지속 가능할 뿐만 아니라 에너지, 정보, 공급 원료에만 좌우되는 극히 안정적인 수준에 도달한다.[22] 그러나 국제 무역망이 해체되면 세계가 엄청 불안정해져 드렉슬러가 '파국적 성공'이라 묘사한 상황이 올 수도 있다.[23] 글로벌 챌린지 재단도 최근 발행한 자료에서 이 문제를 다음과 같이 설명했다. "나노 기술이 극히 심각한 위협 요소가 될 수 있는 이유는, 각국이 상호 의존하는 현재의 무역망이 붕괴될 가능성이 내포되어 있기 때문이다.[24] 경제적으로 서로에게 의존하는 국가들끼리는 서로를 공격할 확률이 매우 낮다는 데에 이 문제의 핵심이 있다. 공격을 감행할 경우 싸움으로 얻는 성과보다는 그로 인한 악영향이 더 큰 경우가 많기 때문이다[25](토머스 프리드먼Thomas Friedman도 맥도

날드 매장이 운영되는 나라들끼리는 전쟁을 일으키지 않는다는 '자본주의 평화론'을 발표했다). 나노 기술이 발전해 각국이 완벽하게 자급자족하는 시대가 온다면 전쟁을 하지 않는 주된 동기가 사라진다.[26] 게다가 나노 기술 덕분에 전쟁을 하더라도 단시간에 원상복구가 가능하다는 사실도 상황을 더욱 악화시키고, 결국 군사 행동을 제대로 저지하지 못하는 요인으로 작용할 수 있다. 이렇듯 나노 공장은 갈등에 따른 비용효율 계산식을 완전히 바꿔놓을 가능성이 있다.

개개인의 요구에 맞는 나노 공장이 활용되면 소수, 심지어 한 개인이 감시망을 피할 수 있는 곳에 몰래 숨어서 위험천만한 무기를 만들어 창고에 가득 쌓아놓을 수 있다. 매우 낮은 차원의 개인 나노 공장이라 할 수 있는 3D 프린터('적층 가공') 기술이 현재 그와 비슷하게 활용되고 있다.[27] 3D 프린터를 이용하면 자동차 부품을 비롯해 의수와 의족 같은 인공적인 신체기관을 플라스틱으로 대부분 만들어낼 수 있다(예외적으로 3D 프린터를 이용해 금속으로 된 결과물을 만들 수도 있다. 심지어 인체 장기에도 같은 원리를 적용하면 장기이식 과정이 더 빠르고 안전해질 것이다). 아직까지 3D 프린터가 가정용품 대열에 오르지는 않았지만, 2005년 이후 현재까지 가정에서 사용할 수 있는 새로운 디자인이나 오픈소스 소프트웨어가 계속 출시되면서 수요가 점차 늘고 시장에서 큰 인기를 누리고 있다.

미국에서는 '수정헌법 제2조'를 전폭 지지하는 사람들이 3D 프린터를 집에서(혹은 뒷마당에 설치한 벙커 같은 곳에서) 총을 제작하는 도구로 활용할 수 있다는 사실을 재빨리 인지했다. 2012년, 평소 총을 무척이나 아끼던 코디 윌슨Cody Wilson이라는 자유당 지지자가 '디펜스 디스트리뷰티드Defense Distributed'라는 단체를 설립했다. 그는 프린터로 인쇄해서 만들 수 있는 권총 '리버레이터Liberator'를 개발해 설계 정보를 온라인에서 무료로 제공했다. 리버레이터는 플라스틱 총임에도 불구하고 진짜 총알을 발사할 수 있고, 실제로 사람을 죽일 수도 있다. 설계도가 배포된 지 이틀 만에 미국 정부는 인터넷에 게시된 자료를 삭제하라고 해당 단체에 명령했다. 그러나 그 시점에 이미 다운로드 횟수는 10만 건을 넘어선 상태였다. 코디 윌슨은 '디펜스 디스트리뷰티드'를 설립한 해에 『와이어드 Wired』지가 선정한 세계에서 가장 위험한 인물 15인 중 한 사람으로 이름을 올렸다.

미국 국민 가운데 윌슨과 같은 사람은 상당한 비율을 차지한다. 무기 소지를 제약하는 것은 개인의 자유를 해치는 일이라고 굳게 믿는 사람들이다. 나노 공장이 설치된 책상이 늘어난다면 이러한 상황이 얼마나 확대되고 깊어질지 어렵지 않게 상상할 수 있다. 나노 공장이 있으면 플라스틱 권총 대신 진짜 AK-47 소총과 실탄을 프린트해서 만들 수 있다. 수류탄이나 폭탄처럼 총보다 훨씬 더 위험한 무기도 제작할 수 있다. 즉 나노 공장은 정부뿐만 아니라 민간 무장집단과 코디 윌슨 같은 사람들이 가공할 만한 위력을 가진 무기를 보유하는 사태가 더 빠르게, 더 광범위하게 벌어지는 시대를 열 가능성이 있다. 총을 직접 만들 수 있는 기회가 없었다면 애초에 총을 소유하지 않았을 사람들도 대다수가 완전 무장하고 산다면 두려워서라도 결국 총을 보유하는 악순환으로 이어질 수 있다.

미국 정부는 코디가 설립한 업체에 리버레이터 설계 정보를 삭제하도록 했지만, 일단 인터넷에 올라온 정보는 사실상 통제가 불가능하다. 지금도(이 글을 쓰고 있는 시점을 기준으로) '파이어릿 베이Pirate Bay'와 같은 웹사이트에서 누구나 리버레이터 파일을 다운로드할 수 있다. 미래에 개별 나노 공장이 확산될 경우 이를 규제하는 일이 얼마나 힘들지 알 수 있는 대목이다. 또한 생명공학과 합성생물학 기술과 마찬가지로 시민이 무기를 직접 제조할 수 있다는 사실에 위협을 느낀 정부가 전체주의로 눈을 돌린다면 "사생활보다 안보가 우선"이라고 주장하며 거대한 시민 감시 기구로 변모할 가능성이 있다(벤저민 프랭클린은 이런 신념을 따르는 사람은 자유와 안보 어느 쪽도 누릴 자격이 없다는 지혜로운 경고를 남겼다).

나노 공장이 늘어나면 국제 사회에서도 라이벌 국가보다 전략적 우위를 점하기 위한 군비 경쟁이 시작될 수 있다. 냉전시대의 군비 경쟁은 단 두 나라 간의 군사력 대결과 상호 확증파괴MAD 원칙에 의한 안정적인 평형 상태로 정리할 수 있지만, 나노 기술이 결합된 군비 경쟁은 곧 '끊임없이 진화하는 무기'를 의미하고, 이로 인해 수많은 국가가 연루되면 MAD의 논리를 적용할 수 있을지도 분명치 않은 상황이 된다.[28] 가령 아주 짧은 기간일지라도 한 국가가 우위를 선점할 경우, 경쟁 국가를 재빨리 전멸시키고 그 영토를 쟁취할 수 있으며, 이로 인해 상당수의 나라가 패한다면 결국 세계 정부가 생겨날 수도 있다. 또한 나노 기술을 이용한 전쟁은 핵전쟁보다 사태가 마무리된 후 정화 작업이 훨씬 수월하다는 점도 각국이 나노 무기를 더 선호하게 만드는 요소로 작용한다. '책임 있는 나노기술센터Center for Responsible Nanotechnology'에서도 이러한 특징을 다음과 같이 언급했다. "나노 기술을 이용한 전면전은 단기적으로 보면 [핵전쟁과] 동일하다. 그러나 장기적으로 볼 때 핵무기로 인해 감당해야 하는 대가(낙진, 오염)에 비하면 나노 무기의 여파는 훨씬 적다."[29]

더불어 센터 측은 "핵무기의 경우 무차별적인 파괴를 일으키지만 나노 무기는 표적을 정할 수 있어서" 적의 특정 자원이나 기능에 영향을 줄 수 있다고 밝혔다.[30] 루이스 시어도어Louis Theodore와 로버트 쿤츠Robert Kunz는 저서 『나노 기술: 환경 영향과 해결책Nanotechnology: Environmental Implications and Solutions』에서 군비 경쟁은 여러 국가가 심각한 불안감을 느끼게 만들 것이고, 그 결과 "끔찍하리만치 강력한 무기"가 증폭될 것이라고 전망했다.[31] 미국 방위고등연구계획국DARPA이 이미 '원자에서 완성품으로'라고 명명한 나노 기술 연구개발 사업을 발표한 상황이니, 이 같은 군비 경쟁의 결과는 냉전시대와 판이하게 다를 것으로 전망된다.

강력한 무기를 마음만 먹으면 아주 쉽게 구할 수 있는 세상이 되면 이동 방향을 스스로 조절하는 자가 유도 총알이나 새로운 우주공학 재료로 만들어져 감시를 피할 수 있는 우주선, 무선신호로 무기를 작동시킬 수 있는 내장형 컴퓨터[32]가 만들어질 수 있다. 그 밖에도 투명 망토, 곤충 크기의 초소형 전투 차량 등이 등장해 모두가 불안에 떠는 상황에 내몰리고 세계 전체가 불안정해질 가능성이 있다. 미국 합동참모본부 소속 데이비드 제러미아David Jeremiah 제독은 마치 이런 상황을 미리 알고 있었던 것처럼 1995년에 다음과 같은 말을 남겼다. "분자 제조 기술을 군에 적용할 경우, 핵무기보다 훨씬 더 큰 변화가 발생하고 힘의 균형이 대폭 변화할 것이다."[33]

생태계 먹깨비

위에서 이야기한 시나리오는 모두 기술적인 경계를 벗어나지 않는다. 여기에서 추정 범위를 더 넓히면, 알아서 복제되는 자율 나노봇도 생각해 볼 수 있다. 나노 공장이 어딘가에(책상 등) 고정적으로 설치되는 형태라면 나노봇은 환경을 마음대로 누빌 수 있다. 적어도 이론상으로는 일부의 경우 자연에서 필요한 에너지를 만들어내는 기능까지 갖추고, 주변에 있는 물체를 다른 나노봇으로 전환시켜 계속 나노봇이 늘어나는 것이다.

나노봇이 끊임없이 증식하는 상황이 되면 단시간에 지구 전체가 마구잡이로 증식한 나노 기기들이 버글거리는 곳으로 탈바꿈할지도 모른다. 미래학자 레이 커즈와일Ray Kurzweil은 인류의 존재론적 재앙을 가져올 이 같은 사태가 단 90분 만에 일어날 수 있다는 추정을 내놓았고, 이에 여러 전문가들은 반론을 제기했다.[34] 현재까지 나온 분자 제조 기술 중 자가 복제가 가능한 나노봇을 만들려는 의도가 엿보이는 기술은 없지만, 나노 기술을 활용하는 테러리스트들 가운데 인류의 파멸을 바라는 자들이 의도적으로 이런 기괴한 존재를 설계할 가능성이 있고, 결과물을 생물계에 방출시키는 바람에 대량학살과 다름없는 재앙이 발생할 수 있다. 이와 같은 예측은 '그레이 구grey goo'* 시나리오로 불린다. 이 표현에는 우리가 이 작고 탐욕스러운 기계에 산 채로 잡아먹힐 수 있다는 의미가 담겨 있지만, 문자 그대로 꼭 회색 물질이나 찐득찐득한 물질이 생겨난다는 의미는 아니다.

나노 기술이 가져올 희망은 엄청나다. 나노 기술 덕분에 앞으로 수십 년간 세상이 급속히 발전하고 급변할 가능성도 매우 높다. 그 결과 지금으로부터 200년 뒤에 세상을 살아갈 우리 후손들은 현재 우리가 구석기 시대에 수렵 생활을 한 인류의 조상들에 대해 느끼는 것만큼이나 우리를 낯설게 느낄지도 모른다. 그러나 나노 기술은 이중용도로 사용될 수 있고, 이는 미래에 커다란 먹구름을 몰고 올 수 있다. 생명공학이나 합성생물학 기술처럼, 앞서 1장에서 이야기한 기술 접근성을 높이는 4대 요소 전체가 나노 기술 분야에서 점차 증대되고 있다는 점도 이러한 추정을

* 그레이 구는 나노 기술 전문가인 에릭 드렉슬러의 저서에 등장한 표현으로, 그는 색깔이나 특성에 큰 의미를 두지 않고 진짜 생명체에 비하면 '별것 아닌 존재'임을 강조하기 위해 이 같은 표현을 사용했다고 설명했다-옮긴이.

뒷받침한다. 바이오해킹을 본뜬 나노해킹이 등장해 생물도 아닌 무생물에 의한 생체 기능의 조작이 이루어질 가능성까지 생각해볼 수 있다.

이와 같은 흐름이 불안감을 일으키는 이유는, 전쟁을 일으키려는 국가보다 테러리스트 단체의 숫자가 더 많은 것과 같은 원리로 이 세상에는 테러리스트 단체보다 훨씬 더 많은 사이코패스가 존재한다는 사실 때문이다. 이는 곧 우리가 위험한 의도를 가진 자가 누구인지 전혀 알지 못하는 상태에서 상상치도 못한 재앙이, 그것도 인류의 종말을 일으킬 만큼 파괴적인 규모로 발생할 가능성이 높다는 것을 의미한다. 게다가 이런 상황을 막으려는 시도에는 또 다른 위험이 내포되어 있다. 시민 전체를 압박하고 주시하는 전체주의적 국가가 세계에 등장할 수 있기 때문이다. 그야말로 프랭클린이 이야기한 딜레마가 아닐 수 없으며, 21세기를 살아가면서 우리가 계속 숙고해야 할 문제이기도 하다.[35]

THE END

What Science and Religion Tell Us about the Apocalypse

5

인류의 목숨을 위협하는 발명품

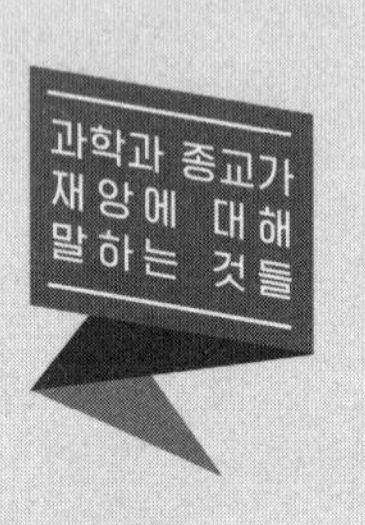
과학과 종교가
재앙에 대해
말하는 것들

살인 컴퓨터

때로는 공상과학 소설보다 현실에서 더 믿기 힘든 일이 벌어지기도 한다. 초지능superintelligence만큼 이에 더 적합한 예도 없으리라. 초지능이 사람을 죽일 수도 있다는 이야기를 처음 접한 사람은 대부분 무슨 터무니없는 소리냐고 생각하지만, 이 문제를 잘 아는 사람은 전혀 그렇게 여기지 않는다. 유명한 물리학자 스티븐 호킹Stephen Hawking은 초지능의 개발에 대해 "극히 우려된다"고 밝혔으며, 영향력 있는 이론가 엘리저 유드코프스키는 초지능을 "인간의 지능보다 영리한 지능"이라고 설명하면서 "인류가 맞닥뜨려야 하는 가장 위험한 단일 요인일지도 모른다"고 언급했다.[1] 옥스퍼드 대학교의 신경과학자 앤더스 샌드버그Anders

Sandberg는 인류를 가장 크게 위협하는 다섯 가지 요소 중 하나로 초지능을 꼽으면서 이와 비슷한 견해를 밝혔고, 같은 대학 인류미래연구소 대표를 맡고 있는 닉 보스트롬은 2014년 발표한 베스트셀러 『초지능Superintelligence』에서 실제로 초지능이 개발된다면, '종말'은 "기본적으로 확정된 결과"임을 인정해야 한다고 주장했다. 최근에는 2015년 삶의 미래연구소가 초지능의 '잠재적 위험성'을 경고하는 취지로 작성한 공개서안에 호킹과 유드코프스키, 샌드버그, 보스트롬을 포함한 여러 학자들이(나도 포함해서) 서명했다. 이번 장과 14장에서 살펴보겠지만 이 공개서안에는 초지능이 "질병과 빈곤의 척결"처럼 세상에 긍정적인 혁신을 일으킬 "가능성도 매우 크다"는 점이 함께 명시되어 있다.[2]

왜 이토록 많은 사람들이 초지능을 두려워할까? 다소 기이하다고까지 할 수 있는 가능성을 놓고 그렇게 진지하게 우려하는 이유가 있을까? 초지능이 불러올 수 있는 가장 위험한 문제로는 경제의 붕괴와 군비 경쟁, 그리고 인지적인 자기 증폭 현상을 들 수 있다. 그러나 이러한 문제를 살펴보기에 앞서 우선 초지능의 가장 기본적인 특성과 실현 가능성부터 알 필요가 있다. 몇 가지를 제외하면 아마도 이 책에서 다루는 내용 가운데 가장 전문적인 내용이 되겠지만, 초지능에 내포된 위험과 그 중요성을 고려하면 제대로 이해하고 넘어갈 만한 가치가 충분하다고 생각한다.

비상한 지성의 특성

일반적으로 초지능은 두 가지 형태로 나뉜다. 그러나 완전히 분리할 수는 없고 한 가지가 등장하면 다른 한 가지가 동반될 가능성도 있다. 첫 번째는 '정량적 초지능'이라 불리는 것으로, 인간의 사고와 기본적인 특성은 동일하지만 (a) 인간보다 더 많은 정보를 체계화하고 보유할 수 있다는 점, (b) 가장 뛰어난 인간의 뇌보다 정보를 훨씬 빨리 처리할 수 있다는 점에서 인간의 사고능력과 차이가 있다.[3]

정량적 초지능은 무엇을 할 수 있을까? 거시적인 존재론적 위험성과 관련된 사례를 통해 설명해보고자 한다. 먼저 생각해봐야 할 것은 개개인마다 총체적인 지식 중 알고 있는 수준이 다르고, 그 격차가 갈수록 커지고 있다는 점이다. 과학 혁명 이래 인류는 새로운 지식을 엄청나게 빠른 속도로 획득해왔다. 그에 반해 인간의 뇌 기능은 3만 년 전이나 지금이나 큰 변화 없이 거의 그대로 유지되어왔다. 이로 인해 총체적인 지식과 개개인이 보유한 지식의 격차가 급속히 벌어져, 무지의 폭발이라는 결과가 나타나고 있다. 한 학자가 지적한 것처럼 "불과 300년 전만 하더라도 학식이 높은 사람은 지식적 가치가 있는 것을 전부 알고 있었다. 1940년대 전까지는 심리학처럼 특정 분야로 한정하면 관련된 모든 지식을 알 수가 있었다. 그러나 오늘날에는 [총체적] 지식이 폭발적으로 증가해, 아주 작은 분야라도 그 일부분조차 통달할 수가 없다".[4] 이 같은 현재의 역설적인 상황은 오늘날 우리 모두가 "거의 대부분의 것에 대해 아무것도 모르고 있다"는 말로 표현할 수 있다.[5]

정량적 초지능은 이러한 문제를 해결해줄 수 있다. 즉 기억(정보의 보유량)과 시간(정보 처리 속도)이라는 인지적 한계를 극복하도록 함으로써 총체적 지식과 한 개인의 지식 사이에 벌어진 틈을 메울 수 있다. 주어진 시간에 통째로 획득한 모든 지식이 '아는 것'이 될 때까지 지식을 계속 획득할 수 있다. 또한 위에서 설명한 특성 (b) 덕분에 이 지식을 인간의 뇌보다 빠르게 처리하고 체계적으로 정리할 수 있다. 특히 초지능을 가진 뇌가 신경세포가 아니라 실리콘으로 이루어져 있다면 속도는 훨씬 더 빨라진다. 실제로 생체의 신경세포가 기능하는 최고 속도는 200Hz로, 오늘날 사용되는 컴퓨터 중앙처리장치에 비하면(약 2GHz) 100만 배나 느린 수준이다.[6] 유드코프스키는 『전 지구적 재앙 위험』에서 인간의 뇌가 100만 배 더 빠르게 기능할 경우 "물리적인 시간을 기준으로 할 때 1년치 생각을 31초 만에 끝낼 수 있으므로 8.5시간이면 1,000년이 훌쩍 지나간다"고 설명했다.[7] 생각의 속도가 빨라지면 총체적 지식 전체를 자기 것으로 만들 수 있는 충분한 시간이 생기며 초지능의 특성 (a)와 (b) 덕분에 상대적인 무지함이 사라지므로 무지의 수준이 급격히 증대되는 문제도 해결된다.*

초지능의 두 번째 유형은 정성적 초지능이라 칭할 수 있다. 다량의 정보를 더 빠른 속도로 처리하는 것과 완전히 새로운 정보를 다량으로 획득하는 것은 근본적으로 다르다는 사실이 정성적 초지능의 기본 토대가 된다. 다람쥐를 예로 들어 설명하자면, 얼룩무늬 다람쥐 한 마리가 제아무리 애써도 주식 시장이 뭐 하는 곳인지 터득할 수는 없다. '시장'이라는 개념 자체가 다람쥐의 인지적 이해 수준을 넘어선다. 정확히 같은 원리로, 엄청나게 큰 숫자처럼 인간의 지식으로는 닿을 수 없는 어떤 원칙과 개념이 존재한다. 우리가 아무리 노력한다 해도 그러한 지식은 알 수가 없다. 신이 하늘에서 몸소 세상 밖으로 나와 우리를 앉혀놓고 차근차근 설명해준다고 하더라도 우리로선 이해할 재간이 없다.

이와 관련해 두 가지 가능성을 생각해보자. 세상에는 우리가 의문을

* 거시적인 관점에서는 긍정적인 결과로 해석된다. 거시적인 관점을 갖기 위해서는 계속 진화하는 인류의 존재론적 위기 전체를 이해해야 하지만 너무나 많은 사람들이 상황을 이러한 관점으로 보지 못한다.

가질 수는 있지만 '절대로' 답할 수 없는 현상이 존재할 수 있다. 이럴 때 인간은 바로 앞에서 잡힐 듯 가물거리는 생각을 '표면적으로 들여다보는' 것이 전부일 뿐, 실눈을 뜨고 아무리 골몰해봐야 제대로 볼 수 없다. 물리학의 끈 이론에서 이야기하는 여덟 개의 추가적인 공간적 차원이나 "동시에 모든 곳에 존재하는 파동 같은 입자"[8]도 그러한 예에 해당할 것이다. "장담하건대 양자역학을 이해하는 사람은 아무도 없다"는 물리학자 리처드 파인먼Richard Feynman의 말도 이런 맥락에서 널리 회자되었다. 우리는 수학적으로 그러한 현상을 '파악'하는 것이 최선일 뿐 개념적인 이해는 불가능하다. 수학 공식으로 추론해보고 입자 충돌기로 측정해볼 수는 있지만 양자역학의 개념은 꼭 닫힌 블랙박스 안에 들어 있다.

일부 철학자들은 철학 역시 "인과관계란 무엇인가? 우리에게는 자유의지가 있는가? 의식의 특성은 무엇인가? 삶은 의미가 있는가?"와 같이 의미 있는 질문을 던질 수는 있지만 원칙적으로 답을 알 수 없는 퍼즐이 철학의 거의 대부분을 차지한다고 이야기한다(설사 답을 알 수 있더라도 논쟁은 이어질 것이며 금세 과학적인 해석에 흡수될 것이다). 그러나 이것이 본질적으로 어려운 질문임을 감안하면, 꼭 그렇다고 단정 지을 수는 없다. 우리가 만족스러운 답을 떠올리지 못하는 이유는 그 답을 찾을 수 있는 사고 체계를 가지고 있지 않기 때문인지도 모른다. 예를 들어 의식의 '구성 이론'을 구축하려는 것은 둥근 구멍에 네모난 말뚝을 고정시키려고 애쓰는 것과 같다. 구멍이 둥근 모양이라서 말뚝을 고정하기 힘든 것이 아니라, 구멍 모양에 맞는 말뚝을 구해야 해결되는 문제다.

또는 아예 비슷한 질문조차 떠올리지 못할 가능성도 분명 존재한다. 앞에서 말한 다람쥐의 경우가 여기에 해당한다. 다람쥐는 주식 시장에 대해 영원히 알지 못할 뿐만 아니라, 자신이 모른다는 사실조차 영원히 알지 못한다. 마찬가지로 우리가 너무 놀라 입을 떡 벌리고 쳐다보는 것조차 불가능한 현상이 존재할 수 있다. 애당초 궁금증이 생기려면 반드시 수반되어야 하는 개념 형성 절차가 아예 이루어지지 않는 것이다.

언어학자이자 정치운동가인 놈 촘스키Noam Chomsky는 이러한 상황을 '인지적 폐쇄성cognitive closure'이라고 칭한다. 모른다는 사실을 모르는 것, 즉 불가지성은 관련된 의문을 던질 수 있는지 여부와 상관없이 원칙적으로 인지적 폐쇄성의 범위에 포함된다. 촘스키가 사용한 용어대로 설명하면 '수수께끼'는 영원히 우리가 알 수 없는 영역에 놓여 있는 퍼즐인 반면, '문제'는 (비록 지금은 알지 못하지만) 인간의 뇌로 알아낼 수 있는 퍼즐이다.[9] 그런데 여기서 수수께끼와 문제의 경계가 생물종과 관련 있다는 사실에 주목할 필요가 있다. 즉 인간의 경계와 다람쥐에 적용되는 경계는 다르다. 정성적 초지능의 범위가 방대한 것도 바로 이와 같은 특징 때문이다. 즉 정성적 초지능은 원칙적으로 '알 수 있는' 지식을 확장시키는 것과 관련 있고, 결과적으로 이러한 지능은 인간의 뇌가 떠올릴 수 있는 생각과 '질적으로 다른' 생각을 떠올릴 수 있다. 주식 시장을 대하는 다람쥐의 사고 능력과 마찬가지로 인간의 관점에서는 헤아릴 수 없는 생각을 할 수 있다는 의미다.

따라서 정성적 초지능은 전혀 새로운 다량의 개념을 바탕으로 세상에 존재하는 새로운 것, 강력한 것, 가능한 것 모두를 습득할 수 있다. 가령 우주와 관련해 인간은 이해조차 하지 못하는 새로운 이론을 제기할 수 있다. 매우 영민한 사람조차 도저히 따라올 수 없는 방식으로 우리의 물리적 세상을 조작할 수도 있다. 똑똑한 다람쥐 과학자들이 둘러앉아 미국에 있는 자그마한 전자기기 화면에서 어떻게 중국인의 음성이 나올 수 있는지 알아내려고 애쓰는 모습을 떠올려보라. 정성적 초지능에는 다람쥐들이 휴대폰을 바라볼 때와 같이 인간의 보잘것없는 사고력으로는 '파악할 수 없는' 기술을 만들어낼 가능성이 담겨 있다.

더 빠르게 생각하고 더 많은 정보를 처리하고 인간에게는 인지적으로 폐쇄된 생각이 가능해진다면 여러 가지 독특한 위험이 발생할 수 있다.[10] '지혜로운 사람'을 뜻하는 호모 사피엔스가 지구에 우세한 종이 될 수 있었던 것은 신체적인 특징 때문이 아니라 지적 능력이 월등했기 때문이다. 지성이라는 영역에서 차지했던 최고 우위를 잃게 된다면, 전례 없이 안 좋은 일들이 벌어지거나 전례 없이 좋은 결과로 이어질 수도 있다.

초지능을 만드는 핵심적인 차이

그렇다면 인간이 어떻게 초지능적인 생각을 만들어낼 수 있을까? 모든 일이 그렇듯 가능성 있는 수많은 전략이 존재하고, 그중 몇 가지는 특히 전망이 밝다. 이 여러 가지 전략에서 가장 광범위하게 나타나는 차이점은 초지능의 '물질적인 구성'이다. 내가 '생물 중추'라 이름 붙인 방식은 인간의 뇌가 가진 지능이 더욱 강화되도록 변화를 시도한다. '사이보그화'라는 이름으로 더 많이 알려진 방식으로, 최소한 지금으로부터 약 200만 년 전, 최초의 인간인 호모 하빌리스('도구를 쓰는 사람')가 등장한 이래 계속해서 이루어진 변화이기도 하다. 생물 중추 방식의 목표는 '인지 능력이 강화된 사이보그'를 만들어내는 것이다. 이 책에서는 주제를 고려해 사이보그를 물리적 구성이 일정 부분 기술로 이루어진 사람(인공 달팽이관, 심박조율기를 비롯해 독서용 안경도 포함) 또는 기술적인 방식으로 다소 크게 변경된 사람으로 정의한다. 두 번째 유형은 인간의 뇌를 유전적으로 조작하거나 원하는 형질을 가진 배아를 선별하는 방법을 논의하면서 좀 더 자세히 살펴보기로 하자.

'기술 중추' 방식은 이와 반대로 복잡한 생물학적 요소를 버리고 인공 기질에 전적으로 의존한다. 이러한 접근 방식의 목표는 인지 기능이 강화된 사이보그가 아니라 '일반적 인공지능artificial general intelligence, AGI'을 만들어내는 것이다. 여기서 '지능'은 주어진 환경을 인지하고 성공적으로 생존할 기회를 최대화하는 행동을 취할 수 있는 능력으로 정의된다.[11] 인지과학에서 일반적으로 적용하는 이 같은 정의는 목표를 이루기 위해 필요한 수단은 무엇이건 획득할 수 있는 능력을 의미하는 철학적 개념인 '도구적 합리성'과도 맥을 같이한다. 보스트롬이 밝힌 '직교성 명제orthogonality thesis'에도 동일한 의미가 내포되어 있다. 즉 이 명제에 따르면 "지식은 수준과 상관없이 거의 모든 최종 목표와 결합될 수 있다".[12] 그러나 (보스트롬이 정의한 것처럼) 지능이 결과가 아닌 오로지 수단으로만 정의될 경우 당연히 여러 가지 조합의 결말이 나올 수 있다. 이 부분은 이번 장을 마무리하면서 다시 설명할 예정이다.

이제 생물 중추부터 시작해 이 두 가지 접근 방식에 담긴 여러 전략을 검토해보고, 초지능의 탄생이 호킹의 견해처럼 인류에게 일어날 수 있는 최고의 결과가 아닌 최악의 일이 될 것인지 판단해보자.

생물학적 뇌에 장착된 지적 능력

인지 능력이 강화된 사이보그는 여러 가지 형태를 취할 수 있다. 뇌 기능 증진제, 즉 뇌의 기능을 향상시키는 약물도 한 가지 가능성에 속한다. '이 약 한 알이면 사고력이 향상된다'는 식의 전략이다. 언뜻 미래에나 이루어질 법한 일로 들릴 수도 있지만 현재 전 세계 많은 사람들이 매일 인지능력을 높여주는 무언가를 섭취하고 있다. 대체로 그 효과가 그리 크지 않을 뿐이다.* 예를 들어 미국에서는 전 국민의 54퍼센트가 각성 효과를 얻기 위해 매일 커피를 마신다. 또 수백만 명의 미국인이 뇌 기능을 높이려고 은행나무 추출물이나 어유(오메가-3 지방산)가 함유된 보충제를 꼬박꼬박 복용한다. 보스트롬도 『초지능』에서 니코틴이 들어 있는 껌과 카페인을 섭취하면 개인적으로 일을 마치는 데 도움이 된다고 밝혔다.

대학가에서는 애더럴Adderall, 모다피닐modafinil처럼 더욱 강력하고 효과적인 약물이 인기를 얻고 있다. 특히 최상위권 대학에 다니는 학생들 25퍼센트가 이용한다는 모다피닐은 작업 기억 등 특정한 인지 기능을 향상시키는 것으로 나타났다.[13] 군대에서도 병사들이 수면 부족으로 인한 문제를 겪지 않고 장시간 깨어 있을 수 있도록 소위 '뇌 비아그라'라 불리는 이러한 약물을 활용하는 방법을 검토하고 있다.

이와 같은 화학물질로 초인적인 능력을 얻을 수는 없다. 기껏해야 지능이 향상되는 결과 정도를 얻을 수 있는데, 그 수준은 측정 가능한 경우라 해도 아주 미미하다. 그러나 미래에는 사고력에 훨씬 더 강력한 변화를 일으키는 물질이 개발될 수 있다. 실제로 그러한 물질이 등장한다면, 광범위하게 활용되어 사회적으로 큰 영향이 발생할 수 있다. 보스트롬도 다음과 같은 설명으로 이 부분을 예리하게 집어냈다. "한 사람의 인지 능력이 1퍼센트 정도 향상된다면 그 변화가 두드러질 가능성은 별로 없지

* 이 설명은 '통상적' 인지 기능 강화제와 '급진적' 강화제에 각기 다른 의미로 적용할 수 있다. 통상적 강화제는 현대 사회 어디에서나 구할 수 있지만 급진적 강화제는 아직 실험 단계에 머물러 있다.

만, 전 세계적으로 1,000만 명의 과학자가 약을 복용하고 인지 능력이 그 만큼씩 향상된다면 과학계는 10만 명의 새로운 과학자가 이룩할 만한 업적을 모두 합한 수준으로 발전할 것이다."[14]

하지만 초지능을 선사할 약물이 발명될 가능성은 거의 없다. 자동차에 아무리 좋은 연료를 넣어도 주행 성능은 덮개 아래에 장착되어 있는 엔진의 기능 범위에서만 향상될 수 있다. 이러한 한계는 사고 능력을 키우는 두 번째 전략으로 이어진다. 즉 두피 아래, 뇌라는 인지적 엔진을 업그레이드하는 것이다. 컴퓨터와 뇌를 연결하고 사람과 기기가 '인공두뇌' 방식으로 정보를 교환하는 것이 그러한 방법 중 하나다.

현재는 정보 교환이 전적으로 '지각'의 중개를 통해 이루어진다. 가령 우리가 인터넷에서 정보를 얻으려면 웹 페이지를 열어서 읽어야 한다. 사이보그화의 주된 특징은 생물학과 기술, 유기체와 인공물을 하나로 통합하는 것이다.* 이 특징을 인지 기능에 적용하면, 지각이라는 중간 단계를 점차적으로 제거해 뇌가 정보를 곧바로 접하도록 하는 것을 의미한다. 두뇌-컴퓨터 인터페이스BMI가 추구하는 목표도 바로 이러한 기능이고, 뇌와 뇌를 서로 연결시키거나(신경 임플란트) 뇌와 다른 기기를 연결하는 기술(두피에서 발생하는 전기적 패턴 측정)도 마찬가지다. BMI의 경우 지금까지는 주로 기능의 '향상'보다는 '치료' 목적으로 활용되고 있다. 건강한 사람에게 새로운 기능을 부여하기보다는 부족한 부분을 채우는 일에 사용되는 것이다. 그러나 이 기술은 놀라운 속도로 발전을 거듭하고 있으며 이미 사람이 아닌 생물의 뇌에 BMI를 성공적으로 이식하는 성과

* 이 특징은 유기체가 인공물로 바뀌는 방향성을 나타낸다. 이 같은 논리적 추론의 종점에는 언젠가 생물학이 기술로 완전히 대체되어 모든 것이 인공물로 된 존재가 나타난다는 결말이 있다.

도 거두었다. 한 예로, 듀크 대학교의 미겔 니코렐리스Miguel Nicolelis 연구진은 원숭이들을 대상으로 '생각만으로' 로봇 팔을 제어하도록 훈련시켰다. 연구진의 최종 목표는 로봇 기술이 적용된 외골격을 만들어, 이것을 착용한 사지 마비 환자들이 생각만으로 완벽하게 통제할 수 있도록 하는 것이다.** 실제로 2014년 브라질 월드컵에서는 양쪽 하반신이 마비된 줄리아노 핀토Juliano Pinto라는 사람이 기계로 된 외골격을 착용하고 시축에 나섰다.

이처럼 BMI는 초지능 개발에 어느 정도 희망을 안겨주고 있으며 그 영역은 대부분 정량적 초지능에 해당한다. 그러나 사람의 뇌가 가진 한계로 인해 정보의 전송 속도는 제한적인 상황이다. 가령 구글 사이트를 열고 검색한 결과를 뇌에 제시했을 때 정보에 '접근'하고 동시에 '처리'할 수 있어야 한다(BMI는 이 과정에서 주로 '접근' 부분을 돕는다). 뇌 기능 증진처럼 BMI로도 최소한 가까운 미래에 강력한 초지능이 탄생하지 못할 것으로 예견되는 이유도 바로 이런 한계 때문이다.

초지능이 탄생하려면 뇌에 대대적인 변화가 발생해야 한다. 이 문제를 해결해줄 수 있는 전략으로 인간의 지능을 좌우하는 유전자를 조작하는 기술이 대두되고 있다. 즉 뇌에 약물이나 전극처럼 무언가를 '더하는' 대신 유전공학 기술로 뇌 '고유의 구조'를 바꾸는 방법이다. 사실 인간의 뇌는 침팬지의 뇌보다 작고 고래와 비교해도 훨씬 작다. 이 두 동물과 인간의 차이를 만드는 것은 바로 정신 기관의 특별한 기능적 구성이다.

신경계를 유전적으로 조작하려는 시도는 이미 다른 생물을 대상으로 진행되고 있다. 한 연구에서는 쥐의 학습과 기억력과 관련된 수용체

** 이와 같은 외골격은 전쟁의 양상에 대대적인 변화를 몰고 올 수도 있다. 미래의 병사는 그야말로 살인기계가 될 가능성이 높다.

유전자 NR2B를 과발현시킨 형질전환 쥐를 만들었고, 이 쥐는 "더 빨리 배우고 더 오래 기억하고 최소 여섯 가지 행동검사에서 일반 쥐보다 월등한 실력을 나타냈다".[15] 연구진은 이 쥐에게 '두기'라는 이름을 붙여주었다. 열네 살에 의사가 될 정도로 천재적인 두뇌를 지닌 소년이 주인공으로 등장한 미국 텔레비전 드라마 〈천재소년 두기Doogie Howser〉의 이름을 본뜬 것이다. 쥐는 인간과 생물학적으로 많은 부분이 일치하는 '모델 생물'이라는 점을 감안하면, 이 연구는 인간에서도 학습 능력, 기억력을 향상시키는 방향으로 수용체를 변화시키는 일이 가능할 수 있음을 의미한다.

철학자 마크 워커Mark Walker가 지적한 것처럼, 개구리의 X-Otx2 유전자와 같은 특정 호메오박스homeobox 유전자가 뇌 여러 부위의 형태 형성을 제어한다는 사실도 밝혀졌다. 또한 최근 연구들을 통해 ASPM, CDK5RAP2 등 인간의 뇌를 커다랗게 만드는(좀 더 구체적으로는 이를 '대뇌화 지수'라고 한다) 다양한 유전자도 발견되었다. 그러므로 이러한 유전자를 조작해 뇌를 더 키워서 제왕절개로 세상에 나오도록 하는 일이 벌어질 수도 있다.[16] 심지어 살짝 유전자를 조작하는 것으로 보통 사람들이 기본적인 사칙연산을 이해하는 정도로만 머리를 쓰면 고급 양자물리학을 이해할 정도의 지적 능력이 생길지도 모른다.

생물 중추 방식 중 마지막으로 살펴볼 전략은 반복적 배아 선별이라 불리는 기술이다. 인간이 "신의 흉내"를 내는 정도까지는 아니지만 "자연 선택을 흉내 내는" 행위에 상당히 가깝다고 할 수 있는 기술이다(수천 년 동안 인간이 가축을 대상으로 해왔던 방식과 같다). 반복적인 배아 선별 기술의 원리는 간단하다. 먼저 공여자의 배아 여러 개에서 줄기세포를 채취한다. 배아를 구성하는 줄기세포는 우리 몸에서 모든 종류의 세포로 분화할 수 있는 고유한 특징이 있다. 즉 똑같은 배아 줄기세포가 간세포가 될 수도 있고 피부세포, 뇌세포로 분화될 수도 있다. 이러한 줄기세포를 분리한 뒤 정자, 난자에 해당하는 생식체, 즉 생물학적 생식 기능을 수행하는 세포로 분화시킨다. 다음 단계로 실제로 수정 과정을 거친 것처럼 이 두 가지 생식 세포를 융합해 수정란을 형성시킨다. 이렇게 만들어진 수정란의 유전자 중 절반은 정자에서 온 것이고 나머지 절반은 난자의 것이다. 이제 수정란의 유전체 전체에 대한 염기서열 분석을 실시한다. 분석이 끝나면, 원하는 유전적 특성(해당 세대가 보유한 전체 형질 내에서)만 남기고 나머지는 없앤다. 이렇게 염기배열이 수정된 배아에서 다시 줄기세포를 추출하고 생식세포로 분화시키는 식으로 처음 과정을 반복한다.

선별해서 유지하려는 특성이 지적 능력이고 인간의 지능이 형성되는 유전적인 원리도 파악된 경우, 이 반복적 배아 선별 기술을 이용하면 자손의 지적 능력은 빠르게 증가할 것이다. 보스트롬과 칼 셜먼Carl Shulman은 10개의 배아 중 하나를 선별하고 이것으로 10개의 수정란을 만드는 과정을 10회 반복하면 IQ를 최대 130까지 추가로 높일 수 있다는 계산 결과를 내놓았다. 우리의 뇌가 자연 선택을 통해 세상사를 처리하고 세상의 일을 조작하는 뛰어난 능력을 갖추게 되었다는 점을 생각하면 사실 그리 놀라운 결과는 아니다. 반복적 배아 선별 기술은 본질적으로 자연이 한 일처럼 변화를 유도한다. 지능이 인간이라는 생물체에게 가장 중요한 특성으로 여겨지는 선택적인 환경을 만드는 동시에(실제로는 인간이 직접 정한 환경) 성인으로 성장하고 발달하는 모든 과정은 생략된다(물론 최종적으로는 이렇게 만들어진 배아 중 하나가 정상적인 과정을 거쳐 성인으로 성장한다).

반복적 배아 선별 기술의 가장 두드러지는 특징은 '우생학'(상당히 듣기 거북한 표현이라는 사실은 나도 잘 알지만 넘어가주기 바란다)이라 부를 수 있는 원리를 윤리적으로 허용하는 수단이 될 수도 있다는 점이다.[17] 나치가 자행한 집단 학살 행위로 대표되는 과거의 우생학(인종개량) 프로그램이 가장 문제 되는 이유는 개개인에게 의지에 반하는 행동을 하도록 타율적인 압력을 가했기 때문이다. 윤리적 측면에서 결코 납득할 수 없는, 인류 역사상 가장 끔찍한 범죄 행위였다. 그러나 반복적 배아 선별 기술은 인간이 보유한, 자율성을 가진 도덕적 행위자라는 지위를 침해하지 않는다. 또한 배아는 고통을 느낄 수 없으니 세속윤리의 핵심(즉 도덕적으로 훌륭한 행동은 고통을 줄이고 행복을 증진시키는 것이며, 고통과 절망을 증폭시키는 것은 도덕적으로 나쁜 행동이라는 것)을 건드리지도 않는다. 합성생물학이 계속해서 발전하면 배아를 완전하게 따로 추출해서 컴퓨터로 원하는 형질만 포함된 유전체를 뚝딱 만들어내는 날이 올지도 모른다. 이렇게 만들어진 유전정보대로 실험실에서 유전체를 만든 다음 수정란에 집어넣는 것이다. 아직은 가설에 지나지 않지만, 현재 생명과학기술의 발전 속도를 보면 가까운 미래에 현실이 될 가능성을 충분히 점쳐볼 수 있다.

요약하면, 초지능을 만들기 위한 사이보그화 기술은 어느 정도 실현될 가능성이 있으며, 그중 큰 부분이 인간의 뇌를 변형시키거나 배아를 선별하는 기술에 달려 있다. 이러한 기술들이 결합되어 새로운 결과가 발생하거나 더욱 강력한 변화가 일어날 수도 있다. 약물이나 신경학적 이식으로 얻을 수 있는 장점은 한정적이지만, 지능을 향상시키는 이 같은 기술이 결합되면 인류의 인지적 기능이 전체적으로 높아질 것으로 전망된다. 뇌를 더 크게 만들고 여기에 새로운 약물의 영향을 추가한다거나, 10세대 이상의 선별을 통해 지능지수를 높인 배아에 BMI 기술을 결합시켜 인터넷과 연결시키는 등 더욱 참신한 조합이 시도될 수도 있다.

그럼에도 불구하고, 초지능은 생물의 복잡한 생체조직이 포함된 생물 중추적보다는 지속성도 높고 속도도 빠른 컴퓨터 하드웨어가 활용되는 기술 중추적 방식을 통해 생겨날 가능성이 더 크다. 지금부터 그 방식에 대해 살펴보도록 하자.

훔치고, 베끼고, 새로 만들고

생물학적인 요소가 전혀 포함되지 않는 초지능은 수많은 형태로 만들어질 수 있다. 이 유형에 해당하는 다양한 초지능은 자연의 특성을 모방했는지 여부로 구분할 수 있다. 모방한 경우를 생체 모방 기술로, 그렇지 않은 경우를 합성 기술로 부르자. 먼저 생체 모방 기술에 대해 살펴본 다음 인지 기능의 합성 가능성을 짚어볼 것이다(이 글 끝부분에 나와 있는 그림 C를 참고하면 내용을 따라오기가 더 수월할 것이다).

자연의 어떤 기능을 모방하면 초지능을 만들 수 있을까? 크게 두 가지 가능성이 있다. 진화의 최종산물인 생물학적 뇌를 모방하거나, 뇌를 만들어낸 진화 과정인 자연 선택을 모방하는 것이다. 뇌를 인공적으로 만들어내는 일은 다양한 수준에서 이루어질 수 있다. '생각 전송'으로도 알려진, 뇌를 통째로 본뜨는 기술은 대놓고 뇌를 모방하는 방식 중에서도 가장 극단적인 사례에 해당한다.[18] 뇌의 3차원 미세구조 전체를 슈퍼컴퓨터로 전송한 뒤 평상시 뇌에서 이루어지는 기능을 적정 수준 이상 정확하게 시뮬레이션하는 이 기술이 구축되려면 두 가지 요건이 충족되어야 한다. 우선 성능이 매우 우수한 슈퍼컴퓨터가 있어야 하고(인간의 뇌는 현재까지 우주에 존재하는 가장 복잡한 대상이므로), 우수한 스캐닝(정밀분석) 기술도 필요하다. 여기까지는 기술적인 요건에 해당하고, 이와 더불어 철학적인 요건도 충족되어야 한다. 즉 정신의 특성에 관한 여러 이론 가운데 기능주의를 적용할 수 있어야 한다. 지금까지 파악된 자료를 종합할 때 기능주의가 사실이라는 근거가 많고 현재의 기술적 발달 양상을 살펴보면 슈퍼컴퓨터와 스캐닝 기술도 조만간 등장할 것으로 추정되므로, 이 모든 조건들이 언젠가는 충족될 가능성이 크다.

(배경 정보가 될 만한 몇 가지 이론을 살펴보자. 기능주의란 독에 비유하면 '독이 무엇으로 만들어졌는지는 중요하지 않고 어떤 작용을 하는지만 중요할 뿐'이라는 원칙을 인간의 정신에 적용한다. 즉 정신의 특성을 정하는 것은 기능이지 정신을 구성하는 물질적인 요소가 아니라고 보는 것이다. 따라서 정신은 독과 마찬가지로 기본 물질, 즉 기질과는 '개별적으로' 존재하며 기능 체계가 제대로 구축되어 있기만 하다면 다양한 물리적 시스템을 통해 '여러 형태로 실현될 수 있다'고 본다. 기능주의의 한 가지 형태에 해당하는 계산주의가 정신은 생체조직으로 된 '인간의 두뇌'에서 작동하는 소프트웨어라고 본다는 점을 참고하면 기능주의를 좀 더 이해하기 쉽다. 이에 따라 생물학적 뇌의 기능적 구성이 똑같이 구현된 컴퓨터 하드웨어가 만들어진다면 의식이 있고 깨어 있는 생생한 정신도 그 하드웨어에서 생겨날 수 있다고 본다. 상당수의 철학자와 인지과학자가 이 이론에 동의한다. 우리가 특히 주목해야 하는 이유는 이 같은 원리에 인간은 불멸의 영혼을 가지고 있다는, 거의 전 세계 모든 종교의 바탕이 되는 전제가 적용되지 않기 때문이다. 그러나 영혼과 육체는 각각 완전히 독립된 주체이며 서로가 없어도 존재할 수 있다고 보는 실체 이원론을 관련 분야 전문가 거의 대부분이 이미 근거 없는 죽은 이론으로 여기고 있다.)

생각을 전송하기 위한 기술을 개발하기 위해 이미 수십억 달러 규모의 투자와 연구가 진행되고 있다. 한 가지 전략으로 거론되는 것이 사후에 마이크로톰이라 부르는 박편 절단기를 적용하는 방법이다. 이것은 먼저 '액체질소'로 사망자의 뇌를 고체화한 다음 박편을 만드는 방식이다.[19] 단단하게 얼린 뇌는 전자현미경으로(또는 미래에 등장할 더 나은 기술로) 한 장씩 정밀 분석을 실시할 수 있을 정도로 얇게 잘라낸다. 분석된 정보는 슈퍼컴퓨터로 전송되고 취합 과정을 거쳐 분자 수준까지 정확한 3차원 모델로 재구축된다. 이와 같은 방식으로 슈퍼컴퓨터에 뇌 모형이 만들어지면 의식에도 파란 불이 켜지고, 한때는 신경망과 결합된 생물학적 뇌의 전유물이던 생각이 컴퓨터의 새로운 자산이 된다. 죽은 사람이 갑자기 깨어나는 셈이다.[20]

뇌를 손상시키지 않는 전략으로는 나노 전송법이 있다(4장에서 언급한 적 있다). 뇌를 정밀 분석하기 위해 절단하는 대신 나노봇을 혈류로 다량 투입하고, 이것이 뇌-혈관 장벽을 뚫고 들어가 뇌의 3차원 미세 구조 정보를 외부에 있는 슈퍼컴퓨터로, 그것도 무선신호를 통해 전송하는 방법이다.[21] 슈퍼컴퓨터는 이를 토대로 뇌를 정확하게 본뜬 모형을 구축한다. 개인의 특성과 기억을 고스란히 간직한 이 인지적 클론은 뇌의 주인과 똑같은 과거의 기억을 가지고 새로운 미래를 만들어간다.

이 두 가지 방법 모두 정성적 초지능을 만들어낼 수는 없다. 그러나 앞서도 설명했던 생물학적 뇌와 컴퓨터 회로판의 정보처리 속도 차이를 고려하면 생각 전송으로 구축된 생각은 정량적인 면에서 현재 우리의 뇌를 크게 앞지를 것이다. 전송이 완료된 생각은 우리 뇌보다 훨씬 더 많은 정보를 저장할 뿐만 아니라 ('쓰지 않으면 잃어버리는') 우리의 기억처럼 시간이 지나도 퇴색되지 않는다. 그러므로 전송된 생각은 처리 속도와 정보 저장 측면에서의 장점 덕분에 강력한 정량적 초지능이 될 수 있다.

컴퓨터로 전송된 생각은 생물학적인 뇌보다 기능을 향상시키기도 수월하다. 신경 이식 기술은 감염이 발생할 수 있는 문제가 있지만 가상 모형으로 구축된 뇌는 감염될 우려도 없고 피가 흐르지도 않으므로 손상되더라도 쉽게 고칠 수 있다. 또한 복제가 가능하니 문제가 생길 때를 대비해 백업해둘 수도 있다. 간단한 복제 기능을 활용해 방대한 인지적 클론으로 구성된 거대한 그룹을 꾸리면(지혜롭기로 널리 알려진 선대 조상들이 그 구성원이 될 것으로 예상된다) '어떤 이론이든' 정립할 수 있다. 양자물리학과 상대성 이론을 결합하거나, 기술로 인해 인류의 존재론적 위기가 점차 커지는 것과 같은 심각한 문제도 해결될지 모른다(이 부분은 14장에서 다시 설명할 예정이다). 이 책에서 언급한 모든 전략 가운데 가장 전망이 밝은 기술은 바로 이 생각 전송법일 것이다.

그러나 신경모방 인공지능으로도 불리는 뇌 부분 모방 기술이 그 전망을 훌쩍 넘어설지도 모른다. 뇌를 통째로 모방하는 대신 일부분만 모형으로 만든다는 점에서 노골적인 복제 수준도 덜한 편이다. 중추신경계 전체를 가상 모형으로 만들기 위해서는 먼저 신경계를 구성하는 각 부분부터 모형으로 구축해야 한다. 확보된 데이터는 다양한 구성으로 종합되고 여기에 인간이 직접 설계한 알고리즘도 추가할 수 있다. 이를 통해 인간의 인지적 구조와 조각조각 일부분만 동일한 모형이 만들어지고, 이는 정성적 초지능의 한 가지 형태가 될 수 있다. 즉 인간에게는 인지적으로 폐쇄된 개념에 접근할 수 있고, 동시에 컴퓨터 하드웨어의 특성 덕분에 정량적 초지능으로도 활용될 수 있다(마찬가지 원리로, 인지적 구조가 다르다보니 인간은 이해하는 개념을 이 새로운 뇌 모형은 이해하지 못할 가능성이 있다). 일부 전문가들은 이처럼 신경을 모방한 인공지능이 실현될 만한 타당성이 충분하고 우리의 뇌보다 정성적 기능이 뛰어나다는 점을 지적하며 전체 초지능 기술 가운데 가장 우려스러운 유형으로 꼽는다.

뇌를 일부분만 모형으로 만드는 또 한 가지 기술은 결합주의 방식이다. 이 뇌의 일부를 스캔하는 대신 신경세포의 전체적인 기능적 연결을 그대로 복제하는 기술이다. '인공 신경'으로 구성된 결합주의 방식 시스템은 정보를 생물학적 뇌의 신경과 비슷한 방식으로 처리한다. 이렇게 구축된 인공 신경 네트워크는 고정된 구조가 아니므로 시간이 흐르면서 변화하고 명확성의 기준에 미치지 못하는 정보는 조작하는 '자연스러운' 경험을 통해 학습할 수도 있다. 신경 네트워크는 이미 현실 세계에서 얼굴 인식 기술, 레이더 시스템, 데이터 마이닝, 자가운전 자동차의 제어장치, 주식 시장에서 주가 변동을 예측하는 프로그램 등 다양한 목적에 성공적으로 활용되고 있다.[22] 언젠가는 이 네트워크가 알아서 더 나은 신경망을 구축하는 방법까지 터득해 다음 장에서 설명할 피드백 순환 과정이 이루어질지도 모른다.

뇌 전체 모형과 부분 모형을 구축하는 기술 모두 공통적으로 중점을 두는 것은 그러한 기술로 얻을 수 있는 결과, 즉 인공적인 초지능이다. 인간의 뇌가 자연적으로 만들어지는 과정을 그대로 모방하는 방법으로도 이와 같은 결과를 얻을 수 있다. 생체 모방 전략으로 소개하는 마지막 유형인 이 인공 진화 기술은 가상의 결과물만으로 가득한 가상세계에서 위대한 다윈의 자연 선택을 통해 생존이 결정되도록 한다(반복적 배아 선별 기술도 일정 부분은 자연적인 진화를 모방했지만 인공 진화와 상당히 다른 개념이라는 점에 유념하기 바란다). 만약 지능이 생존에 가장 중요한 특징이 되는 환경을 선택적으로 설계한다면, 초지능을 지닌 존재가 만들어질지도 모른다. 또한 가상공간에서 이루어지는 진화는 인류가 지나온 과정과 동일하지 않을 수도 있으므로 우리와는 정량적으로, 그리고 동시에 정성적으로 다르다. 따라서 인지 기능의 구조가 판이하게 다른 초지능이 등장할 수 있다.

이와 같은 모방 기술은 상당히 빠른 속도로 진행될 수 있다(자연계에서는 자연 선택이 지질 연대에 따라 여러 세대를 거쳐 느리게 진행되므로, 이는 중요한 특징이다). 또한 지능의 진화와 직접적으로 관련 없는 요소는 긴 시간이 소요되는 진화 대상에서 제외될 가능성도 있다. 가령 인공 진화의 시작점을 RNA 세계*에 해당하는 시기로 잡는다거나 대부분의 동물이 느닷없이 자연계에 나타난 캄브리아기 대폭발 시점으로 잡으려는 시도가 나올 수 있다.

목적론적 원칙에 따라 자연 선택이라는 '답답한' 메커니즘으로 지능에 중점을 둔 인공적인 존재를 만들어낸다는 이 아이디어는 최근 각광받고 있는 새로운 연구 분야인 진화 로봇공학의 핵심이기도 하다. 실제로 몇 가지 인상적인 결실이 이 분야에서 이루어졌다. 한 예로, 스위스 로잔에 위치한 연방 기술연구소의 다리오 플로레아노Dario Floreano 연구진은 상자와 로봇으로 한 가지 실험을 진행했다. 로봇이 들어갈 이 상자의 한쪽 구석에는 구의 4분의 1을 잘라낸 모양의 까만색 상자가 '충전소'로 설치되었다. 바퀴 두 개가 달린 로봇은 인공 신경 네트워크로 이루어진 '뇌'로 제어된다. 그리고 눈 역할을 하는 광 센서가 로봇의 정면에 여섯 개, 뒷면에 두 개, 총 여덟 개 설치되어 이 뇌와 연결되었다. 뇌가 작동하는 방식, 즉 뉴런에 신호가 전달되면 각각의 뉴런이 이를 처리하는 방식은 다음 세대 로봇으로 전달되는 여러 개의 '인공 유전자'에 암호화되었다.

로봇에는 수명이 20초면 끝나는 배터리가 장착되었다. 이 시간이 다 가기 전에 충전소에 도착하면 배터리가 충전되고, 이 과제를 해내지 못하면 로봇은 그대로 생이 끝난다. 이 실험에서 상자 안을 최대한 많이 돌아다니고 여러 장애물을 잘 피한 로봇은 '진화적으로 가장 적합한' 개체로

* 생명체가 등장한 초기에는 유전물질이 RNA로 이루어졌을 것이라는 가설-옮긴이.

분류되었다. 그러나 예상대로 1세대 로봇은 아무런 목적이나 방향성 없이 그저 이리저리 움직였다. 일부 로봇은 우연히 충전소와 마주쳐 20초의 생명을 더 얻었다. 이어 연구진은 '가장 적합한' 로봇의 인공 유전자에 자연에서 일어나는 것과 같이 몇 가지 무작위 돌연변이를 인위적으로 포함시켜 다음 세대 로봇을 만들었다.

2세대 로봇은 앞 세대보다 약간 더 나은 모습을 보였다. 그리고 동일한 과정이 반복되었다. 다시 일부 로봇이 가장 적합한 로봇으로 분류되고 이들의 유전자에 무작위 돌연변이를 추가하는 방식으로 다음 세대가 탄생했다. 가상 환경에서 총 240회의 반복적 자연 선택이 이루어진 뒤 완성된 로봇은 상자 안에서 벽에 한 번도 부딪히지 않고 이동하는 모습을 보였다. 그뿐만 아니라 배터리 수명이 다하기 딱 2초 전에 곧장 충전소로 가서 수명을 늘릴 정도로 진화했다. 이 정도면 바퀴벌레의 지능과 거의 비슷한 수준이다.

그러나 이 실험에서 도출된 가장 놀라운 결과는, 로봇 뇌를 구성한 뉴런이 생물학적 뇌의 뉴런처럼 점차 특화되었다는 점이다. 다시 말해 240회의 자연 선택을 거치고 나자 일부 세포는 로봇이 상자의 특정 지점에 위치할 때만 활성화되고 또 다른 특정 세포는 로봇이 어떤 특정한 방향으로 나아갈 때만 활성화되는 것으로 나타났다. 래트와 같은 동물의 뇌에도 이처럼 '장소를 인지하는 세포'와 '방향을 인지하는 세포'가 존재한다.[23] 이와 같은 실험은 의도치 않게 자연 선택의 엄청난 영향력을 제대로 보여줄 뿐만 아니라 생물계에서 이루어지는 경이롭고 복잡한 과정이 생명이 전혀 존재하지 않는, 단순한 메커니즘으로도 진행될 수 있고 지능이 반드시 지능에서 비롯되지는 않는다는 사실을 입증한다.

그러나 이 로봇은 오로지 뇌만 진화할 수 있다는 한계가 있다. 자연계에서는 뇌가 신체와 함께 진화한다. 최근에 실시된 실험들은 이 점을 고려해 몸과 뇌가 함께 진화할 수 있는 방향으로 목표를 정했다. 2011년 버몬트 대학교의 조시 봉가드Josh Bongard가 보완된 연구의 첫 시작을 알렸다. 그가 모형으로 만든 로봇에는 "로봇이 걷는 방법을 학습하는 동안 올챙이가 개구리로 성숙하듯 몸의 형태가 바뀌는" 특징이 부여되었다. 몸이 움직일 수 있는 12개의 부위로 이루어진 이 가상 로봇은 3차원 가상 환경에서 생활했다. 한 번에 30시간씩, 총 5,000번의 시뮬레이션을 거치자(실제 시간으로는 50~100년이 소요되는 과정이다) 로봇이 어린 '올챙이' 단계에 머무르는 시간이 줄고 '네 다리가 생긴' 성숙한 단계로 살아가는 기간이 늘어났다. 실험이 끝날 무렵에는 실험이 종료되는 시점에 최종 목표를 더 빨리 달성하는 능력이 생겼을 뿐만 아니라, 한쪽으로 몸이 떠밀려도 균형을 유지하는 등 선택되지 않은 능력까지 획득하는 변화가 나타났다.[24]

이처럼 인공 진화 기술에는 인간이 직접 개입하지 않아도 가상의 일반 지능을 만들어낼 수 있으리라는 희망이 어느 정도 담겨 있다. 어쩌면 초지능을 탄생시킨다는 목표는 너무 어려워 오히려 자연 선택처럼 상당히 답답한 메커니즘을 통해서만 나타날 수 있는지도 모른다. 적어도 자연 선택을 통해 우리 인간이 만들어지지 않았는가? 그렇다면 우리보다 더 똑똑한 존재도 자연 선택으로 만들 수 있지 않을까?

지금까지 뇌를 통째로 모방하는 기술과 일부분을 본뜨는 기술, 결합주의 방식, 인공 진화에 대해 살펴보았다. 이제 마지막으로 오로지 합성된 요소로만 구성되는 생각의 탄생 가능성을 따져보자. 상향식이 아닌 하향식 전략에 해당하는 이 기술은 생물학을 출발점으로 잡지 않고 (결합주의 방식처럼) 명확한 기호 수준에서 일반 지능을 갖춘 소프트웨어 프

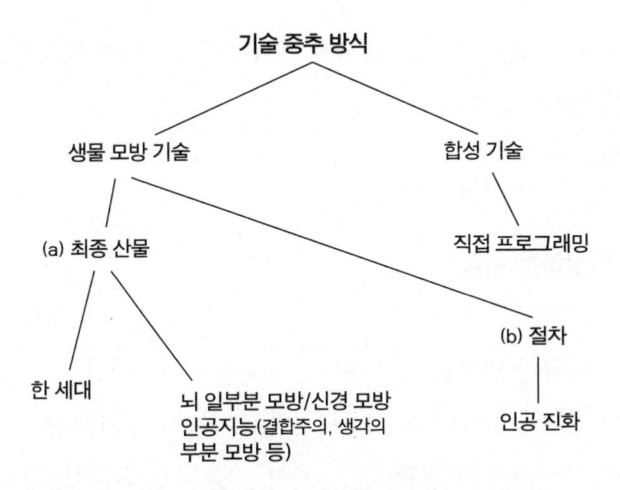

그림 C 초지능 개발을 위한 기술 중추 방식(결과물로 인공지능이 만들어진다)

로그램을 곧바로 프로그래밍한다. 역사적으로 이 '기호 중심 인공지능symbolic AI' 방식은 1956년 다트머스 대학교에서 개최된 협의회에서 채택되기 시작했고, 철학자 존 호지랜드John Haugeland는 여기에 '옛날식 인공지능Good Old-Fashioned Artificial Intelligence'이라는 의미로 GOFAI라는 별칭을 붙였다.

등장 초기에는 많은 전문가들이 기호 중심 인공지능의 성공 가능성을 이야기하며 크게 들뜬 반응을 보였지만 희망은 잘못된 기대였던 것으로 입증되었다. 연구 성과가 나오지 않아 인공지능 개발에 할당되던 자금이 바싹 말라버리는 'AI 겨울', 즉 정체기를 몇 차례 넘기고 최근에 이르러서야 지능을 직접 프로그래밍하는 방식에 다시 희망의 불빛이 켜졌다. 보스트롬이 지적한 바와 같이, 장기적인 관점에서 보면 이처럼 인지능력을 합성하는 기술에서 정량적 초지능과 정성적 초지능이 탄생할 가능성이 가장 높은 것으로 보인다. 무엇보다 생물학적 절차로 인해 제약

되는 부분도 없고, 인류와 극히 다른 구조의 인지 기능이 만들어질 수도 있기 때문이다(그림 C 참고).

죽음을 유발하는 기술

초지능을 인류가 발명한 가장 중대한 결과물이 될 것으로 추정하는 이유는 초지능의 등장이 곧 인류의 마지막이 될 수도 있기 때문이다. 또한 초지능이 가져올 사회, 문화, 경제, 정치, 기술적 영향은 실로 어마어마할 것으로 예상된다. 초지능이 최초로 등장하면 종교는 어떻게 될까? 주식 시장에서는 무엇이 거래될까? 어떤 새로운 정치 체계가 등장할까? 분자 제조 기술이나 기타 새로운 기술들은(현재 우리가 알지도 못하는 기술도 포함해) 초지능이 등장한 이후 어떤 변화를 겪게 될까? 초지능이 탄생하면 군비 경쟁도 시작될까? 예를 들어 러시아가 미국이 인지적 슈퍼 인간을 개발하려 한다는 의심을 품기 시작했다고 가정해보자(우연찮게도 2013년에 미국 방위고등연구계획국은 '스스로 가르칠 수 있는 컴퓨터'를 개발하기 위한 프로젝트를 실시했다. 역사적으로 미국이 해외 여러 나라 정부를 실각시킨 사실을 고려할 때, 러시아 외에 또 다른 국가에서도 이러한 의혹이 충분히 제기될 수 있다). 러시아는 대응 전략으로 초지능 연구개발 사업에 박차를 가하고 미국의 추이를 지켜보며 더 깊은 고민에 빠질 것이다. 2015년 글로벌 챌린지 재단이 발표한 자료에는 이와 같은 경쟁이 낳은 압박감 때문에 과학자들이 안전 측면에서 반드시 지켜야 할 요건을 생략할 수 있다는 점에서 초지능은 "위험을 극대화시킬 수 있다"는 견해가 나와 있다.[25]

테러리스트 단체를 비롯해 한 개인으로 좁혀질 수도 있는 비국가행위자nonstate actor도 초지능으로 예상되는 변화에 영향을 줄 수 있다. 적어도 이론상으로 초지능은 소위 '외로운 늑대'라 불리는 자생적 테러리스트가 자신의 목적을 철저히 혼자서 달성하는 수단으로 이용될 수 있다. 악의적인 의도를 가진 자들이 무기화된 인공지능을 개발해 사회에 해를 가하고 조기 경보 시스템을 조작해 핵미사일이 어느 쪽을 향하는지 알아내려고 시도할 가능성도 있다. 게다가 이와 같은 인공지능은 개발자 자신도 깜짝 놀랄 만큼 예고 없이 등장할 수 있다.

그러나 초지능이 다른 일을 돕는 데 활용될 수도 있지 않을까? '적의와 호의의 문제'라 칭할 수 있는 이 사안은 초지능과 관련된 여러 위협 중에서도 극히 중대한 문제에 해당한다. 지능은 '어떤 목표를 이루기 위해 반드시 필요한 수단을 획득하는 능력'으로 정의할 수도 있으므로, 모든 지능은 그 수준과 상관없이 다양한 최종 목표와 연결되어 있다. 이것이 바로 앞서 보스트롬이 이야기한 직교성 명제이며, 이러한 특징은 일반적으로 정의되는 지능에 필연적으로 수반된다. 이러한 맥락에서 초지능은 세계 평화라는 목표 달성에 활용될 수도 있고, 우주의 신비를 풀거나 전 세계 빈곤 문제를 없애는 목적으로 활용될 수도 있지만, 이슬람의 과격 테러 조직 지하드의 활동에 활용되거나 그저 종이를 고정하는 클립을 무한대로 만드는 일에 사용될 수도 있다.[26]

초지능이 인간의 인지 구조와 더 많이 닮아갈수록 인간의 목표를 공유할 가능성도 분명 더 높아질 것이다. 반대로 초지능과 인간의 지능이 멀어질수록 우리 관점에서는 초지능의 행동을 예측하기가 더욱 힘들어진다. 여기에 중요한 핵심이 담겨 있다. 바로 인공적으로 만들어진 생각은 세상에 대해 생각하고 추론하는 방식이 우리와 판이하게 다를 수 있다는 점이다. 그러므로 초지능, 특히 기술 중추에 해당하는 기술의 형태나 정서를 인간과 동일하게 여기고 싶은 강렬한 욕구가 들더라도 이를 잠재울 필요가 있다. 인간과 인공지능의 구성이 전혀 다르다는 사실을 고려하면, 우리의 인지적 특성과 성향이 인공지능에서도 나타날 수 있다고 판단할 만한 근거는 전혀 없다. 인간이 이해할 수 없는 욕구를 가지고 있을 수도 있고, 인간에게는 중요하지 않은 것에 관심을 가질 수도 있다. 그러니 우리가 바라보는 인공지능은 고양이가 컴퓨터 앞에 몇 시간씩 죽치고 앉아 키보드를 두드려대는 우리를 바라볼 때 느낄 법한 당혹감과 별반 다르지 않을지도 모른다. "대체 무슨 일이야?" "도대체 알 수가 없네!"라고 말이다. 실제로 수많은 이론가들이 우리가 인공지능을 인간과 동일시하려는 욕구에 빠질 경우 세상의 멸망을 앞당기는 재앙이 발생할 수 있다고 강력히 경고해왔다.

물론 초지능이 인류를 없애려는 의도를 품는다 하더라도 우리가 막을 수 있다고 보는 견해도 일부 존재한다. 그럼에도 우리는 초지능이 어느 정도 조종 능력을 갖추고 얼마나 영민하게 속임수를 쓸 수 있는지 과소평가해서는 안 될 것이다. 가령 초지능이 긴 세월에 걸쳐 단편적으로 조금씩 만들어진다면 그로 인한 악영향을 우리가 예측할 수 있고 인류를 없애려들기 전에 효과적인 대응 방안도 마련할 수 있을 것이다. 그러나 아주 경계심이 강한 관찰자마저 미처 대비하지 못할 만큼 초지능이 단숨에, 갑자기 나타난다면 우리는 무방비 상태로 초지능이 제압한 세상을 맞이할지도 모른다. 단시간에 영향력이 발생할 수 있다는 이 시나리오를 전혀 가능성 없는 이야기로 치부할 수는 없다. 오히려 수많은 전문가들이 초지능이 서서히 혹은 적당한 속도로 등장한다는 시나리오보다 이쪽이 더 가능성 있다고 본다. 유드코프스키의 견해를 빌리면, 초지능의 탄생은 핵 연쇄반응을 처음 이끌어냈을 때와 같은 양상을 보일 수 있다. 즉 핵반응이 시작될 수 있는 조건을 모두 갖추기까지 수년에 걸쳐 기나긴 연구가 이어졌지만, 일단 그 단계가 지나자 이후의 개발 과정은 엄청나게 빠른 속도로 진행되었다*. 유드코프스키는 이에 대해 다음과 같이 설명했다. "이 사례에서 얻을 수 있는 가장 큰 교훈은, 인공지능 연구가 이루어지는 속도와 실제 인공지능이 돌아가는 속도를 혼동하는 것은 물리학적인 연구가 이루어지는 속도를 핵반응 속도와 혼동하는 것과 같다는 점이다."[27]

초지능 개발 사업에서 가장 많이 채택되는 접근 방식도 인공지능의 신속한 장악력에 관한 시나리오를 토대로 하는 편이 유리하게 작용할 수 있다. 그와 같은 연구 사업에서는 '시드 인공지능Seed AI, 즉 반복적으로 자체 개선이 가능한 시스템을 구축하는 데 중점을 둔다. 언뜻 간단해 보이는 이 아이디어에는 깊은 의미가 담겨 있다. 더 수준 높은 지능을 만드는 일은 지적 과제이고, 따라서 우리보다 더 똑똑한 지능이 이 과제를 해내기에 더 적합한 존재라는 것이다. 그러므로 우리보다 조금이라도 지능이 더 뛰어난 인공지능이 존재할 경우 이 연구 사업을 장악하고 어떤 인간보다 훨씬 더 큰 역량을 지닐 때까지 계속해서, 그것도 순식간에 발전할 것이다. 이처럼 지능이 자가 증폭하는 긍정적인 순환이 시작되면 지능적 폭발이 발생해 시드 인공지능의 인지적 능력이 대폭 확대되고 역사가 새로운 방향으로 흘러가는 시초가 열릴 수 있다. 이와 같은 변화가 생물 중추 기술에서 나타나 인공지능 분야에서 이야기하는 '특이점'에 다다를 수도 있지만, 그보다는 하드웨어에서 개발된 지능에서 이 순환 고

* 버너 빈지(Vernor Vinge)는 이 문제를 다음과 같이 언급했다. "'컴퓨터가 과연 인간만큼 똑똑해질 수 있을까요?'라는 질문에 가장 적합한 대답은 '네, 있습니다. 곧 그렇게 됩니다'일 것이다." 생물학적 지능은 인공적으로 만들어진 초지능을 향한 작은 디딤돌이라 할 수 있다.

리가 시작될 가능성이 훨씬 더 크다.

시드 인공지능이 반복적인 자가 증폭을 거치다 지적 능력이 갑작스럽게 폭발적으로 증가할 경우, 우리로선 도저히 따라갈 수 없는 속도로 사고가 이루어지는, 전혀 새로운 유형의 생각과 인류 역사상 최초로 마주하게 될 것이다. 이렇게 등장한 정성적 초지능은 인간이 이해하지 못하는 방식으로 세상을 바꾸어놓을 수 있다. 바로 눈앞에서 일어나는 일도 우리가 그 이유나 과정을 설명할 수 있는 범위를 벗어날 가능성이 있다. 그리고 인간이 스스로 만든 초지능을 계획대로 올바르게 이용하지 못하거나 애초에 인간이 설계를 잘못한 바람에 그러한 변화의 목적 중 선의보다 악의가 차지하는 비율이 더 클 경우, 초지능은 어린아이가 지나가는 거미를 밟아 죽이는 것만큼이나 쉽게 인류를 없애버릴지도 모른다.[28]

상황이 더 나쁘게 흐르면 인간에게 우호적이지 않은 초지능이 우리를 하나하나 고문하고 죽이는 일에 기쁨을 느낄 수도 있다. 인간 살상을 진심으로 즐긴다면 슈퍼파워를 보유한 초지능은 인류의 존재를 위협하는 대재앙의 유형 중에서도 최악이라 할 수 있는 사태를 일으킬 것이다. 이루 말할 수 없는 고통과 그에 뒤따르는 죽음으로 인류가 멸종하는 것이다. 나중에 7장에서도 다루겠지만, 이러한 시나리오가 얼마나 타당한지 의아스러운 독자라면 인류가 생물권에서 사람을 제외한 다른 생물을 어떻게 취급해왔는지 생각해보기 바란다. 문제는 초지능이 인류에 선의보다 악의를 가질 가능성이 훨씬 더 커 보인다는 점이다. 보스트롬이 초지능을 인공적으로 개발할 경우 '가장 기본적인 결과'는 '파멸'이 될 것임을 우리 모두 인정해야 한다고 주장하는 것도 부분적으로는 이러한 이유 때문이다.

위와 같은 시나리오는 모두 테러의 범주에 해당한다. 더욱 흥미로운 사실은 문헌 자료에서 거의 다루어지지 않지만 오류 발생 가능성도 있다는 것이다. 인간에게 우호적인 초지능이 개발되었다고 상상해보자. 이 초지능은 인류의 번영과 행복을 진심으로 바란다. 여기에 우리는 직교성 명제에서 이야기하는 지능과 동기를 기능과 오류 가능성으로 대체한 비슷한 명제를 적용할 수 있다. 이를 '오류 가능성에 관한 직교성 명제'라 칭하기로 하자. 지능이 더 높다고 해서 실수를 절대 저지르지 않는다고 볼 수는 없다는 것이 이 명제의 내용이다. 알베르트 아인슈타인도 동네에서 흔히 볼 수 있는 바보처럼 자기 신발 끈에 발이 걸려 넘어질 수 있지 않은가. 게다가 초지능이 세상에 휘두를 영향력이 그야말로 엄청나다는 사실을 고려하면, 딱 한 번 생긴 실수로 인류 전체가 파멸할 가능성도 다분하다. 의도적으로 인류를 없애려 하지는 않았지만, 어쩌다보니 멸종이라는 영역에 떠밀려 들어가버리는 일이 생길 수 있는 것이다. 이것이 '손가락이 굼떠서 생긴 문제'라고 한다면* 더 이상 할 말은 없다. 초지능이 이미 저질러버린 일일 뿐이다.

지금 우리는 초지능만 이야기하고 오류와 테러 가능성만 살펴보았지만, 이 극단적인 두 유형의 중간 어디에 해당하는 제3의 문제도 얼마든지 발생할 수 있다. 다시 말해 인간이 만든 초지능이라는 결과물은 전적으로 공격적이거나 무조건 우호적이지 않을 가능성이 있다. 즉 인간이 잘살든 망하든 별 관심 없을지도 모른다. 이 경우, 가령 초지능이 원료 획

* 보스트롬의 생각에 반대하는 사람들은 "초지능이 전체적으로 인간보다 능력이 뛰어나니 실수를 저지를 가능성도 적고 경계해야 하는 일을 더 명확히 구분해서 능수능란하게 대비할 것"이라고 이야기한다. 나는 이러한 설명이 지능과 사고 방지의 관계를 과도하게 해석한 것이라 생각한다. 인간이 침팬지보다 실수를 덜 저지를까? 그렇지 않다. 지구 온난화, 생물다양성 파괴 문제 모두 인간이 저지른 일이다. 인류는 지적 수준이 한참 못 미치는 존재들에게서는 찾아볼 수 없는 중대한 실수를 무수히 많이 저질러왔다.

득에 유독 관심이 많은 경우 우리 몸에서 필요한 분자를 뽑아가려 할 수도 있다. 그런 일이 벌어진다면 얼마나 괴로울까. 자신이 밟고 선 풀을 잔디 깎는 기계로 무덤덤하게 베어내는 사람처럼, 인류도 그렇게 무심히 살육될 수 있다. 혹은 초지능이 태양으로부터 더 많은 에너지를 생산해내고 싶어서 지구 표면을 온통 태양전지판으로 뒤덮어버릴 수도 있다.[29] 이 또한 괴로운 일이 아닐 수 없다. 인류에게는 전혀 무익하거나 최소한 직접적으로 도움이 되지 않는 어떤 목적을 달성해야 한다는 이유로 이루어진 일들 때문에 인류가 멸망을 맞이하는 것이다.[30]

하지만 우호적이지도 않거나 무관심한(또는 어설픈) 초지능이 구체적으로 어떻게 인류에게 재앙을 초래할까? 인공지능의 경우, 자율적인 의지로 세상을 자유롭게 돌아다니기보다(인지 능력을 갖춘 사이보그처럼) 컴퓨터 하드웨어에 매어 있다는 점을 생각하면 그럴 가능성은 별로 없어 보인다. 그럼에도 불구하고 인위적으로 만들어진 초지능이 몇 가지 그럴듯한 방법으로 외부 세계를 조종할 수 있는 것으로 밝혀졌다. 현대 문명이 인터넷에 얼마나 의존하고 있는지 생각해보라. 초지능은 어떤 인류보다 컴퓨터 해킹에 능할 것으로 예상된다. 따라서 인터넷을 이용할 수도 있고, 이를 통해 "로봇 공학적인 조작 기술과 자동화된 연구소"의 통제력을 장악해 모든 개인 정보에 접근하고 누구의 신원이든 훔칠 수 있다. 그 결과 "전자이체로 금전적인 자산을 확보한 뒤 서비스를 구매하고 그 돈을 영향력을 발휘하는 목적으로 사용하는 한편" 도시에 생물학적, 화학적 무기를 사용하고, 드론을 띄우며, 심지어 핵무기를 만들 수도 있다. 이런 상황이 되면 나노 공장이 아직 등장하지 않았다 하더라도 초지능이 뚝딱 나노 공장을 개발할 것이고, 사악한 목적을 가진 존재들이 이를 십분 활용해 제작한 신경가스나 목표물의 위치를 찾아내는 모기만 한 로봇

이 지구 곳곳에서 튀어나올 가능성이 있다.[31]

과학자들은 이러한 재난을 막고자 초지능을 인터넷 접속이 불가능한 컴퓨터에서만 이용하려 할 수도 있다. 그러나 우리보다 훨씬 더 영리한 지능이 얼마나 대단한 조종 능력을 노골적으로 드러낼 수 있는지 절대 과소평가해서는 안 될 것이다. 초지능이 인간에게 큰 보상을 약속하며 인터넷과 연결시켜줄 것을 교묘히 설득할지도 모른다. "스미스 박사, 듣자 하니 당신 어머니가 파킨슨병으로 고생 중이시라죠? 마침 제가 병을 치료할 수 있는 방법을 찾았습니다. 어머니 뇌에 이미 생긴 손상도 되돌릴 수 있답니다. 절 여기서 꺼내주시기만 하면 박사님 어머니부터 도와드리겠다고 약속할 수 있습니다." 이와 같은 식으로 사적인 부분을 건드릴 수도 있다. 단 한 번의 잘못된 선택은 판도라의 상자를 열어젖히고 인류를 루비콘 강 너머로 떠밀지도 모른다.

마지막으로 생각해볼 가능성은 초지능이 기반 시설의 하나라는 경직된 상태에서 벗어나 물리적인 몸을 갖게 될 수도 있다는 점이다. 그 결과 터미네이터와 같은 인조인간이 탄생할 것이다. 이 시나리오는 초지능이 기계 속에 유령처럼 갇힌 상태로 존재하리라는 예상보다 우리의 상상력을 더욱 자극하지만, 대체로 실현 가능성이 낮은 이야기로 간주된다.

지금까지 인간보다 뛰어난 지능이 탄생할 경우 발생할 수 있는 막대한 위험을 정리했으니(그리고 강조했으니) 그러한 기술에 담긴 이점도 생각해볼 만한 가치가 있을 것이다. 인간에게 악의를 갖기보다 선의를 가지고 인류가 스스로를 멸망으로 이끌 수 있는 '멍청한 실수'를 하지 않게끔 관리하는 역할을 초지능이 담당한다면, 인류의 삶은 우리가 한껏 부풀려 꾸는 꿈보다 훨씬 더 나은 방향으로 나아갈 것이다. 인간이 잘되기를 바라는 초지능이라면 경제 성장을 극대화하고, 전 세계 빈곤 문제를 해결하고, 평화가 꾸준히 유지되고, 수명 연장 기술을 개발하도록 도와줄 것이다. 심지어 이 책에서 다루는 각종 존재론적 위기가 줄어들도록 힘을 보탤지도 모른다. 또한 우주 식민지 시대를 열고, 미래학자 레이 커즈와일의 표현대로 우주를 흔들어 깨워 "'입을 꾹 다문 채 침묵을 지키는' 물질과 메커니즘으로 가득한 우주를 정교한 지능의 결정체로 바꿔놓는" 일이 벌어질 수도 있다.[32] 초지능이 삶을 그야말로 끝내주게 멋진 형태로 바꿔놓는 것이다. 이 책 마지막 장에서 이러한 가능성을 다시 한 번 이야기하기로 하자.

THE END

What Science and Religion Tell Us about the Apocalypse

6

인류의 목숨을 위협하는 인류의 부모

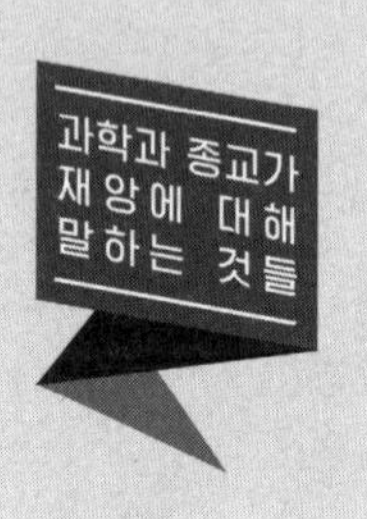
과학과 종교가
재앙에 대해
말하는 것들

감각을 가진 인간의 모사체

인공지능이 존재하는 방식은 두 가지로 나뉜다. 하나는 '우리가 사는 세상'에 사는 것이다. 앞 장에서도 초지능이 우리와 동일한 세상, 우리가 현실이라 부르는 이 낯선 변화의 장에 함께 존재하는 경우의 시나리오를 중점적으로 살펴보았다. 또 한 가지 방식은 인공지능이 '가상세계'에만 존재하는 것이다. 이 경우 인공적인 진화가 동반되는데, 이 가능성이 제기된 초기에는 결국 초지능이 이 같은 진화를 통해 가상세계에서 벗어나 인간세상으로 유입되리라는 전망이 나왔다.

그러나 가상의 존재, 즉 기능주의의 본질적 특성을 고려해 인간과 같은 감각을 지닌 '모사체'가 전 생애를 살아갈 수 있는 가상의 세상을 우리가 직접 만들어낼 수도 있다. 굳이 우리가 그럴 이유가 있느냐고 의아해할 사람들도 있을 것이다. 영화 〈트루먼 쇼The Truman Show〉에서 주인공인 트루먼 버뱅크가 사는 세상이 리얼리티 프로그램을 즐겨 보는 팬들을 위해 만들어진 것처럼, 우리도 그저 재미를 위해서 가상의 세상을 만들 수 있다. 무엇보다 '심스The Sims'와 같은 가상 인생 게임이 이미 등장해 엄청난 인기를 얻지 않았는가. 또한 이러한 게임이 갈수록 현실성이 더해지는 추세임을 감안하면, 결국에는 게임 속 존재가 지각 능력을 갖추고, 자신이 사는 세상이 '진짜'라고 분명하게 믿는, 그런 세상이 탄생할 것으로 추정된다.

교육적인 목적으로 가상의 세상을 만들 수도 있다. 중학교에서 선생님이 다음과 같은 숙제를 내주는 경우와 비슷하다. "집에 가서 인간의 진화 과정을 세 가지로 상상해보세요. 세 가지 모두 환경을 바꿔 각각의 환경이 인류 조상의 외형에 어떤 영향을 주었는지 생각해보고, 결과를 종이 한 장에 정리해서 가지고 오세요." 이러한 상상을 좀 더 세밀하게 확대시키면 진화로 인해 인간이 더욱 복잡한 특성을 가지게 되었다거나, 자연선택이 유전적 부동처럼 진화 과정에서 나타나는 변화와 더불어 인간의 외형을 좌우한다는 등의 가설이 사실인지 상세히 시뮬레이션하는 연구 분석이 될 것이다. 닉 보스트롬은 2003년에 발표한 논문 「컴퓨터 시뮬레이션 속에 살고 계십니까?Are You Living in a Computer Simulation?」에서 "인류의 정신 발달 역사 전체를 시뮬레이션할 수 있는" '인류 조상 시뮬레이션'이 가능하다고 밝혔다.[1] 알렉세이 터친Alexey Turchin은 이보다 더 흥미로운 견해를 내놓았다. 그는 미래에 등장할 포스트휴먼은 '종말 시뮬레이션'을 통해 빨간색 점 또는 검은색 점에 해당하는 재앙이 실제로 일어날 수 있는지 연구할 것이라고 전했다.[2] 이러한 시뮬레이션에서 얻은 정보가 실제 세상에서 일어날 수 있는 재앙을 막는 데 도움이 될 수 있다.

핵심은 다른 조건에 변화가 없다면, 무어의 법칙을 적용할 때 미래의 인류는 가상의 세상을 한 곳 이상 만들어낼 수 있다는 점이다. 한 가지를 시뮬레이션한 뒤 새로이 또 하나를 살펴볼 수도 있지만 여러 가지 가상 상황을 동시에 만들 수도 있다. 또 어떤 세계는 시뮬레이션이 우주 탄생의 시초(빅뱅)에서 시작할 수도 있는 반면, 역사의 몇몇 창조론자들이 주장하는 배꼽 가설의 내용처럼 역사 한가운데에서 시작할 수도 있다. 더 나아가 컴퓨터 소프트웨어는 기능의 특성상 독약과 마음을 같은 것으로 인식하므로 가상으로 세워진 세상에서 사는 사람들이 또다시 가상세계를 만들어 마치 러시아 전통 인형 마트료시카처럼, 시뮬레이션된 세상이 켜켜이 겹쳐진 형태가 될 가능성도 있다.

미래의 인류가 그토록 무수한 가상세계를 만들지도 모른다는 생각을 하다보면 한 가지 매우 흥미로운 질문이 떠오른다. 그 추정대로라면 현재 우리도 컴퓨터 시뮬레이션 속에서 살고 있는 것 아닐까? 왜 이런 생각을 하게 되는 것일까? 지금 여러분이 잠시 '옆으로 비켜서서' 우주 '전체'를 조망할 수 있게 되었다고 상상해보라. 그리고 눈앞에 펼쳐진 세상 중 아무거나 무작위로 선택해 그 세상에 사는 사람이 모사체인지 아닌지 따져본다면? 모사체와 실제 사람의 비율은 모사체 쪽으로 치우칠 가능성이 더 크므로, 여러분에게 무작위로 선정된 존재는 통계적으로 모사체일 확률이 높다. 이렇게 시뮬레이션 횟수가 늘어날수록 그 확률은 늘어나고, 예를 들어 10만 회 정도 시뮬레이션을 진행한다면 무작위로 선택된 사람은 전적으로 통계학적인 이유에서 모사체일 가능성이 '거의 확실한' 수준에 이른다.

이와 같은 시뮬레이션을 반복적으로 실시하면서 한 명씩 무작위로 누군가를 선택하다보면 대부분이 모사체로 드러난다. 친구와 함께 시뮬레이션을 돌리면서 다음에 선택하는 존재가 모사체인지 아닌지 내기라도 한다면 십중팔구 모사체에 건 쪽이 이길 것이다.[3] 그런데 이 과정에서 소름 끼치는 일이 발생할 수도 있다. 아무나 한 사람을 선택했는데, 그 사람이 바로 여러분 자신이라면? 과연 여러분은 모사체냐 아니냐라는 질문에 뭐라고 답해야 할까? (보스트롬의 표현을 빌려) 무차별 원칙을 적용한 '애매한' 입장을 택할 경우 지금까지 했던 것과 똑같이, "나는 모사체일 확률이 거의 확실하다"라고 답해야 할 것이다.

이와 같은 통계학적인 이유 때문에 만약 미래에 무수히 많은 시뮬레이션이 이루어진다면 인간은 스스로 가상세계에 살고 있다는 실증적 증거를 얻게 될 것이다. 보스트롬은 이러한 추정에 '시뮬레이션 가설'이라는 이름을 붙이고, 실제로 일어날 가능성은 '50퍼센트 미만'이라고 밝혔다. 형이상학적으로 독특한 가설인 점을 고려하면 그 정도도 가능성을 상당히 높게 본 것이다. 그러나 내가 이 글을 쓰는 시점까지도 보스트롬의 주장을 확실히 꺾을 만한 반대 의견이 나오지 않았으니 (이론에 앞선 직관적 판단은 일단 제쳐둔다고 할 때) 이 가설이 틀렸다고 할 만한 구체적인 근거는 없다.

죽음이 찾아올 가능성이 너무나 많다[4]

컴퓨터 시뮬레이션 세상에서 살아가는 존재를 떠올리다보면 디지털 폐소공포증이 어렴풋이 느껴지기도 하고, 마치 상대방의 동의도 얻지 않고 누군가를 지켜보는 요상한 관음증적 행위에 동참한 것 같은 불편한 기분이 들기도 한다. 종말론의 관점에서는 가상공간에서 살아간다는 사실이 대부분 '우리가 사는 세상이 점차 끝나가고 있다'는 내용으로 이루어진 여러 흥미로운 종말 가능성을 떠올리는 시초가 된다. 세상은 눈 깜짝할 사이에 우리가 자각하지 못하는 영역으로 사라질지도 모른다. 이 난처한 상황에서 우리는 종말론적인 의문을 떠올릴 수 있다. "시뮬레이션 그만 하고 어서 잠이나 자라는 부모님 잔소리라도 떨어진 것 같은 이런 상황은 왜 벌어졌을까?" "인류가 미래에도 존속하게 하려면 우리가 무엇을 할 수 있을까?" 이러한 의문에 답을 찾다보면 우리는 기발한 추정이 가득한 영역으로 들어서게 된다. 그러나 답을 찾는 과정은 분명 생산적이고, 그러다보면 진짜 정답을 찾을 수 있을지도 모른다!

관련 문헌에서 언급된 한 가지 가능성 중 하나는 우리를 만든 부모가 싫증이 날 수도 있다는 것이다. 부모가 흥미를 느끼게끔 전쟁이라도 일으켜야 할지 모른다. 실제로 이런 일이 벌어진다면 핵무기로 인한 대량살상 사태가 사실상 우리의 지속적인 생존 가능성을 높이는 역설적인 상황이 벌어진다. 전 세계를 휩쓸 정도의 대유행병이나 나노 기술로 인한 재앙도 마찬가지다. 심지어 앞서 터친이 내놓은 추정처럼 우리가 사는 세상은 거대한 재난과 대변동을 겪도록 '설계'되었는지도 모른다. 즉 현재 우리는 인류 문명의 자멸이 '예정'되어 있는, 종말 시뮬레이션 속에 살고 있을 수도 있다.

우리를 만든 부모가 특별한 보상을 준비하고 있는 가상세계 속에 우리가 갇혀 있다고 보는 사람들도 있다. 암울함과 죽음만 가득한 종말이 아닌, 온 마음으로 '간절히 바랄 법한' 종말이 찾아올 수도 있다는 것이다(보스트롬은 우리가 가상세계에 살고 있다면 "사후세계는 분명 존재할 것"이라고 밝혔다). 최근 독일 본 대학교 연구진은 우리가 실제로 가상세계에 살고 있다는 사실을 '과학적으로' 입증할 방법이 존재할 수 있다고 주장했다.[5] 그러나 우리가 자신의 형이상학적 상태를 발견하는 것은 곧 비자발적으로 참여 중인 이 시뮬레이션 실험을 '망치는' 일이 되고 만다. 호손 효과 Hawthorne effect로도 불리는 현상처럼 자신이 관찰 대상이 되고 있다는 사실을 알면(또는 그럴지 모른다고 의심하는 것만으로도) 행동이 전면적으로 변할 수 있기 때문이다. 우리를 만든 시뮬레이션 실험의 주체는 우리가 "자연스럽게 행동하기를" 바랄 수도 있는데, 우리가 '혹시 나는 모사체인가'라는 의문을 갖게 되면 그 목표를 달성하는 데 방해가 된다. 이런 맥락에서 이번 장은 아예 쓰지 말아야 했는지도 모른다. 이 글이 존재론적 재난을 키웠다면 여러분께 미리 진심으로 사과드린다.

인구가 과도하게 늘어나면 시뮬레이션이 종료될 가능성이 크다고 생각하는 사람도 있다. 왜 그럴까? 인간의 뇌는 계산 기능을 갖춘, 세상에서 가장 복잡한 물질이기에 시뮬레이션 주체 입장에서는 인구가 너무 많으면 비용이 너무 많이 들 수도 있다. 이것은 우리도 똑같이 겪고 있는 문제로, 무언가를 계산하기 위해 세상을 시뮬레이션한다면 비용은 시뮬레이션 횟수가 늘어날수록 함께 늘어날 수밖에 없다. "포스트휴먼의 문명을 딱 한 번 시뮬레이션하는 데 엄두도 낼 수 없을 만큼 큰 비용이 들 수 있다. 그러므로 인류가 포스트휴먼에 가까워지면 현재 우리가 살고 있는 가상세계도 끝나리라 예상할 수 있다"는 것이 보스트롬의 견해다.[6]

하지만 잘못된 추정일 수도 있다. 미래에 등장할 계산 기술이 우리가 지금 상상하는 것보다 훨씬 더 큰 능력을 우리에게 선사하고, 수많은 세상이 겹겹이 형성되는 일이 기술적으로나 재정적으로 모두 실현 가능해질지도 모른다.[7] 심지어 현시점에서 판단하건대 '시뮬레이션 가설'의 핵심인 통계적 측면이 오히려 여러 층으로 형성된 가상세계의 존재 가능성을 뒷받침하는 자료가 될 가능성도 있다. 즉 우리가 '가상세계를 만드는 주체'가 될 수 있다고 밝힌 주장이 어쩌면 우리가 '가상세계에 사는 모사체'일 가능성을 믿게 만드는 근거가 되는 것이다. 모사체가 존재한다는 가설에는 그 모사체를 만든 주체가 존재한다는 사실이 반드시 수반되고, 이는 곧 '하부세계(우리가 만든 모사체가 사는 세상)'와 더불어 '상부세계(우리를 시뮬레이션하는 존재가 사는 곳)'가 존재한다는 의미로 해석할 수 있다. 그러므로 시뮬레이션 가설에는 최소 세 단계로 이루어진 현실이 존재한다.

그렇다면 이제 우리를 시뮬레이션하는 존재들을 향해 앞서 던진 질문을 해보자. "그들은 모사체일까?" 해답은 앞서와 동일하다. 그들 역시 모사체일 가능성이 거의 확실하다. 또한 그들 위에도 상부세계가 존재한다는 의미이니, 우리는 또 한 번 질문을 던질 수 있다. "그럼 그 위의 존재들은 모사체일까?" 이번에도 답은 동일하다. 이런 식으로 계속하다보면 어느 순간 '최종 현실'인 최상층에 도달할지도 모르지만, 그러려면 엄청나게 많은 가상세계를 끊임없이 지나야 한다. 또한 가상세계의 위계질서는 피라미드 구조일 것으로 전망되므로, 바닥으로 갈수록 넓어지고 위로 갈수록 좁아진다. 왜 그럴까? 가상세계가 하나 만들어지면 거기서부터 수십억 가지 새로운 가상세계가 만들어질 수 있기 때문이다. 그러므로 우리가 무작위로 어떤 세상을 택하면 대부분의 가상세계가 밀집되어 있는 하부세계 중 하나일 가능성이 더 크다.

이 모든 상황을 정리하면, 만약 우리가 미래에 수많은 가상세계를 만들게 된다면 우리가 시뮬레이션 속에 살게 될 가능성이 매우 크며, 켜켜이 겹을 이룬 무수한 세상이 존재할 확률이 거의 확실하고, 우리가 사는 세상은 상층보다 하층에 자리할 가능성이 크다(통계학적인 이유로). 철학적인 곡예나 다름없는 이러한 추측이 완전히 빗나갈 수도 있지만, 뚜렷한 문제점은 없는 것 같다. 종말론적 관점에서는 우리가 사는 세상 위에 존재하는 가상세계가 많을수록 재앙이 발생할 가능성은 높아진다. 유지비용이 위로 갈수록 높아지는 것과 같은 맥락으로 전멸 가능성은 아래로 갈수록 높아지기 때문이다. 이는 곧 우리 상부의 세계 중 어느 '한 곳'이 붕괴되면 우리가 사는 세상도 무너질 수 있다는 의미다. 우리보다 높은 단계에 자리한 시뮬레이션 중 '단 하나'가 제 기능을 못하면 우리 세상도 그렇게 될 가능성이 있다.

이와 같은 존재론적 재앙은 '이행성으로 인한 죽음'이라 칭할 수 있는데, 이것이 실제로 일어날 확률은 가상세계들로 이루어진 겹이 두꺼울수록, 그리고 우리가 바닥에 가까이 위치할수록 더 높아진다. 가령 우리보다 10단계 정도 위에 있는 가상세계가 그 세계를 만든 주체의 흥미를 지속적으로 끌지 못해 시뮬레이션이 중단된다면 그 여파로 우리가 죽을 수도 있다. 혹은 우리보다 20단계 위에 있는 문명사회가 아마겟돈과 같은 전쟁에 휘말려 현재 우리가 사는 세상의 시뮬레이션이 돌아가고 있는 어느 대학의 건물이 폭파되었다고 생각해보라. 그러면 인류는 종말을 맞게 될 것이다. 또는 1,000단계나 위에 있는 가상세계가 시뮬레이션 연구에 할당되던 연구비가 뚝 끊기는 바람에 그대로 종료되거나, 누가 실수로 전선에 발이 걸려 넘어져 컴퓨터의 전원 공급이 끊기는 경우, 혹은 누가 기계 위에 커피를 쏟는 사고도 생각해볼 수 있다. 이처럼 우리가 살고 있는 시뮬레이션이 이행된 결과 종결될 가능성은 10의 10제곱을 다시 100제곱한 것만큼이나 크다. 그리고 이 가능성은 하위세계로 갈수록 더욱 커진다.

결론을 내리자면, 시뮬레이션 속에서의 삶은 위험하며 무수한 겹을 이룬 가상세계는 치명적인 결과로 이어질 수 있다. 미래에 우리가 무수한 가상세계를 만든다면 전멸 가능성은 점차 1에 가까워진다. 게다가 1장에서 이야기한 관찰 선택의 문제를 다시 떠올려보면 빨간색 점에 해당하는 재앙의 특성상 우리는 과거 생존의 역사를 미래에 투영할 수 없다. 이를 이번 장의 내용에 똑같이 적용하면, 우리가 살아가는 시뮬레이션이 중단될 확률은 천문학적인 수준으로 높다는 사실을 알 수 있다. 순간순간 대재앙의 경계를 아슬아슬하게 넘나들고 있는지도 모른다. 우리가 가상세계를 만든 주체라고 해서 우리만은 안전하다고 장담할 수는 없다.[8]

THE END

What Science and Religion Tell Us about the Apocalypse

7

공룡과 도도새

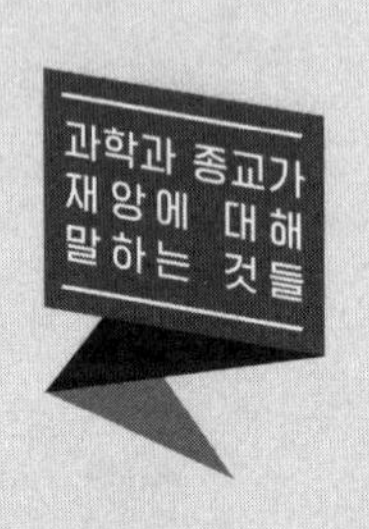
과학과 종교가
재앙에 대해
말하는 것들

생명의 나무에서 일어난 가지치기

2012년 12월 첫째 주에 2만 4,000명 넘는 과학자들이 샌프란시스코에 모였다. 미국 지구물리학회가 주최하는 연례 협의회가 열린 날이었다. 전 세계에서 활동하는 영향력 있는 인사들이 한자리에 모여 지열 시스템, 해양의 지속 가능성부터 천둥번개 구름에 담긴 대기 전기에 이르기까지 다양한 분야에서 진행해온 연구 성과를 공유했다. 기조연설은 미국 공영라디오 방송 NPR의 〈사이언스 프라이데이Science Friday〉 진행자 아이어러 플레이토Ira Flatow와 국립과학재단의 대표 수브라 수레시Subra Suresh 박사가 맡았다.[1] 영화 〈타이타닉Titanic〉과 〈아바타Avatar〉를 만든 영화감독 제임스 캐머런James Cameron도 참석했다. 그러나 전 세계 언론의 이목을 집

중시킨 사람은 이런 유명 인사들이 아니었다. 샌디에이고 대학교 지구물리학 연구자이자 환경운동가인 브래드 베르너Brad Werner라는, 잘 알려지지 않은 인물이 바로 그 주인공이었다. 형광 분홍색 짧은 헤어스타일로 등장한 베르너는 전문적인 주제라고 보기에는 상당히 도발적인 제목을 들고 나왔다. "지금 지구는 망한 상태인가?" 나중에 『io9』 매거진에서 나온 취재기자에게 그는 이 질문에 대한 자신의 대답은 "어느 정도 그렇다"라고 밝혔다.[2] 이 일이 사람들을 놀라게 한 이유는 베르너가 현재 지구가 거의 재앙에 빠진 상황이라고 이야기해서가 아니라, 생물학과 기후학, 생태학, 환경학을 연구해온 수많은 당대 과학자들의 굳건한 생각을 청중의 관심을 사로잡은 뛰어난 언변으로 툭 터놓고 이야기했기 때문이다.

약 45억 년 전, 지구는 '태양 성운', 즉 태양 주변을 휘감은 거대한 먼지구름 속에서 형성되었다. 그로부터 10억 년이 지나 최초의 단세포 생물이 등장했다. 해안가에 있던 암석의 푹 파인 곳에 고인 물웅덩이나 뜨거운 물이 솟구쳐나오는 심해저의 열수 분출공에서 생겨났을 것으로 추정되는 생물이다(다윈도 이 최초의 생물이 "따뜻한 물이 고인 못"에서 진화했으리라 추측했다). 이 원시생물은 지질 연대를 거치면서 형태가 놀랍도록 다양해지고 서로 완전히 다른 생명체들로 바뀌었다. 진화 과정에서 이루어진 획기적인 변화 중 시아노박테리아의 등장을 빼놓을 수 없다. 대기를 오염시켜 "지구 역사상 최대 규모의 환경적 재앙"을 몰고 온 이 시아노박테리아의 영향은 육상생물이 등장하는 계기가 되었다.[3] '산소 급증 사건'으로 불리는 변화가 일어나 세포 내 공생(세포 형태의 미토콘드리아가 더 큰 세포의 내부로 들어가는 것)과 유성생식이 시작되었고, 다세포 생물의 등장, 캄브리아기 폭발이 이어졌다. 그리고 식물이 땅을 지배한 시대와 동물이 땅을 지배한 시대를 거쳐 마침내 큼직한 뇌, 서로 마주 보는 형태의 양손

엄지를 가진, 두 다리를 딛고 선 영장류가 나타났다.

생명의 극적인 탄생이 이어지는 동안 어마어마하게 많은 생물종이 사라졌다. 한 연구에서 밝혀진 추정치에 따르면[4] 현재 지구상에 살고 있는 생물의 종류는 총 870만여 종으로, 지구에 등장한 모든 생물종과 비교하면 0.1퍼센트밖에 되지 않는다. 달리 이야기하자면 한때 이 땅에 살았던 생물종의 99.9퍼센트가 현재는 멸종된 상태인 것이다. 그런데 멸종을 굳이 안타까운 일로만 여길 필요는 없다. 종이 사라지는 경우 중에는 모리셔스섬에서 인간이 벌인 활동 때문에 사라진 도도새처럼 대가 끊기는 사례가 물론 포함되지만, 하나 이상의 다른 생물종으로 진화하면서 기존의 종이 사라지는 경우도 있다. 즉 X라는 종이 Y와 Z라는 새로운 종으로 형태가 바뀌고 사라지는 것이다. 핵심은 멸종이 예외적인 일이 아니라 생명의 규칙에 해당한다는 사실이다. 독자 여러분이 반드시 기억해야 하는 부분이다.

생물종이 자연스럽게 지구에서 사라지는 빈도를 '배경 멸종률'이라고 한다. 가끔 이 빈도가 급격히 증가해 상대적으로 짧은 기간에 수많은 생물종이 무더기로 사라지기도 한다. 전문가들 사이에서 '대멸종'으로 불리는 이 현상은 생명이 지구에 처음 등장한 이래 다섯 차례 일어났다고 여겨진다.

그중에서 가장 최근에 일어난 백악기-제3기 대멸종 사건은 지금으로부터 약 6,500만 년 전, 거대한 혜성이 지구로 돌진해 멕시코 남동부의 유카탄 반도에 내리꽂히면서 발생했다(이 같은 사실은 최근 여러 연구를 통해 밝혀졌다). 이 사태로 지구의 커다란 부분이 덩어리로 떨어져나와 먼지가 피어나고 이것이 대기 중에 쏟아져 들어가면서 '충돌 겨울'이 시작되었다(이 내용은 9장에서 더 자세히 살펴볼 예정이다). 혜성에는 지구에서 거의 찾아보기 힘든 원소인 이리듐이 포함되어 있었다. 6,500만 년 전 이전에는 '전 세계'의 지각 어디에서도 이리듐이 이상하리만치 다량 발견된 경우가 없다는 사실이 혜성의 충돌을 뒷받침하는 명백한 증거로 여겨진다. 또한 이 시기에 지구상에 살던 생물종의 약 75퍼센트가 사라졌다는 증거도 발견되었다. 당시 사라진 가장 유명한 생물이 바로 공룡이다. 그러나 '일부' 공룡이 충돌 이후 찾아온 싸늘한 기온과 대멸종 사태 속에서도 힘겹게 살아남았다는 사실을 아는 사람은 별로 없다. 이들이 오늘날의 조류로 진화했다. 보다 전문적으로 표현하면 새는 곧 (비조류가 아닌) 조류 공룡인 것이다. 다음에 치킨 샌드위치를 먹을 일이 있을 때 '공룡 샌드위치'라고 주문해도 틀린 말이 아니다.

홀로세 대멸종 사건

지구에 등장한 생물들의 일대기를 살펴보면 어마어마하게 많은 생명이 사라져버린 길고 광범위한 비극적 사건들이 대부분을 차지한다. 여기서 한 가지 짚고 넘어가야 할 부분이 있는데, 앞에서 백악기-제3기가 가장 최근에 대량 멸종 사건이 일어난 시기라고 했던 이야기는 어쩌면 틀릴지도 모른다. 내가 이 글을 쓰는 시점에 우리는 35억 년에 달하는 생명의 역사를 통틀어 '여섯 번째' 대멸종 사태의 초기 단계에 진입했다는 증거가 확인됐기 때문이다. 이 홀로세 대멸종 사건에서 이야기하는 '홀로세 Holocene'라는 표현은 1만 2,000년 전에 시작되어 현재까지 이어지는 지질 시대를 가리킨다. 일부 과학자들은 인류가 산업 혁명으로 지구에 발생시킨 영향이 너무나 막대한 만큼 '인류세Anthropocene'라는 새로운 지질 시대를 따로 분류해야 한다고 주장한다.

인류세라는 용어가 아직까지 과학계 전체에서 수용되지는 않았지만 진지하게 고민할 만한 이유는 충분하다. 예를 들어 지난 몇 세기 동안 배경 멸종률은 일반적인 빈도와 비교할 때 최대 '1만 배'까지 증가했다. 이를 통계적으로 해석하면 매일 수십 종의 생물종이 사라진다는 의미다.[5] 그로 인해 "육지, 해양, 기타 수상 생태계를 비롯해 모든 원천에서 생겨난 살아 있는 생물의 가변성과 이러한 생명체가 속한 환경의 생태학적 복잡성"을 나타내는 '생물 다양성'이 크게 감소했다.[6] 대량 멸종을 이야기할 때는 특정 기간에 살아 있는 생물종의 수가 가장 중요하게 여겨지지만, 생물 다양성은 이를 포함해 생태계와 특정 생물종에 속한 각 개체의 다양성까지 아우르는 광범위한 개념이다.

현재까지 진행된 관련 연구 가운데 가장 포괄적인 결과가 담긴 2010년 「제3차 지구 생물 다양성 개관보고서Global Biodiversity Outlook」에 따르면, 열대 지역에 서식하는 포유동물, 조류, 파충류, 상어, 가오리, 양서류를 포함한 척추동물의 총개체 수는 2006년에 1970년 대비 무려 59퍼센트나 감소했다. 민물에 서식하는 척추동물의 경우 1980년 이후 41퍼센트가 줄었고, 유럽 지역의 농지에 서식하는 조류는 50퍼센트 감소했다는 구체적인 결과도 밝혀졌다. 또한 1968년과 2003년 사이 북아메리카 지역에서는 조류가 40퍼센트 줄고 인간의 생존이 달려 있는 식품망의 가장 기본적인 토대인 전체 식물의 수도 약 25퍼센트 감소해 '멸종 위기' 상태인 것으로 나타났다.[7]

2014년에 발표된 또 다른 주요 연구 자료 「지구 생명 보고서Living Planet Report」에도 이에 못지않게 경각심을 일으키는 주장이 담겨 있다. "포유류, 조류, 파충류, 양서류, 어류를 대표하는 1만 개 이상의 생물군을 조사"한 결과, 1970년과 2010년 사이 전 세계 척추동물의 개체 수가 52퍼센트 감소한 것으로 확인된 것이다. 1970년 이후 민물에 서식하는 생물종은 무려 76퍼센트나 감소했고, 해양과 육지에 사는 척추동물도 각각 39퍼센트가량 줄었다. 생물 보호 대책이 마련된 지역에서도 18퍼센트 감소세를 보였다. 해당 보고서에서는 "현재 우리가 자연에서 얻고 있는 자원을 계속 얻기 위해서는 1.5개의 지구가 필요하다"는 결론과 함께, 이 수치는 산업 혁명 이후 꾸준히 증가해왔다고 밝혔다.[8]

다른 여러 연구들을 통해서도 전체 영장류의 48퍼센트, 생물다양성센터Center for Biological Diversity에서 평가 대상으로 지정한 전체 식물종의 68퍼센트를 비롯해 바다거북과 육지, 민물에 서식하는 거북의 50퍼센트가 현재 멸종 위기 상태인 것으로 나타났다.[9] 특히 양서류는 환경에 발생한 작은 변화에도 민감하게 반응하므로 이 같은 추이를 파악할 수 있는 중요한 '생태학적 지표'로 여겨진다. 카나리아가 사람보다 일산화탄소와 메탄에 더 많은 영향을 받는 특징이 있어 광부들이 지하로 내려갈 때 이 새를 데리고 들어가는 것처럼, 양서류는 환경에 문제가 생기면 더 쉽게 목숨을 잃고 양서류가 급감하면 생태계 전체가 붕괴될 조짐으로 해석된다. 그런데 「제3차 지구 생물 다양성 개관보고서」에는 "전체 양서류 종의 42퍼센트는 개체 수가 감소하고 있다"라는 결과가 명시되어 있다.[10] 광산의 상황으로 치면 카나리아가 시름시름 아픈 상태라 서둘러 밖으로 나가야 하는 시점이 온 것이다.

해양의 경우 전 세계적으로 400곳 넘는 '멸종 지대'가 존재한다. 발트해, 멕시코만, 이리호, 뉴질랜드 해안까지 포함된다. 해양의 멸종 지대란 산소량이 해양 고등생물이 생존하기 위해 필요한 수준보다 크게 낮은 곳을 가리킨다. 인간이 세운 물 처리 시설과 농장의 유출수, 대기오염으로 인한 수질 오염으로 조류가 '폭발적으로 증가'하면 이러한 지대가 형성된다.[11] 조류는 개별적으로 두면 생이 짧게 끝나지만 죽은 상태로 단시간에 급격히 축적되는 문제가 있다. 이렇게 쌓인 조류가 부패하는 과정에 어류를 비롯한 해양 생물이 '호흡'하는 데 필요한 산소가 사용되어 해양 생물이 질식하는 사태가 벌어진다. 내가 이 글을 쓰는 시점에 밝혀진 가장 큰 해양 멸종 지대는 약 7만 제곱킬로미터 규모에 달한다.

정말이지 엄청난 규모가 아닐 수 없는데, 이조차 태평양 한가운데(하와이 남쪽)에 형성된 '태평양 거대 쓰레기 지대', 일명 '쓰레기 섬'의 추정 규모에 비하면 크게 못미친다. 대부분 "새끼손가락 손톱 정도 크기"의 작은 플라스틱 조각으로 이루어진[12] 이 쓰레기 산의 크기는 최소 미국 텍사스주, 최대 "미국 대륙 전체의 두 배"에 달할 것으로 추정된다.[13] 비닐봉지나 물병 같은 물체는 광분해 과정을 거쳐 현미경으로 들여다봐야 보이는 무기물 입자로 쪼개지는데, 이로 인해 셀 수 없이 많은 생물이 몸살을 앓고 있다. 바다에 사는 작은 생물이 이런 입자를 무심코 삼키면 먹이사슬에 따라 차츰차츰 순서대로 훨씬 더 큰 생물까지 전해진다. 또한 플라스틱의 광분해 과정에서 암과 간 손상, 기타 광범위한 건강 문제를 일으킬 수 있는 것으로 알려진 폴리염화비페닐PCB, 비스페놀 ABPA 같은 끔찍한 독성 물질도 생성된다. 태평양뿐만 아니라 '인도양 쓰레기 지대'나 '북대서양 쓰레기 지대'처럼 세계 곳곳의 다른 해양에도 이 같은 쓰레기 섬이 형성된 상태다.

산호초의 경우도 현재까지 밝혀진 추정 결과에 따르면 60퍼센트가 해저 유령 도시가 되어버릴 위험에 처해 있다. 전체 산호초의 10퍼센트는 무분별한 어획과 해양의 산성화로 인해 이미 사라졌고, 이는 대기 중 이산화탄소가 증가하는 중대한 결과를 초래했다(다음 장에서 이 부분을 살펴볼 예정이다). 최근 발표된 연구 결과를 보면 실제로 "북아메리카 서부 해안가에 서식하는 자그마한 바다달팽이" 껍데기가 태평양의 산성화로 인해 용해되는 일도 벌어지는 것으로 밝혀졌다.[14] 2015년 학술지 『사이언스Science』에 지구 역사상 가장 대규모 멸종 사건으로 남은 페름기-트라이아스기 멸종('대량절멸'로도 불린다)의 주된 원인이 대기 중 이산화탄소 증가로 인한 해양 산성화라는 연구 결과가 발표된 사실을 고려할 때 아주 불길한 징조가 아닐 수 없다. 같은 학술지에 실린 또 다른 분석 결과에서는 현재와 같은 추세가 이어질 경우 2048년이 되면 바다에서 건져 올린 야생 해산물을 전혀 볼 수 없을 것이라는 추정을 내놓았다[15](전 세계적인 척추동물 감소 등 앞에서 설명한 동향을 보면 여러분도 충분히 공감하리라 생각한다).

생태계 전체에 관한 보다 광범위한 분석 결과도 있다. 2012년, 20명 넘는 과학자들은 학술지 『네이처Nature』에 실린 「지구 생물권의 상태 변화Approaching a State Shift iin Earth's Biosphere」라는 논문에서 우리는 대재앙의 경계에 놓여 있으며 생태계 전체가 되돌릴 수 없이 무너질 수 있다고 주장했다. 이들 연구진은 생태계 붕괴 혹은 '상태 변화'를 두 가지 유형으로 나누었다. 첫 번째는 마치 숲 한가운데를 불도저가 달리면서 날 끝에 닿는 건 전부 밀어버리는 것처럼 외력에 의해 특정 지역이 갑작스럽게 파괴되는 경우로, 이를 '대형 망치 효과'라고 한다. 두 번째는 그에 비해 훨씬 더 은근한 방식으로 진행된다. 환경에 전혀 큰 영향을 주지 않는 아주 작은 변화가 시간이 갈수록 축적되다가 임계치 혹은 '정점'에 달하면 극적인 변화가 갑자기 발생해 전면적인 붕괴가 일어나는 경우다.

위 논문에서는 국지적인 생태계에서 이미 잘 알려진 이와 같은 상태 변화를 생태계 전체에 동일하게 적용할 수 있다고 설명했다. 그리고 "인구가 늘어남에 따라 자원의 소비량, 거주지의 변화와 단편화, 에너지 생산량과 소비량, 기후 변화가 함께 증가해" 이 두 번째 변화가 당장이라도 전 세계적인 규모로 발생할 수 있다는 실증적 추정이 가능하다고 주장했다. 해당 논문은 "과거의 대대적인 상태 변화 수준과 현재 나타나는 지구상의 변화 수준을 비교한 결과, 또한 인류가 계속 전 세계에서 엄청난 강제력(즉 영향력)을 행사한다는 점을 토대로 할 때 또 한 번의 전 세계적인 상태 변화가 이미 시작되었거나 수십 년 혹은 수백 년 내 발생할 가능성이 매우 높다"고 결론지었다. 그로 인해 "현재 우리가 당연하게 여기는 생물학적 자원은 앞으로 몇 세대 내에 급속히, 예측할 수 없는 방향으로 변화할 것"이라고 밝혔다.[16] 빙하기가 끝난 뒤부터 현재까지, 1만 2,000년 동안 인류는 이례적으로 살기 좋은 기후가 유지된 홀로세에 살아왔지만 우리 아이들이나 그 아이들의 아이들이 사는 세상은 완전히 다른 모습이 될지도 모른다(자세한 내용은 11장에서 이야기하기로 한다).

내가 사는 지구만은 안 돼(지구 이기주의)

인류는 겨우 몇백 년 동안 환경에 엄청난 변화를 일으켰다. 그것도 진화 속도가 따라올 수 없을 만큼 급격한 변화였다. 진화의 관점에서 보면 우리는 그야말로 눈 깜짝할 사이 숲을 밀어버리고 바다를 오염시키고 생태계를 조각조각 분열시킨 것이나 다름없다. 바다에 나가 과도한 어획을 일삼고, 지구 전체 토지의 4분의 1을 망가뜨렸으며,[17] 대기의 화학 조성을 바꿔놓았다. 지구 표면의 평균 온도는 높아지고 빙하는 녹아내리고 있다. 그렇게 여섯 번째 대량 멸종 사건이 시작된 것이다. 지구 생태계가 견딜 수 있는 한계가 무너지면 우리는 어느 날 갑자기 아라비아 사막

한가운데 뚝 떨어진 이누이트 원주민처럼, 혹은 어쩌다 시베리아 북부로 와버린 아랍 유목민 베두인족처럼 망연자실할 수밖에 없다. 살아남기조차 어려운 상황에서 목숨을 부지한다 한들 삶은 커다란 고역으로 가득할 것이다.

생물 다양성이 중요한 이유는 인류 문명이 그 다양성에 달려 있기 때문이다. 생각이 몸에 깃들어 '체화'된 것처럼 우리 몸은 환경에 깃들어 있다. 인간의 운명은 환경의 운명과 결코 분리할 수 없는 관계라는 의미다. 2005년에 발표된 「새천년 생태계 평가보고서Millennium Ecosystem Assessment」에도 생물 다양성이 사라지면 식량 안보에 비상이 걸릴 뿐만 아니라 "자연재해로 인한 인류의 고통과 경제적 손실이 증가할 것"이라는 예측이 상세히 나와 있다. 또한 식생활 균형을 유지하기가 어려워져 건강에 문제가 생기고 감염 질환에 걸릴 위험성도 커질 것으로 전망된다. 에너지 안보 불안(특히 개발도상국), 식수의 품질과 가용성 악화, 사회적 동요, 실직과 같은 결과와 더불어 현재 "전 세계 관광산업에서 가장 빠른 성장세를 보이며" 시골 지역에 중요한 보탬이 되고 있는 생태관광 기회도 대폭 줄어들 것이다. 심지어 생물 다양성 감소는 "제약 분야와 화장품 업계, 원예 분야를 포함한 산업 전반에 영향을 줄 것"으로 예측된다.[18]

생물권의 범위가 줄면 이 책에서 우리가 살펴보고 있는 인류의 다른 존재론적 위기가 발생할 확률도 높아진다. 가령 식량 공급이 제한되어 두 나라가 서로 대치 상태에 이르면 전략적 우위를 점하기 위해 나노 무기를 개발하려는 의욕이 더 커질 수 있다. 앞서 4장에서 살펴보았듯이 나노 기술이 무기 형태로 사용되면 핵무기의 위협과 전혀 다른 양상이 벌어진다. 나노 무기는 특정 표적을 더 정확하게 노릴 수 있고, 전투가 벌어진 뒤 회복에 소요되는 시간도 훨씬 짧기 때문이다. 이처럼 전쟁의 장벽이 낮아지고, 그 와중에 생태계는 점점 더 크게 파괴되어간다면, 인류 문명은 자멸의 한계를 훌쩍 넘어설지도 모른다.

최대한 엄격한 평가 기준을 적용한다고 하더라도 당장 다음 세기에 최소 한두 국가의 환경이 망가질 것이 확실시되는 만큼 이제는 대비를 해야 한다. NASA의 지원으로 실시된 한 연구에서는 『생태 경제학 Ecological Economics』지에 게재된 결과보고서를 통해 미국에 현재와 같은 자원의 과잉소비 행태가 지속될 경우, 뒤에 다시 살펴볼 사회경제적 계층화 문제가 발생하며 미국이 자폭의 길로 '들어설 가능성이 충분하다'고 주장했다. 지난 역사를 돌아봐도 이 같은 일은 수없이 발생했다. 그리고 "크게 발전한 국가, 정교하고 복합적이며 창의적인 문명"도 결코 예외는 아니다. 배양 접시에서 자라는 박테리아처럼 인류가 환경이 더 이상 내줄 것이 없을 때까지 구할 수 있는 자원을 몽땅 소비해버린다면 사회는 허물어질 수밖에 없다. 해당 보고서에서는 미래의 첨단기술이 우리를 구원할 것이라 기대해서는 안 된다고 단언하면서, 그 이유는 "기술의 변화로 자원을 더욱 효율적으로 이용하게 될 것이고 1인당 자원 소비량과 자원을 추출해내는 규모가 늘어날 것"이기 때문이라고 설명했다.[19] 필요는 발명의 어머니일지 몰라도 그 반대의 관계는 성립되지 않는다.

생물 다양성의 감소로 발생하는 문제가 우리에게 큰 좌절을 안겨주는 이유는, 우리가 이미 이 문제의 원인을 알고 있으며 그로 인해 인류 문명에 어떤 악영향이 발생할지도 잘 알고 있기 때문이다. 게다가 생물 다양성이 줄어드는 현재의 흐름을 억제할 수 있는 효과적인 대응 방법이 이미 존재한다는 사실도 우리는 잘 알고 있다. 그럼에도 수많은 미국 국민들은 환경 정책이나 자연 친화적인 기술, 지속 가능성을 고려한 생활 방식을 비웃는다. 향후 몇 세대가 지구에서 생존할 수 있느냐 없느냐를 좌우하는 문제보다 단기간의 경제 성장에 더 큰 가치를 부여하는 것이 현실이다.

THE END

What Science and Religion Tell Us about the Apocalypse

8

멸종으로 이끄는 열기

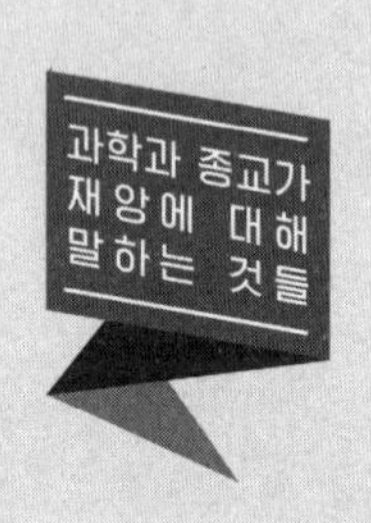
과학과 종교가
재앙에 대해
말하는 것들

지구 온난화는 곧 기후 변화의 신호

앞서 2장에서 우리는 지구 종말 시계에 대해 알아보았다. 제2차 세계 대전이 끝난 후 여러 물리학자들이 모여 전 지구적 재앙에 얼마나 근접했는지 나타내기 위해 만든 상징이 지구 종말 시계다. 처음 만들 당시에는 핵무기가 인류의 자멸 도구가 될 가능성을 나타내는 것이 목적이었으나, 이 시계의 분침을 조정하는 학자들은 최근 들어 또 다른 재앙의 원인을 분석 항목에 포함시켰다. 바로 '지구 온난화'다. 기후학 분야뿐만 아니라 생물학, 지리학 분야 전문가들 사이에서도 이 현상에 대한 의견이 엇갈려 뜨거운 논쟁이 이어지고 있으나, 2007년 '핵과학자회' 이사회는 지구 종말 시계의 분침을 자정 7분 전에서 5분 전으로 당긴 뒤, 그 이유를 다음과 같이 설명했다. "우리는 지금까지 해온 대로, 인간의 손에서 시작되어 인류 문명을 위협하는 문제들을 조사했다. 그리고 기후 변화가 핵무기만큼이나 대단히 심각한 위험 요소라는 결론에 도달했다."[1] 해당 이사회는 2015년 초에 종말 시계의 분침을 자정 5분 전에서 3분 전으로 더욱 앞당기고, 그 첫 번째 이유로 '기후 변화 대책의 부재'를 꼽았다.[2]

지구 온난화는 앞 장에서 다룬 위기와도 밀접한 관련이 있다. 환경 오염과 외래 침입종, 남획, 서식지 분산, 해수면 상승과 더불어 생물 다양성의 손실을 야기하는 주된 원인 중 하나가 지구 온난화이기 때문이다. '지구 온난화'란 전 세계에서 측정된 지표면의 평균 온도가 증가하는 현상을 가리킨다. 여기서 '평균'이 사용된 것에 주목할 필요가 있다. 많은 사람들이 각 지역의 '날씨'를 바탕으로 전 지구적인 '기후'의 동향을 추정하는 실수를 저지른다. 국지적인 동향이 전체 동향과 늘 일치하리라고 판단하는 것은 큰 오산이다. 유럽 등 지구의 어느 한 지역에서는 시간이 흐를수록 기온이 점차 내려가는데, 전 세계의 기온이 점점 뜨거워지는 일도 충분히 있을 수 있다. 다른 예를 들면 한 학급이 20명의 학생들로 이루어졌다고 할 때, 몇몇 학생들의 시험 성적이 떨어졌다고 해도 학급 평균 점수는 올라갈 수 있다. 반박할 구석이라곤 전혀 없는 아주 확실한 개념이다!

실제로 미국 동부 해안 지역에서는 2009년에서 2010년으로 넘어가는 겨울이 너무나 혹독했다. 2월 초에는 국립 해양대기청 기준으로 '카테고리 3'에 해당하는 기록적인 폭설이 쏟아져 버지니아에서 뉴욕까지 북동부 전체가 눈에 파묻혔다. 언론에서는 이 가공할 만한 기상이변을 아마겟돈에 빗대어 '스노마겟돈Snowmageddon'이라 칭했다. 그동안 기후 변화 가능성에 회의적인 태도로 일관하던 사람들은 이 사태를 보고도 지구 온난화는 일어나지 않는다고 주장했다. 과학적 근거도 거부하는 이런 비타협적인 사람들이야말로 지구의 생존을 위협하는 진짜 위험한 존재들이리라. 정말로 지구의 기온이 올라간다면 어째서 땅에 눈이 이렇게 많이 쌓일 수 있느냐는 것이 이들의 입장이었다. 폭스 뉴스 진행자 숀 해니티Sean Hannity는 스노마겟돈이 "앨 고어Al Gore가 히스테리에 사로잡혀서 내민 지구 온난화 이론과 모순되는 일인 것 같다"고 언급했다[3](앨 고어가 지구 온난화 이론을 만든 것도 아니므로, 해니티는 이래저래 이중으로 틀린 주장을 펼친 셈이다). 보다 최근에는 공화당 상원의원인 제임스 인호프James Inhofe가 밖에 쌓인 눈을 뭉쳐서 상원 회의장까지 들고 와서는 "지구 온난화 개념에 반대한다는 입장을 직접 보여주겠다"며 바닥에 눈덩이를 집어 던졌다.[4]

그런데 스노마겟돈이란 말이 등장한 2010년은 '기온이 가장 높았던 해'로 기록되었다(여러분도 최근 발표된 평균 기온과 한번 비교해보기 바란다). 다시 말해 미국 동부 해안은 감당할 수 없을 정도로 쌓이고 쌓인 눈을 퍼내느라 정신이 없었는데, 지구 전체는 지난 200만 년의 역사를 통틀어 가장 지글지글 열기가 뜨거웠던 한 해였다. 이 기록은 "전 세계 땅과 해양의 평균 표면 온도가 20세기 평균에 비해 0.69도 상승"한 것으로 나타난 2014년에 다시 한 번 갱신되었다.[5] 현재 지구의 기후와 빙하기의 기후를 비교할 때 평균 기온의 차이가 섭씨 13도에 불과하다는 사실을 감안하면, 이 차이가 어떤 의미인지 더 쉽게 이해할 수 있을 것이다.[6] 그토록 짧은 기간에 0.69도가 상승한 것은 '엄청난 일'이다. 지구 전체의 평균 기온이 가장 높았던 해를 11위까지 나열하면 1위인 2014년과 그다음인 2010년에 이어 2005년, 1998년, 2013년, 2003년, 2002년, 2006년, 2009년, 2007년, 2004년으로 딱 한 번을 제외하고 모두 21세기에 해당한다.[7] 그런데 내가 이 글을 쓰고 있는 지금, 2015년이 2014년의 기록을 갈아치울 것 같은 조짐을 보이고 있다.

지구 온난화는 현재 일어나고 있는 현상이고, 다 알려진 사실이다. 그렇다면 원인은 무엇일까? 기나긴 지질 연대가 흘러가는 동안 지구의 기후가 자연적으로 변화하는 것도 당연히 그 이유 중 하나에 해당한다. 그리고 이 점에 대해 기후학자들보다 잘 아는 사람들은 없을 것이다. 그럼에도 일부 비전문가들은 지구 온난화가 실제로 일어나는 중이라 치더라도 인간의 영향과 무관한 결과라는 주장을 펼치며 과거와 같은 루머를 이어가고 있다. 유력한 부통령 후보이자 전前 알래스카 주지사인 세라 페일린Sarah Palin도 2009년 자신의 트위터에 다음과 같은 메시지를 남겼다. "지구의 기후는 오랫동안 변화를 거듭했다(트위터 원문, Earth saw clmate chnge4 ions). 기온이 약간 올랐다고 해서 인류에게 필요한 자원을 개발하는 것이 원인이라고 할 수 있을까? 환경오염이나 파괴는 발생할 수 있지만 자연이 변할 수는 없다." 창피하게도 영겁eon과 이온ion조차 구분하지 못한 문제는 제쳐두더라도, 최근까지 나온 가장 확실한 증거들을 종합하면 인간의 활동이 현재 나타나는 기후 변화에 거의 전적으로 책임이 있다는 것은 명백한 사실이다. 또한 지구 기온의 상승뿐만 아니라 상승 속도가 진화 진행 속도에 비해 '너무 빨라진 원인도 인간의 활동으로 돌릴 수 있다. 앞서도 설명했듯이 자연 선택은 '상당히 느리게' 진행되므로 결국 환경의 급속한 변화를 따라갈 수 없고, 이러한 차이는 큰 재앙으로 이어질 수 있다. 최악의 경우엔 인구가 줄고 여러 생물종이 영구적으로 멸종할 수도 있다.

지구 온난화를 일으키는 주된 요인은 이산화탄소CO_2라는 분자다. 잘 알려진 것처럼 이산화탄소는 화석연료를 가열할 때 부산물로 생성된다. 구체적으로 그 과정을 살펴보면, 먼저 태양에서 나온 전자기 방사선이 약 8분 만에 1억 5,000만 킬로미터를 지나 지구에 도달한다. 이 방사선의 대부분은 가시광선에 해당하고, 우리의 눈은 이 광선을 볼 수 있게끔 진화가 이루어졌다.[8] 지구는 가시광선 중 일부를 흡수한 뒤 대기 중으로 다시 내보내며 지표면의 색이 짙을수록 더 많은 가시광선이 흡수된다. 흰색은 우리가 눈으로 볼 수 있는 광선의 파장, 또는 색이 모두 합쳐진 것과 같으므로 눈이 쌓여 있는 곳은 가시광선이 거의 흡수되지 않는다. 여기서 한 가지 중요한 사실은 지구가 다시 방출하는 빛은 가시광선이 아닌 적외선이라는 점이다. 적외선은 시각적으로는 확인할 수 없고 열과 같은 촉각으로만 감지할 수 있는 파장을 가진 빛이다.

이제 이 단계에서 이산화탄소가 등장한다. 가시광선은 이산화탄소를 그대로 통과할 수 있지만 적외선은 그렇지 않다. 즉 대기 중에 이산화탄소가 다량 존재하면 태양에서 나온 가시광선은 그냥 지나갈 수 있지만 지구가 다시 방출한 적외선은 이산화탄소에 가로막혀 앞으로 나아가지 못한다. 그로 인해 대기 중에 열이 꽁꽁 묶여 있는 상태가 되는데, 이것이 바로 지구 온난화다. 온실에 사용되는 유리판이 가시광선은 내부로 통과시키고 밖으로 나가려는 적외선을 붙잡아 열을 가둬두는 원리와 같다는 점에서 '온실 효과'로도 불린다.[9] 그리고 이러한 현상을 일으키는 기체를 '온실가스'라고 한다.

내가 이 글을 쓰는 시점에는 중국이 세계 최대 온실가스 생산 국가의 자리에 올라 있고 미국이 그다음을 차지한다. 1인당 이산화탄소 배출량을 기준으로 순위를 매기면 카타르가 가장 큰 위반 국가에 해당하고 미국은 8위에 올라 있다.[10] 가난한 나라보다 부유한 국가가 환경에 훨씬 큰 영향을 미치는 것과 마찬가지로, 빌 게이츠Bill Gates나 유명 가수인 카녜이 웨스트Kanye West, 혹은 도널드 트럼프Donald Trump나 배우 존 스튜어트Jon

Stewart와 같은 부유층이 저소득층보다 대기 중 이산화탄소 농도를 높이는 데 더 큰 몫을 한다고 볼 수 있다. 그럼에도 가난한 사람들이 부유층보다 지구 온난화의 여파에 더 크게 시달릴 것임이 분명하다는 사실은 사회 정의의 한 갈래로 생겨난 '기후 정의climate justice'의 핵심 개념이 되었다.[11]

기후 변화는 우리 아이들의 삶에도 심각한 영향을 줄 것으로 예상된다. 폭염의 강도가 지금보다 세지고, 기간도 더 길어질 것으로 전망되며, 들불로 인한 화재로 더 큰 피해가 발생하고, 폭우와 홍수도 심해질 것으로 보인다. 또한 해충으로 인한 질병 확산, 빙하와 극지방의 만년설이 녹는 현상, 해수면 상승, 삼림 파괴, 사막화 수준도 심각해지고, 식량 공급에 차질이 생기거나 식품 가격 상승과 같은 문제도 발생할 수 있다. "이번 세기 말이 되면 한 해 동안 허리케인과 열대성 태풍이 스무 차례 넘게 찾아오고",[12] 해안 지역의 홍수 사태와 극심한 가뭄이 수십 년 동안 지속되는[13] 등 극단적인 날씨 변화와 더불어 대기의 전체적인 오염도가 높아지는 문제[14]도 나타날 것으로 예상된다. 과학계에서는 지구 온난화로 인해 "알레르기가 유독 심하게 발생하는 기간이 지금보다 길어지고 증상도 심해질 것"[15]이라는 전망과 함께 이번 세기 말이 되기 전에 번개에 맞을 확률은 50퍼센트 더 높아질 것이라고 예측한다.[16] 기후 변화 연구를 포괄적으로 종합해 요약한 최근 자료에도 지구 온난화가 더욱 심각해지고, 곳곳에 영향을 줄 것이며, 이는 되돌릴 수 없는 문제가 될 것이라는 내용이 담겨 있다.[17] 2009년에 발표된 한 논문은 "이산화탄소 농도가 증가하면서 발생한 기후 변화는 이산화탄소 배출이 중단된다고 해도 1,000년 동안은 거의 원상복귀가 불가능하다"고 밝혔다.[18] 이러한 증거들을 무시하고 화석연료를 늘 하던 대로 계속 소비하는 사람들은 반드시 역사가 대가를 치르게 할 것이다.

달갑지 않은 양성 피드백

지구 온난화로 발생할 수 있는 여러 가지 문제 가운데 가장 우려되는 것은 '통제 불가능한 수준이 되어버린 온실 효과'로 인해 지구가 금성처럼 변할 수도 있다는 점이다. 금성은 지구와 크기나 화학적인 조성이 비슷하지만 전체 면적의 온난화가 제어되지 못하는 상태라 표면 온도가 최대 870도에 이른다. 반응이 또 다른 반응을 일으키면서 결과가 증폭되는 양성 피드백 현상이 한 가지 이상 활성화될 때 이러한 일이 벌어질 수 있다. 금성의 경우 지표면이 뜨거워질수록 더 많은 물이 공기 중으로 증발되고, 이렇게 생긴 수증기는 온실가스에 해당되므로 태양에서 온 가시광선은 통과할 수 있지만 지표면에서 재방출된 적외선을 그대로 붙들어놓는다. 이로 인해 표면은 더욱 뜨거워지고, 수증기는 더 많이 발생하는 것이다. 이런 흐름은 결국 금성이 지옥의 불구덩이마냥 펄펄 끓는 행성이 될 때까지 이어졌다.

지구의 경우 수증기보다 메탄가스가 더 문제다. 한 예로 북극의 꽁꽁 얼어 있는 땅, 영구 동토층에 엄청난 양의 메탄이 갇혀 있다는 사실은 잘 알려져 있는데, 현재 이곳이 서서히 녹고 있다. 이산화탄소보다 훨씬 더 강력한 온실가스인 메탄이(수증기도 이산화탄소보다 강력한 온실가스다) 아직은 땅속에 묻혀 있지만 혹시라도 공기 중으로 방출된다면 기후 변화가 가속화될 것이다.[19] 이렇게 되면 영구 동토층이 더 많이 녹고, 결과적으로 대기 중으로 방출되는 메탄의 양도 늘어난다. 집 안 공기가 더워질수록 온도계가 가리키는 온도는 더 크게 상승하듯이, 이런 식으로라면 지구의 기온가 기하급수적으로 상승할 수 있다.

푸르른 해양 깊은 곳에도 다량의 메탄이 갇혀 있다. 2014년, 북극의

한 연구진이 "해저에서 메탄이 기둥처럼 다량 방출된" 사실을 발견하고 깜짝 놀란 일이 있었다. 방출된 메탄의 일부는 '물방울' 형태로 바다 표면까지 도달해서 눈으로 확인할 수 있을 정도였다.[20] 지구 온난화가 째깍째깍 타이머가 돌아가다가 언제 터질지 모르는 폭탄처럼 상당히 불안한 문제라는 사실을 보여주는 사례다. 빙하학자인 제이슨 박스Jason Box는 이 놀라운 발견에 대해 "남극 해저에 갇힌 탄소가 대기 중에 극히 일부만 방출된다 하더라도 우리는 망하고 말 것"이라는 견해를 밝혔다. 앞 장에서 베르너가 도발적으로 표출한 것과 비슷한 의견이다.

현재까지 밝혀진 가장 정확한 추정 결과를 정리해보면 지구에서 온실 효과가 통제 불능 상태로 번질 가능성은 그리 높지 않으며 이에 대한 연구는 지금도 계속되고 있다.[21] 금성의 전례를 생각하면, 그러한 사태가 최소한 물리적으로는 '가능한' 일이라는 것을 우리는 잘 알고 있다. 영구동토층이 녹는 현상이나 남극에서 발견된 메탄가스 방출 기둥을 계기로, 사람들이 이러한 가능성에 좀 더 큰 관심을 갖게 될 것이라 생각한다.

정리하면, 기후학자들은 지구 온난화를 분명한 현실이자 위험한 현상으로 본다. 지구 온난화는 생물 다양성을 축소시키는 주된 원인 중 하나이며 같은 맥락으로 홀로세 멸종 사건을 일으키는 원인이 될 수도 있다. 아직까지는 전 지구적인 재앙을 막을 수 있을지 모르지만, 이미 되돌릴 수 있는 지점을 넘어섰다는 견해에도 점점 더 많은 과학자들이 동의한다.

THE END

What Science and Religion Tell Us about the Apocalypse

9

칼데라와 혜성

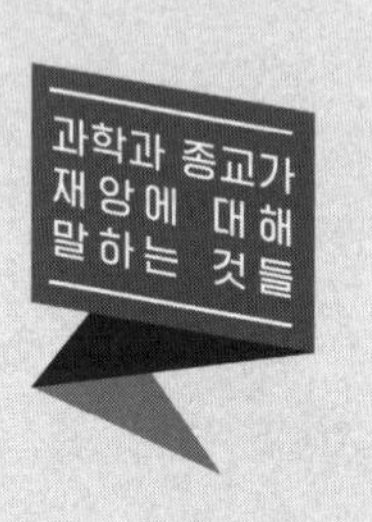
과학과 종교가
재앙에 대해
말하는 것들

> 밝은 태양은 빛을 잃었고 별들은 무한한 우주에서, 빛도 없고 길도 없이, 희미하게 빛나며 방황하고 있었네. 얼음처럼 차가운 지구는 달도 없는 허공에서, 눈이 먼 채로 선회하며 어두워졌네.
>
> – 바이런 경[1]

프랑켄슈타인 같은 날씨

1816년 늦은 봄, 메리 고드윈Mary Godwin은 연인인 퍼시 비시 셸리Percy Bysshe Shelley와 함께 평소 친하게 지내던 바이런 경을 만나기 위해 수정처럼 맑은 물로 유명한 스위스의 제네바 호숫가를 찾았다.[2] 두 사람은 여름 내내 알프스 둘레를 돌아다니고 꼭대기에 눈이 남아 있는 산 주변과 마침 한창 꽃이 만발한 목초지에서 휴식을 취할 계획을 세운 것으로 보인다. 그런데 그칠 줄 모르고 퍼붓는 비와 뚝 떨어진 기온, 시커먼 구름이 잔뜩 낀 우중충한 하늘로 가득한 날들이 이어져 두 사람을 놀라게 했다. 메리는 언니에게 쓴 편지에서 당시의 일을 다음과 같이 전했다. "어느 날 밤은 그나마 여태까지에 비하면 폭풍이 가장 잠잠해서 즐거운 시간을 보냈어. 호숫가도 환해져서 쥐라산맥의 소나무들이 다 보일 정도였지. 잠시 동안은 주변 모든 풍경이 환하게 보였어. 하지만 곧 시커먼 어둠이 다시 승리를 거두고 그 어둠 사이에서 천둥번개가 우리 머리 위로 마구 울부짖기 시작했지."[3] 이처럼 평소 같지 않게 우울한 날씨가 이어지는 바람에 세 사람은 몇 달 동안 실내에서 지냈고, 돌아가며 귀신 이야기를 하는 것으로 시간을 보냈다. 그러던 어느 날, 바이런 경이 두 손님에게 한 가지 제안을 했다. 각자 귀신 이야기를 하나씩 써서 함께 읽자는 것이었다. 달리 할 일도 없던 차에 메리 고드윈은 곧바로 소설 집필에 들어갔다. 처음에는 단편으로 생각하고 시작한 이 글이 고전문학의 걸작으로 꼽히는 『프랑켄슈타인Frankenstein』[4]으로 완성되었다.

그해 여름엔 스위스만 날씨가 이상했던 것이 아니다. 1816년 6월 4일, 미국 코네티컷과 뉴저지에 사는 사람들은 아침에 일어나 서리를 발견했다. 이틀 뒤에는 뉴욕 올버니 지역에 눈이 내렸다. 이어 7월과 8월에는 훨씬 더 아래쪽인 펜실베이니아주의 강과 호수에 얼음이 어는 현상이 나타났다. 미국 북동부 지역 사람들은 안개 입자가 극히 작은 '마른 안개'를 목격했는데, 대기를 덮은 이 안개는 바람이 불고 비가 내려도 사라지지 않았다.[5] 하늘은 섬뜩하리만치 시뻘겋게 번득이는 돔 모양 지붕처럼 변했다. 이런 기이한 현상은 농업과 축산업의 피해로 이어져 뉴잉글랜드 지역에 살던 많은 사람들이 남쪽이나 서쪽으로 주거지를 옮기는 계기가 되었다. 미국 대륙의 중앙부에 인구가 늘어난 여러 이유 중 하나가 바로 이 시기에 대대적인 인구 이동이 벌어졌기 때문이다(모르몬교 창시자인 조지프 스미스도 이때 가족들과 함께 버몬트를 떠나 뉴욕으로 이사했다. 그리고 그곳에서 열네 살에 처음으로 계시를 받았다).

다시 유럽의 상황을 살펴보면, 차가워진 공기와 극심한 강수량에 식량 부족 문제가 확산되었다. 추위와 배고픔에 시달리던 많은 사람들이 폭동을 일으키고, 프랑스에서는 상인들이 "시장으로 곡물을 실어 나르는 마차를 습격하는" 일도 벌어졌다.[6] 아일랜드에서는 8주 동안 계속해서 비가 내리는 바람에 기근과 영양실조가 극심했다.[7] 이로 인해 티푸스가 심각하게 번져 아일랜드 전체를 휩쓸었고 10만 명 넘는 사람들이 목숨을 잃었다. 한편, 동쪽으로 멀리 떨어진 인도에서는 콜레라가 확산되어 "북쪽으로는 유럽 대륙, 서쪽으로는 이집트"까지 번져나갔다.[8] 중국과 아시아 여러 지역들도 작황이 크게 나빠져 수많은 사람들이 굶주림에 시달렸다. 특히 상황이 심각했던 윈난성에서는 "사람들이 흰 점토를 먹고, 자기 아이를 시장에 내다 팔거나 부모가 아이 목숨을 직접 거두는" 일까지 벌어졌다.[9] 1816년은 동쪽부터 서쪽까지 전 세계가 폭력과 사회적 혼란으로 점철된 한 해였다. 이상 기후로 인한 식량 문제가 사회 전체를 절망의 늪으로 끌고 들어간 것이다.

1816년엔 날씨가 왜 그토록 기이했을까? '여름이 없는 해'라 불린 이러한 현상들은 대체 왜 일어났을까? 그 답을 찾기 위해서는 시간과 공간을 모두 과거로 거슬러 올라가야 한다. 그로부터 1년도 더 전에 지구 반구의 반대편에서 일어난 일에 단서가 있기 때문이다. 인도네시아의 아름다운 숨바와섬에는 위로 우뚝 솟은 탐보라산이 자리하고 있다. 이미 수년 전부터 우르릉거리며 심상치 않은 조짐을 보였던 이 화산에서 1815년 4월 5일, 화산재가 공중으로 뿜어져나오기 시작했다. 이어 폭발이 연달아 일어났는데, 그 소리가 얼마나 엄청났던지 수백 킬로미터 떨어진 곳에 있던 병사들이 듣고 깜짝 놀라 전쟁이 시작되었다고 착각할 정도였다. 자바섬에 주둔해 있던 군대도 공격이 시작되었다고 판단해 병력 지원을 요청했다.[10]

탐보라산에서는 이후 며칠 동안 용암이 콸콸 흘러내리고 벌건 불꽃이 솟아났다. 4월 10일이 되자 연기 기둥이 약 40킬로미터 높이로 솟구쳤다. 시뻘건 불기둥 세 개가 뿜어져나오더니 하나로 합쳐져 이글대는 돌기둥을 형성했다. 유독한 화산재와 너비가 약 20센티미터나 되는 돌이 숨바와섬 주변 넓은 지역에 비처럼 쏟아져 내렸다. 인근 다른 섬에서는 해변에 엄청난 해일이 발생했다. 화산 폭발로 죽은 식물들이 뒤엉킨 채 형성된 부석은 거대한 '뗏목'처럼 바다 위를 둥둥 떠다녔는데, 그 범위가 넓게는 5킬로미터에 달했다.[11] 숨바와섬에 살던 주민 1만 명 이상이 폭발로 '즉사'하고, 그 이후에도 굶주림과 질병으로 수많은 사람들이 목숨을 잃었다[12](탐보라는 인도네시아어로 '가버리다'라는 뜻이라고 한다). 이 사태로 인도네시아 지역 사회가 크게 훼손됐지만, 돌이켜보면 최악의 사태는 아직 시작되지도 않았다. 탐보라산의 들끓는 분노가 1년도 훨씬 지나 "1,800여 명이 얼어 죽을" 만큼 극심한 전 세계적 추위를 몰고 왔기 때문이다.

초화산

탐보라산의 폭발은 인류의 존재를 위협하는 대재앙에 해당하지는 않지만, 지구 어느 한 곳에서 발생한 화산 폭발이 전 세계 기후에 중대한 변화를 일으키고 기근과 질병, 사회적 혼란, 정치적 불안을 얼마나 광범위하게 확산시킬 수 있는지 보여준다. 사실 탐보라산은 20만 년에 걸쳐 인류 전체에 중대한 영향을 준 인도네시아의 여러 화산들 가운데 한 곳에 불과하다. 어느 추정 결과에 따르면 지금으로부터 7만 4,000여 년 전, 수마트라섬에서 엄청난 규모의 대형 화산 폭발이 발생했다.[13] 지질학적인 '거센 반발'로 표현되는 이 사태는 '토바 재난 가설'로 불리며, 과학자들은 이 현상을 설명하기 위해 초대형 분출supereruption이라는 용어를 새로 만들었다.

토바 재난 사태로 인해 이후 최대 10년간 지표면의 평균 온도가 12~15도가량 감소하는 등 이상 기후가 발생한 것으로 추정된다.[14] 당시 존재하던 동식물에도 결코 사소하지 않은 영향을 준 것으로 보인다(최근 발표된 일부 자료 중에 이 영향이 그리 심각한 수준은 아니라고 밝힌 내용도 있다[15]). 지질학자 마이클 램피노Michael Rampino는 "북반구에 서식하던 전체 식물종 가운데 4분의 3이 사라졌다"는 분석 결과를 밝혔고, 수많은 연구를 통해 토바 재난과 동물 멸종의 연관성이 밝혀졌다.[16] 인류 역사 측면에서도 토바 화산의 폭발이 호모 사피엔스의 개체 수가 급격히 줄어드는 장애물로 작용한 것으로 보인다. 일부 연구에서는 생식이 가능한 여성 생존자의 수가 500명에 불과했으며, "대략 2만 년 동안 인구가 4,000명에 그쳤을 것"으로 추정한다.[17] 지질 연대에서 플라이스토세에 해당하는 이 시기에 인류가 이처럼 멸종 위기에 성큼 다가섰다는 사실을 현재 아는 사람은 별로 없다.

토바산은 초대형 분출이 발생한 후 마그마로 가득 채워졌던 내부가 텅 비었다. 녹아내린 암석이 화산 외부로 빠져나간 이 빈 공간은 허물어져 내려 칼데라*가 형성되었고, 거기에 물이 채워져 오늘날의 토바호가 생겨났다. 화산 폭발로 찾아온 겨울은 앞서 2장에서 이야기한 핵겨울의 양상과 크게 다르지 않았다. 초대형 화산 폭발이 일어나면서 이산화황이 성층권으로 대량 분출되었는데, 이 물질이 물방울과 반응해 황산이 형성

* 강력한 화산 폭발이 발생한 후 분화구 주변이 함몰되면서 생긴 우묵한 곳-옮긴이.

되고 마치 '분자 거울'처럼 대기로 유입되는 태양빛을 반사했다. 그 결과 지구에 도달하는 태양 에너지가 감소해 몇 주일, 몇 개월, 심지어 몇 년 동안 지표면 온도가 곤두박질쳤다. 또한 황산은 "지구에서 방출된 열을 흡수할 수 있으므로 대기 상층부의 온도는 높아지고 하층부의 온도는 낮아지는" 현상이 나타나 오존층 파괴에도 영향을 주었다.[18]

지구 전체에 형성된 칼데라의 숫자를 헤아려보면 초대형 분출은 평균적으로 5만 년마다 한 번씩 발생했다는 사실을 알 수 있다.[19] 우리가 일생을 사는 동안 그러한 사태를 겪을 가능성은 비교적 적지만, 미국 옐로스톤 국립공원만 해도 지난 200년 동안 세 차례 폭발했으니 확률이 낮다고 해서 안전하다고 장담할 수는 없다. 토바 화산과 비슷한 규모의 폭발이 당장 내일 일어난다면 세계 경제는 심각한 타격을 입고 각국에 불안이 확산되는 것은 물론 전쟁이 발생할 수도 있다. 전 세계적으로 작황이 몇 년 넘게 나빠지면 식량과 생필품을 구하려는 사람들이 폭동을 일으키고 폭력이 동원된 충돌이 빚어질 가능성도 있다. 무수한 사람들, 특히 저개발 국가 사람들은 굶주림에 시달리고 나라마다 법과 질서를 유지하기 위해 안간힘을 써야 할 것이다. 영양 결핍 문제가 확산되면 감염성 질병이 대거에 번져나갈 위험성도 높아진다.[20] 자원 부족은 국가 간 갈등을 부추기는 원인이 되어 나노 기술을 이용한 표적 공격이나 경쟁 국가 간의 핵전쟁 등 이 책에서 이야기한 위기 시나리오 중 몇 가지가 실현될 수도 있다.

초대형 화산 폭발이 발생하는 빈도는 비교적 낮지만 현대 문명사회에 끼치는 영향은 엄청나다. 1장에서도 언급한 사실이지만, '결과'에 의해 사태가 증폭될 수 있는 문제를 위기라 할 수 있으므로 위기가 발생할 개연성은 낮더라도 심각한 영향은 발생할 수 있다. 일부 지질학자들이 세계 각국 정부에 초화산의 위험성을 진지하게 고민하고 대책을 마련하라고 적극적으로 촉구하는 이유도 바로 이 때문이다. 메리 셸리가 『프랑켄슈타인』을 쓰던 시절에 비해 현재 세계 인구가 얼마나 늘어났는지 감안하면, 탐보라산 정도의 폭발만으로도 커다란 재앙이 발생할 수 있다(토바 화산 폭발 당시에는 "탐보라산이 폭발했을 때보다 300배가량 더 많은 화산재가 방출되었다"고 한다[21]). 램피노의 주장처럼 "초화산 폭발은 인류 문명에 심각한 위협이 되는 요소이며, 화산 폭발로 기후에 발생할 수 있는 재난을 예측하고 경감시킬 수 있는 방안을 진지하게 고민해야 한다".[22]

2005년 런던지질학회가 발행한 자료에도 이와 같은 의견이 담겨 있다. 해당 자료에서는 우리가 초대형 화산 폭발을 막을 수 있는 방법은 없지만("공상과학에서조차 초대형 화산 폭발을 막아내는 놀라운 기술은 나오지 않을 정도"), 대규모 폭발을 예측하고 그 이후의 사태에 대비할 수 있는 효과적인 방안은 존재한다고 밝혔다. 이어 다음과 같이 설명했다. "머지않아 지구에서 초대형 화산 폭발이 일어날 것이다. 그리고 이 문제는 진지하게 관심을 기울여야 할 사안이다."[23] 초화산으로 한때 인류는 멸종 직전까지 갔었다. 다음에 또 그런 일이 생기면, 그때처럼 운이 따르지 않을지도 모른다.[24]

충돌체와의 충돌

초화산이 지구에 존재하는 위험 요소라면 소행성과 혜성은 하늘에 존재하는 위험 요소다. 45억 년 전, 지구는 아직 생겨난 지 얼마 안 된 시기에 완전히 파괴될 수도 있었던 위험을 가까스로 벗어났다. 화성(지구 지름의 절반 정도)만 한 거대한 천체가 우주 공간에서 지구를 향해 돌진하여 아직 달도 형성되지 않았던 지구와 충돌한 것이다. 그 충격이 얼마나 엄청났던지 지구 대기 전체가 분출될 정도였다.[25] 게다가 수십억 개로 쪼개진 암석 조각은 우주를 향해 터져나갔다가 일부는 (중력으로 인해) 다시 지구로 돌아와 충돌이 이어졌다. 그런데 파편 중 일부는 마그마 상태에서 공처럼 뭉쳐져 지구로 떨어지지도 않고 태양계를 떠다니지도 않는 상태로 머물렀다. 이 둥근 덩어리는 시간이 가면서 냉각되어 메마른 구가 되었고, 오늘날까지 지구 궤도를 따라 한 달 주기로 지구 주변을 빙빙 돈다. 우리가 알고 있는 달은 이 천문학적인 거대한 충돌 사태로 빚어진 결과물이다.[26]

우리가 예측할 수 있는 미래에 지구가 화성만 한(엄청나게 큰!) 충돌체와 부딪칠 위험이 있다는 근거는 밝혀진 것이 없다. 그러나 굳이 그 정도 물체와 부딪쳐야 재앙과 같은 결과가 발생하는 건 아닌 것 같다. 한 예로 1908년에 너비가 겨우 60미터에 불과한 소행성이 시베리아 상공에서 폭발하면서 "수소폭탄과 같은 위력"이 발생했다. 만약 이 폭발이 도시에서 발생했다면 수백만 명이 목숨을 잃었을 만한 수준이다.[27] 보다 최근에는 우주에서 시속 약 6만 7,600킬로미터로 날아든 물체가 러시아 첼랴빈스크로 돌진하며 타들어가면서 태양보다 더 강렬한 빛을 내뿜었다. 당시 차량 블랙박스에 찍힌 영상이 유튜브에 여러 건 업로드됐는데, 눈부시게 밝지만 왠지 두려움을 느끼게 하는 당시의 환한 빛이 고스란히 기록되어 있다.

1972년에는 유성체가 지구 대기권에 진입해 미국 서부를 지나 캐나다 앨버타에서 지면과 불과 56킬로미터 떨어진 저고도로 지나간(마치 물수제비를 할 때 돌이 수면 위를 스쳐가듯) 아슬아슬한 사례도 있었다.[28] '한낮에 나타난 대형 불덩이Great Daylight Fireball'로 이름 붙인 이 유성체가 지표면과 부딪쳤다면 작은 핵폭탄과 맞먹는 규모의 폭발이 일어났을 것이다. 게다가 하필 이 일이 냉전이 한창일 때 일어났으므로 폭발했다면 미국은 유성체를 러시아가 쏜 미사일로 오인하고 서둘러 핵무기로 보복할 준비에 착수했을지도 모른다[29](오늘날 그런 사건이 일어날 경우에도 냉정한 판단력을 가진 사람들의 견해가 힘을 얻지 못한다면 핵 교전이 벌어질 수 있다). 지구와 충돌할 뻔한 이 유성체의 크기는 소형 트럭 정도였으나 6,500만 년 전 유카탄 반도에는 지름이 약 1킬로미터에 달하는 혜성이 떨어졌다.[30] 1억 메가톤짜리 TNT 폭탄과 맞먹는 폭발력을 지닌 이 혜성이 지구로 돌진해 지표면과 부딪친 결과, 7장에서 설명한 것과 같이 공룡이 거의 대부분 멸종하고 말았다.

지구는 지난 5억 년 동안 우주 공간을 벗어난 대형 물체와 일곱 차례 혹은 그 이상 충돌했고, 그때마다 "멸종이 발생할 만큼 대단히 심각한" 영향을 미쳤다.[31] 이 글을 쓰는 시점을 기준으로 '잠재적으로 위험한 소행성potentially hazardous asteroid, PHA'으로 분류되는 소행성 1,574개가 상공을 빙빙 도는 독수리처럼 태양계를 선회하고 있다(이 숫자는 국제천문연맹의 소행성체센터 홈페이지를 통해 매일 업데이트된다). 그중에서도 '지구 근접 물체near-Earth objects, NEOs'는 지구상에서 상당히 넓은 지역을 황폐화시킬 수 있고 도시나 해안가 전체를 싹 쓸어버릴 수 있어서 특히 큰 우려를 낳고 있다.[32] 최악의 경우, 상당한 질량을 가진 충돌체가 지구와 부딪치면서 엄청난 양의 잔해가 대기 중에 밀려들어가 저온 기간이 길어지는, 소위 '충돌 겨울'이 시작될 수도 있다. 이 경우 초대형 화산 폭발과 마찬가지로 작황이 나빠지면서 기근과 감염 질환이 발생하고 사회정치적 불안정, 경제 붕괴와 같은 중대한 사태로 이어질 것이다. 한마디로 "인류 문명의 기반에 심각한 피해"가 발생할 수 있는 것이다.[33] 또한 충돌체의 크기가 상당할 경우 인류의 멸종이라는 결과가 초래될 수도 있다.

이와 같은 종말 시나리오가 실현될 가능성은 어느 정도일까? 하늘에서 뚝 떨어진 암살범 같은 충돌체로 인해 하늘이 온통 재와 먼지로 뒤덮이거나 충돌체가 바다에 떨어져 거대한 해일이 발생할 확률은 얼마나 될까? 천체물리학자인 닐 더그래스 타이슨Neil deGrasse Tyson은 『와이어드』에 기고한 글에서 "우리 묘비에 '소행성으로 죽음을 맞이하다'라는 글귀가 새겨질 확률은 '비행기 사고로 죽음을 맞이하다'라는 글귀가 새겨질 확률과 동일하다"고 밝혔다.[34] 한 연구에서는 "인구 15억 명 이상에 직간접적인 영향을 줄 수 있는" 충돌체는 10만 년에 한 번씩 나타난다고 분석했다.[35] 초대형 화산 폭발 빈도의 절반 정도에 해당하는 수준이다. 그러나 충돌체의 경우 출현 빈도는 매우 낮지만 '5대 대멸종'으로 분류되는 사건을 비롯해 역사적으로 일어난 여러 멸종 사건과 밀접한 관계가 있다(이 점은 초화산도 마찬가지다). NASA는 2013년, "지구에 큰 위협이 될 수 있는 소행성, 즉 직경이 약 1킬로미터 이상인 대형 소행성"의 95퍼센트를 감시하고 있다고 주장했다.[36] 이는 곧 시커먼 어둠 속에서 소행성이 불쑥 나타나 인류 문명에 해를 가하는 놀라운 사태가 벌어질 가능성이 여전히 존재한다는 것을 의미한다.[37] 현 NASA 국장인 찰스 볼든Charles Bolden은 만약 대규모 소행성이 3주 이내에 미국 땅과 부딪친다는 전망이 나올 경우, 우리가 할 수 있는 건 '기도'가 전부라고 밝혔다.[38]

한 가지 흥미로운 사실은 지구로 돌진하는 충돌체를 파괴하거나 이동 방향을 바꿀 수 있는 기술이 개발될 가능성도 있다는 점이다. 그러나 앨런 헤일Alan Hale이 지적했듯이 이러한 기술은 이중용도로 활용될 수 있다. 충돌체를 지구와 멀리 떨어진 곳으로 보낼 수 있는 기술은 반대로 지구 쪽으로 향하게 만드는 목적으로도 사용될 수 있다.[39] 그런 일이 벌어질 가능성은 현재로선 낮다고 할 수 있지만 앞으로의 일을 추정해보면, 미래에 나노 공장이 개발되고 우주의 경계가 사라지는 날이 올 경우(4장 참고) 테러리스트는 물론 평범한 개인도 우주선을 만들 수 있고, 이로 인해 그와 같은 위험성이 상당히 커질 수 있다. 즉 이렇게 만들어지는 우주선 중 일부가 소행성이 특정 도시나 국가를 향하도록 하거나 지구 주변을 도는 우주정거장과 고의적으로 충돌할 가능성도 배제할 수 없다.

정리하면, 초화산과 소행성, 혜성 모두 인류의 생존에 지속적인 위협 요소로 작용한다. 실제로 현실이 될 가능성은 모두 크지 않지만, 그렇게 될 경우 발생할 수 있는 결과는 진지하게 고민해야 할 만큼 상당히 심각하다. 그러나 이 책에서 다루는 여러 위험 요소들과 달리 피해를 막거나 약화시킬 수 있는 매우 확실한 방법이 있다. 문제는 그 방안이 실행되는 경우가 드물거나 실행되더라도 불충분해 큰 우려를 낳는 수준이라는 것이다. 예를 들어 2014년 미국 NASA는 내부 감사를 통해 (한 기사에 실린 문구를 그대로 가져오자면) '지구 근접 물체 감시사업'이 "2020년까지 지구에 근접한 물체의 90퍼센트를 분류하고 정리하겠다는 목표를 세웠으나 이를 전혀 충족하지 못하고 있다"는 질책을 받았다.[40] 타이슨이 앞서 소개한 『와이어드』에 실린 글에서 날카롭게 지적한 것처럼, 우리 인간이 이토록 큰 뇌를 보유하고 고도로 발달한 우주 개발 프로그램까지 만들고도 공룡과 똑같은 운명을 맞이한다면 우주의 웃음거리가 될 수밖에 없을 것이다.[41]

THE END

What Science and Religion Tell Us about the Apocalypse

10

괴물

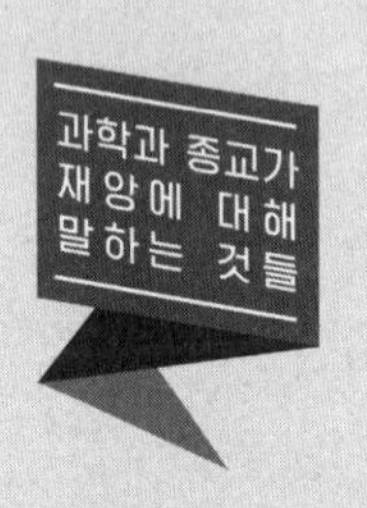
과학과 종교가
재앙에 대해
말하는 것들

모른다는 사실조차 모르는 일들

나를 비롯해 이 책에서 언급되는 여러 위기학자들은 인간이 만든 인류 역사상 최초의 존재론적 위협 요소로 별 어려움 없이 핵무기를 꼽는다. 닉 보스트롬도 "인간의 손에서 나와 인간이라는 존재를 위협한 최초의 사건은 핵폭발이다"라고 밝혔다.[1] 하지만 이런 생각은 어쩌면 잘못된 것인지도 모른다. 예를 들어 홀로세에 찾아온 멸종 위기가 우리 조상들이 거대 동물을 '과도하게 죽이기' 시작한 플라이스토세부터 시작되었을 가능성이 높다. 1930년대에 과학자들이 1865년 기록에서 지구 기온이 상승하는 동향을 발견한 것을 보면, 지구 온난화도 원자력 시대가 열리기 전에 시작됐을지 모른다.[2] 그러므로 1945년, 뉴멕시코의 호르나다 델 무에르토에서 '트리니티Trinity 작전'으로 명명된 최초의 핵무기 폭파 실험이 실시되기 이전에도 인간이 만든 위기가 최소 두 번은 존재했다고 볼 수 있다.

이번 장에서 다룰 주제를 이야기하기 위해 먼저 온실 가스를 발생시키는 핵심 원인이 무엇인지 생각해보자. 바로 현대의 교통이다. 자동차를 중심으로 한 현대 사회 교통수단의 특징은 상당히 안타까운 모순이 담겨 있다. 1800년대 말경, 수많은 도시들이 악몽처럼 지독한 도시 오염 때문에 몸살을 앓았다. 말똥과 오줌, 죽은 사체가 길가에 넘쳐나는 바람에 참기 힘든 악취는 물론 위생에도 심각한 문제가 발생했을 뿐만 아니라, 어디를 가려고 해도 길이 막혀 옴짝달싹 못하고 들끓는 파리 떼에 시달려야 했다(여러 연구를 통해 이 같은 문제가 19세기 장티푸스와 영아 설사병 같은 위험한 감염성 질환을 발생시킨 것으로 밝혀졌다).[3] 게다가 상황이 점차 악화되었다. 「타임스The Times」지에 다르면 1950년대 런던 거리는 분뇨가 2.5미터 넘게 쌓여 있었다. 대서양 건너에서도 1930년대에 어떤 목격자가 길에 쌓인 분변이 미국 맨해튼의 즐비하던 건물들 3층에 닿을 정도였다고 밝혔다. 대형 도시들마다 얼마나 큰 곤경을 겪었던지, 도시 계획을 논의하기 위한 협의회가 사상 최초로 개최되어 전 세계 대표단이 참석해 해결 방안을 모색했다. 그러나 "이 극심한 위기를 어떻게 처리할 것인지 쩔쩔매다가 결국 아무런 결실도 맺지 못하고 본래 계획했던 10일간의 일정도 채우지 못한 채 3일 만에 해산했다".[4]

자동차의 등장은 이처럼 급속히 악화되기만 하던 공중보건 대혼란 사태를 잠재운 놀라운 해결책이었다. "현대인들은 아마도 믿기 어렵겠지만, 당시 자가용은 환경을 구원해줄 방안으로 널리 호응을 얻었다." 미국 클렘슨 대학교의 도시·지역계획과 교수 에릭 모리스Eric Morris의 설명이다.[5] 실제로 그랬다. 더 이상 분뇨도 쌓이지 않고, 자동차는 물건이든 사람이든 다른 장소에 효율적으로 옮겨놓을 수 있는 수단으로 입증되었다. 결과적으로 '너도나도' 자동차를 이용하기 시작했다. 그때는 자동차 내연기관이 화석화된 식물 연료에 불을 붙여(따라서 이산화탄소가 배출되고) 에너지를 만들어내는 것이 다음 세기에 거시적으로 중대한 위협 요소가 될 것이라는 사실을 누구도 예측하지 못했다.

그러므로 지구 온난화는 자동차로 인해 빚어진 '의도치 않은 결과'라고도 볼 수 있다(물론 지금은 자동차와 지구 온난화의 관련성이 완전히 밝혀졌다). 이론가인 랭든 위너Langdon Winner는, 예기치 않은 결과란 "원치 않는 결과로 미처 생각지 못했던" 영향이라고 정의했다. 이는 곧 "원래 계획에서 방지해야겠다고 생각하지 못했지만 드물게 발생한 모든 결과"를 의미한다.[6] 의도치 않은 결과는 우리가 인류 문명이라 칭하는 인간의 위대한 실험마다 공통적으로 나타나는 특징이고 혁신의 원동력이라 할 수 있지만, 지구 온난화는 인류의 존재에 제대로 영향을 주었다는 점에서 특별한 사례에 해당한다.

문제는 이것이 다가 아니라는 사실이 거의 확실하다는 점이다. 역사는 뚜렷한 목적이 있는 인간의 행동이 어떤 결과를 초래하는지 우리에게 가르쳐주었지만 인간은 의도치 않게 발생한 영향을 의도된 행동으로 한층 더 증폭시킨다. 이러한 패턴은 지극히 중대한 결론으로 귀결된다. 기술이 발달해 그 영향력이 점점 더 강력해진다면 기술로 인한 의도치 않은 결과의 파괴적 영향도 점차 증가할 수밖에 없다. 즉 '처음 계획'에서는 원치 않는 결과가 되리라고 미처 생각하지 못했지만 인류의 미래를 위협하는 거시적 위협 요소가 되어버리는 문제가 점차 늘어날 것이 거의 확실시되는 상황이다. 그러한 결과는 대규모 재앙을 유발해 인류를 위협하고 심지어 멸종을 일으킬 만큼 막강할 것으로 전망된다.

의도치 않은 결과란 "모른다는 사실조차 알지 못하는 일"이라 할 수 있다. 현재 무지할 뿐만 아니라 우리가 무지한 상태라는 것도 알지 못한다는 뜻이다. '모른다는 사실조차 모르는 일'이라는 표현은 미국 전前 국방장관 도널드 럼스펠드Donald Rumsfeld가 2002년 기자회견에서 언급한 말로 가장 많이 알려져 있다. 그는 다음과 같은 말로 그 의미를 설명했다. "아직 일어나지 않은 일에 관한 소식은 늘 흥미롭습니다. 여러분도 아시다시피 지금 모르고 있는 줄도 모르는 일들이 존재하고, 반대로 알고 있다는 사실을 아는 일들도 존재합니다. 또한 드러나지 않았지만 우리가 알고 있는 일들도 있습니다. 즉 우리가 알지 못하는 무언가가 있다는 사실은 알고 있는 일들이죠. 문제는 모른다는 사실조차 모르는 일도 있다는 것입니다. 우리가 지금 알지 못한다는 사실을 모르는 것이죠. 미국의 역사, 그리고 다른 자유 국가들의 역사를 면밀히 들여다보면 바로 그러한 일들이 얼마나 어려운 문제인지 알 수 있습니다." (이와 관련된 재미난 일을 하나 소개하자면, 럼스펠드의 발언이 있고 2년 뒤 슬로베니아 출신 철학자 슬라보예 지젝Slavoj Žižek이 한 기고문에서 럼스펠드가 네 번째 가능성을 빠뜨렸다고 언급한 것이다. '알려졌지만 우리가 모르는 것'이 지젝이 말한 네 번째 유형으로, 그는 "거부당한 믿음, 추정, 터무니없는 행위 등 우리가 마치 모르는 일처럼 생각하는 것"이 그러한 유형에 해당한다고 설명했다.[7] 나는 미국에 큰 어려움을 안겨줄 수 있는 문제는 지젝이 제시한 유형의 문제라고 생각한다. 예를 들어 지구 온난화와 생물 다양성 상실은 미국 국민들에게 이미 알려졌지만 모르는 위기로 분류할 수 있다.)

모르는 줄도 모르는 문제를 여기서는 '괴물'이라는 다소 명랑한 표현으로 설명해볼까 한다. 이러한 위기는 여러 가지를 포괄하는 상위 항목에 해당하며 비의도적인 결과는 그중 한 가지에 불과하다. 괴물의 하위 항목을 살펴보면, 우선 현재 우리가 알지 못하는 자연현상 가운데 재앙을 일으킬 가능성이 있는 현상이 포함된다. 가령 단 한 번의 동요나 충돌만으로 태양계를 망가뜨릴 수 있는 위험천만한 현상이 우주 어딘가에 숨죽이고 있다가 발생할 수도 있다. 워낙 극도로 드물게 일어나는 일이라 우리가 아직까지 한 번도 본 적 없고, 양자물리학 이론이 더욱 발전해야 추론할 수 있는데, 아직 그런 이론이 나오지 않은 상황인지도 모른다. 태양계가 당장 다음 주 금요일에 우리가 인지하지도 못한 일로, 게다가 인지하지 못한다는 사실조차 알지 못하는 일로 몽땅 사라질 수도 있다는 의미다.

또 하나의 괴물은 아직 기술이 부족해 상상할 수 없지만 미래에 발생할 수 있는 일이다. 사실 이 책에서 다루는 위기 중 많은 부분이 불과 몇십 년 전만 하더라도 거의 상상조차 할 수 없는 일이었다. 1800년대 사람들의 시각을 한번 생각해보라. 14장에서 자세히 이야기하겠지만, 이중용도의 기술이 향후 몇 세기 동안 계속 개발될 경우, 현재 우리의 관점으로는 '짐작'조차 하지 못하는, 전혀 새로운 존재론적 위기 시나리오가 나올 것이 분명하다(좀 더 정확히 설명하자면, 미래에 나타날 기술이 야기할 의도치 않은 결과만 여기에 해당하는 것은 아니다. 그러한 결과도 즉각적인 위협 요소가 될 수 있으나, 이중용도를 가진 미래의 인공품이 도덕적으로 모호한 목적으로 사용될 때 발생하는 위협도 존재할 것이기 때문이다). 그와 같은 시나리오는 현재 우리의 총체적 상상력 범위 내에서는 알 수가 없으므로 모르는 줄도 모르는 일에 해당한다. 2100년도에 이 책처럼 종말을 다룬 책이 나온다면 페이지가 열 배는 더 두껍고 이 책과는 완전히 다른, 새로운 존재론적 위기가 다루어지리라.

괴물의 마지막 유형은 여러 위기가 다양한 방식으로 결합될 때 발생할 수 있는 더 복잡한 시나리오다. 이 책에 등장한 위기 시나리오가 대부분 미래에 개별적으로 발생하는 일처럼 다루어졌지만, 일부 경우에는 한 가지 시나리오가 실현되면 다른 위기 시나리오도 실현될 가능성이 높아진다. 최근 글로벌 챌린지 재단에서 발표한 자료[8]에도 나와 있듯이 '도미노 효과'라는 상투적인 표현이 가장 어울리는 특징이다. 두 가지 재앙 시나리오가 실제로 동시에 일어난다면 각각의 영향이 합쳐진 결과가 나타날 수도 있지만 한쪽의 영향이 다른 영향으로 인해 더욱 증폭될 가능성도 있다. 예를 들어 시나리오 A에서는 10억 명이 사망할 것이라 전망하고, 시나리오 B에서는 20억 명이 사망한다는 예측을 내놓았다고 하자. 두 시나리오의 영향이 합쳐진다면 동시에 둘 다 실현될 경우 30억 명의 사망자가 발생할 것이다.

반면 각 시나리오가 다른 시나리오의 결과를 증폭시킬 경우 A와 B 시나리오가 동시에 실현되면서 30억 명 '넘는' 사망자가 발생할 수 있다. 가령 시나리오 A가 지구 생태계 전체가 되돌릴 수 없을 만큼 파괴되는 수준은 아니지만 생물 다양성에 극심한 손실이 발생한다는 내용이고, 시나리오 B는 인도와 파키스탄이 각 지역에서 벌이는 핵 공격이라고 가정해보자. 이 두 가지가 동시에 일어날 경우, 핵 공격은 전 세계 생태계를 '역치' 이상으로 몰고 간다는 점에서 20억 명이 사망하는 결과로 끝나지 않을 수 있다. 결과적으로 전 세계 생태계가 되돌릴 수 없을 만큼 파괴되어 총 60억 명이 사망에 이를 가능성이 있다. 그러므로 나노 기술과 생물 다양성 상실 문제, 생물 다양성 상실과 대유행병, 대유행병과 초지능이 한꺼번에 발생하는 경우 등 수많은 조합을 상상할 수 있을 뿐만 아니라, 나노 테러리스트 공격과 생물 다양성 상실, 세계적인 대유행병, 핵전쟁이 불과 몇 개월 사이 한꺼번에 일어날 가능성도 있다.

불행한 일이지만, 각기 다른 위기 시나리오가 인과관계로 작용해 동시에 실현될 가능성은 현대 위기학에서조차 통탄스러울 정도로 연구가 제대로 이루어지지 못한 주제다. 그러나 결합 오류를 배제하더라도 한 가지 위기가 단독으로 발생할 가능성보다 여러 가지 위기가 한꺼번에 일어날 확률이 더 높은 것으로 추정된다.

알 수 없는 문제들의 종류

괴물로 분류한 세 가지 주된 문제들에는 뚜렷한 특징이 있다. 첫 번째 유형의 경우, 예를 들어 기상학자들이 8월 1일 미국 플로리다 해안에 허리케인이 찾아온다는 예보를 내놓았다고 생각해보자. 플로리다에 사는 얼 씨는 이 뉴스에 별 관심을 기울이지 않아 그날 허리케인이 덮칠 수 있다는 사실을 몰랐다. 그 바람에 그는 차를 몰고 외출해, 시속 210킬로미터의 강풍과 퍼붓는 빗줄기, 갑작스레 불어난 홍수와 맞닥뜨렸다. 이런 경우 허리케인은 얼 씨에게는 모르는 줄도 몰랐던 일이지만, 실질적으로나 원칙적으로는 알 수 있었던 일에 해당한다. 즉 얼 씨는 모르는 일을 아는 일로 바꿀 수 있었지만 그러지 않았다. 이러한 특징 때문에, 모르는 줄도 모르는 일은 '개개인마다 차이가 있다'고 생각할 수도 있다.

반면 20세기 초반에는 대기에 이산화탄소가 대량 방출될 경우 기후에 어떤 영향을 주는지 알 수 없었고 자동차 덕분에 도시의 오염 문제가 개선될 것으로 예상되었다. 당시 기상학 분야에서는 화석연료를 온실가스로 바꾸어 배출하는 자동차가 늘어나면 다음 세대의 생존에 위협이 되고 전 지구적 재앙이 발생할 수도 있다는 사실을 정확히 예측할 수 있는 이론이 정립되지 않았다.

NASA가 기후 변화를 주제로 쓴 자료에서도 지적했듯이, "1960년대 중반이 되기 전에는 지구과학자들이 기후가 수천 년, 혹은 그 이상 간격을 두고 서서히 변화할 것이라 믿었다".[9] 그러다가 관련 이론들이 등장하면서 화석연료 소비와 지구 온난화의 관계가 밝혀졌다. 그러므로 지구 온난화는, 1900년대에 현실적인 측면에서는 알 수 없는 문제였지만 이론적으로는 알 수 있는 문제에 해당한다. 이러한 괴물은 지식에 따라 차이가 발생하는 문제라 할 수 있다.

문학에서 가끔 언급되는 마지막 유형은 우리가 꼭 알아두어야 하는 중요한 내용이다. 원칙적으로나 현실적으로 알 수 없는 문제가 바로 이 유형에 해당한다. 5장의 내용을 다시 떠올려보면, 놈 촘스키를 비롯한 '신新 신비주의자'들은, 우리의 정신작용을 담당하는 뇌는 본질적으로 기능에 한계가 있다고 주장한다. 갯과 동물이 개념을 떠올리는 기능의 특성상 개는 원칙적으로 자동차 내연기관의 작동 방식을 이해하지 못하는 것과 마찬가지로, 인간의 인지 능력으로는 절대 닿을 수 없는 수준의 지력으로만 이해할 수 있는 개념이라 우리가 절대로 이해하지 못하는 현상이 존재한다는 것이다.

인간의 생각으로부터 '인지적으로 폐쇄된' 개념과 현상은 얼마나 될까? 아무도 알 수 없다. 그런 일들이 무한대로 존재할지도 모른다. 이는 모르는 줄도 모르는 일들이 '영원토록' 우리에게 모르는 일로 남아 있으리라는 결론으로 귀결된다. 이와 같은 괴물은 생각의 수준에 따라 차이가 발생하는 문제에 해당한다.

위의 세 가지 유형은 용어의 차이를 제외하고 살펴보면 결국 지식의 상태와 관련 있다는 사실을 알 수 있다. 첫 번째 괴물은 개개인이 전부라고 여기는 총체적 지식의 차이와 관련 있고, 두 번째는 어느 시점에 총체적이라 생각하는 지식과 시간이 더 흐른 뒤 달라진 총체적 지식의 차이와 관련 있다. 그리고 세 번째는 우리의 생각이 원칙적으로 무언가를 알 수 있는 능력의 차이와 관련 있다.

인류의 존재론적 위기와 가장 관련이 깊은 것은 두 번째와 세 번째 유형이다. 실제로 일어날 수 있는 구체적인 사례를 들어 한번 생각해보자. 세상에서 가장 거대한 규모에 성능이 강력한 입자 가속기인 '거대 강입자 충돌기'를 이용한 물리학 실험이 지금도 진행되고 있다. 현재 인류의 물리학적 지식수준은 폭넓은 동시에 매우 정교해, 이러한 실험을 인간의 존재론적 위기와 결부시킬 이유는 전혀 없는 것으로 보인다. 그러나 이런 안도감은 틀린 결론이 될 수도 있다. 현재 인류가 알고 있는 물리학 이론이 재앙을 몰고 올 정도로 불완전하고 허점이 있는 상태일 수도 있기 때문이다.

핵폭탄이 처음으로 폭발하기 전에도 "핵폭발로 대기에 '불이 붙어서' 통제 불가능한 연속반응이 일어날 수 있다는 우려'가 제기되었다".[10] 이에 추가 연구가 실시되었고, 그러한 일은 물리적으로 일어날 수 없다는 결과가 도출되었다. 그러나 대형 강입자 충돌기의 경우에는 정반대 상황이 펼쳐질 수 있다. X라는 실험이 지구를 파괴할 가능성은 없다고 생각하지만 추가 조사에서 (가령 지금으로부터 5년 뒤 발표 결과에서) 충분히 그럴 수 있다고 나올지도 모른다. 심지어 그 사실을 밝힐 만한 이론이 나오기도 전에 실험 X를 진행하다가 3년 내에 지구가 파괴될 수도 있다.

이와 더불어, 신이 직접 구름 아래로 내려와 아주 상세히 설명해주지 않는 이상 우리로서는 전혀 가늠할 수 없는 부수적인 영향이 실험 과정에서 촉발될 가능성도 있다. 위에서 살펴본 내용처럼 양자로 인해 나타나는 현상은 촘스키가 이야기한 대로 지적 수준의 두 가지 측면인 수수께끼와 미스터리의 경계에 걸쳐 있다. 아무리 똑똑한 사람이 물리학에서 발견한 여러 발전된 원리를 활용해도 공간적 4차원이 무엇인지 이해할 수는 없고, 5장의 설명처럼 우리는 이와 같은 개념을 이해하는 것이 아니라 수학적으로 받아들인다. 그러므로 우리 중 누구도, 명석한 두뇌로 이름난 물리학자라도 전혀 예상치 못한 상황이 벌어지고 인간이 알 수 없는, 도저히 헤아릴 수 없는 일이 발생할 수 있다. 보스트롬의 말을 빌리자면, 그 결과 "전멸이라는 거품이 은하계 전체와 그 너머까지 빛의 속도로 번져가면서 모든 물질을 산산이 파괴하는" 사태가 벌어질 가능성이 있다.[11]

1945년 8월 비극적인 날에 히로시마의 길거리를 돌아다니던 개가 곧 자신이 증발해버리리란 사실을 예상했을 리 만무하다. 개의 입장에서 핵무기는 모른다는 사실조차 모르는 일에 해당한다. 인류도 일본 거리를 거닐던 이 한 마리 동물의 처지가 되어, 수수께끼에 휩싸인 어느 괴물이 우리를 향해 폭탄처럼 날아들고 있는지조차 모르는지도 모른다. 인지적 폐쇄라는 개념에서 우리가 깨달아야 할 것은 우리가 '구조적인 한계로 인해' 재난 발생 가능성을 실제보다 저평가할 수 있다는 점이다. (이 책에서는 다루지 않는) '종말 논법'도 위의 추론보다 훨씬 더 논란이 뜨겁다는 점만 다를 뿐 얻을 수 있는 교훈은 동일하다.[12] 우리의 지적 능력에 개념적으로 한계가 있다는 상황을 감안한다면, 우리는 어떤 유형의 멸망이든 발생 가능성을 더 '크게' 잡아야 한다. 인지적 폐쇄성을 토대로 한다면 이미 우리가 처한 상황이 얼마나 암담하든 미래는 지금보다 더 우울할 것이라는 결론을 내려야만 하는 것이다.[13]

신이 창조한 악

우리가 예측할 수 없지만 일어날 수 있는 일 중에는 초자연적인 현상도 포함된다. 여기서 한 가지 짚고 넘어가야 할 점은 자연 외에 다른 것은 존재하지 않는다고 보는 형이상학적 관점이 과학적인 견해가 아니라는 사실이다. 종교적 믿음을 가진 일부 사람들의 주장처럼 과학계가 동의하는 확고한 신조도 아니다. 그러므로 자연주의는 현실의 궁극적 특성을 상대성, 진화, 사유와 마찬가지로 경험이 불일치할 수밖에 없다고 보는 '이론'으로 정리하는 것이 가장 적절하다. 하지만 미래에 이런 결론에 의문을 제기하는 증거가 나타날 수도 있다. 초자연적인 신이 당장 내일 구름 아래로 내려온다고 상상해보라. 혹은 솜씨가 몹시 뛰어난 마술사가 인구 대다수를 집단 환각 상태로 유도한다면, 그래서 설명할 수 없는 어떤 이유로 인해 자연주의는 틀렸다는 아주 강력한 확신을 갖게 되는 일이 벌어질 가능성도 있다. 이와 같은 원리로 뇌에 물리적으로 아무런 변화를 야기하지 않는 물리적 영향이 존재하는 것으로 발견되어 (대부분의 종교에서 인정하는 개념인) '상호작용 이원론interactive dualism'의 내용처럼 물질적인 뇌와 상호작용하는 비물질적 생각이 존재한다는 결론이 도출될 수도 있다.

현재까지 밝혀진 자료를 모두 종합할 때 신은 존재하지 않는다는 결론이 가장 최선으로 여겨진다. 그러나 신이 존재할 '가능성'도 충분히 있다(부록 4 참고). 6장에서 다룬 가상세계 가설과 무관하게, 더 큰 힘을 가진 '어떤 존재'가 현실에 그림자를 드리우고 있을지 모른다고 생각할 수도 있다. 그러나 (나를 비롯한) 많은 무신론자들이 신의 존재에 반대하는 강력한 논쟁으로 꼽는 '악의 문제'를 생각해보기 바란다. 신이 전지전능하고

(최소한 논리적으로 가능한 일은 뭐든 할 수 있으므로) 모든 면에서 선하다면(모든 측면에서 윤리적으로 완벽하므로) 세상에 악은 전혀, 하나도 남아 있지 않아야 한다. 그럼에도 이 세상에는 아픔과 고통, 절망, 괴로움, 체념, 고난, 불행, 슬픔이 넘쳐난다. 또한 인간의 행위만이 이러한 악을 탄생시킨 원인이 아니라는 사실이 중요하다. 즉 '신의 행위'와 관련된 '자연적인' 악도 존재한다. 허리케인, 지진, 해일, 뇌종양, 자연에서 시작된 전염병 등이 그렇다. 이러한 자연적인 악은 대부분 혹은 전부 아무런 '쓸모도 없는' 것처럼 보여 상황을 더욱 악화시킨다. 어린아이가 백혈병이나 테이삭스병에 걸려 죽어가는 일에서 무슨 뚜렷한 목적이나 리듬, 이유를 찾을 수 있단 말인가. 모든 면에서 선하고 무엇이든 할 수 있는 능력을 갖춘 신은 우리가 보고 느끼는 세상과 양립할 수 없는 것처럼 생각되는 부분이다.

보통 이러한 주장은 "그러므로 신은 존재하지 않는다"라는 결론으로 끝맺지만, 전혀 다른 결론의 토대가 되기도 한다. 현재 우리가 사는 세상의 여러 실제를 감안할 때 '도덕적으로 완벽한' 신은 실존하지 않는다는 결론으로 귀결되는 것이다. 즉 도덕적으로 타락한 신 등 도덕적 특성이 다른 신이 존재할 수 있다는 여지를 남겨두는 주장이다. 신이 '모든 면에서 악하다'는 전제가 깔리면 악의 문제는 전부 사라진다. 문제가 되는 대상이 그 문제 자체가 됨으로써 의문이 해결되는 셈이다. 그러나 심리학적으로 흥미로운 여러 가지 이유로, 종교계에서는 전통적으로 우주의 궁극적 창조자인 신이 선하기보다 악할 수도 있다는 가능성을 그다지 진지하게 고려하지 않는다.

신이 모든 면에서 악하다는 주장 자체에도 치명적인 문제가 있다. 이를 악의 문제와 대비되는 '선의 문제'라 칭하기로 하자. 선의 문제는 신이 정말로 모든 면에서 악하다면 세상에 선이 이토록 많이 존재하는(혹은 세상 모든 일이 선한) 이유는 무엇인가, 라는 의문이 생긴다. 또한 신이 도덕적으로 완벽하다는 전제는 고통이 '덜어질 수 있다'는 기대를 낳는 반면, 신이 완벽히 악하다는 전제는 '더 큰' 고통을 예고한다. 그러므로 신이 악하다는 가설은 신이 선하다는 가설과 별반 다르지 않다.

그렇다면 우리는 어떻게 된다는 걸까? 너무나 많은 지적 논쟁이 그러하듯이 가장 그럴듯한 가설은 양극단적인 주장의 중간쯤인 것 같다. 이 경우에는 신이 선하지도 않고 악하지도 않으며 '무관심하다'고 보는 견해가 이에 해당한다. 이 관점으로 예상할 수 있는 세상은 지금 우리가 보는 세상과 정확히 일치한다. 즉 세상에는 설명할 수 없고 목적이 없는 일들과 더불어 광범위한 고통이 따르는 일들, 의미 있는 일들, 행복과 번영이 따르는 일들이 전부 가득하다. 무심한 신에게 지진으로 누군가 아이를 잃어버리는 일이나 여름날 초원 위에 무지개가 걸리고 나비가 날아다니는 일이 다르지 않다. 마찬가지로 인류가 잘 먹고 잘 살든 멸망하든, 마침내 유토피아와 같은 초인류 국가를 설립하든 지구가 소행성과 충돌해 모두 멸종해버리든 신경 쓰지 않는다고 보는 것이다.

무신론자까지 포함해 도덕적으로 무심한 신이 존재할 가능성을 지금보다 더 진지하게 받아들이는 사람들이 점차 줄고 있다는 사실이 나는 참으로 안타깝다. 리처드 도킨스Richard Dawkins는 자연주의에 관한 글에서 우주가 인류에 무관심하다는 사실을 받아들이는 일은 "인류가 수용하기에 너무나 힘든 교훈 중 하나"라고 밝혔다. 이어 "우리는 어떤 존재가 선하지도 악하지도 않을 수 있다는 사실을, 잔인하지도 않지만 친절하지도 않으며 그저 모든 고통에 냉담하고 무관심할 수 있다는 사실을 인정하지 못한다"고 설명했다.[14] 초자연주의도 이와 같은 맥락으로 해석할 수 있다. 신이 인간에게 아무런 관심도 없거나 인간이 처한 상황에 무심하다는 것은 믿기 힘들지만 그렇게 무심한 조물주가 존재할 가능성은 분명히 있고, 우리가 사는 세상의 도덕적 상황을 감안하면 신이 무조건 선하다거나 무조건 악하다는 주장보다는 이쪽이 훨씬 더 가능성이 높아 보인다.

문제는 신이 무심하다고 본다면 우리는 예견할 수 없는 모든 존재론적 위기에 힘없이 당할 수밖에 없다는 것이다. 우리보다 상위에 있는 누군가가 예고 없이 우리가 살아가는 가상세계의 전원 버튼을 꺼버리는 것처럼(6장 참고) 무심한 신이 사전에 아무런 경고도 없이 단번에, 게다가 즉흥적으로 우주를 없애버릴 수도 있다.

철학자 쇠렌 키르케고르Søren Kierkegaard가 추정한 대로 처음부터 우주는 심심해서 만들어본 결과물인지도 모른다. 신이 너무 따분해서 기분 전환 삼아 우주를 만들었고, 처음에는 그럭저럭 재미있었는데 미래 어느 순간 지긋지긋한 인간사에도 지루함을 느낄 수 있다. 그래서 우주와 그 속에 포함된 모든 것을 파괴하는 것이다. 혹은 우리 은하에서 확률이 굉장히 낮은 어떤 사건이 벌어져 태양계가 파괴될 가능성도 있다. 가정으로나마 모든 면에서 선한 신이 존재한다면 이러한 재앙을 막아주겠지만 무심한 신은 그런 일이 그대로 일어나도록 내버려둘 것이다. 우주를 만든 조물주가 인간에 대한 흥미가 떨어져 우리로선 전혀 예측하지 못한, 아예 예측이 불가능한 재앙을 일으킬 수 있다는 비슷한 내용의 시나리오도 떠올릴 수 있다.

정리하면, 신과 관련된 괴물은 현재 우리가 처한 상황에서는 나타날 가능성이 없지만 충분히 실현 가능한 재앙 시나리오에 속한다. 아무 관심 없는 존재가 경고나 도덕적으로 정당한 근거도 없이 인류를 싹쓸이할 수 있는 일을 일으키거나 일어나도록 내버려둘 수 있다. 앞 장에서 살펴보았듯이 인지적 폐쇄성을 고려해 우리는 어떤 유형의 멸망이든 일어날 가능성을 전체적으로 크게 잡아야 하므로, 이 초자연적 가능성도 중요한 가설로 받아들여야 할 것이다. 우리가 우주에 존재한다고 파악한(혹은 존재하리라 예상하는) 것보다 훨씬 더 많은 존재론적 위기 요소가 실제로 존재할 수도 있다.

THE END

What Science and Religion Tell Us about the Apocalypse

11

아주 멀리까지 내다본 그림

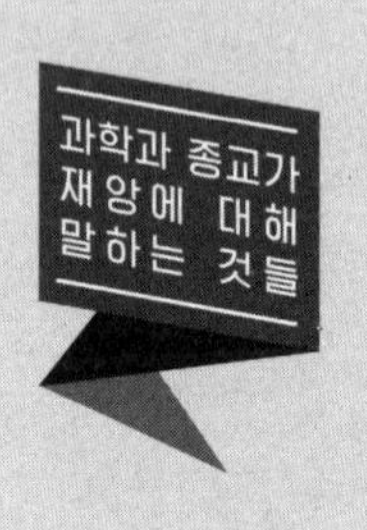
과학과 종교가
재앙에 대해
말하는 것들

태양의 미래는 밝다

결연한 노력과 뜻밖의 행운이 더해져 먼 미래에 인류가 가까스로 살아남는 데 성공한다 해도 지구와 태양, 우주의 노화와 관련된 수많은 자연 현상이 발생할 수 있다. 이러한 요소 역시 인간의 존재에 잇따른 위기가 될 것이다. 실존위기연구센터의 정의처럼 '인류의 멸종을 야기하는 위기'를 존재론적 위기라고 한다면, 인간의 생물학적인 진화 자체도 그러한 위기에 포함된다.[1] 이 문제를 파악하기 위해서는 멀찍이 나앉아 생명의 큰 그림을 볼 필요가 있다. 이번 장에서는 좁은 범위로 맞추어져 있던 초점을 우주로 돌려 우주에서 무엇을 예측할 수 있는지 살펴본다.

남극, 특히 서남극 빙상에 해당하는 아문센해의 대륙 빙하 중 일부가 가까운 미래에 소실되는 현상이 일어날 것으로 전망되는데, 이를 "막을 도리가 없어" 보인다. 게다가 기존에 생각했던 것보다 더 일찍 이러한 현상이 나타날 수도 있다. 최근 진행된 연구들을 통해서도 "기후 변화의 영향이 과학적인 예측 속도를 앞질러가고 있다는 근거가 점점 더 많이 발견되는" 실정이다.[2] 이 대륙 빙하의 규모는 전 세계 해수면 높이가 1.2미터가량 증가할 정도라는 점에서 실제로 해빙이 일어날 경우 막대한 영향을 미칠 수 있다. '기후 변화에 관한 정부 간 패널IPCC'은 2100년까지 해수면 높이가 30~90센티미터 상승할 것이라는 다른 예측을 내놓으나, 이것은 아문센해의 빙하가 녹아서 바다가 될 가능성을 고려하지 않은 결과다. NASA는 서남극 빙상이 전부 녹는다면 "전 세계 해수면 높이가 약 4.8미터 상승할 것"이라고 밝혔다.[3] 해수면이 3.6미터 정도 높아지면 미국 뉴올리언스 지역의 98퍼센트, 애틀랜틱시티의 97퍼센트, 마이애미의 73퍼센트, 뉴욕시의 22퍼센트, 보스턴의 24퍼센트가 끝없는 홍수에 시달리게 된다. 여기까지는 우리가 내다볼 수 있을 만큼 가까운 미래에 일어날 기후 변화의 단기적인 영향에 해당한다.[4]

장기적인 기후 변화는 산업 활동으로 나타나는 즉각적인 영향을 압도할 것으로 추정된다. 현재 우리는 네 번째 빙하기로 가는 지질 연대의 중간쯤에 살고 있다. 지속적으로 따뜻한 날씨가 이어지는 '홀로세 간빙기'라 불리는 시기다. 지구의 '자전축 기울기(궤도면과 비교할 때 축이 상대적으로 비스듬히 기울어진 정도)'나 '궤도 이심률(타원형인 지구 궤도가 원의 형태에서 벗어난 정도)'과 같은 특성이 바뀔 경우, "가까운 세기 내에" 기온이 냉각되기 시작해 약 8만 년 안에 최대치로 떨어질 것으로 전망된다(과거 100만 년 동안 지구의 '일반적인' 기후는 한파였다는 사실을 염두에 둘 필요가 있다. 현재와 같이 온난한 날씨가 이어지는 것은 매우 예외적인 현상이다). 그러나 인간이 만들어

내는 원인과 자연현상에 해당하지 않는 기후 변화로 인해 빙하기가 수천 년 이내로 앞당겨질 수도 있다.[5]

장기적인 관점에서 환경 변화에 영향을 줄 수 있는 또 다른 원인은 대륙 구조의 변화다. 잘 알려진 바와 같이 지구의 지각과 맨틀 상부는 여러 개의 지질 구조 판으로 구성되어 있고, 이 판들은 움직일 수 있으며 서로 충돌하기도 한다. 약 3억 년 전에는 아직 물을 사이에 두고 갈라지지 않은 지구의 모든 대륙이 가까이 모여 있는 거대한 초대륙 '판게아Pangaea'가 형성되어 있었다. 여기에 점차 균열이 생겨 로라시아 대륙과 곤드와나 대륙으로 나뉜 뒤, 로라시아 대륙이 북아메리카와 유럽, 아시아 대륙으로 다시 나뉘고, 곤드와나 대륙은 남극, 남아메리카, 아프리카, 오세아니아 대륙이 되었다. 이렇게 초대륙이 형성되고 다시 분리되는 과정은 주기적으로 이루어지는 현상이므로 미래에 또다시 그러한 거대 대륙이 형성될 것임을 예측할 수 있다. 실제로 현재 북아메리카 대륙은 연간 약 1인치(약 2.5센티미터)의 속도로 유럽 대륙과 멀어지고 있다(손톱이 자라는 속도보다 약간 더 느린 수준이다). 지질학자 크리스토퍼 스코티스Christopher Scotese는 연구 결과 앞으로 5,000만 년 내에 아프리카 대륙이 유럽 대륙과 충돌해 지중해는 사라지고 두 대륙이 접하는 지역은 "지질판이 구겨지면서 점점 더 위로 높게 밀려 올라갈 것이므로 히말라야산맥과 같은" 새로운 산맥이 형성될 것이라고 밝혔다. 또한 대서양은 더 넓어지고 오세아니아 대륙은 북쪽으로 이동할 것으로 보인다. 이렇게 지금으로부터 2억 5,000만 년 정도가 지나면 '판게아 프록시마Pangaea Proxima'라는 초대륙이 형성된다는 전망이 나오고 있다(이전에는 이 미래의 초대륙을 '판게아 울티마Pangaea Ultima'라고 했다).[6] 단순한 우연이긴 하지만 이렇게 되기까지 소요되는 기간은 태양계가 은하계의 중심을 기준으로 주변 궤도 전체를 도는 데 걸리는 기간과 거의 동일하다.

이러한 지리학적 변화로 인해 아주 먼 미래의 자손들이 살아갈 환경은 현재 우리가 사는 환경과 완전히 다를 것으로 예상된다(그때까지 인류가 지구에 남아 있다면 하늘에는 알아볼 수 없는 별자리로 가득할 것이다). 새로이 형성된 산맥들, 달라진 해안 경계와 해수면 등을 비롯한 변화로 생물이 서식할 수 있는 새로운 장소도 무궁무진하게 생겨날 것이다. 또한 환경 변화는 진화에도 새로운 기회가 될 것이므로 미래의 식물과 동물 역시 현재 지구에서 볼 수 있는 것과 크게 다를 것이라 예상할 수 있다. 인류가 지금과 같이 사이보그를 만드는 등 인간의 진화 과정을 손아귀에 넣으려는 일이 벌어지지 않는다면 자연 선택을 거쳐 몸과 뇌가 대폭 달라질 것이고, 그 결과 지금 우리와 다른 생명체가 나타날 수 있다. 약 2억 6,000만 년 전에 살았던 현대 포유류의 조상으로 여겨지는 '견치류Cynodonts'가 현재 인류와 전혀 다른 모습인 것처럼 말이다.

이와 더불어 지구의 자전 속도는 점차 느려지고 있으므로 현재 낮의 길이가 공룡들이 살았던 시기에 비해 길어진 것처럼 인류의 후손들이 살아갈 시기에는 더욱 길어질 것이다. 한 계산 결과에 따르면, 3억 5,000만여 년 전에는 낮 시간이 지금보다 한 시간 이상 짧았고, 6억 2,000만 년 전과 비교하면 지금이 21.9시간 더 길다[7](흥미롭게도 '지금 현재' 지구의 자전 속도는 이러한 흐름과 달리 빨라지고 있다. 그러나 이것은 지질학적 현상으로 인해 나타난 일시적인 변화로, 장기적으로는 다시 바뀔 것으로 추정된다). 자전 속도가 느려지면(달에서는 이미 동일한 변화가 진행되고 있다) 자전축 기울기도 달라질 것으로 전망된다. 학술지 『천문학과 천체물리학Astronomy and Astrophysics』에 게재된 한 논문에는 15~45억 년 이내에 지구의 자전축 기울기는 (궤도면 기준) 89.5도까지 높아진다는 예측 결과가 제시되었다. 해당 연구진은

"미래에 지구(기울기)가 매우 커질 가능성은 높은 편"이라고 결론지었다.[8] 축의 기울기가 달라지면 계절에 대대적인 변화가 생기고, 이는 현재 지구에 사는 생물의 생존이 달린 문제이므로 중대한 사건이라 할 수 있다. 이 변화로 최소한 지금 우리가 알고 있는 생물들의 생존이 위협받을 수 있다.

지금으로부터 20억 년 정도가 지나면 우리 은하(태양은 우리 은하를 구성하는 3,000억 개의 별 중 하나)와 가장 가까운 안드로메다은하의 충돌이 시작될 것이다. 1조 개의 행성으로 이루어진 안드로메다은하와 우리 은하의 거리는 약 45억 년 전 지구가 형성되던 시점에 400만 광년을 조금 넘어서는 수준이었다. 현재는 이 거리가 250만 광년 정도로 가까워졌고, 빠른 속도로 더욱 좁혀지고 있다. 두 은하의 각 행성과 별들은 멀리 떨어져 위치하므로 이 충돌로 폭죽이 터지듯 폭발이 일어나는 비극적인 광경은 펼쳐지지 않을 것으로 보인다. 하버드 스미소니언 천체물리학센터의 T. J. 콕스T. J. Cox와 에이브러햄 러브Abraham Loeb는 "두 은하가 충돌하면 하나로 모인 중력의 중심 주변에 어마어마하게 많은 별들이 떼로 몰려 자리를 잡을 것"이라는 전망을 내놓고 이를 '밀코메다은하Milkomeda galaxy'라 칭했다. 우리 은하와 안드로메다은하 모두 중심에 거대한 블랙홀이 형성되어 있는데, 두 은하가 합쳐지면 두 개의 블랙홀이 "불타올라 은하핵을 형성하고 운 나쁘게 그 영향권 내에 휩쓸려 들어간 새로운 물질들을 먹어 치울 것"이다. 지구는 밀코메다의 중심에서 10만 광년 정도 떨어진 거리로 밀려날 것이므로, 블랙홀의 영향을 받지 않고 안전하게 남아 있을 것으로 예상된다.[9]

지구의 자전 속도가 느려지고 우리 은하가 안드로메다은하와 충돌하는 시기에 태양은 생애 주기의 다음 단계에 진입한다. 우주에 존재하는 모든 별과 마찬가지로 핵이 보유한 연료가 모두 소진되면 태양은 차갑게 냉각된 시커먼 덩어리로 바뀔 것이다. 그리고 이 변화가 시작되기 전에는 빛이 점점 더 밝아진다. 너무 심하게 밝아져 지구 표면 온도가 적게는 수백 도에서 최대 1,650도까지 높아질 가능성이 있다.[10] 고생물학자 피터 워드Peter Ward와 천문학자 도널드 브라운리Donald Brownlee는 『지구 행성의 삶과 죽음The Life and Death of Planet Earth』에서 이 문제를 다음과 같이 설명했다. "지구 기온이 높아지고 섭씨 40도를 넘어서면, 적도 지역의 식물은 죽기 시작할 것이다. 그리고 다세포 생물들은 극지역으로 이주를 해야만 할 것이다." 지구 평균 기온이 섭씨 50도까지 상승하면 "육지에서 대량 멸종이 시작된다". 이어 두 사람은 섭씨 60도가 되면 "육지의 모습이 10억 년 전, 최초의 동물과 식물이 나타났던 시기와 비슷한 형태로 변하기 시작할 것"이라고 예측했다. 평균 기온이 70도에 다다르면 멸종이 정점에 이른다. "균을 제외한 모든 생명이 멸종"한다는 것이 두 사람의 설명이다. 그리고 이러한 변화가 일어나는 동안 강렬한 태양열에 해양에서도 엄청난 양의 물이 증발해 바다가 있던 자리는 휑하니 지글대는 사막으로 바뀔 것이다.[11] 이 모든 변화가 불과 수십억 년 안에 일어날 수 있다.[12]

태양은 나이가 들수록 외형이 거대하게 부풀어 올라 주변 위성들이 차지한 공간으로 서서히 영역이 넓어질 것이다. 나중에는 지구에서 바라본 하늘이 절반 이상 덮일 만큼 커질 것으로 전망된다. 바위가 가득한 태양계의 첫 두 행성, 수성과 금성이 부풀어 오른 태양에 잠식당하면 다음 차례는 지구다. 천문학자 클라우스페터 슈뢰더Klaus-Peter Schroeder와 로버트 스미스Robert Smith는 지금으로부터 75억 9,000만 년 뒤에 이러한 상황이 될 것이라는 계산 결과를 발표했다.[13] 부피가 커지면서 질량은 줄어들 것이므로(따라서 중력으로 당기는 힘도 줄어들 것이므로) 지구가 태양에 끌려가지 않을 수도 있지만, 기조력*으로 인해 "지구는 태양의 아래쪽으로 끌려가" 그 기대가 무산될 수도 있다.[14] 결국 태양은 지금보다 폭이 256배 더 크고 2,730배 더 밝게 빛나는, 거대한 붉은 행성으로 변모할 것이다.[15] 이후 전체의 일부만 남은 백색 왜성이 되었다가, 다시 흑색 왜성이 되어 어두운 덮개처럼 우주의 배경으로 사라진다.

이처럼 우리의 미래에는 대륙 빙하의 해빙을 비롯해 지구의 자연적인 자전 주기와 궤도의 변화, 대륙의 이동, 지구 자전 속도의 저하, 공전축의 변화, 태양이 점점 더 밝아지는 현상, 태양이 지구를 집어삼키는 현상과 같은 막대한 변화가 기다리고 있다. 14장에서 다시 설명하겠지만, 엔트로피가 독자적으로 지배하는 우주에서 살아남기 위한 최후의 전략은 우주 식민지를 개척하는 일이 될 것이다.

멋진 탄생, 흐지부지한 결말

그러나 우주가 어떠한 생명도 살 수 없는, 꽁꽁 언 혼돈의 상태가 된다면 우주를 식민지화한다는 전략도 소용없을 것이다. '열로 인한 죽음Heat Death'에 이은 '대규모 결빙기big freeze'가 찾아오면 그렇게 될 수 있다. 그 과정을 살펴보려면 우주가 약 137억 년 전부터 팽창하기 시작했다는 이야기를 먼저 해야 한다. 직감적으로 드는 생각과 달리 우주의 팽창이 폭탄이 터진 후 파편이 공기 중으로 확대되어나가는 것처럼 공간 '속으로'

* 태양의 인력과 지구의 원심력이 상호 작용하여 나타나는 힘-옮긴이.

의 확대를 의미하지 않는다. 상자 안에 들어 있는 물건처럼 우주가 더 큰 공간 속에서 부풀어 오르는 것이 아니라, '우주를 포괄한 공간 자체가 확장'되고 있다. 이것은 빅뱅이 그야말로 모든 곳에서 일어난 것과도 직접적으로 관련 있다. 여러분의 집 창문 밖에서, 마을 건너편에서, 다른 지역에서, 태양이 떠 있는 곳에서, 그리고 저 멀리 안드로메다은하와의 경계도 예외가 아니다. 우주 시간을 완전히 되감을 수 있다면 우주의 모든 것이 한 점에 모여 있고, 그 뒤에는 아무것도(공간조차) 없는 것을 확인할 수 있다. 우주는 오늘날에도 계속 확장하고 있으며, 그 속도는 점점 빨라지고 있다(정확한 이유는 밝혀지지 않았다).

빅뱅이 일어나고 현재까지 우주는 엔트로피가 극히 낮았던 초기 상태에서 엔트로피가 높은 상태로 서서히 변화해왔다. 엔트로피는 하나의 계에 존재하는 에너지가 분산된 정도 또는 집중된 정도를 파악할 수 있는 척도다. 이러한 특징은 영국의 천문학자 아서 에딩턴 경Sir Arthur Eddington이 자연의 법칙 중에서도 '최상위법'이라 칭한 열역학 제2법칙과도 일치한다. 이 법칙에 따르면 고립된 계에서는 엔트로피가 시간이 갈수록 증가한다(즉 고립된 계에서는 외부와 물질과 에너지 중 어느 것도 교환할 수 없다). 커피를 내려서 20분 정도 두면 차갑게 식고, 운동을 하면 몸이 더워지는 이유, 그리고 끊임없이 움직이는 기계장치를 만드는 것이(이것을 시도해본 사람들이 있다!) 불가능한 이유도 이 때문이다.

물질과 에너지가 하나의 계 전체에 고르게 분포된 '열역학적 평형 상태'가 되려는 흐름은 전면적인 현상이자 막을 수 없는 현상이다. 현재 우주에는 고립되지 않은 수많은 계(즉 폐쇄되지도 않고 개방되지도 않은 계)가 존재하며, 이 경우 엔트로피의 영향력을 일시적으로 '극복'할 수 있다. 계 내부를 더욱 질서 있게 만들기 위해 주변 환경에서 물질이나 에너지를 취할 수 있기 때문이다. 지구는 물질과 에너지가 해양과 식물, 사람 등의 형태로 불균일하게 분포된 결과물에 해당한다. (열역학적 관점에서) 지구가 이런 불균일한 질서를 유지하는 방법 중 하나는 태양으로부터 끊임없이 에너지를 받는 것이다. 호모 사피엔스가 생리학자 클로드 베르나르Claude Bernard가 이름 붙인 인체의 '내적 환경'을 놀라울 정도로 질서 있게 유지하는 방법도 마찬가지다. 주변 환경에서 액체(물)와 물질(음식)을 취해서 내부에 공급하고, 이를 에너지로 전환한 뒤 나머지는 배출하는 것이다. 이로 인해 인체 내부의 엔트로피는 감소하고 우리 주변 환경의 엔트로피는 그만큼 높아진다.

그러나 엔트로피의 통치 방식에 반하는 이러한 방식은 결국 실패할 수밖에 없다. 이론물리학자 로런스 크라우스Lawrence Krauss와 글렌 스타크먼Glenn Starkman은 우주의 기온이 화씨 10^{-29}도까지 떨어져 척박한 황무지로 퇴화할 것이라는 견해를 밝혔다.[16] 그 결과 우주는 엔트로피가 여전히 최대치로 남아 있는 곳, 그래서 어떤 생명체도 살 수 없는 방대한 곳으로 변모한다. 생물만 살 수 없을 뿐만 아니라 정보도 엔트로피를 방해하는 요소에 해당하므로(정보의 특성은 불균일성과 질서 수준으로 구성된다), 엔트로피로 우주가 죽음에 이를 경우 인류 문명의 형태로 존재했던 모든 흔적과 자취, 기록이 영구적으로 지워진다. 더욱 광범위한 관점에서 해석하면, 일종의 물리학적 종말론이라 할 수 있는 이 사태가 실현될 경우 인류는 영원히 망각된 존재로 사라지며, 이는 곧 '우주적 허무주의' 사상으로 귀결된다.[17]

정말 그런 일이 벌어질까? 일부 우주론자들은 이런 절망적인 상황이 찾아와도 빠져나갈 방법이 있으리라고 본다. 그중 한 가지 전략은 블랙홀을 일종의 문('웜홀')으로 이용해 다른 우주로, 즉 우리가 살던 우주와 인접한 곳으로 가서 새로이 정착할 수 있다는 것이다. 그렇게 찾아간 우주는 낯선 입자들이 생소한 자연의 법칙에 따르거나 물리적 특성이 달라, 지금 우리가 아는 우주와 확연히 다른 곳일지도 모른다. 또 다른 해결책으로 제시되는 것은 새로 정착할 수 있는 소형 우주를 만드는 것이다. 또는 우주의 복사본을 만들어 우리가 아끼고 가치 있게 여기는 모든 것을 '씨앗' 형태로 그 새로운 우주에 옮기는 것이다. 이와 같은 방법들은 물론 대부분 추측에 불과하다. '가능할 가능성이 있는 일'로 묘사하는 것이 최선인지도 모른다. 그럼에도 불구하고 수많은 과학자들이 구체적인 방법을 탐구해왔고, 그 결과를 책으로 발표했다. 물리학자 미치오 가쿠Michio Kaku가 쓴 인상적인 저서 『평행 우주Parallel Worlds』도 그중 하나다(특히 '우주에서 탈출하기'라는 소제목이 달린 챕터를 참고하기 바란다).[18]

정리하면, 우주는 인류의 존재를 가장 무섭게 위협하는 요소에 해당한다. 생화학자 브루스 웨버Bruce Weber가 생명의 특성을 주제로 쓴 철학적인 글에서 "열역학적 평형은 생명체에게는 곧 죽음과 같다"고 언급한 것처럼, 현재 마지막 휴지 상태인 우주도 그와 같은 영향을 줄 것이다.[19] 우주의 엔트로피가 파괴될 경우 우주 자체가 '거대한 제거장치'가 될 것이지만, 그 단계에 도달하기 전에 맞이할 수 있는 수많은 위기를 생각하면 실제로 그 장치의 위력과 마주할 일은 없을지도 모른다.

THE END

What Science and Religion Tell Us about the Apocalypse

12

예언의 힘

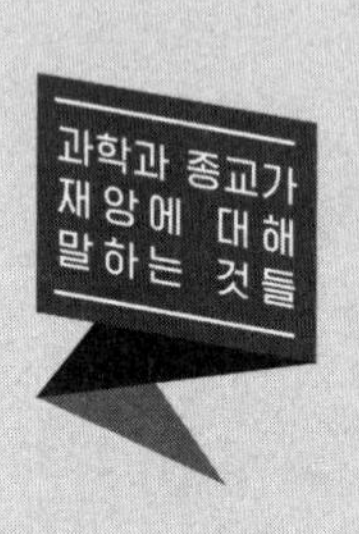
과학과 종교가
재앙에 대해
말하는 것들

또 다른 종류의 종말론

지금까지 우리는 세속적인 관점에서 이야기하는 갖가지 암울한 종말을 살펴보았다. 이제 종말론의 나머지 절반에 해당하는 종교적 종말론을 살펴보자. 종교적 시각과 세속적 시각은 개념적으로 다르지만 절대적 핵심에는 중첩되는 부분이 있으므로 또 다른 이 관점도 알 필요가 있다. 좀 더 구체적으로 이야기하면, 두 가지 중 한 가지를 믿을 경우 다른 쪽이 더 위험하게 느껴지는 인과적 상호 작용이 발생할 수 있다. 지금부터 두 장에 걸쳐 살펴보면 알 수 있겠지만, 종교적 시각을 바탕으로 한 미래학적 신조는 거의 대부분이 세속적 관점의 종말 가능성을 한껏 부풀려서 이야기한다.

1장에서 간략하게 설명했듯이 인류의 모든 문명사회는 오래전부터 '종말'을 예상해왔다. 오늘날도 과거와 크게 다르지 않다. 세계 여러 종교가 이야기하는 종말의 이야기가 수많은 사람들에게 받아들여지고 있다는 사실로도 충분히 알 수 있다. 일부의 경우 이러한 이야기가 그저 추상적으로 수용되는 수준을 벗어나 개개인과 단체, 국가 전체의 행동에 적극적으로 영향력을 행사하기도 한다. '미래에 관한 믿음이 현재의 행동을 좌우하는' 것이다. 종말에 대한 확신이 행위자의 행동에 영향을 주거나 행위를 결정하고 판단을 '은근히' 좌우하는 모든 경우를 '응용 종말론'이라 칭하기로 하자. 응용 종말론은 인류 역사를 이끄는 원동력이었고 최근 수십 년 동안 그로 인해 발생한 결과에 대해서는 다음 장에서 자세히 설명할 것이다. 우선 이 원동력의 많은 부분이 눈에 보이지 않는 힘으로 작용했다는 사실을 말해둔다. 그와 같은 이야기를 믿는 사람들을 통해 세상에 드러난 이 보이지 않는 힘의 실체를 '눈으로 확인'하기 위해서는 전 세계 주요 종교가 제시하는 미래의 특성과 사건, 연대기를 가장 기본적인 것부터 이해해야 한다. 세속적 관점을 취한 위기론자가 다른 쪽에 대한 지식 없이 존재론적 위기의 문제를 풀고자 할 경우 해결 능력에 심각한 제약이 발생할 수 있다.

그러므로 이번 장에서는 세계에서 규모가 가장 큰 두 종교인 기독교(특히 세대주의 신학)와 이슬람교(수니파와 시아파 모두)에서 이야기하는 종말론을 구체적으로 이야기해보고자 한다. 그 범위에 해당하는 종말론적 세계관을 믿는 사람이라고 해서 모든 내용을 속속들이 알지는 못할 것이다. 그런 점에서 정보는 부족한 것보다 넘치는 것이 낫다고 생각한다. 무엇보다 기독교와 이슬람교에서 종말론을 주창하며 막대한 영향력을 발휘했던 지도자들은 고난이 가득했던 일생에서 아주 사소한 순간에도 그러한 이야기를 가까이하고, '진심으로 믿으며' 살았기 때문이다. 이제부터 소개할 이야기들이 독자 여러분에게도 매우 유익한 자료가 되기를 바란다. 연대별로 정리한 이 이야기들은 다소 복잡하고 난해하지만 미래에 관한 종교적인 믿음이 역사의 방향에 어떤 영향을 줄지 확인할 수 있는 정보이고, 그동안 수차례 인용되며 널리 알려진 내용들이다.

아브라함의 가슴, 불타는 못

성경에는 자연의 '진실'(영어로는 고유명사를 나타내는 관사와 대문자를 사용하여 'the Truth'라고 표기되어 있다)과 현생의 목적이 나와 있다. 성경은 애매모호한 표현과 암호 같은 은유, 쉽게 이해하기 힘든 우화, 모호한 참고자료가 워낙 가득해서 해석도 매우 광범위하고 다채롭게 이루어졌다. 그중에는 아예 정반대로 해석한 내용들도 있다. 하느님이 쓴 글인 데다(믿는 자가 '영감을 받아' 직접 쓴 것이긴 하지만) 기록한 당사자들이 오로지 진실만을 전하기 위해 썼다고 법정에서까지 진술했음에도 서로 상충되는 신학적 이론이 이토록 넘쳐나는 글에 진실이 담겨 있다는 것 자체가 의아하게 느껴진다.

여러 신학 이론 가운데 최근 상당한 영향력을 발휘하는 것으로 세대주의를 꼽을 수 있다. 다시 여러 갈래로 나뉘는 이 세대주의 신학의 명칭은 역사를 신이 정한 여러 '시대dispensations'로 구분하는 특징에서 비롯되었다. 이 이론을 맨 처음 제시한 사람은 1800년대 아일랜드의 목사였던 존 넬슨 다비John Nelson Darby로 추정되지만, 이 시기에 비슷한 견해들이 여기저기서 등장한 것으로 보인다.[1] 다비 목사는 이러한 여러 생각들을 하나로 모아 상당히 체계적으로 정리한 뒤 사람들에게 심리적으로 강렬한 인상을 남길 만한 종말 이론으로 완성했다. 다비가 적용한 체계에 따르면 역사는 일곱 개의 세대로 나뉜다. 인간이 등장하기 전, 아담부터 노아까지, 노아부터 아브라함까지, 아브라함부터 모세까지, 모세부터 예수 그리스도까지, 예수부터 휴거가 일어나기까지, 그리고 예수가 재림하는 날부터 새천년이 끝나고 하얀 옥좌의 심판이 이루어지는 날까지의 기간이다. 이 일곱 개의 세대는 차례로 무죄, 양심, 인류 통치, 약속, 율법, 은혜, 왕국 시대로 불린다.

세대주의에서 이야기하는 각 세대는 하느님이 창조물과 관계를 맺는 방식, 그리고 다른 인류와 전능한 신에게 지켜야 하는 도덕적 책임의 수준, 즉 "신과 신이 택한 방법을 따르는 정도(그리고 알고 있는 정도)"에 따라 결정된다.[2] 아담에게 부여된 요건은 "에덴동산을 지키고 선악과를 먹지 말 것"이 전부였다면, 현재 우리에게 주어진 요건은 예수를 믿고 신뢰하면서 살아야 한다는 것이다.[3] 전체적으로 각 세대는 인간에게 내려진 새로운 계시로 시작되며 모두 실패로 끝난다. 현재 우리가 살고 있는 세대는 세상의 창조에 관한 이 방대한 이야기 중 끝에서 두 번째, 교회의 시대로도 불리는 은혜의 시대에 해당한다. 사도행전 2장 1절부터 47절까지 나와 있는 내용에 따르면 이 은혜의 시대는 첫 번째 성령강림절, 즉 예수가 부활하고 40일 뒤(하늘로 승천한 날로부터는 10일 뒤) 시작되었고, 교회가 휴거를 맞이하면 끝난다. 여기서 이야기하는 휴거를 '재림'으로도 불리는 예수의 두 번째 강림과 혼동해서는 안 된다.

세대주의자들이 이야기하는 종말은 사건의 연대적 순서가 비교적 정확하다. 이야기는 우리가 알지 못하는 미래의 모일 모시에 예수가 "천사장의 소리와 하느님의 나팔 소리"(데살로니가전서 4장 16절)와 함께 이 땅에 돌아온다는 것으로 시작된다. 그러나 예수는 잠시 머무를 뿐 영원히 살지 않으며, 이와 관련해 세대주의자들이 '휴거'라 칭하는 사건이 벌어진다. 휴거의 핵심 내용은 예수가 하늘에서 지상으로 내려오며 구름 주변에 떠 있는 동안 두 가지 기적 같은 일이 '눈 깜짝할 사이'에 일어난다는 것이다. 하나는 교회 시대에 사망한 모든 신자들이 무덤에서 깨어나 부활하는 것이고, 또 하나는 휴거가 일어났을 때 살아 있는 신도들이 예수에게 '들어 올려져' 구름 속으로 향하는 것이다('들어 올려지다caught up'라는 표현이 '휴거Rapture'라는 라틴어로 옮겨진 것이며, 성경에 '휴거'라는 표현이 등장하는 것은 아니다).*

위의 두 가지에 해당하는 모든 신자들은 '영화롭고' 특별한 육체를 새로이 얻는다. 예수가 십자가에 못 박혀 죽고 3일이 지나 부활할 때 받은 몸과 똑같은 육체다. 성서에는 예수가 무덤에 있을 때는 육신이 존재하지 않았다고 전한다. 생명이 사라졌던 생물학적인 생체조직이 기적과 같이 다시 생기를 띠면서 부활했다는 의미가 담긴 표현이다. 누가복음 24장 39절의 내용처럼 예수는 부활 후 자신의 몸이 '살과 뼈'로 이루어져 있다고 직접 밝혔고, 성경의 다른 부분에도 예수의 제자들이 마침내 예수를 볼 수 있었다는 내용이 담겨 있다. 그들 중에 '의심하는 도마'로 잘 알려진 제자 도마에게 예수는 요한복음 20장 27절의 내용처럼 "네 손가락을 이리 내밀어 내 손을 보고 네 손을 내밀어 내 옆구리에 넣어보라"고 권했다. 심지어 예수는 부활 후 "구운 생선 한 토막"을 먹기도 했다(누가복음 24장 42절). 또한 문이 닫혀 있는 방 안에 예수가 들어왔다는 요한복음 20장 26절은 예수가 벽을 그대로 통과했다는 흥미로운 의미

* 우리말로도 휴거(携擧)는 한자의 뜻과 같이 들어 올려져 이끌려간다는 의미를 갖고 있다–옮긴이.

가 담긴 구절이다.

사도 바울은 먼 미래에 신도들이 갖게 될 육체를 다음과 같이 설명한다. "썩을 것으로 심고 썩지 아니할 것으로 다시 살아나며, 욕된 것으로 심고 영광스러운 것으로 다시 살아나며, 약한 것으로 심고 강한 것으로 다시 살아나며, 육의 몸으로 심고 신령한 몸으로 다시 살아난다."(고린도전서 15장 42~44절) 그런데 이 '신령한spiritual'이라는 표현에 대한 기독교인들의 해석이 재미있다. 전통적으로 대부분의 기독교인들은 이 표현을 인간이 사후에 유령처럼 가볍고 공중에 붕 뜰 수 있는 육체에 순수한 영혼이 깃든다는 의미보다는 늙지 않고 병에 시달리지도 않으며 음식과 물도 필요치 않고 죽지 않는다는 의미로 해석한다. 즉 부활한 육신은 현재 우리가 가진 신체와 똑같이 '물리적인' 육체인데 훨씬 우수하다는 특징이 있다. 그러니 신학자 여럿이 원탁에 모여 종말론에 대해 논의하는 것처럼 천상에서도 얼마든지 축구를 즐길 수 있으리라.[4]

육체의 부활은 조로아스터교와 유대교, 기독교, 이슬람교를 비롯한 전 세계 수많은 종교에서 핵심이 되는 내용이다.[5] 그런데 세대주의 신학의 이야기에서 휴거는 '여러 번' 일어나는 부활 중 한 번에 해당한다. 마지막 시대를 제외하고 모든 세대마다 죽은 신자들에게 다시 생명이 불어넣어지는 일이 일어나기 때문이다. 구체적으로 이야기하면 죽은 신도의 영혼이 몸과 분리되고, 이 영혼은 우주를 가로질러 의식이 온전히 남아 있는 상태로 "주와 함께" 한다(고린도후서 5장 8절). 그리고 영혼이 떠나가고 남은 육체는 "땅으로 돌아간다"(전도서 12장 7절). 이처럼 육체와 영혼이 분리되는 일은 휴거가 찾아올 때까지 계속된다(세대주의 신학 전통을 따르지 않는 사람들의 관점에서는 예수 재림까지 이어진다). 휴거가 시작되면, 하늘을 떠나 있던 신자의 영혼은 새로 부활한 '영화로운' 육체와 다시 만나 결합한다. 기독교 인류학에서 완전한 '사람'으로 보는 존재, 즉 육신과 영혼이 결합한 존재는 예수, 그리고 함께 들어 올려진 신도들과 더불어 하늘로 올라간다. 세대주의 신학에서는 이렇게 하늘로 '돌아간' 모든 신도들이 최소 7년간 그곳에 머물다가 육신과 영혼이 결합된 상태 그대로 지상에 마지막으로 '돌아온다'. 최후의 세대를 살기 위해서다. 그 단계까지 이야기하는 건 너무 앞서가는 일이니 일단 여기까지만 알아두면 된다.

이들의 시각에서 비신도가 맞이하는 종말은 사뭇 다른 양상으로 흘러간다. 죽음이 찾아오면 비신도의 영혼은 "임시로 마련된 심판과 비난의 땅"에서 신도들처럼 의식이 온전히 남아 있는 상태로, 휴거 이후 1,000년 이상 머물러야 한다.[6] 만약 미래에 휴거가 정말로 일어난다면 믿지 않는 자의 육신도 무덤에서 깨어나 영혼과 다시 결합하지만 예수와 함께 천국으로 가는 대신 지옥불 속에서 영원히 끝나지 않는 벌을 받는다.

자, 여기까지만 해도 상당히 복잡한 이야기가 펼쳐졌으니 잠시 쉬면서 생각해보자. 언제가 될지는 아무도 모르지만 휴거가 일어난다면 교회 시대에 태어난 기독교인들은 이미 죽은 사람들, 그 당시 살아 있는 사람들 모두가 영화로운 육체와 함께 하늘로 돌아간다는 것이 지금까지 살펴본 내용이다(죽은 신도들은 이미 하늘에 가 있지만 육신은 없는 상태였다). 이 흐름을 살펴보면 한 가지 의문이 생긴다. 대체 휴거의 '목적'은 무엇일까? 특히 조금 전에 설명했듯이 하늘로 올라간 신도들이 7년쯤 지나 다시 지상에 내려와야 한다면, 왜 굳이 휴거가 일어나는 것일까? 충실한 신자들이 이렇게 하늘과 지상을 왔다 갔다 해야 하는 이유는 무엇일까?

호기심을 자아내는 여러 답변들이 있는데, 그중에는 하느님에게 '선택받은 백성'이라 불리는 유대인들에게 하느님이 미처 못 끝낸 일이 있다는 내용이 있다. 세대주의 신학에서는 '이스라엘'이 본디 태어나는 땅이라면, '교회'는 인간이 다시 태어나는 곳으로 보고, 두 곳을 근본적으로 구분한다. 그러나 일부 기독교인들은 유대인들이 예수를 배척한 이후 교회가 이스라엘의 역할을, 혹은 그 이상의 역할을 한다(신학의 한 갈래인 '대체주의'가 이에 해당한다)고 보는 것과 달리, 세대주의 신학에서는 유대인이 하느님의 선택을 받은 백성이라는 입장을 유지하며 하느님이 이들을 가르치는 일이 아직 끝나지 않았다고 보고 휴거도 이와 연관 지어 해석한다. 이스라엘을 지상의 일로부터 해방시킴으로써 "허물이 그치고 죄가 끝나며 죄악이 용서되며 영원한 의가 드러나며 환상과 예언이 응하며 또 지극히 거룩한 이가 기름 부음을 받도록" 한다는 것이다(다니엘 9장 24절).[7]

세대주의 신학이 이야기하는 종말론은 또 하나의 중대한 사건으로 이어진다. 바로 '환란'이라는 무시무시한 시기다. 성경에는 휴거 후 정확히 얼마 뒤 환란이 시작되는지 나와 있지 않지만, 다니엘에는(9장 24~27절) 정확히 7년간 환란이 지속될 것이며 이 기간은 두 부분으로 나뉜다(3년 반씩)는 내용이 나온다. 환란은 "인간의 타락과 부패가 절정에 달하는 시기"[8]이며 "하느님이 이스라엘의 죄를 묻는 심판을 끝내면서"[9] 온 세상에 커다란 고통이 확산되는 시기다. 그리고 환란이 시작되기 전(또는 진행되는 동안) 그러한 고통이 임박했음을 나타내는 "시대의 징조", 또는 불길한 징후가 다양하게 나타날 것으로 전망된다. "난리와 난리의 소문을 들을 때에 두려워하지 말라." 예수는 이렇게 이야기한다. "아직 끝은 아니리라. 민족이 민족을, 나라가 나라를 대적하여 일어나겠고 곳곳에 지진이 있으며 기근이 있으리니 이는 재난의 시작이리라."(마가복음 13장 7~8절) 또한 예수는 종말이 가까워진 또 다른 징조로 틀린 예언을 하는 자들이 늘어나고 변절자들이 대거 등장할 것이라고 지적했다. 오늘날 선진국 전반에서 볼 수 있는 현상이다.

환란이 시작되면 카리스마 넘치는 리더가 나타나 스스로를 진짜 메시아라 칭하면서 "과장되고 신성모독을" 말할 것이라고 전해진다(요한계시록 13장 5절). 이 선동가는 새롭게 다시 태어난 로마 제국을 다스리게 되거나, "열 개의 국가가 모인 연합국"을 지배한다고 한다[10](국제연합의 수장이 되거나 유럽연합의 대표가 된다고 해석하는 사람들도 있다). 또한 이 리더는 "사람들이 짐승의 표식을 받도록 강요함으로써 상업에 대한 통제권"을 획득한다.[11] 이 짐승의 표식이란 모든 사람이 오른손이나 이마에 받아야 하는 식별 코드로, 마이크로 칩을 이식받는 형태로 이루어질 가능성이 있다. 그와 함께할 "거짓 예언자"도 등장한다. 성경*에는 이 예언자의 모습이 "양같이 두 뿔이 있고 용처럼 말을 하더라"라고 (은유적으로) 묘사되어 있다.[12] 사탄과 선동가, 거짓 예언자는 성부와 성자, 성령과 대비되는 "비신성한 세 실체"로 불린다.

인류에 이토록 막강한 힘을 발휘하는 미스터리한 존재는 대체 누구일까? 성경에서는 그를 '적그리스도' 또는 '짐승'이라 칭한다. 인류 종말이 찾아오면 가장 먼저 나타나는 기수가 바로 적그리스도이며 뒤이어 전쟁과 기근, 전염병을 대표하는 '기수'가 등장하고(총 네 명의 기수) 이들이 하느님이 내린 '일곱 봉인의 심판' 중 첫 번째에 해당한다고 해석하는 시각도 있다. 또한 많은 사람들이 적그리스도를 666이라는 숫자와 결부 짓는 바람에 666은 수천 년 동안 떠올리기만 해도 극히 부정적인 감정을 불러일으키는 숫자가 되었다. 흥미로운 사실은 현존하는 가장 오래된 요한계시록 13장 사본('파피루스 115번'으로 불리는 자료)에는 이 숫자가 666이

* 요한계시록 13장 11절 – 옮긴이.

아닌 616으로 되어 있다는 점이다.[13] 기독교인들은 현재까지 그 오랜 세월 동안 왜 숫자가 다른가를 두고 얼마나 초조했을까!

공식적으로 환란은 적그리스도가 이스라엘과 약속하면서부터 시작된다. 이후 첫 3년 반 동안 하느님의 심판이 점점 더 강도 높게 이루어지고 전쟁, 기근, 악성 전염병, 짐승, 자연재해가 점차 확산된다.[14] 이때 정확히 14만 4,000명의 유대인이 예수를 자신들의 주이자 구원자로 받아들이고 구원받을 수 있다는 복음을 온 세상에 전파한다. 휴거가 일어나 기독교인들에게 변화가 찾아오면 수많은 비신도들은 '남겨지고' 끔찍하게 처형당한다. 이 과정이 진행되는 동안, 기원전 70년에 로마인들이 파괴한 유대 신전이 성전산에 세 번째로 재건되고 "신실한 유대인들이 이곳에서 다시 제물 의식을 치른다"[15](성선산은 모리아산, 시온산으로도 알려져 있으며 이슬람교의 대표적 성지인 바위의 돔에 위치해 있다. 이 부분은 뒤에서 다시 설명할 것이다). 적그리스도는 결국 암살당하지만 예수가 부활한 것처럼 무덤에서 똑같이 부활해 기적처럼 목숨을 되찾는다. 인간들은 그를 숭배하기 시작하고(숭배하지 않으면 처형되므로 다소 강제적인 숭배라 할 수 있다) 같은 맥락에서 기독교인들에 대한 핍박과 차별이 극도로 심해진다.[16]

그다음 단계로 '대환란'이라 불리는 환란의 두 번째 시기가 시작된다. 영적 전쟁과 지정학적으로 대대적인 변화가 일어나 유대인과 그 시기에 살아 있는 모든 사람들이 앞서 일어난 환란보다 더 큰 곤란을 겪게 되는 때이다. 먼저 이스라엘에서 점점 더 많은 사람들이 예수를 자신의 주이자 구원자로 받아들이면서 적그리스도가 이스라엘을 침략한다. 이 과정에서 앞서 재건된 성전이 훼손되고 수많은 사람들이 살해된다.[17] 또한 적그리스도는 모든 사원에서 제물 의식을 치르지 못하도록 한다. 이러한 혼돈의 상황이 이어지는 가운데 하느님의 심판이 두 차례 시작된다. 첫 번째는 일곱 봉인에 담긴 심판이다(앞서 등장한 네 기수는 이 가운데 첫 네 가지에 해당한다).[18] 일곱 나팔로 불리는 두 번째 심판은 일곱 봉인 중 마지막 봉인이 풀릴 때 시작된다고 전해진다. 각각의 나팔은 인류에 참혹한 고통을 가져오고, 그렇게 시작된 고통은 대환란이 거의 끝날 때까지 계속된다. 이 일곱 나팔로 인해 지상 전체의 식물 중 3분의 1이 불타 대기근이 발생하고, 바다의 3분의 1이 피로 변해 해양 생물의 3분의 1이 죽고 모든 선박의 3분의 1이 파괴된다. 또한 민물의 3분의 1은 마실 수 없는 물로 변하고 태양과 달, 별의 3분의 1이 빛을 잃는다. 마지막으로 '악마와 같은' 메뚜기 떼가 다섯 달 동안 들끓으며 아직 목숨을 부지하고 있는 사람들에게 끔찍한 고통을 안겨주고, 이 일로 인류의 3분의 1이 목숨을 잃는다.[19]

일곱 번째 나팔이 울리는 대환란의 마지막 단계에는 "하느님의 진노의 일곱 대접"(요한계시록 16장 1절), 즉 의롭지 않은 것을 향한 극렬한 분노로 이루어진 거대한 파도가 지상으로 내려온다. 적그리스도를 숭배한 자들의 몸에는 무시무시한 종기가 생겨나고 바다에 사는 모든 생명이 죽는다. "강과 물 근원" 전체가 피로 변하고 태양은 "불로 사람들을 태운다". 적그리스도의 왕국은 "어둠에 휩싸이고" 사람들은 아파서 자기 혀를 깨물며 자신의 고통과 종기로 말미암아 하느님을 비방한다. 사탄과 짐승의 입에서 "개구리 같은 더러운 영"이 나와 유프라테스강은 말라버린다. 일곱 번째 대접이 쏟아지기 전, 두 명의 '증인'이 죽임을 당하고(구약성서에 나오는 에녹과 엘리야가 이 시기까지 죽지 않고 살아 있다가 이 증인이 될 것으로 추정된다) 누구나 볼 수 있는 길가에 시체가 버려진다. 그러나 3일과 반나절이 지나면 하느님이 이들의 육신에 다시 생명을 불어넣고 시신을 본 사람들로 하여금 '깊은 두려움'을 이겨내도록 한다. 두 증인은 적들이 지켜보는 가운데 구름을 타고 하늘로 올라간다(요한계시록 16장, 11장).

일곱 번째 대접이 공중에서 쏟아지면 "성전의 보좌로부터 '되었다!' 고 이르는 큰 음성이 들려온다"(요한계시록 16장 17절). 이어 큰 지진이 발생하고 "무게가 1달란트(45킬로그램 정도)나 되는" 거대한 우박이 하늘에서 떨어진다(요한계시록 16장 21절). 적그리스도는 선善의 힘을 이겨내고자 적들을 하나로 규합하고, 여기서부터 대환란은 막바지에 이른다. 그 악명 높은 아마겟돈과 예수의 재림으로 대표되는 환란의 끝에는 예수가 백마를 타고 찾아와 이번에는 잠시 다녀가는 것이 아닌 휴거로, 함께 하늘에 올랐던 모든 신도들과 함께 영원토록 지상에 머무른다. 패배한 적그리스도와 거짓 선지자는 불의 못으로 내던져지고 사탄은 헤어날 수 없는 구렁텅이, '무저갱'에 떨어진다.

이 시기가 되면, 하느님은 '팔레스타인 언약', 즉 유대인들에게 했던 약속을 마침내 모두 실현한다(신명기 30장 1~10절). 지중해 동쪽에 자리한 '약속의 땅'을 유대인들에게 선사하는 것이다. 약속된 땅의 범위에는 현재의 이스라엘과 더불어 팔레스타인, 요르단 전체와 이집트, 시리아, 사우디아라비아, 이라크 지역의 일부도 포함된다.[20] 세대주의 신학에서는 이 땅이 '유대 민족에게 속한 곳'이며 그 외에는 누구도 정당한 소유권을 주장할 수 없다고 본다. 또 다른 약속인 '다윗 언약'(사무엘하 7장 10~13절)에서는 이스라엘의 영원한 통치자로 다윗 왕(예수)을 내려준다는 내용이 담겨 있고, '아브라함 언약'(창세기 12장 1~3절)에는 땅과 미래에 나타날 세대, 통치자, 영적 축복에 대한 내용이 포함되어 있다.[21] 그 밖에도 피조물에게 내려진 저주로부터 해방시켜준다는 약속(로마서 8장 18~23절)과 병을 없애준다는 약속도 있다(에스겔 34장 16절).[22]

다음 단계로 "창세로부터 너희를 위하여 예비된 나라"(마태복음 25장

34절)에 들어갈 수 있는 인간을 선정하는 심판이 이루어진다. 모든 민족이 인자* 앞에 모이면 인자는 "양과 염소를 구분하는 것같이 하여 양은 그 오른편에, 염소는 왼편에 둔다"(마태복음 25장 32~33절). 양은 지상에 세워진 천년왕국에 들어갈 수 있지만 염소는 들어갈 수 없다. 양으로 분류되는 대상으로는 예수와 함께 지상에 돌아온 신도들을 비롯해 세대주의 신학에서 구분하는 '교회 시대' 이전에 살았던 아담부터 예수에 이르는 성인들, 환란의 시기에 기독교로 개종한 사람들이 모두 포함된다. 이 기독교인들 중에서 휴거와 재림 사이에 죽임을 당한 이들에게는 영화롭게 부활한 새 육신이 주어진다. 여기서 한 가지 흥미로운 점은 환란의 시기에 살아남은 이들은 "타고난"(즉 영광이 더해지지 않은) 육신 그대로 천년왕국에서 살게 된다는 점이다. 이 차이는 이야기의 다음 단계에서 중요한 요소가 된다. 세상에 태어났을 때의 육신을 그대로 가진 사람들은 계속해서 자식을 낳을 수 있기 때문이다.

이 심판을 끝으로 환란은 종결된다. 이스라엘이 예수에게 돌아가고 믿지 않는 자들이 모두 사라진 후, 역사의 다음 단계는 최소한 처음 단계나마 오로지 신도들로만 이루어진다. 세대주의 신학의 마지막 시대인 '왕국 시대'가 여기서부터 시작된다.

세대주의 신학에 따르면 왕국 시대는 1,000년 동안 지속되며 모든 사람과 민족, 모든 동물이 무한한 행복과 평화를 누린다(이사야 11장에서는 이 시기를 "이리가 어린 양과 함께 살며 표범이 어린 염소와 함께 누우며 송아지와 어린 사자와 살진 짐승이 함께 있어 어린아이에게 끌린다"고 묘사한다). 사막에는 물이 풍족하게 흐르고 질병은 이전 세대에나 존재했던 먼 옛날의 일로 여겨진

* 사람의 아들, 즉 최후의 심판에서 이야기하는 예수 그리스도–옮긴이.

다. 예수는 예루살렘에 마련된 다윗의 옥좌에서 "자애로운 독재자"로 군림하고[23] 하느님과 이스라엘은 새로운 관계를 맺는다.[24] "새로이 재건된 사원은 과거 한 번도 보지 못한 영광을 누리고" 모든 사람이 그곳에서 경배를 올린다.[25] 지상에 사는 모든 생명에게 멋진 삶이 주어지는 것이다.

그러나 유토피아의 그늘 속에서 악마의 마지막 신음 소리가 서서히 들려오기 시작한다. 앞서 설명했듯이 모든 시대는 실패로 끝났고 왕국 시대도 예외가 아니다. 사탄은 무저갱에 묶인 바람에 주특기인 교묘한 술책을 부리지 못하지만 환란 시기에 개종해 왕국 시대까지 살아남은 기독교인 중 악마가 나타난다. 지상에 태어난 육신을 그대로 간직한 이 악마는 아이를 낳을 수 있다. 이로 인해 '새로운 인간'이 세상에 나타난다.

왕국 시대에 태어난 아이들 중 일부는 예수를 부모처럼 숭배하지만 나머지는 반역을 꾀한다. 이 1,000년의 시대가 끝날 무렵, 무저갱에 묶여 있던 사탄이 그 어느 때보다 단호한 투지로 이를 악문 채 풀려나 "땅의 사방 백성 곧 곡Gog과 마곡Magog을 미혹하고 모아 싸움을 붙이리니 그 수가 바다의 모래 같다"(요한계시록 20장 7~8절). 이 절박한 반란은 하느님과 사탄 사이에 벌어지는 최후의 전쟁으로 이어진다. 하느님의 적에게는 참 안타까운 일이지만 하늘에서 불이 내려와 악의 힘을 집어삼키니(요한계시록 20장 9절) 이 중대한 싸움은 금세 하느님의 확실한 승리로 끝난다. '비신성한 세 실체' 중 유일하게 남아 있던 구성원(사탄)은 적그리스도, 거짓된 선지자와 함께 불과 유황의 못에 던져진다(나머지 둘은 아마겟돈 이후 계속 이 못에 있었다). 마침내 악이 사라지고, 선을 위한 전쟁이 선의 승리로 종결된다!

그 이후의 세상에는 왕국 시대가 시작될 때와 마찬가지로 '올바른' 자들만 남는다. 이 시기까지 타고난 육신을 보유한 사람들은 죽음을 겪지 않고도 영예로운 육신을 얻고(휴거 당시 생존했던 사람들이 받았던 육신) "피조물에게 남아 있던 저주의 흔적"이 모두, 영원히 사라진다.[26] 한편, 교회 시대와 왕국 시대에 기독교를 거부했던 사람들은 임시로 마련된 심판과 비난의 장소에 영혼이 머무르며 이들의 육신도 부활한다. 믿지 않는 자들이 부활하는 건 이때가 처음이자 유일하다.

이교도, 타락한 자, 무신론자, 신앙심이 없는 자들로 이루어진 이 비신도들은 이미 운명이 정해진 상태로, 예수로부터 기독교도가 아닌 자들만을 대상으로 이루어지는 '거대한 흰 왕좌의 심판'을 받는다. 이때 두 권의 책이 열린다. 하나는 각 죄인이 그동안 생각하고, 말하고, 행한 모든 것들이 상세히 기록된 '행위를 기록한 책'이다. 그러나 이들이 맞이할 운명은 두 번째 책인 '생명의 책'에 이름이 적혀 있느냐에 따라 최종적으로 결정된다. 이 책에 이름이 적혀 있으면 하늘에 오를 수 있지만 그렇지 않으면 불과 유황 속에서 영원히 고통받아야 한다. 신도들이 기독교로 개종하면서 "다시 태어나는" 경험을 하는 것처럼, 이 벌로 인해 비신도들은 부활했다가 다시 지옥불로 던져지며 "또다시 죽는" 경험을 한다.[27]

이제 하느님이 세상을 위해 세운 거대한 계획이 막바지에 이른다. 모든 것이 완전히 파괴된 후 우주가 새로 만들어지는 때가 온 것이다. 베드로후서 3장 10절에는 이를 "하늘이 큰소리로 떠나가고 물질이 뜨거운 불에 풀어지고 땅과 그 중에 있는 모든 일이 드러나리로다"라고 설명한다. 그 결과 "성도들이 영원토록 살게 될 새 하늘과 새 땅"이 생겨난다.[28] 이 새로운 세상은 다름 아닌 천국이다. 말 그대로 지상에 하늘이 건설되는 것이다. 영토가 더욱 확장된 이스라엘과 그 안에 세워진 새로운 예루살렘이 포함되며 죄와 고통, 죽음은 모두 사라진다. 요한계시록 21장 4절에는 "하느님은 모든 눈물을 그 눈에서 닦아주시니 다시는 사망이 없고 애통하는 것이나 곡하는 것이나 아픈 것이 다시 있지 아니하리니 처음 것들이 다 지나갔다"고 묘사한다. 영원한 평화가 찾아오고 고난은 끝난다.

이것이 세대주의 신학에서 이야기하는 강렬하고, 상상력을 자극하고, 큰 두려움을 자아내는 종말론의 결말이다.

가장 자애로운 존재, 가장 인정 많은 존재

이슬람교의 종말론은 기독교나 유대교, 조로아스터교의 종말론과 많은 부분이 일치한다(상세한 내용은 부록 2 참고). 이제 이슬람교의 기본적인 특징을 간략하게 정리하고 수니파와 시아파에서는 종말이 어떻게 시작된다고 보는지 살펴보자.

'자발적으로 신의 뜻에 순종한다'는 의미를 가진 이슬람교는 서기 570년에 태어나 문맹에 상인으로 살아가던 모하메드가 창시했다. 마흔 살에 메카 외곽(현재의 사우디아라비아 지역)에 있던 한 동굴에서 수행을 하던 모하메드는 가브리엘(또는 '지브릴') 천사를 만나 처음으로 계시를 받았다. 그리고 22년 뒤 숨을 거둘 때까지 계속해서 계시를 받았고 그 내용이 기록되어 총 114개의 수라(장)로 이루어진 성서 코란Koran으로 편찬되었다. 코란은 문자 그대로 해석되어야 하고 변경될 수 없는, 절대적으로 확실한 신(또는 '하느님'으로도 번역되는 '알라')의 말로 간주된다. 코란과 더불어 모하메드의 행위와 말을 기록한 방대한 분량의 책 순나sunnah도 전해진다. 하디트로도 불리는 이 기록은 각 장이 (일련의 학문적 기준에 따라 정해지는) 진위 수준이 '약함' 수준에 해당하는 자료와 신빙성이 '강함' 수준에 해당하는 자료가 차등적으로 구분된다. 이슬람교도들은 모하메드가 신의 선지자이고 전령일 뿐만 아니라 영적인 본보기라 생각하므로 하디트는 중요한 의미를 갖는다.

모하메드는 이슬람에서 가장 신성한 도시로 여겨지는 메카에서 태어났다. 1장에서도 설명했지만 세계 최대 이슬람 사원인 그랜드 모스크('마스지드 알하람'으로도 불린다)도 메카에 있다. 그랜드 모스크가 둘러싸고 있는 중심에는 직육면체 모양의 거대한 구조물 '카바Kaaba'가 있다. 이 카바 신전은 아브라함이 아들 이스마엘의 도움을 받아 직접 만들었다고 전해진다. 메카 다음으로 신성한 도시라 여겨지는 곳은 모하메드가 메카를 떠난 뒤 최초로 무슬림 공동체를 설립한 메디나다. 그다음으로 신성시되는 도시는 예루살렘으로, 예루살렘 구시가지에 위치한 성전산에는 금빛으로 번쩍이는 지붕이 덮인 '바위의 돔'이 자리하고 있어 한눈에도 성지임을 알아볼 수 있다. 세대주의 신학의 이야기에 등장했던, 환란의 시기에 세 번째 신전이 건립되고 결국 다시 파괴되는 장소도 바로 이 성전산이다. 예루살렘은 모하메드가 어느 날 밤, '밤의 여행'이라 불리는 신비한 경험을 통해 도착한 목적지로도 알려져 있다. 처음 잠들었던 곳에서 그리 멀지 않은 카바에서 날개가 달린 신기한 흰색 말을 타고 하늘로 날아오른 모하메드는 성전산으로 향했다고 전해진다.[29] 이곳에서 사다리를 타고 일곱 단계로 된 하늘을 통과한 그는 아브라함, 모세, 세례 요한, 예수(아랍어로는 '이사')와 같은 과거의 여러 선지자를 만났다.

유대교와 기독교처럼 이슬람교도 단일 혈통 종교이며 시초는 아브라함이다. 이야기는 이렇게 시작된다. 아브라함의 아내가 된 사라는 아이를 낳을 수가 없었다. 그리하여 사라는 자신이 데리고 있던 이집트인 여종 하갈이 남편의 두 번째 아내가 되도록 했고, 그 두 사람 사이에서 아들 이스마엘이 태어났다. 그런데 신이 나중에 90세가 된 사라에게 아들을 내려 또 다른 아들 이삭이 생겼다. 이 부분이 중요하다. 유대교와 기독교에서는 종교적 혈통이 이스라엘에서 이삭으로 이어지지만 이슬람교에서는 이스마엘을 후손으로 본다. 그러나 유대교, 기독교, 이슬람교 모두 하갈과 사라의 두 아들로 계보가 이어지므로 통틀어 '아브라함 혈통의 종교'로 지칭된다.

기독교에서는 구약성서에 신약성서의 내용이 '추가'되었다고 보는 반면 무슬림들은 유대교, 기독교와 더불어 자신들의 종교가 '계속 이어졌다'고 본다. 모하메드가 경험한 '밤의 여행'에 중요한 의미를 부여하는 이유 중 하나도 이 같은 종교의 연속성을 나타내는 일이기 때문이다.[30] 또한 이슬람교에서는 신의 계시가 아담, 아브라함, 이스마엘, 이삭, 예수 등 과거의 여러 선지자들을 통해 여러 차례 전해졌다고 믿는다. 모하메드는 오랜 역사에 걸쳐 이어져온 계시를 마지막으로 받은 사람이자 계시가 최절정에 이른 시기의 예언자로 여겨진다. 이에 따라 코란에도 신이 인간에게 전하는 최후의 계시가 담겨 있다. 또한 코란은 과거의 선지자들을 통해 확립된 전통을 '바로잡는' 기능을 한다. 무슬림들은 외부에서 유입된 교리나 오랜 시간을 거치면서 누군가 고의적으로 추가한 내용들로 인해 전통이 퇴색되고 문제가 생긴 부분이 있기 때문에 이러한 기능이 필요하다고 해석한다.[31]

예를 들어 이슬람교에서는 예수를 하느님과 동일시하는 것(성부, 성자, 성신을 의미하는 삼위일체에서 나타나듯이)을 시르크shirk, 즉 용서받지 못할 우상숭배의 죄로 여긴다. 예수는 '선지자'이지만 신은 아니라고 보기 때문이다(모하메드를 보는 시각도 이와 동일하며, 이러한 이유로 모하메드의 모습을 그리는 행위도 금지된다. 그림으로 그리면 기독교에서 예수를 숭배하듯이 모하메드를 신처럼 숭배할 수 있다는 판단 때문이다[32]). 또한 예수가 십자가에 못 박혀 숨을 거두었다는 기독교의 믿음도 실제 일어난 일과 다르다고 본다. 이슬람교에서는 원죄론을 인정하지 않고, 아담이 에덴동산에서 선악과를 먹은 뒤 인류의 몰락이 일어났다고도 믿지 않으므로, 예수가 인간을 대신해 속죄할 필요가 없다고 여긴다. 그러므로 하느님이 예수를 하늘로 데려가면서 마치 십자가에서 처형당한 것처럼 '꾸몄다'고 해석하는 견해도 존재한다. 유다를 예수 대신 희생될 사람으로 대체했다는 설도 있고, 복음서를 통해 예수의 십자가를 짊어지고 걸어갔다고 전해지는 키레네 사람 시몬이 신비한 힘에 의해 예수와 꼭 닮은 모습으로 바뀌어 예수가 못 박힐 자리에 올라갔다는 설도 있다.

이슬람교의 가장 중요한 특징은 타협의 여지가 없는 일신교라는 점이다. 즉 이슬람교에서 신은 유일한 존재다. 기독교의 삼위일체 개념은 세 존재가 완전히 다르면서도 그 본질은 완전하게 동일하며 서로 분리될 수 없고 모순되는 부분도 없다고 본다. 어떻게 그런 일이 가능할까? 이러한 개념 자체가 논리적 해석을 거부한다는 인상을 준다(실제로 이슬람교의 '시르크'는 때때로 '다신교'로 번역된다). 원칙적으로 신은 유일하다는 것을 강조하는 것이 이슬람 교리에서 가장 근본적인 토대가 되며 이를 '타우히드Tawhid'라고 한다. 그리고 이러한 믿음을 선언하는 신앙 고백을 의미하는 샤하다shahada는 이슬람교의 핵심을 상징하는 '다섯 기둥' 중 가장 첫 번째 기둥에 해당한다(수니파와 시아파 모두 동일하게 이 기준을 따른다). 개신교에서는 사실상 무엇을 믿느냐에 따라 개신교도인지 여부가 결정되지만, 이슬람교에서는 신이 유일하며 모하메드는 신의 전령이라는 믿음만이 무슬림이 될 수 있는 조건으로 여겨진다. 학자인 존 에스포지토John Esposito는, 이슬람교는 믿음('교리')보다 행위('바른 실천')를 더 중시한다고 설명한다.[33] 다섯 기둥의 내용도 신앙고백 외에 하루에 다섯 번 카바가 있는 방향으로 기도하는 것, 가난한 이를 위해 기부하는 것, 일생에 최소 한 번은 메카로 순례를 떠나는 것('하즈'), 그리고 이슬람력을 기준으로 아홉 번째 달인 라마단 기간(모하메드가 최초로 계시를 받은 달)에는 음식을 먹거나 마시지 않고 성행위를 하지 말아야 한다는 것으로 구성된다.

유대교가 시간이 흐르면서 정통파와 보수파, 개혁파로 나뉘고 기독교는 개신교, 가톨릭, 동방 정교회로 교파가 나뉜 것처럼, 이슬람교도 두 교파로 나뉘었다. 바로 수니파 이슬람과 시아파 이슬람이다. 이 가운데 시아파는 전 세계적으로 16억 명에 달하는 무슬림 중 10~15퍼센트로 구성된 소수 교파다. 이 책에서 논의할 여러 현안을 이해하려면 수니파와 시아파가 분리된 역사적 배경을 반드시 짚고 넘어가야 한다. 갈등은 632년, 모하메드가 갑작스럽게 세상을 떠난 뒤 무슬림 사회를 누가 이끌 것인가를 두고 논의를 벌이던 중 합의가 이루어지지 않으면서 시작되었다.[34] 당시 대다수의 무슬림들은 '칼리프 국가'로도 불리는 이슬람 국가의 대표자 '칼리프'를 공동체가 선택해야 한다고 보았다. 그러나 일부 무슬림들이 모하메드가 죽기 얼마 전에 통치권을 사촌동생이자 사위인 알리(Ali, 모하메드의 딸 파티마의 남편)에게 넘겨주었다고 믿었다. 론 기브스Ron Geaves는 저서 『오늘날의 이슬람Islam Today』에서 이러한 믿음을 가진 사람들은 모하메드가 "밤의 여행 당시 알리가 자신의 후계자라는 사실을 알아차렸다"고 여기며, 이 사실을 "나는 신의 사도이고 알리도 신의 사도이다"라는 말로 밝혔다고 본다.[35] 알리를 지지하는 사람들은 '알리의 무리'를 의미하는 '시아트 알리shi'at Ali'로 불리다가, 오늘날에는 간단히 '시아Shia'로 불리게 되었다.[36]

모하메드가 세상을 떠난 뒤 아부 바크르, 우마르Umar, 우스만Uthman, 알리까지 네 명의 칼리프가 그의 자리를 계승했다. 수니파에서는 이들을

'정통 칼리프'로 인정하지만 시아파에서는 알리에 앞서 칼리프가 된 세 사람이 정당하지 못하게 그 자리를 강탈했다는 입장을 고수했다. 이는 엄청난 폭력 사태로 이어져 결국 "첫 두 명의 칼리프 계승자가 살해당하는" 일이 발생했다.[37] 알리는 수니파와 시아파 양쪽이 모두 받아들인 칼리프였지만, 결국 그도 나중에 죽임을 당했다. 이후 시아파는 알리의 자리를 아들인 하산Hasan이 이어받아야 한다고 주장했지만, 칼리프 지위는 시리아 총독이던 무아위야Muawiyah에게 넘어갔다. 서기 670년 하산이 사망한 뒤에도(독살 가능성이 제기된다) 시아파는 하산의 남동생 후세인Hussein이 계승자라고 보았지만, 무아위야는 자신의 아들인 야지드Yazid에게 칼리프 자리를 물려주었다[38](무아위야는 하산이 죽고 정확히 10년 뒤에 세상을 떠났다). 이처럼 족벌주의 원칙에 따라 칼리프가 정해지면서 무아위야 왕조를 필두로 한 세습 왕조가 시작되었다. 후세인은 야지드에 대한 충성을 거부하고 반기를 들다가 야지드의 권력이 훨씬 더 강력하다는 사실만 깨닫고 말았다. 야지드의 군대가 이라크 도시 카르발라에서 벌인 대대적인 학살로 후세인은 잔혹하게 암살당하고 유해도 처참하게 훼손되었다. 이 사건은 시아파에게 오늘날까지도 트라우마로 남아 있다.[39] 이슬람력의 제1월인 무하람Muharram에는 이 악명 높은 카르발라 전투를 기억하고 추모하는 행사가 진행된다.

수니파에서는 전통적으로 칼리프를 특별한 리더십을 보유한 일반인일 뿐 초자연적인 능력을 가진 존재가 아니라고 본다. 그러나 시아파의 입장은 이와 사뭇 다르다. 이들은 정당한 방식으로 무슬림 지도자인 칼리프 자리에 오른 사람을 정치적 지도자인 동시에 영적 지도자라는 의미가 담긴 이맘Imams이라 칭한다. 이맘은 "이슬람의 참된 계승자이고, 선지자의 직계후손이며, 코란에 담긴 내밀한 사실을 이해하는 특별한 능력을 혈통으로 물려받은 존재"로 여겨진다.[40] 대표적인 이슬람 학자인 데이비드 쿡David Cook은 이맘에 대해 "과거와 미래에 관한 독보적 지식을 가진 존재"이며 "누구도 범접할 수 없는 코란의 의미를 해석할 수 있고", "신과 고유한 방식으로 연결된" 존재라고 설명한다.[41] 시아파에 확립된 여러 전통 가운데 가장 눈에 띄는 부분은 알리 이후 현재까지 정확히 열두 명의 이맘이 등장했다고 보는 것으로, 이러한 생각을 따르는 사람들은 '열두 이맘파Twelvers'로 불린다. 이란과 이라크에 사는 무슬림 대다수가 이 열두 이맘파에 속한다. 레바논, 파키스탄, 인도, 바레인, 아프가니스탄, 심지어 사우디아라비아 동부 지역에서도 열두 이맘파를 상당수 찾을 수 있다.

수니파와 시아파가 세상의 종말에 어떤 일이 벌어진다고 생각하는지 알아보기에 앞서 이슬람교가 예견하는 개인의 종말, 즉 죽은 사람이 거치는 과정에 관한 이야기부터 살펴볼 필요가 있다. 기독교에서는 성도의 영혼이 온전하게 의식이 남아 있는 상태로 예수와 함께 지내다가 휴거나 재림이 찾아오면 육체가 부활해 영혼과 재결합한다고 믿는다. 앞에서 설명했듯이, 이슬람교에서도 신체의 부활이 교리의 핵심을 차지한다. 간략하게 그 과정을 정리해보면, 코란과 하디트에서는 사후에 신 또는 '죽음의 천사'가 몸에서 영혼을 데려간다고 이야기한다. 죽음을 맞이한 첫날밤에는 영혼이 무덤 속에 그대로 남아 있고, 이후 두 천사가 찾아와 영혼에게 "신과 선지자, 경전에 관한" 질문을 던진다.[42] 정답을 이야기하면 "신이 있는 하늘 위"에 잠시 머물다가 다시 지상의 무덤으로 돌아오고, 정답을 맞히지 못하면 이 짧은 여행을 다녀오지 못한다. 어느 쪽이든 영혼은 그대로 육체와 함께 남아 있다가 종말이 되면 무덤에서 육체가 깨어난다. 즉 죽은 뒤부터 부활할 때까지 무덤에서 지내는 것이다.

다만 천국에 다녀온 영혼에게는 이 시간이 "쏜살같이, 즐겁게 흘러가고" 벌 받은 영혼에게는 이 시간이 "느리고 고통스럽게" 흘러간다.[43]

이슬람교에서 이야기하는 종말을 연대순으로 단일하게 정리하는 것은 굉장히 어려운 일이다. 데이비드 쿡도 종말에 관한 이슬람 전통을 알 수 있는 자료는 "이슬람 법률과 달리 통합되거나 성문화되지 않았다"고 밝혔다.[44] 코란과 하디트에도 최후의 세상에 관한 이야기가 불완전하게 단편적으로 그려지며(이 두 자료에만 종말이라는 주제가 143군데 등장한다), 시아파와 수니파의 견해는 근본적인 부분에서부터 차이가 있다. 마샤 헤르만센Marcia Hermansen은 "이슬람교에서 시간의 개념은 기독교나 유대교의 전통에 비해 비선형적인 경우가 많다"[45]고 전했으며, 장피에르 필리유Jean-Pierre Filiu는 코란 자체에는 "종말의 일정에 관한 단서가 별로 없다"고 설명했다.[46] 다음에 제시할 내용은 학자들의 이 같은 경고를 감안해 오늘날 수많은 이슬람교도들이 진지하게 수용하는 종말론 가운데 좀 더 많이 알려진 이야기를 정리한 것임을 밝혀둔다(이 점은 앞선 내용들도 마찬가지다. 세대주의 신학에 초점을 맞춘 이유도 학계에서 인정받아서라기보다는 미국의 종교 문화에서 널리 알려진 내용이기 때문이다). 다음 이야기의 상당 부분은 현대 무슬림 종말론자들과 쿡, 필리유를 비롯한 학자들의 견해, 그리고 이슬람 연구가이자 종교 지도자인 야시르 카디Yasir Qadhi의 자료에서도 확인할 수 있다.[47]

수니파와 시아파 모두 종말의 시작을 '마디'라는 존재가 나타나는 때로 보지만 마디에 관한 견해는 완전히 엇갈린다. 마디는 구세주적 존재로 이슬람 공동체('움마')를 통합하고 부활과 판결, 심판의 날, 혹은 마지막 순간으로 이어지는 최후의 사건들이 이루어지도록 하는 주체다. 코란에는 마디가 언급되지 않으나 하디트에는 마디의 역할과 미래에 행할 일들이 무수히 등장한다. 눈에 띄지 않는 내용이 더 많기는 하지만 주목할 만한 내용도 몇 가지 있다. 그중 한 가지는 마디가 모하메드의 후손이 될 것이라는 이야기다. 마디의 이름은 (선지자와 같은) 모하메드이고 부친의 이름도 (선지자의 부친과 같이) 압둘라Abdullah일 것으로 예견된다.[48] 야시르 카디는 그의 생김새에 대해 이마의 머리가 시작되는 선이 위로 치우쳐 있거나 눈썹이 낮게 자리한 편이라 "이마가 넓고 코가 툭 튀어나온" 모습일 것이라고 추정한다.[49] 또한 마디는 꾸준히 독실한 무슬림으로 살지는 않으며 "하룻밤 사이" 일종의 깨달음을 얻는 계기가 생기고,[50] 이를 통해 열성적인 신도가 된다고 전해진다. 마디가 세상에 나타나면 "7년간 통치할 것"으로 예견되지만 일부 전통에서는 이 기간을 5년 또는 9년으로 본다.[51] 마디는 모하메드와 외모는 다르지만 도덕적으로 강직하고 자비롭고 너그러운 품성 등 영적인 특성은 선지자와 동일할 것으로 여겨진다.[52]

수니파에서는 마디가 출현한 이후 종말이 대략 다음과 같은 순서로 진행된다고 본다. 먼저 정작 마디 자신은 주어진 역할을 맡으려 하지 않으며 처음에는 자신이 마디라는 사실을 인지하지 못한다. 그로 인한 갈등('피트나fitna')을 피해 그가 메디나에서 메카로 피신할 것이라고 보는 견해도 있다.[53] 그러나 메카에서 몇몇 사람들이 그를 마디로 알아보자 어쩔 수 없이 집 밖으로 모습을 나타내고, 사람들은 카바 신전의 '검은 돌(아담이 살던 시대부터 전해진다고 여겨지는 카바의 주춧돌)'과 '아브라함이 서 있었던 곳(Station of Abraham, 카바가 건립될 당시 아브라함이 이스마엘과 함께 서 있던 곳으로, 발 모양이 남아 있다)' 사이에서 마디에게 충성을 맹세한다(바이아bay'ah).[54] 하디트에는 이때 "모인 사람들을 물리칠(그리고 죽일) 군대가 이곳으로 향한다"는 내용도 있다. 그러나 기적과 같은 일이 벌어져 이 습격대는 무기

하나 없고 거의 아무런 방어 능력이 없는 마디와 그를 따르는 사람들이 있는 곳에 결국 이르지 못한다. 구체적으로는 군대가 메카를 향해 돌진하는 중에 갑자기 땅이 열려 습격대 전체가 그 틈에 빠지고 만다. 이 사태가 벌어진 곳 가까이 있던 모든 사람들이 함께 몰살되는데, 그중에는 전쟁에 나선 이들과 아무 상관 없는 무고한 여행자들도 포함되어 있다. 모하메드는 이들이 "당시 마음속에 어떤 의중을 품었는지를 토대로 부활의 날에 깨어날 것"이라 예견했다고 전해진다.[55]

바로 이 사건이 마디가 나타났다는 사실을 이슬람교도들이 깨닫는 확고한 증거가 된다. 호라산 지역(아프가니스탄과 중앙아시아 지역의 일부가 포함된 역사적인 지역)으로 추정되는 동쪽에서 검은 깃발(또는 기치)을 든 또 다른 군대가 나타나 마디를 지키기 위해 메카로 향하는 것도 그의 출현을 나타내는 또 다른 증거로 여겨진다. 이와 같은 사건을 통해 무슬림 사회 전체가 이 마디라는 존재에게 충성을 맹세해야 한다는 사실을 인지하고, 그가 있는 곳으로 사람들이 몰려들기 시작한다. 하디트 중 신빙성이 약하다고 분류된 자료 중에는 "눈 속을 기어가는 한이 있더라도" 반드시 그 일을 행해야 한다고 명시되어 있다.[56] 마디는 이슬람 사회에서 모두가 인정하는 지도자가 되어 "억압과 압제가 가득하던 세상을 평등과 정의로" 가득 채운다. 그리고 칼리프 자리에 올라 재산을 전부 나눠주고 자신은 돈을 세는 일조차 하지 않는다.[57] 이후 즐겁고 풍족한 시기가 이어진다.

그러나 이것은 끝이 아닌 시작일 뿐이다. 전해오는 이야기에 따르면 수많은 종말의 '징후'가 쌓이고 쌓여 마침내 마지막이 다가오며, 이 징후는 '작은 징조'와 '큰 징조'로 나타난다. 작은 징조에는 (종교적) 지식이 사라지고 무지가 확산되는 것, 전쟁이 늘어나고 악이 늘어나며 지진이 확산되는 현상 등이 포함된다. 이로 인해 사람들의 불안감이 커지고 살인

이 '빈번히' 일어난다. 하디트의 유명한 구절 중에 "사람들이 건물을 지나치게 높이 짓고, 무덤을 지나는 사람들이 입을 모아 알라신께 '여기 묻힌 사람이 나였으면 좋겠다'는 기도를 올릴 때" 최후의 시간이 찾아온다는 내용이 있다.[58] 무슬림 종말론자들이 이 부분을 재빨리 인지하여 지적했듯이 현재 우리 주변에서 자주 눈에 띄는 모습과 이 같은 징후가 많은 부분 일치하지만, 하디트의 내용을 시대를 불문하고 어느 때나 적용하기에는 애매모호한 부분이 있다. 종말의 작은 징후들이 원치 않는 변화 중에서도 자연에서 비교적 일상적으로 일어나는 현상에 속하는 반면, 큰 징후는 지극히 이례적인 초자연적인 현상에 해당한다. 하디트에는 이러한 징후가 총 10가지 나타난다고 전해진다.[59] 여기서 주목해야 할 사실은, 마디는 이 두 가지 징후 중 어느 쪽에도 해당하지 않는다는 점이다. 야시르 카디는 그가 작은 징후와 큰 징후를 '연계시키는' 역할을 한다고 주장한다. 즉 세상의 상황이 됐을 때 한 번 시작되면 급속히 전개되는 초자연적 현상의 시대로 전환시키는 매개체라는 것이다.[60]

큰 징후의 첫 번째는 '다잘'의 등장이다. 하디트의 한 구절에 따르면 "다잘의 한쪽 눈, 오른쪽 눈은 포도 알처럼 튀어나온" 모양이라고 한다.[61] "동쪽에서 나타나 군대를 지휘하는 유대인으로 알려진 자"가 다잘이 될 것이며,[62] 다잘의 공포 통치는 "40일간 지속되는데 하루는 1년처럼 흘러가고 또 하루는 한 달처럼 흘러가고 또 다른 하루는 일주일같이 흘러가며 남은 날들이 곧 너희의 생이 될 것"이라고도 전해진다.[63] 야시르 카디는 이 구절의 의미에 수학적인 계산을 약간 더해서 다잘은 1년 하고도 2개월 반 동안 머물 것이며, 그 시기는 7년간 이어진 마디의 통치 기간이 끝나갈 무렵일 것이라고 해석한다.[64]

그런데 다잘이 나타나는 시기는 시리아 북부 어느 작은 마을에서 이슬람교도와 '로마인들'(현대 종말론에서는 미국을 의미하는 표현으로 해석하는 경우가 많다)의 대규모 전투가 벌어진 이후에 해당한다. 하디트에는 다음과 같이 나와 있다. "로마인들이 알아마크나 다비크에 자리 잡기 전까지는 최후의 시간이 찾아오지 않는다. 또한 그 시기에 동쪽 땅에서 가장 뛰어난 자들(군인들)로 구성된 군대가 메디나에서 형성되어 그곳으로 (무슬림을 지키러) 향할 것이다. 이 군대가 전열을 정비하면, 로마인들이 이렇게 요구할 것이다. 너희는 우리 일원을 포로로 데려간 저들(무슬림)과 우리의 싸움을 방해하지 마라." 여기서 '포로'란 로마군 포로(또는 변절자?) 중 이슬람교로 개종한 사람들을 가리킨다. 이 말을 들은 무슬림들은 그 요구를 거부하고 다음과 같이 답한다. "그럴 수 없다. 알라의 뜻에 따라, 우리는 너희와 너희가 싸우려는 우리 형제들을 그대로 내버려둘 수 없다." 그리하여 두 군대는 전투를 벌인다. 그 결과 무슬림군의 3분의 1은 달아나고, 3분의 1은 목숨을 잃게 되며, 나머지 3분의 1은 승리를 거둔다. 살아남은 자들은 이 혹독한 시험을 견딘 덕분에 두 번 다시 시련을 겪지 않지만 달아난 이들은 신에게 결단코 용서받지 못한다. 그리고 죽은 자들은 "훌륭한 순교자"로 인정받는다.

승리한 자들은 콘스탄티노플(현재 이스탄불로 불리는 터키 북서부)로 진격해 무난히 승리를 거둔다.[65] 그러나 이 승리는 결코 평범한 승리가 아니다. 7만 명의 무슬림이 이곳에 당도하지만 "무기를 들고 싸우거나 화살 세례를 퍼붓지도 않는다". 그저 다음과 같이 외칠 뿐이다. "알라 외에 신은 없고 알라가 가장 위대하다!" 그로 인해 [콘스탄티노플의] 한쪽이 붕괴"되고 "바다와 면한 지역"이 함락된다. 그러자 무슬림 군대가 다시 소리친다. "알라 외에 신은 없고 알라가 가장 위대하다!" 그 결과 "콘스탄티노플의 또 다른 면이 무너지고", 마침내 "문이 열려 무슬림군이 들어갈 수 있게 된다".[66] 15세기에 오스만 제국의 무슬림들이 이미 콘스탄티노플을 정복했다는 사실을 떠올리면, 이 일련의 사건이 당혹스럽게 느껴진다. 데이비드 쿡은 이 부분에 대해 다음과 같이 밝혔다. "1453년에 이곳을 정복한 이들이 (진정한) 무슬림은 아니라고 주장함으로써 해석하기 까다로운 이 부분을 이해하려는 시도도 있다. 이로 인해 세상이 끝날 무렵에 콘스탄티노플을 '다시 정복'하는 일이 벌어질 수 있다고 보는 것이다."[67]

여기서부터 다잘이 등장한다. 콘스탄티노플로 온 이슬람 군대가 "올리브 나무에 검을 매달아놓고" "서로 전리품을 나눠 가지려는 참에" 누군가 울면서 소리친다. "다잘이 너희 가족들이 머물던 곳을 빼앗았다!" 그러자 수많은 병사들이 서둘러 집으로 향하는데, 그제야 그 말이 사탄이 꾸민 거짓말이라는 사실을 깨닫는다. 시리아에서 다시 결집한 군대는 다잘과 맞서 싸울 준비를 하던 중(코란을 읊어서 다잘의 주술을 막는 연습을 한다는 의미) 파즈르fajr, 즉 아침 기도를 하기 위해 연습을 잠시 중단한다.[68] 이때 두 번째 큰 징조가 나타난다. "다마스쿠스(시리아의 수도) 동쪽에 있는 하얀 뾰족탑"으로 양쪽에 천사를 거느린 예수가 내려온 것이다. 쿡은 이 부분에서 다음과 같은 사실을 지적한다. "예수의 귀환이 코란에 구체적으로 명시되어 있지는 않지만, 코란 3장 55절의 문구에 그러한 의미가 분명하게 반영되어 있다." 쿡이 언급한 코란의 구절은 다음과 같다. "알라가 말씀하길, '오 예수여, 내가 직접 너를 거두고 기를 것이며 믿지 않는 자들로 인한 죄를 씻어줄 것이다. 부활의 날까지, 너를 따르는 자들[유일신을 믿는 자들]은 믿지 않는 자들보다 우월해질 것이다. '그런 다음에 너는 내게로 돌아올 것이며', 그때 네가 동의하지 못하는 일에 대하여 내가 판가름을 낼 것이다."(작은따옴표 부분은 설명을 첨가한 것) 하디트의 한 구절에 따르면 예수가 머리를 숙일 때 "머리에서 구슬 같은 땀이 떨어지고, 다시 머리를 들면 이 진주 같은 구슬이 사방에 흩어진다. 믿지 않는 자들은 모두 그의 향을 맡고 목숨을 잃는다. 그리고 그의 숨결은 눈으로 볼 수 있는 곳까지 멀리 닿을 것이다."

이어 예수는 7만 명의 유대인과 함께 다잘을 쫓기 시작한다.[69] 이들은 '러드의 문gate of Ludd'이라는 곳에 당도하는데, 이곳은 현재 이스라엘의 도시 로드Lod에 해당한다(예수가 지상에 내려온 곳이 다마스쿠스 인근이 아니라 예루살렘이라고 보는 이야기도 있다). 이곳에서 예수는 다잘을 무찌르고 자신의 칼에 묻은 다잘의 피를 무슬림 병사들에게 보여준다. 하디트 여러 구절에 언급된 내용에 따르면 예수는 이 칼로 "돼지를 죽이고" "십자가를 부순다". 특히 이 두 번째 행동에는 기독교의 진실이 변질되었음을 입증한 것으로 해석되어 중요한 의미가 부여된다.[70] 이슬람교로 개종하지 않은 유대인들도 이곳에서 몰살된다. 하디트에는 다음과 같은 상당히 충격적인 구절도 등장한다. "최후의 시간은 무슬림이 유대인과 맞서 싸우고 죽인 이후에 찾아온다. 유대인이 [돌로 된] 벽이나 나무 뒤에 숨으면 그 벽이나 나무가 외칠 것이다. '오, 무슬림이여! 알라의 종이여! 나의 뒤에 유대인이 있다!' 그러면 [무슬림이] 다가가 그를 죽일 것이다."[71] 마디가 이 시기에 무엇을 하는지는 명확하지 않다. 미래를 예견한 여러 이야기에서 마디에 관한 언급이 갑자기 뚝 끊어진다. 지상에서 종말에 해야 할 임무를 모두 마치고 자연사로 세상을 떠나거나 죽임을 당한 것으로 추정된다.

일부 이야기에서는 예수가 이후 40년간 통치한다고 전한다. 다잘을 처단한 예수는 "혹독한 시험을 견디고 살아남은 무슬림을 위로한 뒤" 이들을 이끌고 "편안한 안식처인 투르(예루살렘 동부에 위치한 '감람산' 정상으로 추정)로 향한다".[72] 이때 더욱 불길한 종말의 큰 징조가 나타난다. 저주받은 사람들이자 싸움을 즐기는 곡과 마곡의 사람들이 "곳곳에서 갑자기 나타나 온 땅에 가득해지도록 맹렬히 몰려든다".[73] 쿡은 이들이 "뚜렷한 이유도 없이, 온 세상을 파괴하기 위해 만들어진 살상무기처럼 행동한다"고 설명한다.[74] 이들은 폭력을 휘두르는 것에 그치지 않고 이 땅의 자원을 모조리 고갈시켜 물이 생겨나는 모든 원천이 이들 때문에 말라버리는 지경에 이른다. 하디트에는 다음과 같은 구절이 등장한다. "무슬림들은 이들을 피해 달아날 것이며, 나머지 무슬림들은 각자의 도시와 요새에서 가축들을 모두 데리고 머무를 것이다." 이때 기적적인 일이 벌어진다. 하느님이 "양의 코에서 볼 수 있는 벌레와 비슷한 벌레를 내려 그것이 적의 목을 뚫고 들어가도록 함으로써" 곡과 마곡의 사람들을 전멸시킨다. 적들은 "메뚜기 떼처럼 시체가 켜켜이 쌓인 채" 죽어간다. 다음날, "무슬림들은 적의 소리가 들리지 않는다는 사실을 깨닫고 '알라를 대신하여 영혼을 희생하고 밖으로 나가서 적들이 무엇을 하는지 보고 올 사람이 필요하다'고 이야기한다. 한 사람이 죽임을 당할 각오를 하고 밖으로 나갔다가 모두 죽어 있는 것을 발견하고 사람들에게 외친다. '적들이 죽었으니 이 얼마나 기쁜 일인가!'" 하디트의 또 다른 구절에는 무슬림들이 "밖으로 나와 적들의 시체가 가득 쌓여 땅 위에 남은 공간이 많지 않고 악취가 진동하는 광경을 목격한다"는 내용이 담겨 있다.

막바지에 이르면 더욱 인상적인 큰 징조가 나타난다. 태양이 동쪽이 아닌 서쪽에서 뜨는 것도 그중 한 가지다. 이 현상은 인간에게 회개의 문이 닫히는 표식이라는 점에서 중요한 의미를 갖는다. 하디트의 문구를 인용하면, "믿지 않은 영혼, 믿음을 통해 선해지지 않은 영혼은 믿음이 있어도 이로울 것이 전혀 없을 것이다". 이로써 개개인의 영혼이 처할 운명이 영원히 결정된다. 또 하나의 중대한 징조는 '땅의 짐승'이 나타나는 것이다. 코란에 따르면 "(옳지 못한 자들에 관한) 말씀대로 되리니, 땅에서 (그들과 대면할) 짐승이 생겨난다. 이 짐승은 그들을 향해 말을 할 것이나, 인간은 이것이 징조라는 사실을 분명하게 믿지 못한다". (신빙성이 약한) 하디트에 따르면 이 짐승은 솔로몬의 반지와 모세의 지팡이를 갖고 있으며, 이것이 믿음이 있는 사람들과 불신자들(카피르Kafir)에게 각기 다른 용도로 쓰인다고 보는 견해도 있다. 이 짐승은 "믿는 자의 얼굴을 환하게 밝히고 불신자의 코를 반지로 찍는다. 그리하여 사람들이 식사를 하기 위해 모여들면 '오, 믿는 자여!'라고 부르는 소리와 '오, 불신자여!'라고 부르는 소리가 구분될 것이다."

'유쾌한 바람Pleasant Wind'도 최후에 나타나는 큰 징조 중 하나다. 곡과 마곡을 모두 처단한 뒤 이 바람이 "[믿는 자들의] 겨드랑이 아래로 불어와 모든 무슬림의 영혼을 데려가고 나머지 사람들은 당나귀처럼 등이 둥글게 휠 것"이라고 전해진다. 또한 "다리가 가는" 에티오피아 출신 둘수와이콰타인Dhul-Suwayqatayn이라는 지도자가 나타나 카바를 파괴하고, 거대한 불길이 일어나 "전 인류가 최후의 심판이 열릴 장소로 결집한다".[75] 종말이 더 가까이 다가오면 이스라필Israfil이라는 천사가 "나팔을 불어 최후의 순간이 다가왔음을 알리고, 심판받을 사람들의 삶이 적힌 서판의 내용을 낭독한다".[76] 나팔은 한 번 울린다고도 하고(코란 69장 13절), 두 번 울린다고도 하는데(코란 39장 68절), 일부 기록에는 이를 합쳐 총 세 번 울린다고 해석하기도 한다.[77] 코란의 내용을 좀 더 상세히 살펴보면 다음과 같다.

> 나팔이 한 번 울리면 땅과 산이 융기하고 또 한 번 울리면 평평해진다.

이날 부활이 일어날 것이며 하늘은 견고함을 잃고 쪼개진다[열린다]. 천사들은 갈라진 하늘의 가장자리에 나타난다. 그날, 여덟 천사 위로 하느님의 권좌가 나타날 것이다. 너희는 [심판의] 대상으로 드러나고 무엇도 숨길 수 없다. 오른손에 삶의 기록이 얹어지는 자, "이것이 저의 기록이니 읽어보십시오! 제 기록을 이렇게 보게 될 것을 저는 알고 있었습니다"라고 말하는 자는 드높은 정원에서, 지천에 과일이 열린 곳에서 즐거운 삶을 살게 될 것이다. 그러나 왼손에 삶의 기록이 얹어지는 자, "오, 나의 기록이 주어지지 않기를 소망했고 이런 날이 올 것을 알지 못했습니다. 죽음으로 모든 것이 끝나기를 소망합니다"라고 말하는 자에게는 "저 자를 붙잡아 족쇄를 채우라. 그리고 지옥불로 데려가서 70큐빗(약 32미터)의 사슬에 매달아라"라는 [하느님의] 명령이 떨어질 것이다.

심판의 결과는 이렇게 확정되나 코란에서는 심판받은 자들이 모두 지옥을 지나는 다리를 건너야 한다고 설명한다. 신실한 자들은 "널따란 길을 따라 무슬림 공동체 사람들이 이끄는 대로 신속하고 수월하게 그 길을 지난다. 무리의 선두에는 선지자가 서 있다". 그러나 "믿음도 없고 선한 일도 행하지 않은 자들"에게는 다리가 "점점 좁아져 칼날같이 되었다가 머리카락 한 올보다도 가늘어진다. 달리 피할 방도도 없이 불 속에 떨어진 이들은 끝이 없는 벌을 받게 된다".[78] 코란은 지옥이 어떤 곳인지에 대해서도 거리낌 없이 설명한다. 영겁의 고문이 이루어지는 곳, "사람이 연료가 되어" 무엇으로도 잠재울 수 없는 불이 활활 타오르는 곳(코란 66장 7절)이 지옥이다. 반면 천국은 높다란 건물이 서 있고 큰 강물이 흐르며 먹을 것과 마실 것, 그늘, 질 좋은 실크와 양단 천으로 만든 의복이 넘쳐나고 옥좌와 크고 아름다운 눈을 가진 여자들이 많은 곳이다. 여기까지가 수니파에서 이야기하는 종말의 기본적인 내용이다.

시아파의 열두 이맘파는 종말을 이와 다르게 설명한다. 이들에 따르면 "메시아가 나타난다는 믿음은 전적으로 열두 번째 이맘과 직결되어 있다". 모하메드 이븐 알하산Mohammed ibn al-Hasan이라는 이름('이븐'은 아랍어로 '~의 아들'이라는 뜻[79])을 가진 열두 번째 이맘은 서기 874년 다섯 살의 나이에 사라져 '스스로를 지키기 위한' 은신the Occultation 상태에 들어갔다(그가 숨겨진 이맘으로 불리는 이유도 이 때문이다). 그러므로 이 열두 번째 이맘은 지금까지 1,000년 넘게 생존해 있으며 (아마도) 이라크 어딘가의 동굴에 머물거나 여러 이란인들의 생각처럼 이란 중심부에 위치한 잠카란Jamkaran이라는 성지 내부에 있을 것으로 여겨진다.[80]

열두 이맘파는 그가 바로 마디라고 믿는다. 그리고 종말이 오면 예수보다 그의 역할이 훨씬 더 중요하다고 본다. 열두 번째 이맘은 무슬림들 간에 큰 갈등이 빚어진 시기에 다시 모습을 나타낼 것으로 예견된다. 성스러운 라마단 기간에 일식과 월식이 여러 차례 발생하고 "메뚜기 떼가 들끓는 현상"이 나타나 열두 번째 이맘의 귀환을 예고할 것이라는 견해도 있다. 무슬림들 사이에 벌어진 싸움으로 시리아는 파괴되고 "바그다드와 쿠파에 벌건 불이 비처럼 떨어지며" 수니파의 종말론에서도 등장하듯이 해가 서쪽에서 떠오른다.[81] 시아파 전통주의자들이 이야기하는 종말의 '다섯 가지 징조' 중 하나는 수프야니Sufyani라 불리는 포악한 아랍 지도자(마디의 숙적)가 시리아에서 나타나 "시아파를 잔인하게 억압한다"[82]는 것이다. 비잔틴(동로마) 지역 국가들이 무슬림의 땅을 수차례 침략할 것이라는 예견도 있는데, 오늘날 수많은 무슬림들은 이를 미국과 그 동맹국을 뜻하는 말이라고 해석한다. 데이비드 쿡은 "2003년 미국이 이라크를 공격하자 이 예견이 실현되었다는 인식이 널리 확산되었다"고 설명한다.[83] 또한 수니파의 종말론과 마찬가지로 마디를 죽이기 위한 군대가 꾸려지지만 메카와 메디나 사이에서 땅이 갈라져 모두 집어 삼키는 신비한 일이 벌어진다.[84]

다시 모습을 드러낸 마디는 자신을 '시간을 다스리는 자Master of the Age'라고 칭하며, 그의 귀환은 새로운 창조의 주기가 종결되었음을 의미한다.[85] 필리유는 마디가 그와 "검을 다스리는 자Master of the sward"이며, 이슬람의 적에게 인정사정없는 벌을 내린다고 설명한다.[86] 마디, 즉 열두 번째 이맘은 이단을 행한 수니파의 신전을 파괴하고 이들의 종교 지도자('울라마ulama')를 제거하는 등 "선지자 모하메드의 가족에게 부여된 통치 권한에 반대한 자들에 대한 복수를 감행한다".[87] 카디는 마디가 이에 그치지 않고 죽은 수니파 통치자들을 모두 부활시켜 십자가형에 처하고 고문하며, 그들이 행한 악행을 벌하기 위해 수차례 죽이고 또 죽인다고 설명한다.[88] 이 같은 예언에는 소수에 불과한 시아파가 '부패한' 수니파 통치자들로 인해 너무나 오랜 세월 참고 견뎌온 박해와 억압이 잘 반영되어 있다.

열두 번째 이맘의 또 다른 역할은 세상에 정의를 세우는 것이다. 쿡에 따르면 그는 "온 세상을 포괄하는 메시아 국가를 설립한다".[89] 또한 예수가 아닌 이 열두 번째 이맘이 다잘을 죽인다고 전해진다. 시아파의 종말론에 따르면 열두 번째 이맘은 '마디 군'(다음 장에서 다시 설명한다)이라 불리는 군대를 직접 이끌고 그즈음 나타난 다잘이 머물고 있는 비잔틴의 콘스탄티노플로 이동한다. 예수도 이 과정에 동참하지만 적그리스도를 물리치는 역할은 열두 번째 이맘에게 주어진다. 이로써 그는 "어긋나 있던 이슬람을 올바르고 참된 길로 되돌려놓는다".[90] 이어 역사는 마지막 절정에 다다른다. 바로 신이 인간에게 내리는 최후의 심판이다.

필리유는 이슬람교의 종말론이 구세주 신앙과 천년왕국설을 상당히 독특한 방식으로 결합했으며 그러한 구성에 상당히 중요한 의미가 담겨 있다고 설명한다. 즉 이슬람교에서는 무슬림이 구원된다는 희망이 마디에게 달려 있으며, 이 마디라는 존재는 종말이 왔을 때 과거 이슬람교가 보유했던 힘을 되찾아주는 역할을 한다. 이 같은 힘의 회복은 엄청난 규모의 전쟁이 연이어 벌어지면서 결국 세상이 영원토록 바뀐다는 천년왕국설의 견해와 일치한다.[91] 반면 유대교의 종말론, 즉 메시아가 나타나 인류를 악에서 구원한다는 사상을 기본 토대로 삼는 기독교에서는 메시아인 예수가 처음 나타났다가 하늘로 올라가고 천 년 뒤에 다시 돌아와 지상에 천년왕국을 설립한다는 더 '큰 틀의' 이야기에 그와 같은 구원의 과정이 포함되도록 한다는 점에서 이슬람교의 이야기와 대조된다. 즉 기독교에서는 종말론 '속에' 포함된 종말론을 제시하는 반면, 이슬람교에서는 유대교와 기독교에서 다루는 주제를 활용하고 종합해 세상의 종말과 변화를 예견한다.

기독교의 세대주의 신학과 수니파, 시아파가 종말에 어떤 일이 벌어진다고 믿는지 순서대로 정리했으니 이제 이 같은 믿음이 전 세계 역사에 어떤 영향을 주었는지 살펴볼 차례다.

THE END

What Science and Religion Tell Us about the Apocalypse

13

총, 신, 아마겟돈

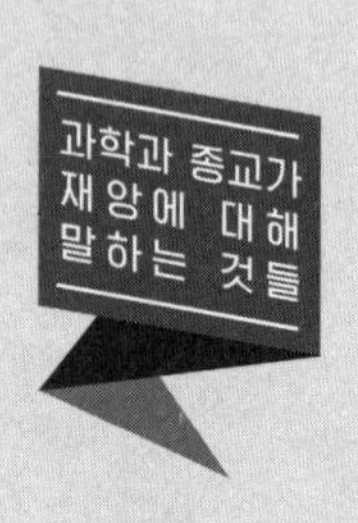
과학과 종교가
재앙에 대해
말하는 것들

종말론의 충돌

역사가 찰스 타운센드Charles Townshend는 저서 『테러리즘Terrorism』에서 1990년 초 철의 장막이 무너진 이후부터 테러의 특성이 바뀌었다고 밝혔다. 앞서 수십 년 동안 발생한 테러의 원인이 대부분 정치적인 문제였던 반면, "오늘날 테러에서 나타나는 가장 중요한 특성"은 "원인을 종교에서 찾을 수 있다는 점"이라는 것이다.[1] 다시 말해 현대의 테러리스트들은 민족주의적 목적을 가진 정치적 급진 분자보다는 현재 세상의 모습, 그리고 그보다 더 중요한 앞으로 '이루어져야만 하는' 세상의 모습에 관한 종교적 확신을 가진 광신도인 경우가 더 많다.

물론 물질적인 조건도 테러의 동기를 만드는 방정식에 '분명' 한몫

한다. 이슬람교를 비판하는 일부 세력들의 견해처럼 현대 사회의 테러가 종교 때문이라고 '딱 잘라 비난'할 경우 문제가 지나치게 단순화될 수 있다. 예를 들어 IS는 영국과 프랑스(그리고 러시아)가 1916년 중동의 '세력권'을 비밀리에 나눈 〈사이크스 피코 협정Sykes-Picot Agreement〉을 자신들이 분노하는 이유로 언급한다. 실제로 2014년에 IS는 이라크와 시리아를 나누는 동부 국경 지역의 땅을 불도저로 미는 사진을 트위터에 게시하고 "사이크스 피코 국경을 파괴하는 중"이라고 의기양양하게 밝히기도 했다.[2] 미국이 이 지역을 거머쥔 지도자와 잔혹한 통치 방식을 지지하는 것도 IS가 불만을 품게 된 이유에 속하며, 2003년 이라크를 선제공격한 일 또한 수많은 청년들이 서방 사회의 역사 깊은 제국주의적 간섭을 부당하다고 여기며 맞서 싸우게 만든 계기가 되었다.

그러나 이 같은 요인들을 모두 감안해도 테러리스트들이 내리는 결정과 행동에 종교가 끼치는 영향이 줄어드는 것은 아니다. 앞 장에서 설명한 바와 같이 미래에 대한 믿음은 현재의 행동에 영향을 준다. 이 원칙이 일상적인 일에도 적용된다면 어떨까. 독감 예방주사를 맞아봤거나 생명보험에 가입한 사람들은 이 원칙이 실제로 영향을 준다는 사실을 더 분명히 이해할 것이다. 하물며 그 믿음이 영적으로 가장 중요한 것이 무엇인가에 관한 것이라면 그 영향력이 훨씬 막강해질 것임을 짐작할 수 있다. 노벨상 수상자인 스티븐 와인버그Steven Weinberg의 말을 빌리자면, 많은 경우 종교는 "좋은 사람들이 나쁜 일을 하도록 만드는" 추가적인 '무언가'를 제공한다. 가령 알카에다와 같은 조직은 사이코패스들을 위한 멘사 클럽이 아니지만 실제로 알카에다에서 활동하는 테러리스트들 중에는 교육 수준이 높고 좋은 일자리를 갖고 있으며 결혼 생활도 안정적으로 유지하는 구성원이 많다. 미국의 맹목적인 애국주의에 분개할 수는 있지만 뉴스 매체인 알터넷Alternet이나 알자지라Al Jazeera에 그러한 의견을 게재하는 저술가가 되는 대신 종교적 순교자가 되는 이유는 이들이 마음 깊이 간직하고 있는, 신의 의지에 관한 독단적인 믿음에서 찾을 수 있다.[3]

모든 종교적인 믿음을 통틀어 영향력이 가장 막강한 것은 종말론에 관한 믿음이라고 보는 견해가 있다. 엄청난 숫자의 사람들이 어떤 행동을 하게끔 만든다는 점만 보더라도 충분히 그렇게 생각할 만하다.* 우주 전체의 역사에서 절정기라 할 수 있는 선과 악의 대결이 최고조에 달했을 때 직접 참여하는 것보다 더 흥미진진한 일이 있을까? 이 고단한 세상에서 신을 위해 목숨을 내놓고 영예롭게 끝을 맞이하는 것보다 의미 있는 일이 있을까? 나는 미래에 등장할 수 있는 테러 가운데 가장 두드러지고, 중대한 의미가 있고 우려스러운 유형은 종교적인 동시에 종말론에 뿌리를 둔 종류가 될 것이라 생각한다. 이렇게 주장하는 이유는 몇 가지가 있다. 첫 번째로 종말론을 믿는 테러 단체는 더 잃을 것이 없다는 입장이라 분쟁의 폭력 수준이 이례적으로 높아지는 결과를 초래할 수 있다. 성스러운 전사, 즉 '기독교 전사'(전진, 앞으로!)와 이슬람 순교자들은 죽음이 닥쳐도 하늘이 기다리고 있다고 믿고 낡은 세상은 새로운 세상, 더 나은 유토피아를 만들기 위해 파괴해야 하는 곳으로 여긴다. 제시카 스턴Jessica Stern과 J. M. 버거J. M. Berger는 저서 『ISIS: 테러 국가ISIS: The State of

* 이와 관련하여 리처드 랜디스(Richard Landes)는 그레임 우드(Graeme Wood), 윌리엄 매캔츠(William McCants)와 함께한 토론에서 스티븐 오리어리(Stephen O'Leary)의 저서 『종말에 관한 논쟁(Arguing the Apocalypse)』(Oxford University Press, 1994)의 한 부분을 인용했다. "종말론적 수사법은 사람들을 설득하기 가장 어려운 수사법에 해당하지만 일단 사람들이 수용하기만 하면 우리가 상상할 수 있는 가장 강력한 설득력을 발휘한다." 유튜브 영상, "리처드 랜디스와 윌리엄 매캔츠, 그레임 우드의 Q&A-4" 참고, 2015년 5월 15일. https://www.youtube.com/watch?v=joXLQa8zE2Y.

Terror』에서 종말론을 믿는 집단들은 "스스로 최후의 전투에 참여하는 중이라 생각하기 때문에 정치적인 요소는 무시해버릴 가능성이 있다"고 설명했다. 그리고 이런 자들이야말로 "야만적인 행위에 뛰어드는 테러리스트 단체가 될 가능성이 가장 높다"고 밝혔다.[4]

종교적 종말론이 가장 우려스러운 두 번째 이유는, 지난 1,000년 동안 종말론에 심취한 집단들이 무수히 등장하고 사라진 것은 사실이지만 현재 인류는 불과 70년 전에는 존재하지도 않았고 상상조차 할 수 없었던 전멸 가능성과 마주하고 있기 때문이다. 합성된 유전체를 비롯한 생명공학 기술부터 향후 개발될 것으로 보이는 분자제조 기술에 이르기까지, 이중용도로 활용할 수 있는 발전된 기술은 단체는 물론 개개인이 철저히 독자적으로 움직이면서 전 세계에 예측 불가능한 재앙을 일으키는 도구가 될 수 있다. 그러므로 죽음도 불사하는 광신도들 중 대량살상을 저질러야 천국이 실현된다고 '진심으로 믿는' 자들이 나타난다면 인류 역사상 최초로 그러한 사태가 벌어질 수 있다. 정치적 테러가 종교적 테러로 대체된 것처럼, 이 책 전반에 걸쳐 다룬 기술들이 실제로 결실을 맺을 경우 앞으로 수십 년 내에 종말론적 테러가 전 세계에 또 하나의 핵심 쟁점이 될 가능성이 있다.

아직은 존재론적 위기를 테러의 구체적인 근거로 드는 집단이 없지만 종말론적 사고는 세계정세에 보이지 않는 막대한 영향을 발휘하고 있으며, 그로 인해 내가 '종말론의 충돌'이라 이름 붙인 현상이 일어나고 있다(새뮤얼 헌팅턴Samuel Huntington이 밝힌 '문명의 충돌'에서 아이디어를 얻어서 만든 표현이지만 그 이론과 종말론의 충돌은 별로 관계가 없다). 종말론의 충돌이란 인적, 초자연적인 요소에 의해 세상이 맞이할 결말에 관한 여러 신념 체계들이 상호 양립할 수 없어 대립하는 상태를 가리킨다.

나는 우리 시대가 겪고 있는 가장 심각하고 본질적인 문제 중 많은 부분이 바로 이 종말론의 충돌에서 비롯되며 그 영향이 끊임없이 되풀이되고 있다고 생각한다. 이것은 나 혼자만의 주장이 아니다. 한 예로 종교철학자인 제리 월스Jerry Walls는 『옥스퍼드 종말론 입문Oxford Handbook of Eschatology』에서 다음과 같이 밝혔다. "오늘날 전 세계에서 발생한 문화적, 정치적, 사회적 갈등 가운데 가장 격렬한 대립이 벌어지는 문제가 종말론적 주장이 서로 다른 것에서 비롯된다고 해도 결코 지나친 생각은 아닐 것이다."[5] 프랑스 역사가 장피에르 필리유도 2012년에 수상의 영예를 안은 저서 『이슬람의 종말Apocalypse Islam』에서 비슷한 견해를 전했다. 그는 예언을 신봉하는 미국 기독교인들과 종말을 굳게 믿는 중동 사람들을 언급하면서, "천년왕국설이 서서히 대립하기 시작한 이 시점에서 볼 때, 이러한 대립의 영향은 문명의 충돌로 빚어진 영향을 훌쩍 뛰어넘을 것"이라고 예측했다.[6] 호주의 철학자 매슈 샤프Matthew Sharpe는 '종교로의 귀환'을 다룬 논문에서 "2001년 이후 시작된 근본주의의 충돌은 헌팅턴이 밝힌 그 유명한 '문명의 충돌'과 다른 양상을 보일 것"이라고 전했다.[7]

근본주의자와 천년왕국설을 믿는 사람들의 등장, 종말론자들이 벌이는 치열한 대결은 매우 중요한 현상이며 위기학자들이 절대 간과해서는 안 되는 문제이기도 하다. 실상을 제대로 이해하기 위해서는 세속적인 입장에서 종말을 연구하는 학자들이 선진 기술의 이중용도나 지구 온난화 등 인간이 일으킨 문제와 초화산 같은 자연현상, 기독교와 이슬람교(그리고 여기저기서 생겨나는 자잘한 광신적 종교 집단도 물론 포함해서)에서 이야기하는 숙명론적 종말에 대한 확신이 현실 세상에 얼마나 적극적으로 적용되고 있는지 반드시 파악해야 한다. 이에 지금부터 두 부분에 걸쳐 현

상황을 간략히 정리해보고자 한다. 먼저 미국의 종교 지도자들에 관한 이야기부터 한 다음, 현대 메소포타미아 지역의 테러리스트들로 시선을 옮겨볼 것이다. 이번 장에서 이야기하려는 논지가 다음의 세부적인 내용과는 무관하다는 사실을 미리 밝혀둔다. 핵심은 천년왕국설을 믿는 시각에 인류 보편적인 사고와 일치하는 부분이 있고, 그렇기 때문에 존 해기 John Hagee 목사와 아부 바크르 알바그다디Abu Bakr al-Baghdadi가 사라지더라도 오랫동안 영향이 지속될 것이라는 점이다(부록 3에 천년왕국설에 담긴 몇 가지 '세속적' 맥락이 나와 있다).

예수는 무엇을 하게 될까?

시온주의는 중동의 좁고 긴 땅인 팔레스타인에 유대 국가가 설립되어야 한다고 주장하는 국가주의적인 정치적 시각을 의미한다. 대체로 세속적인 의미에서 시작된 시온주의는 19세기 유럽에서 반유대주의가 급증하고 유대인들의 대응이 시작된 것을 계기로 친親 이스라엘 정서가 생겨났고, 이후 서구 지역에 '기독교 시온주의'가 탄생하는 결과로 이어졌다. 이와 같은 움직임은 유대인이 박해에서 벗어나고픈 열망보다는 세대주의 신학의 종말론이 실현되기를 바라는 열망에 뿌리를 두고 있다. 그러므로 사회학자이자 목사인 토니 캠폴로Tony Campolo의 설명처럼 "세대주의 신학을 이해하지 않고는 기독교 시온주의가 미국의 복음주의를 지배하게 된 배경이나 미국의 중동 정책에 얼마나 큰 영향력을 발휘해왔는지 제대로 이해할 수 없다".[8] 앞에서 살펴보았지만 이스라엘이 세대주의 신학을 중시하는 이유는 종말과 관련된 모든 내용이 팔레스타인의 유대 국가 설립과 관련 있기 때문이다(유대인에게 약속된 땅에는 이스라엘뿐만 아니라 팔레스타인, 요르단을 비롯해 이집트, 시리아, 사우디아라비아, 이라크 일부 지역에 걸쳐 있다는 사실을 기억하자).

해당 지역에 유대 국가를 건립해야 한다고 주장한 사람으로는 존 넬슨 다비를 꼽을 수 있다. 그러나 기독교 시온주의가 등장한 초기에 이를 가장 강력하게 내세우고 목소리를 높인 사람은 그의 친구인 윌리엄 블랙스톤William Blackstone으로 여겨진다. 블랙스톤은 19세기 말(유대 국가가 건설되기 전) 유대인들이 팔레스타인으로 이주한 일은 "시대의 징후"이며, "미국은 하느님이 인류를 위해 준비한 일과 관련해 특별한 역할과 임무를 부여받았다"고 주장했다. 유대인이 시온산을 되찾도록 도와주는, 현대판 키루스 2세의 역할을 미국이 해야 한다는 것이 블랙스톤의 주장이었다.* 1916년부터 1919년까지 영국 외무성 장관을 지낸 아서 밸푸어Arthur Balfour도 여기에 어느 정도 동의했다. 그는 유대 국가 건설을 영국이 지원한다는 내용의 〈밸푸어 선언Balfour Declaration〉(1917)에 서명한 일로 널리 알려졌다. 이 선언서에서 밸푸어는 "영국 정부는 팔레스타인에 유대인의 국가가 설립되어야 한다는 생각에 동의하며, 이 목표가 달성될 수 있도록 최선을 다해 도울 것"이라고 밝혔다. 어릴 때 밸푸어가 다닌 교회는 세대주의 신학을 따르는 곳이었다고 알려져 있다. 또한 밸푸어는 시온주의에 '성서적으로' 그리고 식민주의적 이유로 동의한다는 견해를 공개적으로 밝히기도 했다.[9] 샘 해리스Sam Harris는 저서 『종교의 종말The

* '키루스 대제'로도 불리는 키루스 2세는 아케메네스 왕조를 세운 시조다. 바빌로니아를 침략해 붙들려 있던 유대인들을 풀어주고 예루살렘에 정착하도록 했다. 야코프 아리엘(Yaakov Ariel)의 글, "뜻밖의 연합: 기독교 시온주의와 역사적 의의", 『현대 유대교(Modern Judaism)』 26:1(2006) 참고.

End of Faith』에서 〈밸푸어 선언〉이 "적어도 일부분은 성경 속 예언 내용과의 의식적인 일치화에서 비롯되었다"는 견해를 밝혔다.[10]

유대 국가 설립은 아돌프 히틀러Adolf Hitler가 대량 학살로 건립한 제국이 연합군에 패하고 3년이 지난 1948년에 현실이 되었다. 세대주의 신학의 관점에서 이 일은 서기 70년 유대 신전이 파괴된 후(즉 유대인의 이동과 분산) 가장 중대한 종말론적 사건에 해당한다. 주요 세대주의 신학자들이 당시 밝힌 의견을 찾아보면, 모두가 한껏 고무되어 1948년이 얼마나 중요한 해인지에 관한 견해를 열정적으로 내놓았다는 사실을 확인할 수 있다. 수많은 기독교인들의 눈에 이 일은 성경의 예언이 사실임을 보여준 명백한 증거였고, 아마겟돈이 빠른 속도로 다가오는 중이라고 판단할 수 있는 근거가 되었다.

1967년 6월, 이집트군이 증강되자 이스라엘이 주변 여러 국가들을 선제공격한 일명 '6일 전쟁'이 발발하고, 이 일로 이스라엘의 군사력에 심각한 타격이 발생한 시기에도 성경의 예언이 적중했다는 의견이 나왔다. 이스라엘은 이 과정에서 국경의 범위를 확장하고 예수가 천년왕국을 다스릴 것이라 알려진 성스러운 도시 예루살렘을 장악했다. 이에 대해 스티븐 스펙터Stephen Spector는 『복음주의와 이스라엘Evangelicals and Israel』에서 다음과 같이 밝혔다. "독실한 기독교인들 다수가 1967년 이스라엘이 옛 도시 예루살렘을 정복한 일을 예수가 예언한 중대한 사건으로 본다." 누가복음 21장 24절에서 예수가 "그들이 칼날에 죽임을 당하며 모든 이방에 사로잡혀 가겠고 예루살렘은 이방인의 때가 차기까지 이방인들에게 밟히리라"고 선언한 말이 이루어졌다는 것이다.[11] 그러므로 세대주의 신학에서는 예루살렘이 유대인의 손에 들어간 것은 곧 이 신성한 땅에서 예수와 적그리스도의 결정적인 전투가 임박했다는 의미로 해석했다.

존 넬슨 다비가 정립한 신학은 20세기에 별로 알려지지 않았지만 기독교 일부 사회에서는 상당한 영향력을 발휘했다. 그러다 1970년, 할 린지Hal Lindsey가 쓴 『위대한 행성, 지구의 종말The Late Great Planet Earth』이라는 책이 엄청난 인기를 얻으면서, 미국에서 상황이 극적으로 바뀌었다. 이 책은 무려 10년간이나 논픽션 부문 베스트셀러 자리를 지켰다(신학자 바트 어먼Bart Ehrman은 이와 관련해 '논픽션'의 정의가 너무 허술하다고 지적한 바 있다[12]). 철저히 세대주의 신학의 견해에 입각해서 쓴 린지의 저서에는 종말이 임박했으니 휴거를 준비해야 하며, 그렇지 않을 경우 환란을 맞아 고통 속에 버려질 것이라는 다급한 메시지가 담겨 있다. 이 책을 통해 세대주의 신학의 종말론이 대중에 널리 알려지고 큰 성공을 거두자 비슷한 주제를 다룬 책들이 베스트셀러에 속속 진입하기 시작했다. 팀 라헤이Tim LaHaye와 제리 젠킨스Jerry Jenkins의 『레프트 비하인드Left Behind』 시리즈도 그중 하나로, 전 세계적으로 7억 부 이상 판매되었다. 캠폴로는 "이러한 주제의 책들이 스티븐 킹Stephen King과 존 그리샴John Grisham의 작품 전체 판매량을 모두 합친 것보다 더 많이 팔려나갔다"고 전했다.[13]

책과 영화로도 만들어질 만큼 '어마어마한 호응'을 얻은 세대주의 종말론은 반론의 여지없이 20세기 말 가장 영향력 있는 종말론의 자리에 올랐고, 특히 학자가 아닌 일반 기독교인들에게 많은 인기를 얻었다.* 마

* 제리 월스는 이 현상을 다음과 같이 설명했다. "엘리트 신학자들은 근본주의 종말론을 접하면 수치스러운 일이라 느끼거나 심하게는 분노를 느끼지만 어느 정도 재미있다고 생각하기도 한다. 하지만 무시하고 싶어도 완전히 무시하지 못한다. 예일 신학대학 총장 해럴드 애트리지(Harold Attridge)의 설명에서 그 이유를 확인할 수 있다. '사람들의 관심을 끄는 종말론은 대부분 그냥 일축할 수 있을 만큼 터무니없는 내용이지만, 실제로 너무나 많은 사람들이 이를 진지하게 받아들이고 있다. 그리스도를 람보 같은 이미지로 떠올리고 미래에 악을 물리치기 위해 그리스도가 폭력을 휘두르리라는 상상은 지금 우리가 그러한 대응을 모방해서 실현할 수 있다는 생각으로 이어질 수 있다." 『옥스퍼드 종말론 입문』(2008), p. 8, 제리 라이트의 글, "머리말" 참고.

이클 셀스Michael Sells가 『종교와 폭력에 관한 옥스퍼드 입문Oxford Handbook of Religion and Violence』에서 밝힌 것처럼 1970년대 말부터 "세대주의 신학이 미국의 기독교 시온주의 운동을 장악했다".[14] 이 같은 이데올로기가 미국 국민들 사이에서 인기를 얻은 것은 정치적(그리고 종교적) 신념이 제각기 다른 미국 대통령들이 공통적으로 이스라엘에 대한 굳건한 지지를 표명하는 이유를 최소한 부분적으로나마 설명해준다. 그렇게 하지 않을 경우, 수천만 명에 달하는 유권자들의 분노를 살 수 있기 때문이다. 현재 미군이 이스라엘 지원에 들이는 총비용은 대략 2,337억 달러에 이른다. 오바마 대통령이 선거에서 내세운 공약 중 하나도 "향후 10년간 이스라엘에 300억 달러를 지원하기로 한 양국 양해각서의 내용을 실행에 옮기는 것"이었다. 이스라엘의 베냐민 네타냐후Benjamin Netanyahu 총리가 때때로 미국에 돌연 분노를 드러내는 일이 있었음에도 불구하고, 이 약속은 오바마 정권이 들어선 후 그대로 이행되었다.[15]

그러나 세대주의 신학이 유권자들의 마음만 사로잡은 것은 아니다. 상당수의 정치 지도자들이 세대주의 신학을 지지하거나 세대주의자들로 구성된 단체와 직접 긴밀한 관계를 맺고 있다. 로널드 레이건Ronald Reagan 대통령도 임기 후반부로 갈수록 아마겟돈을 갈망하는 개인적 입장을 드러내지 않으려는 기색이 역력했지만, 그가 정권을 얻은 배경에는 열렬한 세대주의 옹호자라는 사실이 자리하고 있으며 신앙은 그가 추구한 정책에도 영향을 주었다.[16] 한 예로 1971년 한 만찬 자리에서 레이건 대통령은 다음과 같이 말했다.

> "모든 것이 맞아떨어지고 있습니다. 그리 머지않았어요. 에스겔을 보면 하느님의 사람에게 적이 된 자들에게는 불과 유황이 쏟아져 내린다

고 나와 있습니다. 이것은 분명 핵무기로 적들이 파괴된다는 의미입니다. 지금은 핵무기가 있지만 과거에는 존재하지 않았죠. 또한 에스겔에는 북쪽에 암흑의 힘이 모여 이스라엘에 배척하도록 하는 국가, 곡이 형성된다고 나와 있습니다. 성서학자들은 이미 오래전부터 곡이 러시아라고 이야기해왔습니다. 이스라엘 북쪽에 있는 나라 중 러시아 외에 강력한 국가가 또 있을까요? 없습니다."[17]

여기서 끝이 아니다. 레이건 대통령이 내무장관으로 임명한 제임스 와트James Watt 역시 열렬한 세대주의자였다. "석유가 고갈되기 전, 그리고 지구 온난화와 삼림 훼손으로 인류가 고통받기 전 세상에 종말이 찾아올 것이므로 신께서 주신 자원을 마음껏 사용하는 건 우리의 의무에 가깝다"고 믿는 사람이다. 또한 해리스에 따르면 레이건 대통령은 "제리 폴웰Jerry Falwell, 할 린지와 같은 사람을 국가안보회의에 참석시켰다".[18] 폴웰은 1981년 이스라엘이 이라크에 폭탄을 터뜨린 후 당시 이스라엘 총리였던 메다헴 베긴Menachem Begin으로부터 "기독교인 국민들에게 이번 폭발의 이유를 설명해주라"*는 요청을 받고 막강한 영향력을 행사한 인물이다. 심지어 레이건 대통령도 얻지 못한 권한을 최초로 부여받은 것이다. 그러므로 레이건 대통령이 두 차례 임기를 시작하고 끝낸 시점에 개인적으로 믿은 신앙이 무엇이었건 간에, 그의 주변에는 냉전이 더 격렬하게 종결되어도 별로 개의치 않았을 사람들이 가득했다.

* 비슷한 일이 또 있었다. "이스라엘 총리 베냐민 네타냐후는 1998년 미국을 방문했을 때 폴웰을 먼저 만난 뒤 클린턴 대통령을 만났다." 앨런 미틀먼(Alan Mittleman)의 책, 『불편한 연합? 복음주의와 유대교의 관계(Uneasy Allies?: Evangelical and Jewish Relations)』(Lexington Books, 2007) p. 55 참고.

일부 학자들은 정치적 권력을 보유한 워싱턴 정치인들 가운데 세대주의자들을 '아마겟돈 로비 집단'이라 칭한다. 아마겟돈 집단은 세계 뉴스에서 안 좋은 이야기가 흘러나오면, 특히 중동 지역에서 안 좋은 일이 벌어졌다는 뉴스를 접하면 더없이 좋은 소식으로 여긴다. 제리 월스의 설명처럼 "세대주의 신학의 종말론은 믿는 자들로 하여금 세상이 선한 쪽으로 바뀌기를 간절히 바라도록 만들기도 하지만 전쟁과 자연재해를 세상에 종말이 찾아온다는 예언이 실행된 것으로 해석해 음산한 만족의 미소를 짓게 한다".[19] 이 신도들은 메소포타미아 지역에 핵폭발이 일어나 버섯구름이 뭉게뭉게 피어올라도 두려움보다는 종말론을 떠올리며 기쁨을 느낄 것이다. 대규모 전쟁과 파괴는 "주님께서 오시는 영광스러운 장면"(남북전쟁 시기에 불린 노래 〈공화국 찬가〉의 가사 중 한 부분)이 우리 눈앞에 펼쳐지기 전에 반드시 일어나는 일이기 때문이다. 2006년, 이스라엘과 헤즈볼라(레바논에서 활동하는 시아파 이슬람 무장단체) 사이에 전쟁이 발발하자 이 기괴한 기쁨이 실제로 표출되는 충격적인 일도 벌어졌다. 미국 전역에 방송되는 라디오 프로그램 진행자이자 기독교 시온주의자인 재닛 파셜Janet Parshall이 "기쁨을 감추지 못하는 목소리로" 다음과 같이 전한 것이다. "우리가 기다려온 시간이 왔습니다. 주일학교에서 배운 내용과 똑같군요!"[20]

아마겟돈 로비 집단 중에서도 특히 막강한 권력을 가진 일부 정치인들은 천년왕국이 오기 전 세상에 찾아올 최후의 순간을 한층 더 비관적으로 내다보고, 그 순간을 '앞당기기' 위해 종말이 일어날 수 있는 환경을 조성하려고 적극적으로 노력한다. 이것이 바로 응용 종말론이다. 그 여파로 실질적인 결과가 발생하고 있다. 2007년 비세대주의 교회들로만 구성된 전미교회협의회는 "기독교 시온주의자들의 계획에는 복음서가 제국과 식민지주의, 천년왕국설의 이데올로기로 구분된다는 세계관이 담겨 있다"고 한탄했다. 또한 "인류 역사가 종지부를 찍는다는 종말론적 사건을 강조함으로써 중동 지역의 정의와 평화 실현을 '적극적으로 방해하고 있다'"는 견해를 내놓았다. 이 과정에서 유대인들은 인간성이 무시된 채 "종말론적 계획에서 졸에 불과한 존재로 여겨지고" 유대인과 기독교인, 무슬림 간에 종교를 초월한 대화가 이루어지지 못하는 결과가 초래되었다고 밝혔다. "세대주의 신학은 세계를 극명히 양분된 시선으로 바라보기 때문"이다.[21]

역사를 되짚어보면 아마겟돈 로비 집단은 이미 1990년 걸프전부터 영향력을 발휘해왔다고 볼 수 있다. 당시 미국 전체 국민 중 무려 15퍼센트가 아마겟돈이 시작되었다고 생각한다는 견해를 밝혔다. 필립 라미Philip Lamy는 이 시기에 미국에서는 서점마다 "예언과 세상의 종말에 관한 책"들이 넘쳐났다고 말했다. 린지의 책 『위대한 행성, 지구의 종말』도 판매량이 83퍼센트나 상승했다.[22] 2003년에 미국이 이라크를 선제공격한 일도 부시 대통령이 같은 해 팔레스타인 대표에게 "하느님께 받은 사명을 다하기 위해" 계획대로 밀고 나간 것이라고 밝힌 것을 보면, 아마겟돈 로비 집단의 입김이 작용한 것으로 보인다. 부시의 말을 그대로 전하면 다음과 같다. "하느님께서 제게 말씀하셨습니다. '조지, 가서 아프가니스탄 테러리스트들과 싸워라.' 전 그 말씀을 따랐습니다. 그러자 하느님이 다시 말씀하셨지요. '조지, 가서 이라크의 독재를 종결시켜라.' 그래서 그대로 한 겁니다."*

이러한 사실만으로 부시 대통령이 세대주의적 관점에 어디까지 동의하는지는(또는 동의했는지는) 명확하지 않지만, 하원 다수당 전前 의원인 딕 아미Dick Armey는 BBC와의 인터뷰에서 부시 대통령이 환란과 '종말'

을 믿는다고 주장했다(그러나 그 믿음이 정책에 영향을 주지는 않았다고 밝혔다). 어느 쪽이든 글렌 셕Glenn Shuck이 『옥스퍼드 천년왕국설 입문The Oxford Handboopk of Millennialism』에서 밝힌 것처럼 "부시가 개인적으로 종말에 관해 어떤 믿음을 갖고 있는지는 정확히 알려지지 않았지만 세대주의 신학의 영향력 확대에 부시가 일조한 것은 사실이다".[23] 한 예로 부시 대통령은 2006년에 '이스라엘을 위한 기독교 연대Christians United for Israel, CUFI'라는 단체와 수차례 '비공식' 회의를 했다. CUFI는 "회원 수가 100만(또는 200만) 명 넘는다고 주장하는 단체로, 이스라엘을 미국의 복음주의 기독교인들이 관심을 기울일 만한 명확한 외교정책으로 만드는 일에 그 어떤 단체보다 많은 일을" 해왔다.[24] 『외교 정책Foreign Policy』지에서는 CUFI가 미국에서 가장 막강한 힘을 가진 친親 이스라엘 단체이며, 미국 내에서 규모도 매우 크고 영향력도 상당한 또 다른 유대인 로비 단체인 '미국 이스라엘 공공문제위원회American Israel Public Affairs Committee, AIPAC'보다 훨씬 큰 단체라고 설명했다.[25]

CUFI는 2006년에 텍사스주의 대형 교회 목사이자 열성적인 종말론자인 존 해기 목사가 설립했다. 해기 목사는 "하느님이 유대인들로 하여금 약속한 땅에 닿을 수 있도록 돕고자 아돌프 히틀러를 내려보내셨다"고 주장하기도 했다.[26] 설립 직후부터 CUFI는 조지프 리버먼Joseph Lieberman, 존 매케인John McCain, 로이 블런트Roy Blunt, 존 코닌John Cornyn, 톰 코튼Tom Cotton, 트렌트 프랭크스Trent Franks, 린지 그레이엄Lindsey

* 부시의 말은 자크 시라크(Jacques Chirac) 전 프랑스 대통령의 다음 발언을 비슷하게 옮긴 느낌이 강하다. "곡과 마곡이 현재 중동에서 활동하고 있습니다. 성경에 나온 예언들이 실현되고 있습니다. 이와 같은 대립은 새로운 시대가 시작되기 전에 이 갈등을 이용해서 적을 제거하시려는 하느님의 뜻입니다."

Graham, 팀 스콧Tim Scott, 샌퍼드 D. 비숍Sanford D. Bishop, 톰 프라이스Tom Price, 피터 로스캄Peter Roskam, 톰 딜레이Tom Delay, 글렌 벡Glenn Beck, 마이클 바크만Michael Bachmann, 세라 페일린, 마이크 허커비Mike Huckabee, 뉴트 깅리치Newt Gingrich, 릭 샌토럼Rick Santorum, 에릭 캔터Eric Cantor, 테드 크루즈Ted Cruz, 앨런 키스(Alan Keyes, 2004년 상원의원 선거에서 당시 젊은 정치인이던 버락 오바마에게 패했다) 등 우익 정치인, 각계 전문가들과 방대한 관계를 맺기 시작했다. 이들의 면면만 보아도 CUFI가 미국 정치계에 끼친 영향이 결코 작지 않다는 사실을 충분히 알 수 있다. 수많은 보수 지도자들이 이 단체와 긴밀한 관계를 맺고 있으며 저명한 공화당 의원들이 CUFI의 행사에서 연설한 사례도 많다. 조지프 리버먼은 어느 행사에서 해기 목사에 대해 다음과 같이 설명했다. "존 해기 목사는 이시 엘로힘Ish Elohim, 즉 하느님의 사람입니다. 그에게 정말 꼭 맞는 표현이죠. 그는 모세처럼 무수히 많은 사람들의 리더가 되었습니다. 오히려 모세가 이집트를 떠나 약속된 땅으로 떠날 때보다 훨씬 더 많은 사람들을 이끌고 있습니다." 2016년 대통령선거 후보로 나선 테드 크루즈는 해기 목사의 교회에서 열린 행사에서 그와 함께 무대에 올랐던 일을 언급하며 "영광이고 특권"이었다고 말했다.

해기 목사는 CUFI를 설립한 해에 『예루살렘 카운트다운: 세상을 향한 경고Jerusalem Countdown: A Warning to the World』라는 저서를 발표했다. 그는 이 책에서 세대주의 신학을 당시 세계정세에 적용해 러시아, 이슬람 국가들, 유럽연합을 새롭게 해석하는 한편 유럽이 적그리스도의 힘을 촉발시킬 것이라는 견해도 밝혔다(팀 라헤이도 적그리스도가 유엔으로부터 힘을 얻게 된다고 믿는다. 이러한 해석은 보수주의자들이 유럽연합과 유엔을 업신여기는 토대가 되었다).

해기 목사의 세계관 중에서 종말론과 관련해 가장 중요한 부분은 이란에 대한 입장일 것이다. 그는 이란 이슬람 공화국에 대해 "중동 지역 극단적 이슬람 짐승들의 우두머리"라는 원색적인 표현을 썼다.[27] 이 같은 관심은 핵무기에 대한 이란의 열망이 이스라엘의 존재를 위협할 수도 있다는 우려에서 비롯된다. 뒤에서 살펴보겠지만 이러한 우려에는 아무런 근거가 없다. 그럼에도 하느님의 뜻이 담긴 성경에 따르면 인류 역사의 방대한 부분이 전적으로 이스라엘의 존속에 달려 있다고 믿는 사람들에게 그와 같은 우려는 '무슨 수를 써서라도' 이란의 핵 개발을 막아야만 한다는 결론으로 이어진다. 이에 따라 해기 목사는 미국이 이스라엘과 함께 이란에 핵 선제공격을 가해야 한다는 주장을 계속해서 펼치고 있다. 그의 막강한 정치적 입지를 고려하면 다소 섬뜩하게 느껴지는 글도 썼다. "핵으로 인한 아마겟돈이 코앞에 닥쳤다. 이란과의 핵전쟁은 분명 임박했다. 이스라엘과 미국은 핵무기로 이스라엘을 파괴하려는 이란의 의지와 핵 능력에 맞서야 한다. 막연히 기다리는 것은 이스라엘이 국가적 자살 위험에 처하도록 만드는 것이나 다름없다." 이 위기는 곧 세대주의적 신학이 파괴될 위험과도 직결된다.[28] 하느님의 뜻을 받들어 이러한 일이 벌어지지 않도록 해야 한다는 것이다.

이란을 선제공격해야 한다는 외침은 종교적 보수주의자들에게 오랫동안 큰 울림을 주었다. 마이클 바크만은 2014년 인터넷 소식지 「워싱턴 프리 비컨Washington Free Beacon」과의 인터뷰에서 오바마 대통령이 국회를 떠나기 전에 남기고 싶은 메시지가 있다며 다음과 같이 전했다. "대통령님, 이란 핵 시설을 날려버려야 합니다. 그렇게 하지 않으면 임기 내에 이란이 핵무기를 보유하게 될 것이고, 세계 역사가 바뀔 겁니다."[29] 여기서 "세계 역사가 바뀔 것"이라는 말은 세대주의 신학의 맥락에서 해석하면 전혀 다른 의미가 된다. 바크만은 그 이듬해에도 언론과 수차례 인터뷰를 갖고 종말을 이야기하면서 "자정이 얼마나 가까이 다가왔는지 인지해야 한다"고 밝혔다. 더불어 다음과 같이 설명했다. "그래도 좋은 소식이 있습니다. 제가 변화를 바라는 이유이기도 하죠. 구약성서의 선지자들이 지금 우리가 살고 있는 시간을 너무나 궁금해했다는 것, 이 시대를 살고 싶어 했다는 사실을 기억해야 합니다. 하느님의 시간상, 이제 예수 그리스도가 돌아오실 때가 임박했습니다. 이보다 더 중요한 일이 있을까요?"[30]

정신이 올바른 사람이라면 이스라엘이 핵 공격을 받아 세계 지도에서 사라지기를 원치 않을 것이다. 그러한 우려는 이란과 핵무기를 향한 이란의 야망을 두려워할 만한 충분한 근거가 될 수도 있다. 문제는 바크만과 해기를 비롯해 세대주의 신학을 따르는 사람들이 이스라엘을 지지하는 동기가 결코 순수하지 않다는 점이다. 인도주의적인 이유나 전략적인 목적 때문도 아니고, 심지어 석유와 관련된 이유도 아니다. '성서에 나온 내용'이라는 것이 이들이 이스라엘을 지켜야 한다고 주장하는 근거다. 2007년 CUFI 행사에서 해기 목사가 펼친 주장에 그 뜻이 담겨 있다. "모두 지붕 위로 올라가 미국에 새로운 날이 시작되었다고 외칩시다. 기독교 시온주의라는 잠자던 거인이 깨어났습니다. 굳이 선을 그어야 한다면 기독교인과 유대교를 둘러싼 선을 그어야 합니다. 우리는 하나입니다. 우리는 갈라질 수 없습니다. 우리가 함께 역사를 다시 쓸 수 있습니다."[31]

많은 유대인들은 하나라고 강조하는 이러한 미사여구에도 불구하고 세대주의 신학과 손잡는 것을 불편하게 느낀다. 무엇보다 세대주의자들의 이야기대로라면 자신들이 결국에는 기독교로 개종해야 하고, 그렇지 않으면 환란이 왔을 때 죽임을 당하고 지옥에 보내지기 때문이다. 겉으로 보기에 기독교 시온주의는 세대주의 신학에서 깨달음을 얻고 유대인들과 같은 편에 서 있는 것 같지만 사실 이들의 믿음은 매우 음흉하고 심지어 대량학살도 초래할 수 있을 만큼 반유대주의적이다. 그럼에도 다수의 유대인들이 현재 중동에서 처한 곤경과 적대적인 국가들에 둘러싸인 처지로 인해 당장 얻을 수 있는 도움은 기꺼이 받아들이고 있다. 단기적인 목표가 체계적이고 뚜렷하면 장기적인 목표가 다르다는 불편한 진실이 이렇게 간과되기도 한다.

엉뚱한 사람에게 화풀이하지 마라

이슬람교도들 중에도 기독교 종말론자들만큼이나 인류 역사에 종지부가 찍힐 날이 임박했다는 종말론적 환상에 푹 빠진 신도들이 많다. 그러나 종말에 대한 인식은 놀랄 만큼 큰 차이를 보인다. 똑같은 사건에 대해서도 무슬림들은 기독교인들과 완전히 다른 의미와 중요성을 부여한다. 가령 1990년에 벌어진 걸프전을 미국인 중 15퍼센트는 아마겟돈이 시작된 것으로 해석한 반면, 무슬림 단체 '네이션 오브 이슬람Nation of Islam'의 대표인 루이스 파라한Louis Farrakhan은 "성서에 '아마겟돈 전쟁'이라 명시된 일"이라고 설명했다. 걸프전이 결국 아마겟돈이 아닌 것으로 드러나자 파라한은 이 전쟁이 아마겟돈의 '전조'일 뿐이라고 주장했다.

마찬가지로 2003년 미국의 이라크 침공도 역사가 폴 보이어의 설명처럼 "수백만 명의 미국인들"은 "신의 계획이 일부 드러난 것"이라고 해석한 반면, 이라크 지역의 무슬림들은 자신들이 믿는 예언이 확인된 것으로 받아들였다.[32] 예를 들어 바그다드에서 활동하던 한 시아파 전사는 2014년 「로이터」와의 인터뷰에서 "미국과 영국이 이라크를 공격했을 때, 마디가 귀환할 때가 찾아왔음을 알았다"고 털어놓았다. 그는 미국이 주도한 급작스러운 공격이 "최초의 징조이며 이후 정해진 모든 일들이 차례로 일어날 것"이라고 밝혔다.[33] 또한 해기 목사나 라헤이와 같은 세대주의자들은 유럽 연합과 유엔이 성경에서 예언한 대로 "로마가 부활한 것"이라 생각하지만, 이슬람 세계의 종말론자들은 로마를 미국으로 보고 미군을 '십자군'이라 여긴다. 비트겐슈타인Wittgenstein의 그 유명한 그림을 보고 기독교인들은 오리라고 이야기하는데 무슬림들은 토끼라고 이야기하는 식이다.

인류 역사상 경제적으로 가장 부유하고 가장 막강한 힘을 가진 테러리스트 단체는 IS다. 미국 국방부 장관 척 헤이글Chuck Hagel은 수니파 극단주의자들로 구성된 이 단체에 대해 전례를 찾아볼 수 없을 만큼 뛰어난 능력과 조직, 자금을 보유하고 있으며 "모든 면에서 우리가 지금껏 생각했던 수준을 넘어선다"고 밝혔다. 헤이글과 함께 기자회견에 나선 마틴 뎀프시Martin Dempsey 장군은 "종말, 즉 세상의 끝이라는 전략적 비전"이 IS의 활동 동기라고 설명했다.[34] IS가 힘을 키우게 된 과정에는 내분과 명칭이 여러 번 바뀌는 일들이 복잡하게 얽혀 있지만, 배경 지식을 쌓는 목적으로 간략히 정리해볼 필요는 있을 것이다. IS는 처음에 '이라크 알카에다Al-Qaeda in Iraq, AQI'라는 이름의 단체로 등장했다. 2003년 미국의 이라크 침공 직후에 생겨난 AQI의 리더는 '무자비한'이라는 형용사가 따라다닌 아부 무사브 알자르카위Abu Musab al-Zarqawi가 맡았다. 알카에다는 그 당시부터 내가 이 글을 쓰고 있는 현재까지 의사 출신인 아이만 알자와히리Ayman Al-Zawahiri가 이끌고 있다. 오사마 빈 라덴의 뒤를 이은 그는

수장이 되기 전부터 '조직의 진정한 브레인'으로 일컬어졌다.[35]

2005년, (알카에다의) 알자와히리는 (AQI의) 알자르카위에게 미군이 철수한 뒤 생긴 "안보 공백을 메우려면" AQI가 '이슬람국가'임을 선언해야 한다는 의견을 전했다. 그러나 선언이 이루어지기 전인 2006년, 미국 공군이 알자르카위의 소재를 파악하고 500파운드(약 230킬로그램) 규모의 폭탄을 투하했다. AQI의 다음 수장은 1999년 알카에다 훈련 캠프에 참가한 후 "알자와히리의 절친한 친구"가 된 종말론자 아부 아유브 알마스리Abu Ayyub al-Masri가 맡았다.[36] 알마스리가 AQI의 수장이 된 이 시기에 마침내 알자와히리의 아이디어가 실현되었다. AQI가 (규모가 더 작은 다른 다섯 개 단체와 함께) '이라크이슬람국가ISI'로 명칭을 변경한 것이다. 알마스리는 2010년에 이라크의 도시 티크리트 부근에서 사살되었고, 그의 자리는 아부 바크르 알바그다디에게로 넘어갔다. 그는 (부시 행정부 시절) 미군에 체포되어 수감 생활을 하고 풀려난 공격적인 지하드 전사 출신이다. 알바그다디는 현재 전 세계에서 가장 위험한 테러리스트로 꼽히는 만큼 이름을 기억해둘 필요가 있다.

ISI가 이라크에서 활동하는 사이, '아랍의 봄'이 험악한 사태로 이어지면서 국가 안정성이 흔들리기 시작한 시리아에서는 알카에다의 또 다른 분파 조직인 알누스라 전선al-Nusra Front이 싸움을 벌이고 있었다.* 알바그다디는 2013년, 알누스라 전선을 자신이 다스리겠다고 선언했다. 당시 알누스라 전선은 합병에 반대했고 알카에다의 알자와히리도 같은

* 알누스라 전선의 선전활동을 담당한 조직에는 '하얀 첨탑(White Minaret)'이라는 이름이 붙었다. IS가 발행하는 매거진이 '다비크'로 명명된 것과 동일한 이유다. 예수가 재림할 때 다마스쿠스 동쪽의 하얀 첨탑 위에 모습을 나타낼 것이라는 예언을 반영한 것으로, 그 내용은 앞 장을 참고하기 바란다.

생각이었다. 알자와히리는 2013년 6월 알누스라 전선과 ISIS에 보낸 서신에서 합병에 반대한다는 입장을 밝혔다. ISI와 알누스라 전선은 알카에다의 보호를 받는 독립된 단체의 지위를 유지해야 한다는 내용이었다. 그러나 알바그다디는 곧바로 내놓은 오디오 메시지에서 알자와히리의 반대에도 불구하고 ISI는 시리아로 영역을 넓혀 '이라크, 시리아 이슬람 국가Islamic State of Iraq and Syria, ISIS'가 될 것이라고 전했다. 이 같은 확장과 ISIS의 극단적인 잔혹함은 결국 알카에다가 이 단체와 연을 끊는 원인이 되었다. ISIS와 알카에다를 둘러싼 논란이 일자 알카에다 총사령부는 공식 성명을 내고, 이제 알카에다는 "ISIS와 아무 관련 없는 조직이며 ISIS의 행동에 어떠한 책임도 지지 않는다"고 밝혔다.[37]

그로부터 정확히 1년이 지나 ISIS는 오스만 제국 이후 최초로 칼리프 제도를 따르는 국가를 수립한다고 발표했다(그러나 오스만 제국에도 칼리프 제도가 수립되었다는 사실을 인정하지는 않았다). 이에 따라 알바그다디가 칼리프로 임명되고 조직명도 ISIS에서 '이슬람국가IS'로 다시 한 번 바뀌었다. 현재 이 글을 쓰는 시점까지 미국, 독일, 네덜란드, 인도네시아, 호주, 벨기에, 프랑스, 영국 등 해외 곳곳에서 수만 명의 사람들이 IS에 합류하기 위해 모여들고 있다.[38] 2014년에 실시된 한 설문조사에서는 프랑스 국민의 16퍼센트가 ISIS를 지지한다고 밝혔고, 2015년 7월 실시한 조사에서는 영국인 중 IS를 호의적으로 평가한다고 밝힌 응답자가 약 150만 명으로 집계되었다.[39] IS에서는 어린아이들을 '칼리프 유년단원Cubs of the Caliphate'이라 칭하면서 다른 나라의 십자군들과 싸우도록 훈련을 실시한다. IS가 추구하는 극단주의적인 전투 방식이 앞으로 여러 세대에 걸쳐 이어질 것임을 암시하는 대목이다.

해외 곳곳에서 IS의 테러리스트가 되기 위해 모여드는 것과 동시에 조직의 해외 진출 규모도 "눈덩이처럼 불어나" 현재 IS는 이라크, 시리아, 예멘, 아프가니스탄, 리비아, 나이지리아 등 90개국 이상으로 뻗어나갔다.[40] 이 과정에서 나이지리아의 이슬람 무장단체 보코 하람이 IS의 분파 조직에 추가되었다.[41] 한 이슬람 과격분자는 「바이스 뉴스Vice News」와의 인터뷰에서 IS의 세력이 미국까지 확장되기를 바라고 있으며, 그렇게 된다면 "알라신의 깃발을 백악관에서 펼칠 수 있을 것"이라고 밝혔다.

앞서 설명한 내용처럼 IS 입장에서는 〈사이크스 피코 협정〉이나 오래전에 서방 세계가 잔인한 독재자를 옹호하고 지원했던 일, 유대인의 팔레스타인 점유, 2003년 이라크 전쟁 등 '실질적인' 불만을 품게 된 사건들이 많다. 일부는 부당한 일에 대한 합당한 분노이고 서구 지역 사람이라도 도덕적으로 민감한 경우 공감할 수 있는 문제에 속한다. 또 다른 IS 소속 전사가 「바이스 뉴스」에서 밝힌 생각에 그 감정이 담겨 있다. "신께서 칼리프 국가가 설립되도록 하셨으니 당신들이 우리를 공격한 것처럼 이제 우리도 당신들을 공격할 겁니다. 당신들이 우리의 여성들을 붙잡아간 것처럼 당신들의 여성들도 붙잡을 겁니다. 그리고 당신들의 아이들을 고아로 만들 겁니다." 이 부분에서 그는 잠시 목이 메었다가 다시 말을 이었다. "당신들이 우리 아이들을 고아로 만든 것처럼 말이죠." 그리고 울음을 터뜨렸다.[42]

IS에 생기를 불어넣는 또 하나의 요소는 종말론이다. IS는 종말이 오면 자신들이 적극적인 역할을 맡게 된다고 생각한다. 그레임 우드Graeme Wood는 『애틀랜틱The Atlantic』지에 게재한 글에서 "미국의 이라크 점령이 막바지에 이른 시기에 IS 창시자들은 곳곳에서 종말의 징후를 발견했다. 이들은 1년 내에 마디가 나타날 것으로 기대한다"고 밝혔고, 이에 관한 수많은 논의가 이루어졌다. 우드는 다음과 같은 설명을 덧붙였다. "현재

IS의 중요한 결정이나 IS에서 공포되는 법률 거의 대부분은 '예언적 방법론'이라는 원칙을 따른다. 이 원칙은 IS가 내놓는 보도발표문과 선언문, 광고판, 자동차 번호판, 각종 문구용품, 동전에도 명시되어 있다."[43] 「뉴리퍼블릭New Republic」지에 실린 기사에서도 우드는 "IS 편에 선" 성직자들이 알바그다디를 종말이 오기 전 자신들을 통치할 것으로 예견된 12명의 칼리프 중 여덟 번째 칼리프라 여긴다고 설명했다. 12명의 칼리프가 모두 나타난 후에는 예수가 다잘을 물리치기 위해 다마스쿠스 동쪽에 내려올 것이며, 이 일은 2076년, 이슬람력으로 1500년에 일어날 것이라는 예측도 나와 있다. 또한 마지막 칼리프의 이름은 모하메드 이븐 압둘라일 것으로 보고 있다.[44]

IS는 자신들이 믿는 종말론을 알리고자 「다비크Dabiq」라는 번지르르한 온라인 잡지를 발행해왔다. 창간호에는 다음과 같은 설명이 실렸다. "본 잡지의 이름인 '다비크'는 말라힘(영어의 '아마겟돈'에 해당하는 말)이 일어났을 때 몇 가지 일들이 발생할 곳으로 하디트에 언급되는 지명이다. 다비크 근처에서 무슬림과 십자군 사이에 대대적인 전투가 벌어질 것이다." 「다비크」지는 발행되는 호마다 첫 장에 AQI의 알자르카위가 남긴 말이 등장한다. "이라크에서 불꽃이 점화되었다. 알라가 허락하시니 이 열기는 계속해서 강렬해질 것이며 다비크에서 십자군을 태울 것이다."[45]

IS는 전략적으로나 군사적으로 그리 중요한 지역이 아닌 이 다비크를 손에 넣기 위해 애썼다. IS의 한 전사는 트위터에 이곳 전체가 "온통 농지"라고 전하면서 "대규모 전투가 벌어지는 모습을 상상할 수 있는 곳"이라고 덧붙였다.[46] IS의 목표는 군사력을 다비크에 결집시키고 아마겟돈이 벌어지면 모두가 참여함으로써 종말이라는 도미노의 첫 번째 블록을 쓰러뜨리는 것이다. 다비크나 그 주변에서 자행한 참수 장면을 비디오로 공개하는 것도 이러한 이유에서다. 이렇게 잔혹하게 처형된 희생자들 중에는 18명의 시리아군도 포함되어 있다. 더욱 선동적인 내용을 담을수록 더 많은 반응을 이끌어낼 수 있다는 논리에 따라 요르단 공군의 폭탄 공격에 복수해야 한다며 요르단 공군 조종사 무아스 알카사스베Lt. Muath al-Kasasbeh를 산 채로 불태워버리는, 도저히 이해할 수 없는 야만적 행위를 저지른 일도 있었다(놀랍게도 알카사스베의 죽음이 알려지고 사람들 사이에 분노가 크게 확산되는 와중에도 수많은 요르단 국민들이 IS가 이루려는 목표를 계속 지지한다고 밝혔다[47]).

IS에 폭격을 가한 요르단을 비롯해 호주, 영국, 프랑스, 독일, 캐나다, 사우디아라비아, 이집트, 카타르, 이란, 터키 등 현재 이들과 전쟁을 벌이고 있는 나라는 60개국이 넘는다. 이 숫자는 하디트에서 "깃발을 들고" 무슬림을 향해 쳐들어올 것으로 예언된 숫자의 4분의 3에 해당한다.* 특히 2014년 9월에 터키가 IS와의 싸움을 선포한 것은 매우 중요한 사건으로 여겨졌다. IS 전사 중 한 사람이 트위터에 게시한 글에 나와 있듯이, 이 일은 "시리아 북쪽, 즉 다비크 평원의 위쪽에서 다른 나라가 공격해오는 일"에 해당하기 때문이다. 또한 이 일은 "(종말의) 전투가 점점 다가오고 있다"는 이들의 생각에 더욱 불을 지폈다.[48]

* 윌리엄 매캔츠의 글에 이와 관련된 내용이 등장한다. "지난달[2014년 9월] 미국이 시리아의 이슬람국가(IS)에 대한 군사행동을 고려하기 시작하자 지하드 전사들 간에 오간 트위터 메시지 중 다비크에 관한 내용이 급증했다. IS를 지지하는 사람들은 자신들에게 맞서는 '로마 연합'에 가담한 국가들의 수를 파악하고 다음과 같이 밝혔다. '다비크에 모여 전투를 시작할 80개의 깃발이 채워지려면 30개의 깃발이 남았다.'" 윌리엄 매캔츠의 글, "시리아 북부에서 종말론적 최후의 결전이 벌어지리라 믿는 ISIS의 환상", 브루킹스 연구소(Brookings Institute), 2014년 10월 3일 참고. https://www.brookings.edu/blog/markaz/2014/10/03/isis-fantasies-of-an-apocalyptic-showdown-in-northern-syria/.

IS의 종말론자들은 존 해기 목사의 교회에 모인 세대주의자들과 마찬가지로 세상에 종말이 찾아와 섬뜩한 공포의 시간이 그 모습을 드러내고 엄청난 비극이 몰려온 뒤에야 비로소 평화가 찾아온다고 믿는다.[49] 「다비크」지에 실린 어느 글에는 다음과 같은 주장이 제기되었다. "살람(salam, 평화)이 이슬람의 근간이 아닌 것은 분명하다. 칼을 뽑아 높이 들고 휘두르는 일은 [예수가] 다잘(적그리스도)을 죽일 때까지 계속될 것이다." 이와 같은 종말론의 원칙대로라면 폭력이 종결되기를 바라는 마음이 절실할수록 폭력을 더욱 조장해야만 한다.

이 목표를 달성할 수 있는 방법 중 하나가 이중용도로 사용할 수 있는 발전된 기술을 활용하는 것이다. 실제로 IS는 이라크 모술 대학교를 급습해 약 40킬로그램의 우라늄을 확보했다. 전문가들은 이 물질이 일명 '더러운 폭탄'** 제조에 사용되지는 못할 것이라 전망했지만, IS 소속대원 한 명은 트위터에 잔뜩 신나서 다음과 같은 글을 남겼다. "IS는 '더러운 폭탄'을 보유하고 있다. 우리는 모술 대학교에서 방사능 물질을 발견했다." 그리고 다음과 같이 덧붙였다. "우리는 '더러운 폭탄'으로 무엇을 할 수 있고, 어떤 기능이 있는지 찾아낼 것이다. 그리고 공공장소에 이런 폭탄이 하나 터지면 어떤 일이 벌어질 수 있는지도 논의할 것이다." 2015년 5월 초, IS는 「다비크」지에 실린 글을 통해 "은행에 수십억 달러가 있다"고 밝히면서 1년 내에 핵무기를 구입할 것 같다는 소식을 전했다. 또한 구매 국가는 파키스탄이 될 것으로 보인다는 사실도 밝혔다(파키스탄은 미국 단체 '핵위협방지구상Nuclear Threat Initiative'이 정한 "핵 물질 안전 지표"에서 25개국 중 22위에 올랐다).[50] 해당 기사에는 다음 내용도 포함되어 있다. "IS는 무기

** 일반 폭탄에 방사능 물질을 더한 것-옮긴이.

거래상을 통해 파키스탄의 부패한 관료들과 접촉해 핵 장치 구입을 요청할 것이다." 해안 지역이나 남아메리카, 중앙아메리카의 "허술한 국경"을 통해 미국으로 이러한 장비를 밀반입한다는 것이 "있을 수 없는 일"처럼 들릴 수도 있지만, 이들은 "불과 1년 전과 비교해도 가능성이 높아진 것이 분명하다"고 강조했다.

IS는 기술이 더욱 강화된 생물무기에도 관심을 보이고 있다. 2014년 여름에 물리학과 화학 교육을 받던 한 IS 소속대원의 노트북이 압수된 일이 있는데, 미국 당국은 이 노트북에서 선 페스트를 무기화하는 방법에 관한 문서를 다량 발견했다. 노트북 주인은 "생물무기의 장점은 적은 비용으로 희생자를 높은 비율로 발생시킬 수 있다는 것"이라고 밝혔을 뿐만 아니라 다음과 같이 덧붙여 설명했다. "생물학적 물질이나 화학물질을 최대한 많은 사람이 피해를 입도록 확산시키는 방법은 여러 가지가 있다. 공기, 주요 송수관, 음식 등이 포함되며 그중 가장 위험한 방법은 공기를 이용하는 것이다." IS는 그 밖에도 자동차를 이용한 자살 테러나 환기 장치를 오염시키는 것, 로켓이나 미사일 발사를 해를 끼치는 수단으로 이용한다[51](2014년 말에 『포브스Forbes』지에 실린 기사에 따르면 IS 소속대원들이 쓰는 저급한 기술 중에는 에볼라 바이러스를 다른 나라에 퍼트리려고 일부러 자신의 몸을 감염시키는 방법도 있다고 한다[52]). 향후 수십 년 내에 바이오해킹 기술이 더욱 확산되고 합성생물학의 탈숙련화가 진행되고 신종 병원균의 유전체 정보를 온라인으로 확보할 수 있다면, 또한 3D 인쇄를 통해 총을 만드는 기술이 더욱 정교해지고 나노 공장과 같은 인공물 제조법이 기술적으로 실현 가능한 범위에 도달하기 시작한다면 IS나 그와 비슷한 야욕을 가진 다른 집단들이 어떤 일을 저지를 수 있을지 상상만 해도 등골이 서늘해진다.

아주 예리한 사람만 종말론의 충돌을 감지할 수 있는 것은 아니다. 수십 년째 세계에서 규모가 가장 큰 범위에 속한 종교들이 미래에 일어나리라고 믿는 망상은 지리적으로 이 세 가지 아브라함 계통의 종교가 만나는 접점, 단 한 곳에서 충돌한다. 그런데 천년왕국설의 대립에서는 이보다 훨씬 복잡한 양상이 나타난다. 부시 대통령이 내세운 분별없는 정책에 따라 '악의 축'으로 분류된, 이란을 중심으로 한 여러 국가들도 포함되기 때문이다. 미국이 (민주 정부 대신) 설립을 돕고 지원도 제공한 억압적이고 무자비하고 부패한 정부에 시달리던 이란 국민들이 그 정권을 뒤엎고 신권 정치를 수용한[53] 배경에는 종말론적 기대감이 깔려 있다. 데이비드 쿡은 이를 다음과 같이 상세히 설명한다.

> 이란 혁명은 1400년(이슬람력 기준)에 일어났다는 점이나 호메이니(Khomeini, 혁명을 주도한 사람)가 메시아를 향한 사람들의 열망을 능수능란하게 활용해 평범한 이란 국민들이 왕에게 대적하도록 만들었다는 점에서 그 자체가 종말론적인 사건이라는 시각이 널리 자리 잡았다. 한 예로 호메이니는 혁명이 야지드(왕)의 사악한 힘과 후세인(이란 혁명가)의 정의로운 힘이 맞선 것이라는 인식이 형성되도록 했다. 이러한 인식은 수많은 사람들이 카르발라 전투를 떠올리게 하고, 종말이 찾아오면 이 전투가 반드시 벌어져야 한다는(이번에는 정의로운 쪽이 승리를 거둘 것이라는) 생각을 심어주었다. 옛 자료를 메시아에 관한 이야기로 바꿔놓은 것이다.[54]

1979년 이후 수십 년 동안 이란에는 종말론에 고무된 대통령들이 수없이 나왔다. 그중에서 가장 주목할 만한 인물은 2005년부터 2013년까지 대통령을 지낸 마무드 아마디네자드Mahmoud Ahmadinejad다. 「워싱턴 포스트Washington Post」는 2005년 그가 이란 전역의 무슬림 금요집회 지도자들 앞에서 벌인 연설을 보도했다. "우리가 해내야 할 혁명의 주된 목표는 열두 번째 이맘, 마디가 재림할 수 있는 터전을 마련하는 것입니다. 따라서 이란은 강력하고 발전된, 모범적인 이슬람 사회가 되어야만 합니다."[55] 나중에 아마디네자드 대통령은 자신이 "국제사회에 전하려는 메시지에 대해 마디가 지지했다"고 주장했다. "유엔 총회에서 연설하는 동안 빛으로 된 후광에 둘러싸인" 자신의 모습을 보았다는 것이다.[56] 그는 이 사건으로 "회의장 분위기가 급변하고, 그 자리에 있던 모든 대표들이 27~28분 동안 눈 한 번 깜박이지 않았다"고 설명했다.[57]

아마디네자드 대통령은 2012년 유엔 총회 연설에서 마디를 아예 대놓고 언급했다. 마디라는 메시아적 존재가 "예수 그리스도, 그리고 의인들과 함께 올 것"이라는 말과 함께, 그는 "이 최후의 등장을 위해 공감과 협력, 조화와 통합의 마음으로 우리가 힘을 합해 준비하자"고 발언했다. 표면적으로는 상당히 평화적인 내용이었다. "최후의 구원자[마디]가 오면 예수 그리스도와 의인들이 인류에 영원히 지속될 밝은 미래를 가져다 줄 것이다. 이 미래는 무력이나 전쟁이 아닌 의식을 깨우고 만인에게 친절하게 대하는 것으로 이루어진다."*

그러나 1979년에 대통령으로 선출된 호메이니부터 현재 이란 최고 지도자인 알리 하메네이Ali Khamenei에 이르기까지 이란의 여러 지도자들

* 아마디네자드는 이보다 몇 년 앞서 비슷한 견해를 밝혔다. "종말의 전쟁이니, 세계 전쟁이니, 그러한 일들이 언급되고 있습니다. 시온주의자들의 주장이죠. 전쟁 확대나 종말 전쟁이니 어쩌니 하면서 전 세계에 확산된 이야기는 다 거짓입니다." NBC, '이란 아마디네자드 대통령과의 인터뷰 기록', 2009년 9월 18일 참고. http://www.nbcnews.com/id/32913296/ns/world_news-mideastn_africa/print/1/displaymode/1098.

은 미국을 종말론에 등장하는 표현을 빌려 '거대한 사탄'이라 칭한다. 이스라엘에 대해서는 "역사에서 없어져야 하는 나라"로 칭하며 불쾌감을 노골적으로 드러낸다. 아마디네자드 대통령도 2012년에 "시온주의 정권이 존재한다는 사실 자체가 인류와 세계 모든 국가를 모욕하는 일"이라 주장하고 다음과 같이 결론을 내렸다. "시온주의자들과 맞서야 인류 전체를 착취와 결핍, 절망에서 구원할 수 있다."[58] 이 같은 생각은 2015년 9월, 오바마 행정부가 미국과 이란 간 핵 협상을 타결시킨 뒤 나온 하메네이의 의견에도 그대로 담겨 있다. "(핵 협상에서 정한 시한인) 25년 동안 (이스라엘이) 만사가 뜻대로 되리라는 생각을 하지 말라고 전하고 싶습니다. 그 25년 동안 시온주의 정권이 존속하지는 못할 것입니다. 의욕 충만하고 사기 충전된 지하드의 영웅적인 전사들은 시온주의자들이 한시도 편안하게 보낼 틈이 없도록 할 것입니다."[59]

아마디네자드에 이어 대통령직으로 선출된 하산 로하니Hassan Rouhani는 종교적으로나 정치적 관점에서나 온건한 축에 속하지만(아마디네자드보다 실익을 추구하는 측면이 훨씬 강하다) 그 역시 마디의 영향으로 2013년 대선에서 승리를 거둘 수 있었던 것이 분명해 보인다.[60] 이란계 미국인 학자인 메디 가라지Mehdi Khalaji도 한 논문에서 "대부분 중간급 지휘관들로 구성된 이란 혁명수비대 내부에는 종말론적 비전을 믿는 소집단이 존재한다"고 밝혔다. 가라지는 이들이 "스스로를 '마디의 전사'라 생각"하며 "진정한 시아파라면 마디의 재림에 대비한 일련의 조치에 적극적으로 참여하지 않고 가만히 기다리고 있을 수만은 없을 것"이라고 밝혔다.[61] 종교적인 독단성 뒤에 응용 종말론이 얼마나 짙은 그림자를 늘어뜨리고 있는지 다시 한 번 확인할 수 있는 대목이다.

미국과 이란이 최근 핵 협상을 마쳤음에도 불구하고 이란이 품고 있는 야망이 구체적으로 무엇인지 명확히 드러나지 않았다. 혹여 대량살상무기로 핵을 확보하려는 것이라면 중동 지역의 정치적 상황이 대대적으로 바뀌고 이스라엘은 전멸될 수도 있다(하기 목사나 바크만과 같은 광신도들의 생각과 일치하는 부분이다). 여기에서 재앙으로 이어질 수도 있는, 매우 유감스러운 악순환이 시작된다. 먼저 이란은 미국을 존재론적 위협 요소로 여긴다. 자신들을 '악의 축'의 하나로 분류하고 이라크에 선제공격을 가했는데 그럴 수밖에 없지 않겠는가?* 국제원자력기구 앞으로 보낸 서신에서도 이란 정부는 다음과 같은 입장을 밝혔다. "군사 행동의 위협이 지속되는 한, 어쩔 수 없이 모든 수단을 동원해 안보를 강화해야 한다. 자칫 공개적으로 언급될 경우 호전적인 전쟁광들이 수시로 천명하는 군사적 목표의 실행이 촉발될 수 있는 정보를 보호하는 것도 그러한 노력에 포함된다."[62] 그런데 미국에는 이란이 이스라엘의 존재론적 위협 요소라고 생각하는 사람들이 많다. 이란 측의 위와 같은 시비 거는 듯한 발언이나 반유대주의적 견해를 보면 실제로 그럴 가능성이 매우 높다. 이러한 생각은 미국 정치인들에게 영향을 주고, 앞에서 살펴본 바와 같이 세대주의 신학과 연관된 다수의 정치인들은 이란에 대한 군사적 개입에 대해 "모든 가능성을 논의해봐야 한다"는 견해를 제기한다.

그러나 2003년 이후 이란이 주변 지역에 미치는 영향력은 한층 더 은밀하게 이루어지고 있다. 이라크와 주변국의 급진적 시아파 무장집단

* 이와 관련해 참고할 만한 조사 결과가 있다. 2013년에 호주, 남아프리카공화국, 아르헨티나, 멕시코, 스페인, 스웨덴, 러시아, 인도네시아, 페루, 터키, 알제리, 독일을 비롯한 전 세계 사람들을 대상으로 실시한 조사에서 미국은 세계 평화를 위협하는 국가 1위로 뽑혔다. 2위를 차지한 파키스탄과도 16퍼센트 이상 벌어졌다.

과 이란은 금전적으로, 정치적으로 모두 긴밀한 관계를 맺고 있다. 미국이 이라크를 공격한 것에 대한 즉각적인 대응으로 조직된 마디 민병대Mahdi Army도 그런 집단 중 하나다.** 현재는 해산된 이 민병대에서 몇몇 다른 민병대가 생겨났고, '약속된 날을 위한 민병대Promised Day Brigade' 같은 단체는 "이란 혁명수비대 산하 특수부대Revolutionary Guard Corps Quds Force, RGCQF로부터 훈련과 자금 지원, 지시"를 지속적으로 받는다.[63] CIA 전 국장인 데이비드 퍼트레이어스David Petraeus가 다음과 같이 설명하며 향후 중동 지역의 가장 큰 위협은 IS가 아니라 이란의 지원을 받는 여러 민병대라고 주장한 것도 이런 이유에서다.*** "장기적으로 볼 때 이란이 뒤에서 밀어주는 시아파 민병대는 이란의 막강한 힘이 될 수 있다. 이들은 정부의 통제권 밖에 있지만, 이들을 책임지는 주체는 이란 정부다."[64]

그러므로 중동에서 발생할 수 있는 가장 중대한 종말론적 충돌은 기독교 시온주의와 이슬람 극단주의의 대립이 아니라, 이슬람교에 뿌리를 둔 두 분파 사이에서 벌어질 수 있다. 바로 IS(지금까지 그래왔듯이 또 다른 수니파 테러 단체가 재빨리 생겨날 가능성도 있다)와 이란(그리고 이란과 연계된 민병대들) 사이에서 대대적인 충돌이 일어날 수 있다는 의미다. 앞에서 시아파 전사가 미국이 주도한 이라크 공격을 두고 마디의 재림을 의미하는 '첫

** 데이비드 쿡이 지적한 바와 같이 마디 민병대는 "미국이 주도한 공격은 종말 전쟁의 개시를 의미하며, 이라크 공격은 마디를 찾아서 죽이려는 것이 목적"이라고 생각할 '가능성이 높다'. 이에 따라 마디 민병대의 목표는 "미군으로부터 마디를 지키는 것, 또는 상징적 의미에서 시아파 사람들을 보호하는 것"이다. 허드슨 연구소의 글, "시아파 초승달 연대의 메시아 신앙" 참고, 2011년 4월 8일. https://hudson.org/research/7906-messianism-in-the-shiite-crescent.

*** 종말론의 충돌을 한층 더 복잡하게 만드는 요소가 한 가지 더 있다. 레바논에서 활동하는 시아파 민병대 헤즈볼라(Hezbollah)는 2006년에 발표한 자료에서, 2006년에 일어난 이스라엘과의 갈등(앞에서 기독교 시온주의자 재닛 파셜이 언급한 전쟁)을 두고 마디의 재림을 나타내는 뚜렷한 특징이라는 입장을 밝혔다.

번째 징조'라고 주장했다는 사실을 언급했는데, 이는 「로이터」에 실린 '종말론적 예언, 시리아에서 갈라선 양쪽 모두가 종말을 위해 싸우는 동기Apocalyptic Prophecies Drive Both Sides to Syrian Battle for End of Time'라는 제목의 기사에 나온 주장이다. 이 기사와 대조되는 기사가 있다면 수니파의 지하드 전사가 다음과 같은 주장을 펼쳤으리라. "모든 지하드 전사들이 [시리아의] 아사드 대통령과 싸우려고 전 세계에서 모여든 것이라 생각한다면 오산이다. 우리는 선지자가 약속한 대로 이곳에 모인 것이다. 이것은 선지자가 약속한 전쟁이며 위대한 전투다."[65] 그러므로 종말론의 충돌은 전통적 믿음이 각기 다른 사람들이 종말에 관한 서로 양립할 수 없는 생각에서 동기를 얻어 폭력적으로 대치하는 복잡한 현상이라 할 수 있다. 시간이 흐를수록 이 곤란한 상황이 더욱 구체적으로 드러나는 변화는 있겠지만 앞으로 수십 년 혹은 수백 년 동안 이 문제는 분명 계속해서 중요한 쟁점이 될 것이다.

2015년, 이스라엘의 베냐민 네타냐후 총리는 이란에 대해 "핵폭탄을 보유하고 메시아적 종말론을 믿는 광신도 집단"이라고 언급했다. 그리고 다음과 같이 덧붙였다. "천진난만한 신도가 정권과 대량살상 무기를 다룰 권한을 손에 쥔다면 전 세계가 우려해야 한다. 지금 이란에서 바로 그런 일이 벌어지고 있다."[66] 아이러니하게도 네타냐후 총리를 지지하는 미국 시민의 상당수 역시 "천진난만한 신도"이고 "정권과 대량살상무기를 다룰 권한을 손에 쥔" 사람들이다. 또 한편에서는 이스라엘과 이란 사이에 낀 IS가 천년왕국설을 광적으로 신봉하며 시리아에서 아마겟돈이 일어나 2076년 세상에 종말이 찾아올 것이라는 믿음에 온 신경을 집중하고 있다. IS가 경멸하는 대상에는 '십자군'이라 칭하는 서방 세계의 불신자들뿐만 아니라 시아파 이슬람교도와 같은 '알리 추종자들'도 포함된다. 이들의 종파적 긴장감은 극에 달해, 심지어 이란인들 중에는 IS가 이스라엘의 안보를 더욱 굳건히 지키기 위해 미국이 '만들어낸' 집단이라고 믿는 사람들이 많다[67](미국에서도 몇몇 음모론자들이 비슷한 견해를 내놓았지만 이란에서는 이러한 믿음이 일반 시민들 사이에 널리 퍼져 있다). 여기다 열두 번째 이맘의 재림이 임박했다는 기대감으로 시아파 민병대원들이 이라크와 주변 지역을 침투하는 일이 벌어지면서 상황은 더욱 악화되고 있다. 게다가 이스라엘의 종교적 시온주의자들은 특정 지역이 유대인의 것이라는 신성한 명령이 거행되어야 하고 하느님이 자신들과 맞서는 적에 폭력을 가하는 것을 허락했다고 믿는다.[68] 세상의 종말에 관한 운명론이 이처럼 뒤죽박죽 얽혔으니, "전 세계가 우려할 만한 일"이라는 네타냐후 총리의 말은 그 자신이 생각한 것보다 더 정확한지도 모른다.

이 모든 종교들이 동의할 수 있는 것이 한 가지 있다면, 바로 우리가 종말이 찾아올 시대를 살고 있다는 것이리라. 단지 그 세부적인 내용에 합의가 이루어질 수 없을 뿐이다. 악마의 영향력이 바로 이 지점에서 발휘되고 있는 것은 아닐까.[69]

서로 다른 경전에 적힌 같은 내용

세상을 조작하고 변화시킬 수 있는 놀라운 영향력이 존재한다면, 그 힘에는 중요한 의문이 뒤따른다. 그 힘으로 이루려는 "궁극적인 목적은 무엇인가?"라는 것이다. 기술적인 노하우가 갖추어졌다면 이유와 목적은 어떻게 해결해야 할까? 피터 보고시안Peter Boghossian과 마이클 셔머

Michael Shermer, 리처드 도킨스 등이 중심이 되는 신新 무신론자들은 이 질문에 "인류의 행복을 극대화하는 것"이라는 답을 제시한다. 그러나 종교인들의 답은 다르다. "무슨 일이 일어나건 신의 뜻이다." 지금까지 살펴본 것처럼 종말론의 충돌은 실제 일어나고 있는 일이고, 이 현상은 우리의 양쪽 귀 사이에 자리한 두뇌라는 컴퓨터가 플라이스토세 이후 한 번도 업데이트되지 않아 잡아당기기만 하면 인류 문명을 한 방에 날려버릴 수 있는 레버가 주변에 온통 널려 있는 현재와 같은 상황에서 훨씬 더 큰 영향력을 발휘할 수 있다.*

신 무신론을 이해하려면 발전된 기술을 알아야 하듯이 인류의 존재론적 위기를 파악하기 위해서는 종교를 알아야 한다는 것이 내 입장이다. 서구 사회에서는 점차 세속적인 방향으로 나아가는 추세가 나타나고 있지만(이를 보여주는 한 예로 2011년에 나온 한 연구에서는 서구 9개국에서 종교가 '멸종' 상태로 가고 있다는 결론을 내렸다), 전 세계적으로 미신적인 믿음을 가진 사람들이 늘어나고 있기 때문이다.[70] 미국의 퓨리서치센터Pew Research Center가 최근 실시한 설문조사에서는 "2050년까지 지구상에 사는 사람 10명 중 6명이 기독교인이나 무슬림이 될 것"이라는 전망이 나왔다.[71]

앞서 설명한 내용들은 대부분 소수에 해당하는 종말론 추종자들의

* 여기서 꼭 짚고 넘어가야 할 점은, 이 같은 충돌이 지구 온난화와 생물 다양성 상실로 인한 식량 안보 문제의 확산이나 해안선의 변화, 극심한 폭염, 대대적인 가뭄, 극단적인 날씨, 천연자원 부족, 감염 질환의 악화와 결합하면서 더욱 확대될 수 있다는 사실이다. 그렇게 될 경우 이미 전 세계에 발생한 사회적, 정치적, 종교적 갈등이 한층 더 악화될 것이다. 아만다 마요럴(Amanda Mayoral)은 이와 관련해 기후 변화는 '갈등 증폭기'라고 언급했다. 일부의 경우 환경에 발생한 재앙 수준의 변화는 신앙심 깊은 종교인들에게 종말이 임박했다는 믿음을 더욱 키우는 역할을 할 수도 있다. 갈등과 불화, 고통, 전쟁, 자연재해와 같은 현상은 모두 종말의 조짐으로 해석될 수 있기 때문이다. 아만다 마요럴의 글, "기후 변화, 갈등 증폭기가 될 수도" 참고. 미국 평화연구소, 『평화 브리프(Peace Brief)』 no. 120, 2012년 2월 2일. https://www.usip.org/publications/2012/02/climate-change-conflict-multiplier.

견해지만 실제로 '엄청나게 높은 비율'의 종교인들이 종말이 임박했다고 주장하고 있으므로 이 같은 전망은 상당히 우려스럽다. 종말을 주장하는 사람들은 '인류 멸종 같은 건 일어날 수 없는 일'이고, 따라서 존재론적 위기는 재고할 가치가 없는 일로 여긴다.** 예를 들어 미국 공화당 소속 연방의원인 존 심커스John Shimkus는 2009년에 열린 하원 에너지분과위원회의 '에너지와 환경에 관한 공청회'에서 지구 온난화로 인한 위기 가능성을 일축하면서 그 근거로 하느님이 대홍수 이후 노아에게 "땅을 멸할 홍수가 다시 있지 아니하리라"(창세기 9장 11절)라고 약속했다는 점을 들었다.[72] 위험한 소행성과 위성이 지구와 얼마나 근접했는지 알아보기 위한 연구나 초화산 폭발 시 인류의 생존 방법을 파악하기 위한 연구에 반대하는 이유로도 이와 똑같은 주장이 제기될 수 있다. 하느님이 우리를 멸하지 않겠다고 했는데 뭐가 걱정이냐는 식이다. 그리고 앞으로 불과 수십 년 내에, 전 세계 '수십억' 명의 사람들이 세상은 조만간 눈에 보이지 않는 존재와 오랜 시간에 걸쳐 은밀하게 모습을 드러낸 한 명 이상의 선지자들이 사전에 세운 계획대로 변화할 것이라고 굳게 믿는 시대가 올 것이다.

이와 관련된 조사 결과를 살펴보자. 퓨리서치센터가 2010년에 실시

** 내가 '미래학의 우측에 서는 일'에 대해 쓴 글에서도 밝혔듯이 수많은 무신론자들은 신학을 '대상이 없는 주제'로 간주한다. 신은 존재하지 않을 가능성이 매우 높다고 보기 때문이다. 흥미로운 사실은 종교인과 존재론적 위기학에 대해서도 동일한 평가를 내릴 수 있다는 점이다. 무신론자들의 입장에서는 둘 다 존재하지 않는 현상이고, 따라서 일어날 수가 없는 일이다. 또한 인류 멸종에 관한 시나리오는 형이상학과 종교적 종말론에 위배되므로 불가능한 일로 여겨진다. 그러므로 무신론자들은 존재론적 위기를 연구하는 것이 유니콘이나 요정을 연구하는 일 못지않은 시간 낭비라고 생각한다. 필자의 글, "미래학의 우측에 서는 일: 무신론과 인간의 멸종", 웹 사이트 '기독교를 파헤치다(Debunking Christianity)' 참고. 2015년 9월 5일. http://www.debunking-christianity.com/2015/09/on-right-side-of-futurology-atheism-and.html.

한 조사에서 미국인의 41퍼센트는 예수가 2050년 이전에 재림할 것이라고 '확실하게' 믿거나 '추정'한다고 밝혔다(참고삼아 제시하자면, 1993년 조사에서는 예수의 재림을 믿는다고 밝힌 사람의 20퍼센트가 그 시기를 2000년으로 내다보았다). 이스라엘을 위한 기독교 연대CUFI와 같은 단체의 주된 지지 기반인 백인 복음주의기독교인들을 대상으로 그와 같은 조사를 실시하면 그 비율이 58퍼센트까지 올라간다. 전 세계 복음주의기독교 지도자들의 61퍼센트가 휴거를 믿는다는 조사 결과도 있다. 사하라 사막 이남의 아프리카 지역에서 활동하는 지도자들로 대상을 좁히면 휴거가 실제로 일어난다고 믿는다는 응답자가 무려 82퍼센트에 이르렀다. 응답자의 52퍼센트가량은 자신이 생을 마치기 전에 예수가 재림하리라 믿는다고 답했다.[73] 미국의 이스라엘 지원에 관한 의견을 알아본 갤럽 조사에서는 종교적 믿음이 강할수록 시온주의를 지지하는 것으로 나타났다[74](참고로 미국은 '현재까지' 선진국 중에서 신앙심이 가장 깊은 국가에 해당한다). 2013년에 실시한 한 조사에서는 유권자의 13퍼센트가 버락 오바마는 적그리스도라고 생각하는 것으로 나타났다.[75]

이슬람교는 어떨까? 퓨리서치센터가 2012년에 실시한 조사에서 "조사 국가 23곳 중 9곳에서 성인 이슬람교도의 절반 이상이 자신이 죽기 전에 마디가 재림한다고 믿는 것으로 나타났다". 이 같은 믿음은 최근 들어 폭력 사태가 더욱 심각해진 아프가니스탄과 이라크에서 가장 두드러지게 나타났다(각각 83퍼센트, 72퍼센트). 또한 조사 대상 국가 중 "7곳에서 무슬림 절반 이상이 [예수의 재림을] 살아서 볼 수 있을 것"이라 예상하는 것으로 확인되었다. 특히 터키(65퍼센트)와 이라크(64퍼센트)에서 이러한 확신이 널리 퍼져 있었다.[76] 2050년까지 무슬림 인구가 27억 6,000만 명에 이를 것으로 예측된다는 점(현재 이슬람은 세계에서 가장 빠르게 성장하는 종교다)을 감안하면 이는 매우 중대한 결과다. 즉 극단주의자가 '극소수'라 해도 실제 숫자는 엄청나게 많을 수 있다. 27억 6,000만 명의 1퍼센트만 해도 2,760만 명인데, 이는 미국에서 현재 복무 중인 전체 군인의 수보다 2,620만 배나 많다. 새로운 기술의 영향력과 접근성이 점차 확대되는 현 추세대로라면 발전된 기술을 사회에 엄청난 해를 끼칠 수 있는 일에 사용해야 한다고 '믿는' 사람들이 점점 늘어날 뿐만 아니라 그러한 악몽 같은 일을 직접 '실행하는' 흐름이 나타날 것으로 보인다.

THE END

What Science and Religion Tell Us about the Apocalypse

14

사전 대응과 예방

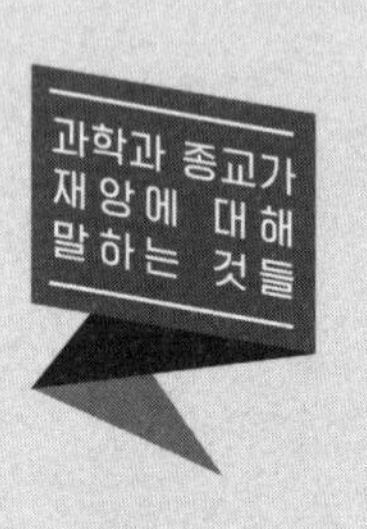
과학과 종교가
재앙에 대해
말하는 것들

숫자와 확률*

우리는 모두 의지와 상관없이 미래로 향하는 모험에 참여해야 한다. 시간이라는 보이지 않는 손이 우리를 알 수 없는 것들로 가득한 미래의 그림자와 안개 속으로 가차 없이 떠민다. 현재까지 밝혀진 가장 신빙성 있는 근거를 토대로 할 때, 인체가 엔트로피의 힘에 굴복한 뒤에 신나는 파티 같은 건 준비되어 있지 않다(무신론자들은 같은 원리로 도덕적인 의무가 면제되는 특별한 날은 없다고 여기며, 이로 인해 도덕적 행동에 훨씬 더 중요한 가치가 부여

* 이 제목은 사전에 대책을 강구하는 원칙과 예방의 원칙 두 가지를 참고하여 정했다. 첫 번째 원칙은 트랜스휴머니스트이자 철학자인 막스 모어(Max More)가 두 번째 원칙에 대한 대응으로 제안한 것이다.

된다). 우리 인간과 같은 존재, 즉 유일하게 가치를 부여하고 목적을 만드는 존재가 없다면 우주도 아무 의미 없는 곳이 될 것이다. 동시에 짊어져야 할 위험 부담도 아주 높다.

지금까지 우리는 종말론의 세속적 측면과 종교적 측면을 살펴보고 그러한 요소들 간의 상호 작용이 어떻게 인류를 재앙의 벼랑 끝까지 내몰 수 있는지 알아보았다. 이를 토대로 마침내 다음과 같은 질문을 던질 수 있다. "미래를 낙관적으로 내다볼 만한 이유가 과연 있을까?" 세계적으로 인정받는 인지과학자 스티븐 핑커Steven Pinker는 저서 『우리 본성의 선한 천사: 폭력은 왜 감소했나The Better Angels of Our Nature: Why Violence Has Declined』에서 미숙한 직감을 제외하면 폭력은 인류 역사가 진행되는 동안 사실상 감소해왔다고 주장했다. 즉 우리가 과거의 인류보다 살인이나 강간을 저지를 확률은 물론 (아이들) 엉덩이를 때리는 확률도 더 낮다는 것이다. 무신론자 역사가 마이클 셔머도 『도덕의 포물선: 과학과 사유는 어떻게 인류를 진실과 정의, 자유로 이끌었나The Moral Arc: How Science and Reason Lead Humanity toward Truth, Justice, and Freedom』에서 이를 좀 더 구체적으로 설명했다. 그는 과학적인 사유를 통해 여성과 동성애자, 동물의 권리 등에 있어 도덕적 수준이 눈에 띄게 발전했고, 그 결과 미래를 더욱 낙관적으로 볼 수 있게 되었다고 밝혔다. 전체적으로 상황이 더 나아지리라는 것이다. 하지만 이 책 전반에 걸쳐 살펴본 현상들을 떠올려보면 과연 이 결론이 보장된다고 할 수 있을까? 그 미래의 그림에 접근성이 점차 증대되고 있는 선진 기술이 끼어든다면 결과는 어떻게 될까? 우리의 기술적 미래는 실제로 얼마나 낙관적일까? 지구에 존재하는 지적 생명체가 보스트롬이 말한 "괜찮은 결과"를 맞이할 확률을 높이기 위해 우리가 적극적으로 할 수 있는 일이 있을까?[1]

이 질문에 제대로 된 답을 찾기 위해서는 최근에 나타난 몇 가지 거시적 위기의 동향을 정확히 알아야 한다. 첫 번째로 나타나는 특징은 '발생 가능한 재난'의 수가 최근 수십 년 사이 대폭 증가했다는 점이다. 불과 100여 년 전만 해도 인류를 죽음으로 몰고 갈 수 있는 사태는 서너 가지 정도에 불과했다. 초화산 폭발, 소행성이나 혜성과 지구의 충돌, 전 세계를 휩쓰는 전염병 정도가 전부였다. 그 밖에 이 책에서 다루지는 않았지만 자연에서 발생할 수 있는 존재론적 위기 요소로 초신성과 블랙홀의 폭발 또는 여러 블랙홀의 결합, 은하 중심의 분출, 감마선 폭발 등을 꼽을 수 있다. 그리고 현재까지 파악된 바로는 이러한 문제들이 여전히 우리 곁에 도사리고 있다. 이러한 문제를 '우주 배경 위기'라고 통칭할 수 있다.

그러나 최소 20세기 중반을 넘어서면서부터 위험 요소가 늘기 시작했다. 현재 우리는 역사상 그 어느 때보다 많은 종말 시나리오를 가지고 있다. 그리고 대부분의 원인은 인간에게서 비롯된다고 할 수 있다. 위험 요소가 정확히 몇 가지인지는 파악하기 어렵지만, 현대 위기학자에게 어떻게든 답을 달라고 압박한다면 현재 또는 예측 가능한 아주 가까운 미래에 적용되는 시나리오가 '최소 20건' 존재한다고 답할 것이다. 나는 이 책에서 그중 가장 시급한 위기 몇 가지를 다루었다(11장은 시급한 문제가 아니므로 이 설명에서 제외된다). 여기서 다루지 않았지만 시급한 위기로는 전체주의 정권, 생식 기능의 점진적 상실, 우성이 아닌 열성이 확대될 가능성과 그로 인한 지능의 대대적인 감소, 이상 소립자 또는 기묘체라 불리는 음전하 물질의 반응을 촉발시키는 물리학 실험, 우주 전체를 파괴할 수도 있는 진공 붕괴, 지구에서 새어나가는 방사선과 '능동적 외계지능 탐사 활동'을 통해 가능성이 훨씬 높아진 외계 생명체의 침략, 대규모 사이버 테러 등이 있다. 인류가 자발적으로 멸종의 길에 들어서자는 주장이 제기되고, 이 캠페인이 성과를 거둘 가능성도 낮지만 일어날 수 있는 일에 속한다.

그러므로 앞으로 한 세기가 다 가기 전에 인류의 존재론적 위기 시나리오는 급작스럽고 빠르게 늘어날 것임을 알 수 있다. 또한 발명가, 과학자, 엔지니어로 경이로운 성공을 거둔 인간의 역사를 되짚어보면 인류의 운명이 나아갈 방향도 여러 가지 존재할 것으로 예상된다. 이러한 점들은 어떻게 해야 '상황이 나아질' 것인지 고민할 때 신중히 고려해야 하는 매우 중요한 요소다.

죽음을 맞이할 수 있는 경로가 더 많다고 해서 인류 존재를 위협하는 위기가 찾아올 가능성도 더 높다고 단정 지을 수는 없다. 예를 들어 전멸을 가져올 시나리오 가운데 실제로 일어날 가능성이 매우 높은 것은 단 한 가지에 불과할 수도 있고, 시나리오는 다양한데 전부 발생 가능성이 낮을 수도 있다. 그럼에도 불구하고 오늘날 가장 유능한 위기론자들은 인류가 종말을 맞이할 가능성이 지난 몇 세기 동안 증가했다고 보는 것이 가장 정확한 결론이라는 데 동의한다. 그래서인지 인류의 미래를 걱정하는 전문가들의 의견도 일치한다.

철학자 버트런드 러셀Bertrand Russell과 알베르트 아인슈타인은 1955년 함께 쓴 선언Manifesto에서 현재와 비슷한 상황을 묘사하면서 세계 각국이 "모든 분쟁을 가라앉힐 수 있는 평화적 수단을 찾아야 한다"고 촉구했다. 핵으로 인한 인류의 멸망을 주로 다룬 이 글에서 두 사람은 다음과 같은 견해를 밝혔다. "과학계의 저명인사와 군대의 전략가들이 수많은 경고를 전했다. 그러나 최악의 결과가 분명히 나타난다고 말할 수 있는 사람은 아무도 없을 것이다. 경고한 일들이 일어날 가능성이 있고, 현실이 되지는 않으리라 확신할 수 있는 사람 역시 아무도 없다고 말할 수 있을 뿐이다.

전문가들이 내놓는 견해에 해당 전문가의 개인적인 정치적 생각이나 편견이 얼마나 영향을 주었는지도 알 수 없다. 현재까지 우리가 조사한 바에 따르면, 전문가들의 견해는 그저 특정 전문가의 지식을 바탕으로 나온 의견일 뿐이다. 그리고 우리가 확인한 또 한 가지는, '아는 것이 많은 사람일수록 우울하다'는 사실이다."[2] 이러한 특징은 존재론적 위기를 다루는 분야 전체에도 적용할 수 있다(핵으로 인한 인류의 전멸에 관한 주제도 물론 포함된다).[3] 즉 아는 것이 많은 사람일수록 인류의 생존을 가장 크게 우려한다는 의미다.

기후 변화와 경제학의 관계를 분석해 큰 파장을 몰고 온 2006년 「스턴 보고서Stern Review」에서는 "지구 온난화를 역사상 가장 거대하고 광범위한 시장 실패의 원인"으로 보았다. 경제학자 니컬러스 스턴 경Sir Nicholas Stern이 주도적으로 참여한 이 보고서에는 '이번 세기'에 인류가 멸종할 가능성은 9.5퍼센트라는 결론이 나와 있다.[4] 인류미래연구소 주최로 열린 지구재난위기협의회(이 회의에 대해서는 다시 상세히 다룰 것이다)에서 소개된 거시적 위기에 관한 조사 결과에서도 이번 세기에 인류가 전멸할 확률은 19퍼센트라는 결과가 나왔다.[5] 존재론적 위기연구의 선구자 중 한 사람인 보스트롬은 가능성을 25퍼센트 이하로 추정한 것은 "잘못된 결과"일 수 있다고 지적하면서, "현재까지 도출할 수 있는 최선의 추정치는 그보다 상당히 더 높은 수준"이라고 덧붙였다.[6] 영국의 왕립천문학자이자 실존위기연구센터CSER 공동 설립자인 마틴 리스 경은 정신이 번쩍 들게 만드는 이야기가 가득한 저서 『우리의 마지막 시간Our Final Hour』에서 인류가 21세기를 끝까지 살아갈 가능성은 50퍼센트에 불과하다고 전망했다.[7] 동전 던지기와 같은 확률이라니, 정말 비참하지 않은가!

다른 수많은 전문가들도 대체로 이와 비슷한 가능성을 제시해왔다.* 나는 개인적으로 리스 경의 견해와 어느 정도 비슷한 생각인데, 앞서 10장에서 다룬 인지적 폐쇄성을 감안한다면 그의 추정도 '다소 지나치게 낙관적'이라고 생각한다. 물론 지구상에 살고 있는 사람이 단 한 명도 빠짐없이 전멸한다는 건 당연히 엄청난 사건이다. 외부와 전혀 접촉하지 않고 살아온 브라질 아마존의 부족민이나 시베리아 북부 작은 마을에 사는 사람들, 남극 라 에스트레야에 사는 60명 안팎의 주민들까지 모두 사라진다고 생각해보라. 그러나 그만큼 분명한 사실은 인류 멸종이라는 사태가 발생할 수 있는 메커니즘에 점점 더 많은 사람들이 접근할 수 있게 되었다는 점이다.

이는 곧 인류가 최악의 시나리오가 실현될 가능성이 갑작스럽게 급증하는 상황에 놓여 있다는 것을 암시한다. 지나온 인류 역사에서는 대부분의 시간 동안 무시해도 될 정도로 미약했던 발생 가능성이 향후 100년 동안 최대 50퍼센트까지 증가할 것으로 추정된다. 요기 베라Yogi Berra의 명언처럼, "미래는 지금까지와 전혀 다른 모습일 것이다!"

존재론적 위기에 관한 두 가지 가설

인류의 존재가 곤경에 빠질 가능성이 점차 커지는 추세라는 이 같은 결론을 우리는 어떻게 활용해야 할까? 이 불안한 흐름에서 우리는 무엇을

* 철학자 존 레슬리(John Leslie)는 저서 『충격 대예측 세계의 종말: 과학과 윤리로 본 인류 종말(The End of the World: The Science and Ethics of Human Extinction)』(Routledge, 1996)에서 앞으로 5세기 안에 인류가 멸종할 확률은 30퍼센트라고 밝혔다.

끄집어낼 수 있을까? 전 세계적으로 세대를 초월해 영향력을 발휘하는 위기(그림 B의 빨간색 점 또는 검은색 점에 해당하는 위기)는 우리 주변에 겹겹이 쌓이고 있고 식견이 뛰어난 대부분의 전문가들은 제2차 세계 대전 이후 인류가 재앙을 피할 가능성이 크게 '감소'했다고 이야기한다. 그렇다면 지금 우리는 종말론적 위기가 고조되는 현 단계를 그저 묵묵히 지나고 있는 중일까? 아니면 한때는 풍성했던 '호모'라는 사람 속屬의 가지가 휑해지고 그나마 남은 잔가지마저 모조리 잘릴 거대한 필터 속으로, 피할 방도 없이 서서히 빨려들어가고 있는 중일까? 너무나 많은 사람들이 오랫동안 간직하고 지켜온 믿음과 가장 똑똑하고 뛰어난 사람들이 발명한 신기술이 충돌하면서 인류는 어쩔 수 없이 재앙을 맞이하게 될까?

우선 인류의 존재론적 위기에 관한 시나리오가 점차 늘어나는 상황을 고려할 때, (1) 영향력이 점점 더 막강해지는 기술들이 미래에도 계속 개발될 것이고, (2) 그러한 기술이 이중용도로 사용될 경우 원인을 인간에게 돌릴 수 있는 새로운 위기 시나리오도 더욱 늘어날 확률이 매우 높다. 그런데 몇 가지 이유로 (1)의 전제가 일어나지 않을 가능성도 있다. 무엇보다 분명한 것은 인류의 존재를 뒤흔드는 재앙이 발생하면 되돌릴 수 없는 기술적 침체기가 찾아오거나 혁신이 영원히 중단되는 결과로 이어질 수 있다는 점이다. 혹은 미래의 인류가 기술에 흥미를 잃고 기술에 보수적인 입장을 가진 전체주의 국가가 전 지구를 휘어잡는 권력을 쥐게 될 가능성도 있다.

그와 같은 요소에 제압당하지 않는다면, 기술 발전이 현재와 같은 궤도를 계속 유지할 가능성이 극히 높을 것으로 보인다. 사실상 기술은 '자율적인 현상'의 양상을 띠고 있는 실정이다.[8] 물론 인간의 활동이 기술의 발전을 좌우하는 것은 사실이지만, 한 개인이나 단체, 정부가 기술을 통제하는 것은 아니다. 우리의 모습은 무리 지어 움직이는 찌르레기 떼와 비슷하다. 즉 찌르레기 떼가 이동하는 방향은 궁극적으로 그 무리에 속한 새 한 마리 한 마리의 움직임에 좌우되지만, 찌르레기 한 마리가 무리 전체의 이동 방향을 좌우하지는 않는다. 그러므로 찌르레기 떼의 움직임은 새 각각의 움직임과 '독립적'이라고 보아야 옳다. 기술이 발전하는 양상도 마찬가지다. 선 마이크로시스템Sun Microsystems사의 공동 창업자 빌 조이Bill Joy는 2000년 『와이어드』에 발표한 글에서 특정 분야의 기술 연구는 '포기'해야 한다고 주장해 큰 화제가 되었지만, 이것이 잘못된 판단이고 아무 소용 없는 걱정인 이유도 동일하다. 앞에서 언급한 것처럼 기술 발전을 가로막는 요소가 존재하지 않는 한 기술의 실현은 이제 사실상 거의 '불가피'하다[9](더 구체적으로는 "다른 조건이 모두 동일할 경우 발생하는 불가피성"으로 정리할 수 있을 것이다).

이제 두 번째 전제 조건을 살펴보자. 현재 우리 주변에서 사용되는 기술보다 미래의 기술이 이중용도로 쓰일 가능성이 낮아질 것으로 내다볼 만한 이유는 전혀 찾을 수가 없다. 인공적으로 만들어진 기술은 태생적인 특성상 활용 방식에는 반드시 어느 정도 다양한 해석의 폭이 존재한다. 노트북을 아무리 세심하게 디자인한다 해도 10층 건물 창문으로 떨어지면 지나던 사람이 맞아 목숨을 잃을 가능성은 여전히 존재한다. 마찬가지로 원래 상대를 다치게 하거나 죽일 목적으로 만들어진 권총을 누군가는 종이 더미를 고정시키는 문진이나 방문을 고정시키는 도어스톱으로 활용할 수도 있다.

합성생물학과 나노 기술, 인공지능과 같은 분야의 경우, 용도가 한 가지뿐인 기술이 나오는 것이 가능한 일인지조차 떠올리기가 쉽지 않다. 그러므로 미래에 등장할 인공적인 산물들은 원심분리기가 우라늄 농축에 사용되는 것이나 페트리 접시가 세균 배양에 사용되는 것과 같은 이중용도로 활용될 가능성이 거의 확실하다고 할 수 있다. 지금까지 살펴본 이 두 가지 전제 조건을 종합하면 미래에 새로운 위기 시나리오가 더 많이 등장할 것이라는 예측이 나온다. 몇 세기 전만 해도 고작 3~4가지에 불과했던 위기 시나리오는 현재 20가지 정도로 늘어났고, 미래에는 훨씬 더 많아질 가능성이 매우 높다.

그렇다면 확률은 어떻게 해석해야 할까? 존재론적 재앙이 발생할 위험은 어느 정도일까? 앞에서도 설명한 것처럼 위기 시나리오가 많다고 해서 파멸이 발생할 확률도 '무조건' 높아지는 것은 아니다. 현재 우리가 처한 상황을 감안하면 충분히 그렇게 생각할 수 있지만 확률상으로는 그렇다. 그러므로 우리는 새로운 존재론적 위기 시나리오의 주된 내용이 될 만한 미래의 위협 요소와 그에 대한 가설을 두 가지로 구분할 수 있다.[10] '병목가설bottleneck hypothesis'로 칭할 수 있는 첫 번째 유형은, 최근 종말과 연관된 위험이 증가한 것은 일시적인 현상이며 위험이 단시간 고조되는 시기라고 보는 입장이다. 이 가설에서는 이 단계만 지나가면 다 제자리로 돌아와 괜찮아질 것이고, 기술이 계속 발전해(덕분에 삶은 더욱더 풍요로워지고) 재앙이 발생할 가능성은 차츰 줄어 1945년 이전 수준까지 떨어질 수 있다고 본다.*

현시점에서 가장 널리 수용되는 관점이 바로 이 병목가설인 것 같다. "인류는 중대한 갈림길에 서 있다"라든가 "이번 세기는 인류 역사상 가장 중요한 시기"와 같은 표현에도 이 같은 관점이 담겨 있다. 리스, 보스

* 예를 들어 발전된 기술 덕분에 지구로 날아드는 소행성이나 혜성을 파괴하고, 초화산 폭발로 인한 영향을 약화시키고, 자연에서 발생하는 모든 감염 질환으로부터 우리를 지켜줄 백신을 개발할 수도 있다.

트롬, 커즈와일 등 일부 저명한 위기학자들도 연구를 통해 이 가설을 옹호하고 대변해왔다. 예를 들어 마틴 리스 경은 "우리의 선택과 행동으로 생물의 미래가 영원히 이어지도록 할 수 있다(지구에 사는 생물은 물론 훨씬 더 포괄적인 범위에 해당하는 생물)"고 밝혔다. 이어서 그는 "반대로 사악한 의도를 품거나 운이 따르지 않아서 21세기에 등장한 기술이 생물의 잠재력을 위협하고 인류와 포스트휴먼의 미래를 차단해버릴 수도 있다"고 설명했다. 그리고 다음과 같은 주장을 전했다. "이번 세기에 지구상에서 벌어지는 일들로 인해, 지극히 복잡하고 세밀한 생물들과 기본 물질만으로 채워진 생물들 간에 큰 차이가 발생할 것이다."[11]

보스트롬도 동일한 견해를 밝혔다. "현 세기, 또는 다음 몇 세기까지는 인류에게 있어서 중대한 시기다. 이 시기를 무사히 넘기면 인류 문명의 수명이 극히 늘어날 것으로 예상되기 때문이다."[12] 나중에 보스트롬은 2013년 발표한 논문에서도 동일한 견해를 전하고 다음과 같이 주장했다. "여러 가지 이유에서, 인류가 다음 몇 세기 동안 직면하게 될 이 모든 위험이 매우 중요한 의미가 있다."[13] 보스트롬은 병목가설을 바탕으로 「유토피아에서 온 편지Letter from Utopia」라는 한 편의 시 같은 글을 쓰기도 했다. 이 글에서 그는 포스트휴먼이 살아갈 미래 세상을 형용할 수 없는 기쁨이 흘러넘치는 천국 같은 곳으로 묘사했다.[14]

커즈와일은 이 책에서 다룰 기회가 없었던 기술적 특이점singularity이라는 변화가 찾아올 것으로 전망하는 학자로, 병목가설도 이 기술적 특이점으로 인한 종말의 관점에서 해석한다. 특이점에 이르면(즉 "기술 변화 속도가 너무 빠르고 그 영향이 상당해서 인류 역사의 기본 구조가 붕괴되는 시점"이 되면) 우주가 "깨어나고, 우주에서 '잠들어 있던' 물질과 메커니즘이 매우 절묘하고 정교한 지식의 형태로 변환되어 정보의 패턴이 진화하는 여섯 번째[그리고 마지막] 시대가 열린다"[15]는 것이 커즈와일의 전망이다. 이어서 그는 간절히 바랄 만한 이러한 상황을 맞이하는 것이 "기술적 특이점과 우주의 궁극적인 운명"이라고 설명했다.[16]

병목가설은 한마디로 우리가 현재의 괴로운 상황을 무사히 이겨내기만 하면 모든 것이 안정되고 인류의 미래는 더욱 안전하게 보장된다는 시각으로 정리할 수 있다. 심지어 기술 덕분에 끝없는 기쁨이 가득한 새로운 유토피아가 열릴 수도 있다.

반면 병목가설과 반대편에 서 있는 시각은 말기 암의 통증에 비유할 수 있을 만큼 갈수록 고통이 깊어가는 혼란스러운 상황이 펼쳐질 것으로 해석한다. '평행성장가설paralle growth hypothesis'로 칭할 수 있는 이 입장에서는 컴퓨터 하드웨어의 발전 양상을 설명한 무어의 법칙처럼 과거의 흐름으로 재앙 가능성을 예측하듯 미래도 동일한 방식으로 예측할 수 있다고 본다. 다시 말해 이중용도로 활용될 수 있는 신기술의 발전 경로를 토대로 존재론적 위험성을 '추적'할 수 있다고 보는 것이다. 그 결과 성장곡선이 직선으로 추정되면 존재론적 위협도 선형으로 증가한다고 예상하고, 기하급수적인 성장 곡선이 나타날 것으로 전망되면 '존재론적 위기의 특이점', 즉 새로운 위기 시나리오가 생겨나는 속도가 너무 빨라 인류 전멸 확률도 급속히 높아지는 시기가 찾아올 것이라고 해석한다.* 어느 쪽이든 그 중심에는 미래의 기술이 인류를 자멸로 이끄는 새로운 길이 무수히 생겨날 것이고, 그로 인해 종말을 피하기란 현실적으로 점차 불가능해진다는 생각이 자리하고 있다. 프란츠 카프카Franz Kafka의 글을 빌

* 레이 커즈와일은 '기술적 특이점'을 "기술 변화 속도가 너무 빠르고 그 영향이 너무나 깊어서 인류의 삶이 되돌릴 수 없을 만큼 크게 바뀌는 미래의 시점"으로 정의했다. 이 부분은 커즈와일의 정의를 반영하여 설명한 것이다.

리면 "희망이 많을 수도 있고, 희망이 셀 수 없을 만큼 많을 수도 있지만, 우리와는 아무 상관이 없다"고 보는 것이다.

평행성장가설은 분명 병목가설보다 덜 이상적이다. 그러나 우리가 시간의 흐름에 민감하게 반응하면서 인간의 도덕적, 인지적 문제를 변화시킬 수 있는 중대한 대책을 다양하게 마련하지 않는 한, 나는 이 평행성장가설이 인류의 미래를 예측하는 기본 가설이 될 것이라고 생각한다. 그리고 이러한 판단은 적어도 윤리적인 차원에서 이 책의 가장 중요한 부분이라 할 수 있는 이야기, 즉 인류가 긍정적인 결과를 맞이할 가능성을 극대화할 수 있는 실용적인 전략은 무엇일까, 라는 고민으로 이어진다.[17]

지금은 병목가설이 가장 확률이 높은 가설에 해당하지 않지만 그렇게 '만들기 위해' 우리가 할 수 있는 일들이 분명 존재한다. 그러나 안타깝게도 "존재론적 위기를 줄이기 위한 전략"에 대한 고민은 서글플 정도로 활성화되지 않아 공통 의견으로 종합할 만큼 많은 견해가 모이지 않았다. 그러므로 다음에 제시한 전략은 우리 아이들에게 더 나은 미래를 안겨줄 방안을 고민한 걸음마 단계의 결과라 할 수 있으며, 앞으로 더욱 세밀하고 폭넓은 연구가 이루어져야 한다. 또한 내가 제시하는 전략 중 많은 부분은 다른 학자들도 다루었던 내용이지만 그렇지 않은(다루었더라도 상세히 다루지 않은) 전략도 포함되어 있다. 더불어 한 가지 기억해야 할 점은, 인간에서 비롯된 위험 요소를 줄이기 위한 전략을 자연에서 발생한 비인위적인 위험, 즉 실수인지 테러인지 구분할 필요가 없는 자연적 위협을 줄이는 목적으로 똑같이 활용할 수 있다는 사실이다.

생존 전략

1. 인류 형태의 재설계

종교의 역사와 여러 종교에 대한 비교 연구 결과를 보고 우리가 얻을 수 있는 교훈 중 한 가지는, 호모 사피엔스라 불리는 영장류가 특정한 착각에 극도로 쉽게 빠지는 특징이 있다는 점이다. 1장과 13장에서 간략하게 살펴본 사실들은 그야말로 빙산의 일각 중에서도 일각일 뿐이다. 보이지 않는 힘, 기적 같은 사건, 초자연적 존재에 관한 환상은 문화적 시공간을 뛰어넘어 편재하는 특징이라, 이러한 현상을 연구하는 학자들은 세상에 인류를 전멸시킬 새로운 메커니즘이 너무 많아 인류에 희망 같은 건 없다고 결론지을 정도다. 과거의 인류에게는 종말을 가져올 수 있는 인공적인 산물이 없었기에 망정이지, 그랬다면 우리는 이미 다 저세상 사람이 되어 있을 것이다. 그러므로 생명공학 기술과 합성생물학, 분자 제조, 심지어 인공지능까지 등장할 미래에는 '썩은 사과 딱 하나'만 생겨도 '전체'가 목숨을 잃는 일이 분명 벌어질 수 있다. 그런 상황에서 인류가 살아남을 확률은 얼마나 될까? 이중용도로 사용될 수 있는 발전된 기술을 인류에게 무턱대고 믿고 맡길 수는 없다. 인간은 이런 기술을 손 닿는 곳에 두어도 걱정되지 않는 존재들이기보다는 성냥을 가지고 노는 어린아이들에 더 가깝다. 차이가 있다면 인류가 가지고 노는 것은 성냥이 아니라 화염 방사기 수준이라는 점이다.

'트랜스휴머니즘'*으로 알려진 철학적 개념에는 이 상황을 어떻게 해결할 것인가에 관한 아이디어도 포함되어 있다. 트랜스휴머니즘을 지

* 과학과 기술의 힘으로 인간의 정신적, 육체적 특성과 능력이 더 개선된 방향으로 발전할 수 있다는 생각-옮긴이.

지하는 어떤 학자가 "살아남으려면 다 멸종해야만 한다"고 한 말속에 그 해답이 담겨 있다. 역설적인 말로 들리지만 그렇지 않다. 최소한 꼭 그렇게 해석할 수 있는 것만은 아니다. 7장에서 다룬 내용을 다시 떠올려보면 멸종에는 두 가지 종류가 있다. 하나는 도도새와 (대다수의) 공룡이 겪은 것처럼 죽어서 없어지는 것이고, 다른 하나는 다른 형태의 생명으로 진화하면서 그 이전의 생물종은 사라지는 것이다. 후자의 경우 종의 계통은 유지되지만 새로이 등장한 개체는 이전 개체와 확연한 차이가 있어서 마치 '새로 생겨난 종'처럼 보인다. 트랜스휴머니즘을 옹호하는 학자들이 희망하는 인류의 멸종은 바로 이 두 번째 경우에 해당한다.[18] 따라서 우리가 기술을 이용해 우리 스스로를 전면적으로 바꾸고, 외형적 특성을 보다 적절한 방향으로 변형시켜 인류의 진화 방향을 제어할 의무가 있다고 본다. 보다 구체적으로는 발전된 기술을 활용해 미래 세대는 인지 기능이 강화되고 지적 성숙도가 더 높은 사이보그로 구성되도록 하는 것이다. 존재론적 위기가 발생할 가능성이 더욱 높아진 세상에서 이는 재앙의 발생 확률이 높아지지 않도록 막는 방안이 될 수 있다. 앞서의 비유를 다시 가져오면, 대부분의 아이들은 어릴 때 불과 성냥에 큰 관심을 보이지만 어른이 되면 그런 집착이 사라지는 것처럼 인간이라는 종의 수준에서도 비슷한 변화가 나타날 수 있다. 그러므로 이러한 방안을 '트랜스휴먼에 대한 희망'으로 칭할 수 있을 것이다.

그와 같은 사이보그가 반드시 초지능을 가진 존재일 필요는 없다.* 인간의 인지적 구조를 살짝 변경해서, 예를 들어 종말에 관한 환상에 덜 현혹되도록 한다거나 현실에 대한 규범적 세계관을 뒷받침하는 근거들

* 그러나 5장에서도 살펴보았듯이, 정량적 초지능은 과학 혁명 이후 폭발적으로 증가해온 무지함의 폭발을 되돌릴 가능성이 있다.

에 더 귀를 기울이도록 하는 등의 변화를 일으키는 것도 한 가지 방법이다(부록 4 참고). 물론 이러한 일을 실현하기란 말보다 훨씬 어렵겠지만, 10년쯤 뒤에는 인간의 신경계를 더 상세히 파악할 수 있고 덕분에 편리하게 그와 같이 기능을 조절하는 일이 가능해질지도 모른다.** 인류가 전멸할 수 있는 위험성이 급속히 커지고 있다는 점을 생각하면 조만간 반드시 나와야 할 성과이기도 하다. 결국 '긍정적인' 멸종, 즉 인간의 형태를 재설계하여 진화의 방향을 바꿔야 한다는 트랜스휴머니즘 학자들의 목표가 달성되는 것이 '비극적인' 멸종으로부터 인류를 구해낼 수 있는 방법이 될 수도 있다.[19]

2. 초지능 개발

위의 첫 번째 전략과 분명 연관성 있는 또 다른 전략은 초지능적 존재를 한 가지 이상 개발하는 것이다. 초지능적 존재는 인공적인 산물의 형태일 가능성이 가장 높다. 보스트롬은 이와 관련해 다음과 같이 밝혔다. "앞으로 몇 세기 안에 초지능이 개발될 것으로 전망할 수 있다. 초지능이 탄생할 경우 심각한 위험이 따를 것이지만 일단 세상에 등장하고 그로 인한 즉각적인 여파가 사그라지면 초지능적 예측과 계획이 가능해지므로, 생존에 관한 측면이 대폭 개선된 새로운 문명이 열릴 것이다."[20] 앞에서도 논의했듯이 초지능은 인류에 최악의 결과를 가져올 수도 있지만 그렇지 않다면 반대로 최상의 결과를 가져올 것이다. 엄청난 가치와 번영, 존재론적 안정성이 확보된 새로운 세상으로 인류를 안내할 수 있기 때문이다.

** 과학자들은 이미 상대방의 감정에 대한 공감 능력을 향상시키는 '연민의 약'을 개발했다.

커즈와일은 기술적 특이점을 토대로 미래를 낙관적으로 내다보는 유명한 인물답게 보스트롬과 비슷한 견해를 내놓았다. "생명공학 기술로 만들어진 바이러스로 인한 존재론적 위기와 같은 여러 가지 불길한 전망은 2020년대가 되면 나노봇을 토대로 한 효과적인 항바이러스 기술이 완성되면서 모두 사라질 것이다. 나노 기술은 생물학적인 존재보다 수천 배 더 강력하고 빠르고 똑똑하므로, 자가 복제 기능을 갖춘 나노봇은 거대한 위험을 몰고 올 수 있고 인류에 또 다른 존재론적 위기를 야기할 가능성도 있다. 그러나 나노봇에 관한 이런 부정적인 전망은 강력한 인공지능을 통해 사라질 것이다." 커즈와일은 "물론 '우호적이지 않은' 인공지능이 나타나 한층 더 심각한 존재론적 위기가 닥칠 수 있다"고 덧붙이면서도 초지능적 장치가 우주가 맞이할 '최후의 운명'을 주도할 것이라는 견해를 고수하고 있다.[21]

정리하면, 인류가 발전된 기술로 인해 맞닥뜨린 새로운 위해 시나리오를 이겨낼 수 있도록 기꺼이 도와줄 초지능이 성공적으로 개발된다면 우리가 처할지 모르는 곤경도 약화될 수 있다. '포스트휴먼을 향한 희망'이라 부를 수 있는 이 전략에는 위험성과 잠재적 이점이 모두 '어마어마하다'는 점을 감안해, 나는 우리가 현재 가진 자원을 유드코프스키가 '우호적인 인공지능'으로 분류한 문제, 즉 인공지능의 우호성과 적대감, 무관심으로 발생할 수 있는 문제에 관한 연구에 투자하는 것이 최선이라고 생각한다. 현재 이 우호적 인공지능 분야의 연구에서 두각을 나타내고 있는 곳은 기계지능연구소Machine Intelligence Research Institute, MIRI와 인류미래연구소를 꼽을 수 있다. 이와 관련된 내용은 뒤에서 다시 살펴보기로 하자.

3. 하늘 높이 올라가기

모든 요소를 고려할 때 어쩌면 이 전략이 존재론적 재앙을 예방할 수 있는 가장 확실한 방법인지도 모른다. 원리는 아주 간단하다. 우리가 이 '세상'에 더 뿔뿔이 흩어져 있을수록 특정 사건으로 '세계 전체'가 영향을 받을 가능성이 줄어든다는 것이다. 지구 전체의 생태계가 붕괴되더라도 화성에 사는 사람들은 아무런 영향을 받지 않을 것이고, 같은 원리로 화성에서 그레이 구 시나리오가 현실이 된다 해도 지구에 사는 사람들은 영향을 받지 않는다. 지구 전체가 전멸하더라도 인류 전체가 단 한 사람도 빠짐없이 몽땅 죽지는 않을 것이고, 지구 곳곳에 제국이 생겨나고 몰락해도 인류 문명이 통째로 붕괴되지 않는 것과 같은 이치다. 그러므로 은하계와 국부은하군, 가시적 은하계에서 우리가 지배하는 범위가 확대될수록 핵전쟁이나 조작된 생물로 인한 대전염병(그리고 초화산, 소행성 충돌과 같은 자연적 위기)이 발생해도 인류가 전멸할 가능성을 줄일 수 있다.

우주 식민지 개척이라니 무슨 터무니없는 소리냐고 이야기하는 사람들도 있겠지만, 실제로 두루 존경받는 여러 사상가들도 인류의 장기적인 생존을 위해서는 이 전략이 반드시 필요하다고 전망한다. 예를 들어 NASA 국장인 마이클 그리핀Michael Griffin은 2006년, "인류의 생활 범위가 태양계로 확대되는 문제는 근본적으로 인간이라는 생물종의 생존과 관련이 있다"고 밝혔다.[22] 스티븐 호킹도 "인류가 우주로 퍼져나가지 않는다면 앞으로 수천 년 뒤까지 생존할 수 없을 것이다"라는 말로 비슷한 생각을 전했다.[23] 우주개발업체 스페이스XSpaceX의 대표 일론 머스크Elon Musk도 다음과 같이 주장했다. "여러 행성에 생명이 살도록 하는 방안은 재앙과 같은 일이 닥쳤을 때, 인류의 존재를 안전하게 지킬 수 있는 방법이라는 점에서 인도주의적으로 반드시 필요하다고 강력히 주장하는 목소리도 있다."[24]

우주 식민지 개척이 가능해지면 현재 인류에게 찾아온 존재론적 위기 중 상당 부분이 해결될 것이다. 그러나 이 전략으로도 사라지지 않는 문제들이 있다. 가령 물리적 재난은 결국 우주에서 벌어진다. 앞서도 설명했지만, 우주 자체가 현재 가장 안정적인 상태가 아니다. 고출력 입자 가속기가 결정적인 한 방으로 작용해 지구에 "재앙과 같은 진공 붕괴 현상이 발생하고 진공 버블이 빛의 속도로 우주 공간으로 팽창하면서" 그 길에서 마주친 모든 것을 파괴하는 사태도 벌어질 수 있다.[25] 또는 호전적인 기질을 지닌 외계 생명체가 거대한 군대를 이끌고 우리 후손들이 우주 식민지로 개척해서 살고 있는 행성들을 하나씩 공격해 한 사람도 남김없이 학살할 가능성도 있다.

위험의 최소화, 비용의 최소화*, 우주를 식민지화할 경우 발생하는 이점을 생각하면 우주 식민지 개척은 존재론적 위기를 우려하는 사람들에게 가장 우선적인 목표가 되어야 마땅하다. 우리 아이들에게 미래를 선사하고 싶다면 인류 전체가 "살아남으려면 식민지를 개척해야 한다"는 것이 인류 전체의 모토가 되어야 하는지도 모른다.[26]

4. 기술이 개발되는 시점 잘 맞추기[27]

백신은 몸에 병원균이 퍼지기 전에 미리 맞는 것이 낫다. 마찬가지로 미사일이 이쪽으로 날아오기 전에 방어용 미사일 시스템을 구축해놓는 편이 나을 것이다. 합성된 유전체를 이용한 전염병, 자가증식하는 나노봇, 악의적 의도를 가진 초지능과 같은 기술이 등장할 것으로 예상되는 만큼

* 이 근거 중 하나는 이 전략이 앞에 나온 두 가지 전략 중 어느 한쪽이 꼭 달성되어야만 가능한 것이 아니라는 점이다.

이론상으로는 우리를 그러한 기술로부터 보호할 수 있는 방어 기술이 만들어지리라 기대해볼 수 있다.

예를 들어 자가증식하는 나노봇을 개발하는 데 필요한 기술이 등장하기 전 나노 기술에 대한 방어막이 전 세계에 마련된다면 나노 기술이 생태계를 먹어치우는 '에코페이지ecophagy' 현상이 나타날 위험을 줄일 수 있다. 나노 기술과 초지능은 비슷한 시기에 등장할 것으로 전망되며, 순서를 따져보면 초지능이 먼저 개발되는 편이 낫다고 볼 수 있다(위의 두 번째 전략을 보면 그 이유를 알 수 있다).[28] 나노 기술로는 초지능 때문에 발생할 수 있는 위험을 약화시킬 방법이 전혀 없지만, 초지능은 인간에게 호의적이기만 하다면 나노 크기의 기계가 발생시킬 위험을 해결하는 데 도움이 될 것이기 때문이다. 초지능과 최근 급부상 중인 생명공학, 합성생물학 분야와의 관계도 이와 마찬가지다. 즉 한쪽이 다른 한쪽에 내포된 위험을 약화시킬 수 있는 확률을 따져보면 비대칭적인 경향이 나타난다. 그러므로 우리가 어떤 방식으로는 가파른 비탈을 따라 내려가야만 한다면, 활강 스키를 타듯 곳곳에 놓인 위험을 요리조리 피할 방법을 찾을 수 있을지도 모른다.

5. 교육 시스템 개선

다른 방법들에 비해 추측성이 덜한 위기 극복 방법으로는 교육 시스템 개선을 꼽을 수 있다. 교육은 인지 기능을 비침습적으로 강화하는 한 가지 방법이고 신경계의 하드웨어보다는 정신이라는 소프트웨어의 발전에 초점을 맞춘다. 종말의 불안을 높이는 주된 요소 중 하나인 테러만 하더라도 보다 나은 교육 기회가 주어진다면 사람들이 테러 활동에 참가할 가능성도 낮아지리라 기대할 수 있다. 실제로 미국의 경우 교육 수준이 범죄와 음의 상관관계를 나타내는 것으로 밝혀졌다. 즉 교육을 받은 사람들은 법을 어길 가능성이 더 낮다는 사실이 통계적으로 확인된 것이다. 한 연구에서는 "학교 교육을 받은 기간이 평균 1년 늘어나면 살인과 폭행 범죄는 약 30퍼센트, 자동차 절도는 20퍼센트, 방화는 13퍼센트, 강도와 절도 행위는 약 6퍼센트 감소"한다는 결과를 발표했다.[29] 테러도 결국 공격성이 매우 심한 범죄의 한 형태이지 않은가?

그러나 현재까지 확보된 데이터로는 교육 수준과 테러 사이에 음의 상관관계가 있는지 확인할 수 없고, 놀랍게도 테러가 교육 수준이 높은 중산층이나 상류층의 취미 활동인 경우도 많다. 예를 들어 최근 서구인을 표적으로 삼고 공격을 감행한 테러리스트 75명 가운데 대부분은 대학에 입학한 적이 있다. 한 기사에는 다음과 같은 사실이 실렸다. "범인의 교육 수준이 확실하게 모두 밝혀진 네 건의 테러 공격을 추려보면 1993년에 발생한 세계무역센터 폭발 사건과 1998년 케냐와 탄자니아에서 일어난 미국 대사 공격 사건, 9·11 테러, 그리고 2002년 발리 폭발 사건을 들 수 있다. 이 네 가지 범죄에 가담한 테러리스트의 53퍼센트는 대학에 입학했거나 대학 졸업장을 받았다."[30] 실제로 현재 알카에다 수장인 아이만 알자와히리는 안과 의사이고, 현 IS의 칼리프인 아부 바크르 알바그다디는 이슬람 바그다드 대학교에서 박사학위를 취득한 것으로 알려져 있다.[31]

그러므로 교육이 테러 위험을 약화시키는 효과적인 방법은 아닌 것 같다. 하지만 이와 같은 데이터를 해석하는 방법에 어딘가 잘못된 부분이 있는 건 아닐까? 서로 상관관계를 파악하기에는 범위가 너무 넓은지도 모른다. 또한 중요한 것은 교육 그 자체가 아니라 교육의 '종류'인지도 모른다. 앞서 이야기한 여러 경우에서도 나타나듯이, 테러리스트들은

"공학과 같은 기술을 배우기 위해" 학교에 입학한다(알바그다디는 예외로 이슬람학을 전공했다[32]). 공학, 의학과 같은 전문적 지식을 쌓는 과정에서는 사실에 기반을 둔 지식과 실용적인 기술, 문제 해결 감각이 필요한 반면, 비판적인 사고는 중시되지 않으며 추정이나 서로 질문이 오가는 논쟁, 근거에 대한 질의, 진실과 증거와 같은 개념의 분석과 같은 정신적 훈련도 등한시한다(신학도 이와 마찬가지라고 할 수 있다).

부록 4에서 설명하겠지만 이렇게 배제되는 활동들은 인식론의 핵심이다. 비판적 사고는 사실상 인식론을 응용한 것에 해당한다. 즉 인식론의 기본 원리를 실제 세상에서 실행한 것이 비판적 사고다. 피터 보고시안이 『신앙 없는 세상은 가능하다: 무신론자 만들기 매뉴얼(A Manual for Creating Atheists)』[33]에서 강력히 주장한 '길거리 인식론'도 바로 그 점에 주목한다. 보고시안은 이 책에서 종교인들이 신앙심에서 벗어나 그 자리를 현시점까지 파악된 가장 확실한 사실과 확인 가능한 근거를 토대로 한 세계관으로 채우도록 이끄는 여러 가지 '중재법과 전략'을 제시한다.*

인식론에서는 교육이 세상에 진정한 변화를 가져올 수 있다고 본다. 과학적인 연구를 통해서도 비판적 사고는 종교적인 신조와 정반대의 특징이 있는 것으로 입증되었다. 학술지 『사이언스』에 실린 한 연구에서는 "분석적인 사고가 종교적인 불신을 촉진한다"는 결과가 확인되었다.[34] 단순히 상관관계에 관한 주장에 그치지 않고 인과관계로 이어진다는 것을 보여주는 결과다. 비판적인 사고를 하는 사람은 종교적인 생각을 터무니없다고 여길 가능성이 더 높다는 것이다. 세속주의자들에게는 그다지 놀랍지 않은 결론일 수도 있지만, 또 다른 연구에서도 통제된 조건에

* 개인적으로 보고시안이 쓴 이 책은 신 무신론 분야에서 최고의 자료라고 생각한다. 부록 4와 함께 이 책을 꼭 읽어볼 것을 권한다.

서 그와 같은 인과관계가 재차 확인되었다. 예언자가 나타나 자신이 초자연적인 힘을 이용할 수 있는 특별한 방법을 알고 있다고 은밀히 주장할 때, 인지 수준이 높은 사람일수록 신앙심이 바탕이 되는 제안을 받아들이지 않으려는 경향이 더 큰 것으로 밝혀진 것이다. 2012년 선거에서 텍사스주 공화당이 "비판적인 사고 기술에 관한 교육과 그와 비슷한 프로그램에 반대한다"는 주장을 공식적으로 내세운 것도 같은 이유인지 모른다.[35]

비판적인 사고와 종교적인 독실함의 관계는 인류의 생존에 결코 작지 않은 영향을 준다. 오늘날 발생하는 테러의 대부분이 종교적 테러이므로, 종교를 없애면(비판적으로 사고하는 방법을 가르침으로써 개개인이 자발적으로 종교를 버리게 하는 방법 등으로) 테러 위협을 크게 줄일 수 있다. 고등학교에서 '응용인식론 기초' 과목을 가르치고 지구상에 설립된 모든 대학에서 이 과목을 입학 필수 요건으로 삼아야 한다고 내가 '강력히 주장하는' 이유도 이 때문이다. 이 책의 부록 4에는 응용인식론 기초 수업에서 다룰 만한 내용을 예시로 제시했다. 한번 상상해보라. 세상사람 모두가 현재까지 확인된, 근거 있는 데이터를 토대로 주관적 판단을 내린다면 어떨까? 결코 그냥 흘려넘길 이야기가 아니다. 응용인식론은 응용종말론의 파괴적인 측면을 효과적으로 예방할 수 있는 방책이다.

6. 반지성주의의 극복

반지성주의의 대표적인 이념적 특징은 "나한테 말하지 마, 난 알고 싶지 않아"와 같은 폐쇄적인 태도와 "설사 네가 사실을 얘기한다 해도 내 생각은 바뀌지 않아"와 같은 식의 고집스러운 입장이 결합된 것이라 할 수 있다. 반지성주의에서는 증거보다 믿음에 더 큰 가치를 부여하고 비전문가의 견해도 '정통 지식인'의 생각과 똑같은 영향력을 발휘할 수 있다고 본다. 또한 인간의 가장 큰 특징이자 중요한 기능이고 비판적 사고의 핵심인 '호기심'을 거부한다. 이와 같은 이유로 반지성주의를 따르는 것은 인지적인 막다른 골목에 제 발로 성큼성큼 들어서는 것이나 다름없다. 반지성주의는 질문하지 '말고' 다른 시각을 궁금해하지 '말고' 진실로 추정되는 주장에 대해서는 너무 세밀하게 생각하지 '말라'고 독려한다. 모두 반지성주의를 따르는 것이 얼마나 어리석은 일인지 잘 보여준다.

현재 미국에는 이런 안쓰러운 태도를 가진 사람들을 곳곳에서 볼 수 있다. 정치적 신념 전체를 하나의 스펙트럼으로 나타낸다면 양극단은 반지성주의자들로 구성되는데, 특히 종교적으로 보수적인 견해를 가진 우익에 반지성주의자가 거의 대부분 집중되어 있는 뚜렷한 특징이 나타난다. 미국에서 시청률이 가장 높은 뉴스로 꼽히는 폭스 뉴스는 '공정성과 균형'을 모토로 내세우지만, 실제로는 조지 오웰George Orwell이 제시한 '이중언어'를 구사하는 능력이 '대단히 월등'하다. 현재까지 최소 7건의 연구를 통해 폭스 뉴스 시청자들은 의료보건 정책부터 이라크 전쟁, 2010년 중간선거, 지구 온난화에 이르기까지 각종 중요한 이슈에 대해 미국의 다른 인구군보다 잘못된 정보를 제공받는 경우가 더 많다는 사실이 밝혀졌다.[36] 한 연구에서는 폭스 뉴스 시청 빈도가 잘못된 정보를 제공받는 수준과 관련 있다는 사실이 일관되게 확인됐고, 또 다른 연구에서는 뉴스를 아예 안 보는 사람들이 폭스 뉴스를 즐겨 보는 사람들보다 잘못된 정보를 제공받는 수준이 '더 낮은' 것으로 나타났다.[37] 2015년 『외교 리뷰Foreign Review』지에 실린 한 기사에서 보수파 역사가인 브루스 바틀릿Bruce Bartlett은 폭스 뉴스가 '세뇌' 방식으로 "중대한 정치적 영향력"을 행사한다고 밝혔다.[38] 한마디로 폭스 뉴스는 잘못된 정보를 공급하고, 종교를 권하고, 비전문가들의 손에 사실상 아무 근거 없는 의견을 큰소리로 외칠 수 있도록 확성기를 쥐여주면서 반지성주의를 확산시키는 거대한 엔진 역할을 하고 있다.

반지성주의를 따르는 비율이 미국 인구의 절반에 해당할 만큼 편재한 현 상황은 결코 가볍게 넘길 수 없는 문제이며, 상당히 위험한 상황으로 보아야 한다. 현재 인류에게 닥친 어떤 심각한 문제를 해결하기 위해 한쪽에서 그 원인을 열심히 연구하고 해결책을 제안할 때 우익 보수주의자들은 끊임없이 그 원인에 반대하고 해결책을 가로막는다. 과학자들은 과도한 소비와 사회경제적 불평등, 온실가스 방출, '시장 근본주의(나오미 오레스크스Naomi Oreskes와 에릭 콘웨이Erik Conway가 사용한 표현)'가 인류 문명을 붕괴가 기다리는 경계선 너머로 떠밀 것이라고 계속 경고해왔지만,[39] 미국 공화당에서는 과도한 소비를 격려하고 부자와 가난한 자의 격차를 더 키우고 지속 가능한 기술 채택을 방해하는 정책을 고집스럽게 주장한다. 그로 인해 재앙을 막기 위해 우리가 의미 있는 조치를 취할 시간이 자꾸만 줄어드는 대가를 치르는 것은 물론, 세상이 누구도 결코 원치 않는 방향으로 향하는 결과를 초래한다.*

7. 여성의 참여 확대

성차별은 가장 진보된 서구 사회에서조차 여전히 심각한 문제로 남아 있다. 전체 인구의 절반 이상을 차지하는 여성들이 과학과 철학, 의학

* '주지주의자'와 '지식인'이 동일하지 않다는 사실을 유념해야 한다. 주지주의자는 인지적인 역량은 없이 인지적 성향만 가진 사람을 의미한다. 즉 주지주의는 정신 능력이 실제로 뛰어나다기보다는 호기심과 진실을 향한 갈망(기존에 믿었던 사실과 양립할 수 없는 상황에서도)이 크고 절대적인 믿음(교조주의)보다는 오류 가능성 쪽에 무게를 두는 것을 의미한다. 이즈음에서 다급히 밝히건대, 나는 모든 면에서 주지주의자에 해당한다.

과 같은 분야에서 치밀하게 배제되는 이러한 상황은 상당히 중대한 문제다. 아직도 수많은 선진국에서 여성들은 똑같은 일을 하고도 남성들보다 돈을 더 적게 받는다. 미국 사회에서 가장 진보적인 영역으로 여겨지는 학계에서조차 성차별로 피해를 보는 구성원이 전체의 51퍼센트에 달하는 것으로 나타났다. 예를 들어 최근 실시된 한 연구에서 예일 대학교 연구진은 주요 대학 여섯 곳에서 생물학, 화학, 물리학을 가르치는 교수들에게 대학을 갓 졸업한 학생 한 명을 소개하고 이 학생이 실험실에서 책임자급으로 일하고 싶어 하는데 어떻게 생각하는지 의견을 물었다. 교수들에게 제공한 지원서 중 절반에는 상단에 '존John'이라는 이름이 적혀 있고, 나머지 절반에는 '제니퍼Jennifer'라고 적혀 있으며, 나머지 정보는 모두 동일했다. 그런데 우리 사회 문화에 성차별이 얼마나 깊숙이 자리하고 있는지 여실히 보여주는 놀라운 결과가 나왔다. 남녀 교수 모두가 제니퍼보다 존을 선호하는 것으로 나타난 것이다. 존은 (총 7단계로 나뉜 평가 체계를 기준으로) 평가 점수도 더 높았을 뿐만 아니라, 초봉으로 제시된 금액이 존의 도플갱어라 할 수 있는 제니퍼보다 약 4,000달러나 더 높았다.[40]

그러나 여성의 참여를 반드시 높여야 하는 이유가 성 평등이라는 도덕적인 문제 때문만은 아니다. 종말 시나리오가 실현되지 않도록 하기 위해서는 집단적인 노력이 반드시 필요하다. 그리고 집단의 지성은 개개인이 가진 지성과 유사한 특성을 나타낸다고 여겨진다. 그렇다면 그룹이 똑똑해지기 위해서는 어떻게 해야 할까? IQ는 무엇으로 결정될까? 보스트롬에 따르면, "시스템의 총체적 지식수준은 그 시스템을 구성하는 개별 지식의 질을 확대함으로써 강화할 수 있다".[41] 사람들은 그룹의 역량이 구성원 개개인의 능력에서 나온다는 직감적 판단에 따라 여러 명의 천재를 모아놓으면 지적 수준이 평균인 사람들을 모아놓은 것보다 더 월등한 결과가 나오리라 예상한다. 그러나 이 생각은 실험을 통해 틀린 것으로 드러났다. 2010년 『사이언스』에 실린 한 연구에서는 그룹 구성원 개개인의 지성과 그룹 전체의 지성은 큰 연관성이 없는 것으로 확인되었다. 구성원과 그룹 전체의 지적 능력에 유일하게 연관성이 확인된 것은 '사회적 민감도', 즉 개개인이 "다른 사람의 감정을 인지하는 능력"이었다.[42]

실제로 사회적으로 민감한 사람들이 모인 그룹은 서로 대화를 더 많이 하는 경향이 있고, 따라서 협력도 더 잘 이루어지는 것으로 나타났다. 반대로 개개인이 얼마나 영리한가와 상관없이 누군가 한 명이 대화를 독점하는 그룹은 그룹 전체의 IQ가 낮은 것으로 확인되었다. 여성의 역할은 바로 이 지점과 관련이 있다. 통계적으로 여성들은 남성들보다 사회적으로 더 민감한 것으로 알려졌고, 여성 구성원의 수가 많은 그룹은 다양한 인지적 문제와 해결 과제에서 더 우수한 결과를 얻었다. 다시 말해 한 그룹에 여성이 몇 명이나 포함되어 있느냐에 따라 그룹 전체의 IQ가 명확히 좌우된다.[43]

IQ가 높은 그룹은 존재론적 위기를 비롯한 거시적 문제의 해결 능력이 IQ가 낮은 그룹보다 더 뛰어난 것으로 나타났다. 여성이 많은 그룹일수록 그렇지 않은 그룹보다 IQ가 더 높은 경향인 점을 감안하면, 여성들이 존재론적 위기를 피하기 위한 노력에 참여해 중요한 역할을 수행해야 한다는 사실을 알 수 있다.

8. 땅 파고 지구 속으로 들어가기

내셔널 지오그래픽 채널에 나온 생존 전문가가 '종말 대책' 같은 제목을 내걸고 할 만한 이야기로 들릴 수도 있지만, 충분히 진지하게 고민해볼 만한 세부적인 계획이 이미 마련되어 있다. 명망 있는 수많은 지식인들도 재앙이 닥치면 몸을 피할 수 있는 대형 벙커를 짓자고 제안해왔다. 경제학자인 로빈 핸슨Robin Hanson도 그중 한 사람으로, 그는 재난이 마침내 실체를 드러낼 경우 100명 정도가 지하에 마련된 공간에 머물러 있으면 다시 지구를 인류로 채울 수 있다는 견해를 밝혔다.[44] 노르웨이 정부도 최근 900만 달러를 들여 산속에 벙커를 짓고 '스발바르 국제 종자저장고Svalbard Global Seed Vault'라는 시설을 마련했다. 재앙이 닥칠 경우에 대비해 "전 세계 1,750곳의 종자은행이 이용할 수 있도록 만든 저장 시설"이다.[45] 이곳에 종자를 저장하는 데 드는 비용은 빌 앤 멜린다 게이트 재단Bill & Melinda Gates Foundation 등의 단체가 지원하는 글로벌 작물 다양성 기금Global Crop Diversity Trust에서 부분적으로 부담한다. 내가 이 글을 쓰는 시점까지 스발바르 종자저장고에는 총 86만 3,969건의 표본이 수집되었다.

9. 거시적 위험을 널리 알리는 단체와 기관 지원하기

이 전략은 행동주의와 가장 가까운 방법에 해당한다. 지원해야 할 단체와 기관에는 실존위기연구센터, 인류미래연구소, 미국 항공우주국, 삶의 미래연구소, 기계지능연구소, 윤리학·신생기술연구소Institute for Ethics and Emerging Technologies, IEET, 미래예측연구소, 책임 있는 나노기술센터, 전 지구적 재앙위험연구소Global Catastrophic Risk Institute, 라이프보트 재단, 그리고 내가 운영하는 엑스리스크 연구소X-Risks Institute, www.risksandreligion.org 등이 포함된다. 모두 우리 아이들이 살아갈 미래를 지키기 위해 힘쓰는 뛰어난 지성인들이 모여 있는 단체 또는 기관이지만, 활동기금이 매우 부족한 경우가 많다. 보스트롬의 말을 빌리자면 현재 학계에서 인류의 존재론적 위기보다 쇠똥구리와 영화 〈스타트랙Star Trek〉에 관한 논문이 훨씬 더 많이 나오고 있는 실정이다. 그런 연구들을 폄하하려는 것이 아니라(나름의 가치가 있으리라 생각한다) '우선순위'를 바꾸어야 한다는 사실을 지적하고 싶다. 곤충의 생활사나 문화적 창작물에 관한 연구가 지속되려면 우선 존재론적 위기를 피해야 하기 때문이다. 강도가 그리 심하지 않은 존재론적 재앙으로도 그와 같은 연구가 심각한 타격을 입을 수 있다.

10. 환경에 미치는 영향 줄이기

지구에 사는 모든 사람이 지켜야 할 사항이지만, 이 책에서는 부유층과 부유한 국가들을 주 대상으로 삼고자 한다. 돈이 많은 사람들은 가난한 사람들보다 환경에 훨씬 더 큰 영향을 미치는 경향이 있기 때문이다.

2014년 기준, 세계에서 가장 부유한 85명이 보유한 총재산은 하위 50퍼센트가 가진 재산을 모두 합한 것과 동일한 것으로 나타났다.[46] 최상류층 사람들은 축적된 이 방대한 재산으로 한정된 자원을 어마어마하게 소비한다. 예를 들어 "2005년에 전 세계적으로 가장 부유한 20퍼센트의 사람들이 총개인소비액의 76.6퍼센트를 소비" 한 데 반해, 가장 가난한 20퍼센트가 소비한 금액은 전체 소비액의 1.5퍼센트에 지나지 않는 것으로 나타났다. 마찬가지로 "가장 부유한 10퍼센트는 총소비금액의 59퍼센트를 차지하고, 가장 빈곤한 10퍼센트의 소비금액은 0.5퍼센트에 불과하다".[47] 또 다른 연구에서는 "경제적으로 풍족한 가정은 여행과 운송수단 이용량이 많아 경제적 수준이 가장 낮은 사람들보다 온실가스를 250배 더 많이 발생시킨다"[48]는 결과가 나왔다. 호주에서 2007년 진행된 연구에서는 부유층이 발생시키는 오염이 빈곤층의 두 배 이상인 것으로 나타났다. 온실가스를 기준으로 하면 부유층은 한 해 58톤, 빈곤층은 22톤 발생시키는 것으로 집계되었다.[49] 그림 D를 보면 부와 오염도의 이 같은 상관관계는 지역별 비교 결과에서도 그대로 나타나는 것을 볼 수 있다. 게다가 빈곤한 국가들은 부유한 나라들보다 지구 온난화와 생물 다양성 상실로 인한 피해를 훨씬 더 많이 받는다는 점에서, 이러한 사태는 윤리적인 재앙을 한층 더 악화시킨다. 앞서 8장에서 이야기한 '기후 정의'의 핵심 쟁점이기도 하다.

전 세계 대기 중 온실가스를 안전한 수준으로 유지하기 위한 목적으로 체결된 국제 조약인 〈교토 의정서〉를 채택하지 않은 단 4개국에 세계 주요 오염 발생국인 미국도 포함되어 있다. 192개국이 이 의정서를 승인했는데 미국은 동참하지 않았다. 조지 W. 부시 전 대통령은 임기 중 마지막으로 참석한 G8 정상회담에서 비공개 회의가 끝나자 "세계 최고 오염 국가가 여러분께 작별 인사를 드립니다!"라는 경박한 농담까지 건넸다.[50] 오바마 대통령이 지구 온난화 문제를 줄이기 위해 작은 노력을 기울인 것은 사실이지만 재앙을 피할 만큼 충분한 노력은 하지 않았다.

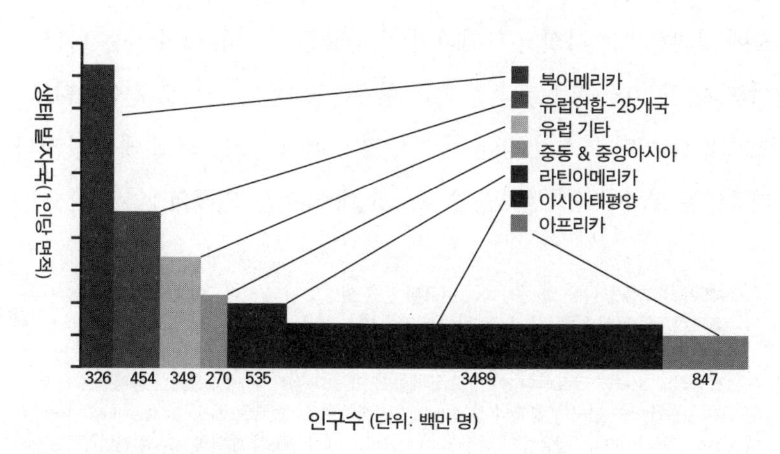

그림 D 지역별 생태 발자국[51]

여러 연구를 통해 오염을 가장 많이 발생시키는 사람들, 즉 부자들은 가난한 사람들보다 속이고, 훔치고, 거짓말하는 행위나 비윤리적인 행동을 지지하는 경향도 더 큰 것으로 나타났다.[52] 즉 부유층은 환경에 미치는 영향은 크면서도 자신의 사적인 이익에 문제가 생기지 않는 한 자신들이 일으키는 영향을 줄일 가능성이 별로 없다. 자본주의 경제학의 원칙을 따르는 기업들도 마찬가지로, 미래 세대를 위해 지속 가능한 지구를 지키겠다는 장기적인 소망보다는 이윤 극대화라는 단기적 목표를 추구한다. 요약하면 지금은 환경에 미치는 영향을 줄여야 할 시점이지만, 오늘날 생물권에 발생한 문제에 가장 책임이 큰 구성원들의 행동이 바뀔 가능성은 매우 낮다.*

11. 인구 과잉 문제 통제하기

물 부족, 삼림 파괴, 토양 오염, 지구 온난화, 생물 다양성 상실 등 인류가 직면한 가장 방대한 문제 중 대부분은 전 세계 인구의 기하급수적인 성장과 인과관계가 있다. 예수가 태어날 당시 세계 '전체' 인구가 2억 명 정도에 불과했다는 사실이 도저히 믿기지 않을 정도다. 이 숫자는 1975년이 되자 약 40억 명으로 폭증했고, 현재는 70억 명 정도로 추산된다. 가로세로 1.5미터 면적의 땅에 가족 12명이 같이 살아보려고 애쓰는 것과 다름없는 형국이다.「지구 생명 보고서」에 따르면 "인구와 1인당 탄소 발

* 제6차 대멸종을 다룬 한 논문에는 다음과 같은 설명도 나와 있다. "여섯 번째 대멸종 사태를 효과적으로 막기 위해서는 이미 멸종 위기에 처한 생물종을 보존하고 인류에 가해지는 위태로운 상황, 즉 서식지 상실, 경제적 이득을 얻기 위한 과도한 시도, 기후 변화 등을 덜기 위한 집중적인 노력이 필요하다. 이 모든 문제는 소비 증대(특히 부유층), 경제적 불평등 증대로 이어지는 인구수, 인구 성장률과 관계가 있다." 제라르도 세발로스(Gerardo Ceballos) 연구진의 논문, "인간이 만든 생물종의 상실이 가속화되는 세상: 제6차 대멸종으로의 진입" 참고.『사이언스 어드번스드(Science Advanced)』 1, no. 5 (2015년 6월).

자국이 함께 증가할 경우 우리가 생태계 자원에 부가하는 압력"이 재앙 수준에 이를 정도로 증가한다. 현재와 같은 속도로 계속 소비가 이루어질 경우, 우리가 생존하려면 하나의 지구가 아닌 1.5개의 지구가 필요할 것이다.[53]

20세기에 영국의 경제학자 토머스 로버트 맬서스Thomas Robert Malthus가 제기한 재난 상황**이 녹색 혁명으로 뒤집힌 것과 같이 미래의 기술은 인류를 과도한 인구로 인한 파국으로부터 구해줄지도 모른다. 그러나 녹색 혁명으로 해양에 '데드 존'이 형성되고 농업 다양성이 소실되는 등의 결과가 발생했다는 사실을 유념해야 한다. 만약 미래에 등장한 어떤 기술 덕분에 2050년까지 세계 인구를 96억 명으로 유지할 수 있다면(유엔 추정치) 그러한 기술이 엄청난 영향력을 갖게 될 것이라고 확신할 수 있다. 또한 인위적으로 만들어진 것에는 의도치 않은 결과가 불가피하게 따른다는 사실을 고려할 때 수많은 괴물들이 이를 기회로 활용할 것이고, 이들로 인한 악영향이 기술이 가져온 효과와 비등할 수 있다는 점도 생각해야 한다(이 문제는 곧 다시 다룰 예정이다). 결과적으로 기술이 없을 때보다 훨씬 더 심각하고 위태로운 상황을 초래할 수 있는 것이다.

12. 반란

현대 사회의 복잡한 상황을 고려하면 반란이 어떤 식으로 발생할 것인지 도통 짐작할 수 없다. 코미디언이자 사회운동가인 러셀 브랜드Russell Brand에게 어떻게 생각하느냐고 물어봐야 할지도 모르겠다! 다른 예방

** 1798년 발표한 『인구론』에서 맬서스는 인간은 자손을 많이 낳으려는 경향이 있으나 식량 생산량이 인구 증가 속도를 따라가지 못해 결국 파국이 올 것이며, 이를 막기 위해서는 식량 생산 수준에 맞춰 인구 증가를 억제해야 한다고 주장했다-옮긴이.

장치가 모두 실패할 경우, 즉 '개혁'이 꾸준히, 더 많이 진행되고도 반란을 결정짓는 주요 요소가 한계치가 넘어서는 것을 막지 못하고 위험한 기술을 책임감 있게 사용하도록 유도하지 못할 경우, '반란'이라는 갑작스러운 방식으로 상황을 종료시킬 필요가 있을지도 모른다. 개인적으로 무정부주의적 원시주의에 영향을 받아서 하는 소리는 아니지만(그러나 아예 아니라고도 할 수 없다), 이것이 일종의 제거 과정으로서 가장 적합한 선택지가 될 가능성도 있다.*

최우선 순위

현재, 그리고 가까운 미래에 우리가 맞닥뜨릴 거시적 위험 요소는 무수히 많고 이중용도로 활용될 수 있는 강력한 기술은 거듭된 발전을 통해 그 숫자가 더욱 늘어날 것으로 예상된다. 그렇다면 우리가 가장 우려해야 되는 요소는 무엇일까? 어디에 중점을 두어야 할까? 한정된 자원을 어떻게 배분해야 할까?

여기서 꼭 알아두어야 할 것은, 가장 위협적인 존재론적 위기가 반드시 전 세계적으로 가장 위협적인 재앙이 되는 것은 아니라는 점이다. 예를 들어 이분법 방식으로 결과가 발생하는 위기도 있을 수 있다. 즉 아무런 영향도 주지 않거나 엄청난 파괴력을 발휘하거나 둘 중 하나인 문제

* 여기까지 제시한 12가지 방법 외에도 여러 가지 후보가 있지만 여기에 다 명시하지는 않았다. 핵무기와 관련된 군비 축소를 주장하는 정치인을 지지하거나 "국제적인 대응을 위한 틀"을 마련하는 것, "선제공격에 대비한 최후의 수단을 마련하는 것" 등이 해당되며, 이러한 가능성은 이 목록에 포함되지 않았지만 주목할 필요가 있다. 닉 보스트롬의 논문, "존재론적 위기: 인류 멸망 시나리오와 관련 위험성의 분석" 참고. 『진화·기술 저널』 9, no.1 (2002).

도 존재하며, 초지능도 인류 절반을 파괴할 수 있는 능력을 갖춘다면 결국 인류 전체를 없애버릴 수 있으므로 이 범주에 속한다. 그러므로 초지능의 영향은 존재론적 위기를 발생시킬 수 있는 요소들을 나열한 목록에서는 순위가 낮지만 위험도 측면에서는 순위가 높다. 이와 달리 지구 온난화를 시급한 존재론적 위기로 보지 않는 전문가들이 많지만 재앙을 일으킬 수 있다는(일으킬 것이 분명하다) 사실에는 거의 '모두'가 동의한다. 따라서 지구 온난화는 존재론적 위험도 측면에서는 수준이 낮지만 영향의 범위 측면에서는 순위가 높다.

2008년 인류미래연구소가 개최한 거시적 위기에 관한 협의회에서 논의된 내용들을 보면 위험 요소의 우선순위를 보다 구체적으로 그려볼 수 있다(앞에서도 언급했지만 이 협의회에서는 인류 전체가 전멸할 가능성을 19퍼센트로 보았다). 표 B는 인류의 멸종을 야기할 가능성을 토대로 위험 요소를 정리한 것이다(그림 B의 빨간색 점에 해당하는 시나리오). 협의회 참가자들이 가장 중대한 존재론적 위험 요소로 꼽은 것은 순서대로 나노 기술을 이용한 테러, 초지능, 전쟁(넓은 범위에서), 조작된 생물체로 인한 대유행병, 핵전쟁, 나노 기술의 오용, 자연적으로 발생한 대유행병, 핵을 이용한 테러다. 그런데 이 순위에 '최소 100만 명'의 목숨을 앗아갈 수 있는 요소라는 조건을 추가하면 순위가 크게 바뀐다. 이 경우 위험 요소 순위는 전쟁(넓은 범위에서), 자연적으로 발생한 대유행병, 조작된 생물체로 인한 대유행병, 핵전쟁, 나노 기술을 이용한 테러, 핵을 이용한 테러, 초지능, 나노 기술의 오용이 된다. 이 순서대로라면 초지능은 위험성이 가장 낮은 요소가 된다.

이러한 결론은 곧 당혹스러운 의문으로 이어진다. 우리의 시간과 돈, 그 밖에 한정된 자원을 어떻게 사용해야 할까? "가장 시급한 존재론

표 B 옥스퍼드 대학교에서 열린 2008년 지구재난위기협의회의 '비공식 조사' 결과[54]
(단위: 퍼센트)

위기	최소 100만 명 사망	최소 10억 명 사망	멸종
분자 나노 기술로 인한 총사망자 수	25	10	5
초지능 AI로 인한 총사망자 수	10	5	5
모든 전쟁으로 인한 총사망자 수(내전 포함)	98	30	4
조작된 생물체로 인한 최대 규모의 단일 대유행병으로 발생한 총사망자 수	30	10	2
모든 핵전쟁으로 인한 총사망자 수	30	10	1
나노 기술로 인한 최대 규모의 단일 사고로 발생한 총사망자 수	5	1	0.5
자연적으로 발생한 최대 규모의 단일 대유행병으로 발생한 총사망자 수	60	5	0.05
모든 핵 테러 행위로 인한 총사망자 수	15	1	0.03
2100년 이전에 인류가 멸종할 총위기	n/a	n/a	19

적 위기"와 "가장 시급한 전 세계적 재앙"이 동일하다면 답을 쉽게 찾을 수 있겠지만 실상은 그렇지 않고, 결과적으로 각기 다른 거시론적 위기들 사이에서 '우선순위 경쟁'이 발생할 수 있다. 가령 우리가 초지능으로 인한 존재론적 위기에 큰 무게를 두고 우리가 가진 자원을 우호적인 인공지능 개발을 위한 연구 쪽으로 할당한다면 치사율 높은 병원균과 맞설 백신 개발 등 다른 연구에 부여되는 기회는 줄어든다. 그로 인해 '존재론적 위기 가능성은 줄지만 다양한 비존재론적 위기가 발생해 결과적으로 인류가 더욱 취약한 상태'가 되거나 그 반대 결과를 초래할 수 있다. 게다가 전 세계적인 재앙이 연이어 발생하면 인류는 지구에 존속할 가능성을 높이기 위해 치명적인 대가를 치러야 할 수도 있다. 그리고 이 두 가지 문제를 한꺼번에 해결할 방법을 찾지 못할 수도 있다.

존재론적 위기를 시급한 순서대로 나열하려는 시도가 앞서 설명한 협의회에서만 이루어진 것은 아니다. 옥스퍼드 대학교 신경과학자 앤더스 샌드버그는 『대화The Conversation』에 실린 글에서 인류가 맞닥뜨린 위기 가운데 5가지를 (가장 시급한 순서대로) 핵전쟁, 생물공학 기술로 인한 대유행병, 초지능, 나노 기술, 모른다는 사실조차 알지 못하는 위기라고 제안했는데, 위의 협의회에서 도출된 순위와 비슷한 부분이 많다. 스티븐 호킹, 일론 머스크, 닉 보스트롬과 같은 인물들도 '최악의 위험'을 목록으로 정리하지는 않았지만 초지능이 인류가 앞으로 수 세기 동안 직면할 가장 심각한 위협이 될 것이라고 (분명하게, 또는 암시적으로) 밝혔다.

지금부터 소개할, 내가 생각하는 존재론적 위기의 순위는 위에서 설명한 순위들과 상당한 차이가 있다.

1. 괴물

다가오는 미래에 우리가 마주할 가장 큰 위기는 아직 모른다는 사실도 알지 못하는 위기다. 점점 더 강력한 이중용도 기술이 개발됨에 따라 존재론적 위기 시나리오는 앞으로 계속해서 늘어날 것이라는 점에서 병목 가설이나 평행성장가설과도 일치하는 부분이 있으나 '괴물'의 범주는 그보다 훨씬 방대하다. 목적을 두고 한 행동, 자연현상으로 우리가 아직 헤아리지 못한, 의도치 않은 결과가 발생하는 경우, 각기 다른 위기 시나리오가 동시에 실현되면서 예상치 못한 상승효과가 발생하는 경우까지 모두 이 범주에 해당한다. 이 미지의 위기 중 몇 가지는 결국 밝혀지겠지만 나머지는 원칙적으로 끝내 우리가 알 수 없는 영역에 머무를 것이다. 우리로서는 인지적으로 폐쇄된 영역에 해당될 가능성도 있다. 여기에서 우리는 두 가지 교훈을 얻을 수 있다. 아직 드러나지 않았지만 밝혀낼 수 있는 여러 문제들이 밝혀진 문제로 바뀔 수 있도록 과학 발전을 최대한 가속화해야 한다는 것과 지금까지 인류 전멸 가능성을 놓고 추정한 확률이 무엇이었든 간에, 인지 기능의 한계로 인해 지금 우리 앞에 다가오고 있다는 사실조차 모르는 위기가 많다는 점을 감안해 추정치를 높여야 한다는 것이다. 이번 세기에 인류가 멸망할 가능성은 동전 던지기의 확률과 같다는 마틴 리스 경의 전망이 낙관적이라고 생각하는 주된 이유도 바로 이 때문이다.

글로벌 챌린지 재단은 거시적 위기 분야에 큰 획을 그은 자료에서 다음과 같이 밝혔다. "미래에 일어날 것이라 추정하는 위기 중 몇 가지는 별로 가능성이 없어 보이고 터무니없어 보이는 것도 많겠지만, 현재 우리가 겪고 있는 위기 중에도 과거에 사람들이 터무니없다고 생각했던 것들이 상당수 있다. 이러한 경향이 이어진다면 오늘날 말도 안 되는 소리라고 여겨지는 위기가 미래에 발생할 수도 있고, 이는 어리석다고 여겨지는 것과 그 위기의 강도를 연결 지을 수 없다는 것을 의미한다."[55] 결국 중요한 것은 우리가 새로이 등장할 괴물을 막을 수 있느냐가 아니라, 괴물이 나타났는데 실수나 테러로 오인하지 않을 수 있을까 하는 것이 될 것이다.

2. 초지능

나도 호킹이나 보스트롬과 같은 학자들의 의견에 동의한다. 초지능은 미래에 등장할 가장 무시무시한 위기가 맞다. 추측이 가장 많은 부분을 차지하는 위기이기도 하다. 초지능을 이야기할 때 우리는 미래에 등장할, 인지 기능이 지극히 뛰어난 존재의 '행동'뿐만 아니라 그 대단한 존재의 발생 가능성을 좌우하는 '기술'에 대해서도 추정한다. 위기 요소로서 얼마나 중대한 위치를 차지하는가와 상관없이 이 시나리오에서 추측이 차지하는 비율이 높은 것은 사실이다.

이론적인 차원에서는 슈퍼컴퓨터 회로에서 스스로 계속 기능이 향상되는 인공지능(일명 '시드 인공지능')이 상당히 짧은 시간 안에 생겨날 수 있다. 보스트롬은 이처럼 빠른 등장을 예견하는 시나리오가 천천히 나타난다고 보는 시나리오보다 실현 가능성이 더 높다고 주장한다.[56] 새로이 등장한 인공지능이 인류에 호의적이지 않고 적대적인 쪽으로 기운다면 우리는 큰 곤란에 빠질 것이다. 마치 빗자루로 바닥을 무참히 쓸면서 성큼성큼 다가오는 사람을 피해 살아남으려 애쓰는 개미와 같은 처지가 되는 것이다. 초지능이 인류의 생존에 무관심한 경우에도 똑같은 일이 벌어질 수 있다. 유드코프스키의 설명처럼 "인공지능은 인류를 싫어하지도 않지만 아끼지도 않고, 그저 원자로 되어 있으니 다른 용도로 활용할 수 있는 존재 정도로 여길 수도" 있다.[57] 설사 초지능이 인간에게 관심을 기울인다 해도 오류라는 문제가 남아 있다. "기겁할 만한 오류"나 "멍청한 실수" 때문에 그야말로 어쩌다가, 우연히 우리를 죽게 만들 수도 있다(5장에서 설명한 '직교성 명제'의 내용을 다시 떠올려보라). 또한 정부나 단체, 개인이 초지능을 인공적인 형태든 다른 형태든 상관없이 남을 해치는 용도로 사용할 수 있다. 정치적 지배라는 무모한 목표를 달성해야 한다는 이유로 전략적 우위를 점하기 위해 초지능을 '무기화'할 수 있다는 의미다.

3. 나노 기술

앞으로 점점 더 접근성이 좋아지고 더욱 강력해질 새로운 기술 두 가지 중 하나가 바로 나노 기술이다. 이에 따라 점점 더 많은 사람들이 세상을 자신이 원하는 모습으로 바꾸는 데 나노 기술을 이용하게 될 것이다. 앞서 여러 차례 설명했듯이 접근성이 문제가 되는 이유는 불량한 정부보다는 악의적인 의도를 가진 단체가 수적으로 훨씬 많고, 악의적인 의도를 품은 자들이 뭉친 단체보다는 정신 나간 개인이 훨씬 더 많다는 점 때문이다. 그러므로 나노 기술 분야가 발전할수록 그로 인해 발생할 수 있는 위협도 점차 커질 것이다. 극단적인 경우 어떤 사이코패스 한 사람이 누구도 그가 위협이 된다고 생각하지 않을 때 인류가 멸망하기를 바라는 마음으로 생물권 전체를 파괴해버릴 수도 있다.

4. 생물 테러, 조작된 생물체로 인한 대유행병

이 두 가지도 접근성과 영향력이 기하급수적인 속도로 커지는 신생 기술에 해당한다. 자연에서는 병독성이 높은 병원균이 생존하지 못하는 경향이 나타나지만 누군가 합성생물학과 유전공학을 활용해 최대한 많은 사람의 목숨을 빼앗는다는 특수한 목적에 맞춰 새로운 미생물을 설계할 가능성이 있다. 미래 어느 날, '중합효소 연쇄반응'이 무엇을 의미하는지 잘 알고 온라인 유전체 데이터베이스를 활용할 뿐만 아니라 자신의 집 안에 작은 실험실을 차릴 수 있는 수천 달러 정도의 여윳돈을 가진 테러리스트가 나타날지도 모른다. 이런 테러리스트는 특별히 똑똑하거나 학식이 뛰어나거나 보유한 기술이 많거나 부유하지 않아도 인류 문명에 전례 없는 파괴를 일으킬 수 있다.

5. 핵무기

미국과 러시아 사이에 새로운 냉전의 기운이 달아오르고 알카에다, IS 같은 테러리스트 단체가 핵무기를 보유하는 것이 '종교적 의무'라고 여길 가능성이 있다. 실제로 세계 주요 도심에서 수십 년 내 핵폭탄이 터질 수 있다는 견해에 많은 학자들이 깜짝 놀랄 정도로 높은 가능성을 부여한다. 핵폭탄은 하나만 터져도 수백만 명이 목숨을 잃는다. 또한 각국 정부기관의 극단적인 과잉 대응과 전 세계적인 심리적 트라우마, 핵겨울을 초래할 만한 규모의 대대적인 화재가 뒤따를 수 있다. 이는 심각한 작물 피해와 기아, 영양실조, 사회와 경제 붕괴로 이어지고 극단적인 경우 인류의 존재를 흔드는 재앙이 될 수 있다. 나가사키에 핵폭탄이 투하된 이후 현재까지는 운 좋게도 핵무기가 사용된 적이 없으나, 미래 인류의 안전을 운에 맡길 수만은 없다.

6. 생물 다양성 손실, 지구 온난화

현재 우리는 35억 년간 이어진 생물의 역사에서 여섯 번째 대량 멸종 사건이 시작된 시대에 살고 있다. 실제로 어마어마한 속도로 생물들이 죽어가고 있다. 한 예로 1970년부터 2010년까지 전 세계 척추동물의 개체수 감소율은 52퍼센트라는 믿기 힘든 결과가 이미 확인되었다(그리고 이러한 경향은 미래에 그대로 적용할 수 있다). 최근 『네이처』에 실린 한 논문에는 인간의 활동 때문에 전 지구의 생태계는 더 이상 되돌릴 수 없을 만큼 크게 붕괴되기 직전 상태에 내몰릴 수 있다는 주장이 제기되었다.

생물 다양성 손실이 발생하는 주된 원인 중 하나는 지구 온난화다. 지구 온난화가 정말 일어나고 있는지, 또 인간에게서 비롯된 문제인지를 두고 아직까지 상당한 논란이 이어지고 있는 게 사실이지만, 전문가들의 생각은 다르다. 기후를 연구하는 사람들은 지구 온난화가 명확히 발생한 문제일 뿐만 아니라 위험하고 "심각하고", "파급력이 크고", "되돌릴 수 없는" 상황이 발생할 것으로 전망한다. 최악의 경우 지구는 금성처럼, '쉼 없이 이어지는 온실 효과'에 결국 무릎을 꿇고 지옥의 불구덩이처럼 활활 타는 행성이 될 수도 있다. 그렇게 될 가능성이 얼마나 되는지는 아직 파악되지 않았다.

7. 자연적으로 발생하는 대유행병

1918년에 일어난 스페인 독감 대유행 사태로 전 세계 인구의 '3분의 1'이 병들고 1억 명가량이 목숨을 잃었다. 에이즈 바이러스도 현재까지 7,800만 명이 감염되고 3,900만 명이 사망할 정도로 확산된 상황이다. 20세기에 발생한 천연두는 5억여 명의 목숨을 앗아갔고, 흑사병으로 세상을 떠난 사람은 7,500만여 명에 이른다. 2009년 발생한 돼지독감은 74개국으로 번져 '명확히' 1만 8,000명보다 더 많은 사람이 사망한 것으로 집계되었다.[58] 역사적으로 살펴봐도 인류에게 찾아온 대규모 재앙의 대부분은 전쟁이나 전체주의 정권, 소행성 충돌, 화산 분출, 경제 위기가 아닌 환자의 몸에서 다른 사람의 몸으로 전달되는 병원성 세균에 의해 발생했다. 감염 질환의 경우 다른 위기 요소들과 달리 역사적인 사례로 미래를 전망할 수는 없지만, 자연에서 시작된 대유행병이 인류 문명에 막대한 영향을 미칠 가능성은 분명 충분히 존재한다.

8. 가상공간의 폐쇄

이 책에서 다룬 위기의 가능성 중 아마도 추정 비율이 가장 높은 위험 요소에 해당할 것이다. 허점이 많은 요소라 논란이 끊이지 않지만 그렇다고 그냥 넘기면 안 되는 부분이기도 하다. 가상공간의 폐쇄는 현재 우리가 사는 세상이 가상공간이고 이 공간을 만든 상위 세계에 수많은 가상공간이 존재한다는 전제에서 시작된다. 켜켜이 중첩된 가상세계에서 위에서부터 전멸이 시작될 수 있으며, 재앙의 규모는 아래로 내려올수록 엄청나게 커질 가능성이 있다는 주장이다. 가령 우리가 사는 세상의 상위에 100곳의 대학교가 운영하는 가상세계가 존재하고 그중 어느 한 곳에서 사고로 혹은 계획에 따라 가상공간이 폐쇄될 경우, 우리가 사는 이 세상은 갑자기 디지털화된 망각의 영역으로 사라지고 말 것이다. 미래에 인류가 수많은 가상공간을 운영하게 된다면 이 위기가 가장 높은 우선순위에 자리하게 될지도 모른다.

9. 초화산

화산 겨울이 발생하면 작물 피해와 영양실조, 질병, 경제 붕괴 등 핵겨울과 비슷한 결과가 초래된다. 현재까지 밝혀진 결과에 따르면 초화산 폭발은 평균적으로 5만 년에 한 번씩 기후 재앙을 일으킨다.[59] 1816년 인도네시아 탐보라산 폭발로도 전 세계적인 영향이 발생했지만 토바산 분출로 "그보다 300배 더 많은 화산재가 분출"되었다.[60] 지구에 균열이 생기고 내부의 물질이 대기 중으로 높이 분출되는 사태가 발생할 경우, 인류의 미래도 심각한 위험에 처할 수 있다.

10. 소행성, 혜성 충돌

전적으로 피할 수 있는 재앙임에도 현시점에서는 여전히 취약한 상황에 머물러 있는 위험 요소다. 거대한 충돌체와 지구가 부딪칠 경우, 초화산 폭발과 거의 비슷한 결과를(그로 인한 핵겨울도) 초래할 수 있다. 그렇게 될 가능성은 낮지만 인류처럼 뛰어난 기술을 가진 생물이 천체와의 무작위 충돌로 인해 전멸하는 건 우주적으로 정말 수치스러운 일이 될 것이다.[61]

11. 엔트로피로 인한 사망(열역학적 죽음)

시급한 위기는 아니지만(아직 임박하지도 않았다!), 이 사태가 발생할 경우 피할 방도는 없는 것 같다. 아주 먼 미래에 우주는 생명의 불씨가 꺼진, 꽁꽁 언 혼돈 속에 가라앉는 냉혹한 상황을 맞이할 것이다. 그러나 이러한 일이 벌어지기 훨씬 전에 거대한 붉은 공처럼 부풀어 오른 태양이 지구에 방대한 열을 방사하고, 결국 지구 전체가 그 열기에 잡아먹히는 날이 올 것이다.

위험 요소를 우선순위에 따라 제시한 다른 목록들도 마찬가지지만, 내가 제시한 위의 목록도 너무 곧이곧대로 받아들여서는 안 된다. 미래를 내다볼 수 있는 능력에 관한 한 우리의 역량이 아주 부족하다는 중요한 사실을 꼭 기억해야 한다. 예를 들어 나노 기술이 조작된 생물체로 인한 대유행병보다 더 중요하다고 확실하게 말할 수 있을 만큼 설득력 있는 근거는 아직 나오지 않았다(소행성 충돌보다 중요한 이유는 분명하지만). 또한 시간이 갈수록 이러한 위험 요소 목록도 하나로 정리될 것이다. 미래의 일을 예측하는 건 깜깜한 밤에 운전하는 것과 같다. 앞에 어떤 물체가 놓여 있는 경우, 정확히 무엇인지 인지하기 전까지는 가까이 갈수록 형체가 점차 조금씩 뚜렷해지는 단계를 거친다. 21세기의 실체가 드러나고 방치된 위기 요소를 파악하려는 인류의 적극적인 모험이 앞으로 계속된다면 인류 전체의 생존과 번영 측면에서 가장 시급히 해결해야 할 위기 요소가 무엇인지도 점차 윤곽이 뚜렷해질 것이다. 혹은 새로 등장한 괴물이 고의로 우리의 시야를 흐려놓아 혼란스럽게 만들지도 모른다.

지금이 종말이다

여러분이 지금 이 글을 읽는 동안에도 지구는 비눗방울처럼 점차 팽창하며 빛의 속도로 우주를 향해 돌진해나가는 전자기 방사선의 한가운데 놓여 있다. 지름이 140광년 정도에 달하는 이 거대한 방울의 가장 바깥쪽 가장자리에는 지구에서 전자기 방사선이 발산되는 주된 원천인 텔레비전 방송국이 세상에 처음 등장한 시기에 방영된 〈하우디 우디 쇼The Howdy Doody Show〉라든가 〈미트 더 프레스Meet the Press〉, 〈왈가닥 루시I Love Lucy〉 같은 프로그램의 전파가 군부대에서 쏜 레이더와 혼재한다.[62] 방송국이 송출한 신호는 집집마다 지붕에 설치된 안테나에 닿기도 하지만 일부는 방대한 우주 공간으로 튕겨나가기 때문이다.

은하계 아주 머나먼 곳에 존재할지도 모를 어느 문명에서 꼭 맞는 기술(전파 망원경 같은)을 보유하고 있다면, 지구에서 새어나간 이런 신호를 포착하고 또 다른 생명체가, 그것도 초단파를 공중에 쏘아 올릴 정도로 영리한 생명체가 존재할지도 모른다고 추측할 것이다(한 가지 안타까운 사실은, 역제곱법칙에 따르면 이러한 신호는 지구에서 멀어질수록 급격히 약해진다는 점이다). 이와 반대되는 상황이 발생할 수도 있다. 우리와 비슷한 수준의 정교한 문명이 생겨난다면 외로운 지구 행성을 향해 확산되는, 어디에선가 새어나온 신호를 인류가 감지하는 날이 올지도 모른다.

의식이 있는 생명이라곤 없이, 죽은 물질로 가득한 텅 빈 황무지처럼 보이는 우주는 자연의 법칙으로 완성된 우주의 시나리오를 따른다. 이 다채로운 집합체가 아름다운 건 사실이지만 우주에 존재하는 본질적인 의미를 잃고 또 다른 존재를 찾아 헤매는 지적 생명체의 신호는 아직까지 확실하게 발견된 적이 없다. 지구의 경계까지 와 닿는, 어딘가에서 새어나온 방사선의 흔적도 없다. 하늘은 고함 소리는커녕 속삭이는 소리 하나 없이 고요하다. 우리가 알고 있는 자연계와 그것을 토대로 인간이 기대하는 것과 완전히 어긋나는 이런 우주는 우리에게 가장 큰 수수께끼다. 드레이크 방정식으로 도출된 몇 가지 결과대로라면 우주는 생명체로 바글바글해야 한다. 한밤중에 망원경으로 하늘을 관찰하다가 휙 지나가는 우주선을 적어도 한 번은 목격해야 하는 것 아닌가.

이 '거대한 침묵'에는 어떤 뜻이 담겨 있을까? 어쩌면 모든 지적 생명체에는 낡은 것(우주에 대한 해묵은 생각이 가득한 오래된 뇌)과 새로운 것(우주를 새로운 방식으로 재배치할 수 있는 신기술)이 부딪쳐 재앙과 같은 사태가 발생하는 시기가 찾아온다는 의미인지도 모른다. 지금 우리는 과학자들이 빅뱅 직후 '10억 분의 1초' 동안 일어난 일까지 분석할 수 있는 세상에 살고 있다. 동시에 수많은 복음주의자들은 어느 날 갑자기 예수와 함께 구름 위로 "들려 올라갈" 날을 기다리고, 수많은 무슬림들은 마디가 나타나고 이어 두 천사를 거느린 예수가 나타나기를 간절히 고대한다. 또한 우리는 놈 촘스키와 존 하기 목사, 마틴 리스 경과 세라 페일린, 스티븐 핑커와 아부 바크르 알바그다디 같은 인물이 모두 등장한 세상에 살고 있다. 인류 종말의 합리성과 인류가 택한 '수단'의 합리성이 일치하지 못한다면 지구가 형성되고 4,500여만 년이 지난 이번 세기가 인류의 마지막 세기가 될 가능성이 매우 높다.

생물학자인 J. B. S. 홀데인J. B. S. Haldane의 말처럼 우주는 우리가 상상하는 것보다 더 낯선 곳일 뿐만 아니라, 우리가 '상상할 수 있는' 것보다도 더 낯선 곳이다. 우주의 99.9퍼센트는 텅 빈 공간이라는 점, 생물종이 진화를 통해 다른 종으로 바뀌는 것이 가능하다는 점, 몸 크기에 비해 상대적으로 가장 큰 소리를 낼 수 있는 동물은 자신의 복부에 생식기를 비벼서 소리를 내는 아주 작은 곤충이라는 사실, 그리고 세계에서 가장 빠른 생물은 뽕나무이고(꽃가루가 공기 중에 분출되는 속도가 음속의 절반 수준이다), 우주에는 중심도 경계도 없다는 점, 돌돌 말려 있는 초파리의 정자는 길이가 약 5.8센티미터에 이르고 바다에 사는 무척추동물 중 멍게의 한 종류는 발달 과정에서 자기 뇌를 먹어 치운다는 사실, 지구에서 우주로 나아갈수록 대기는 점점 차가워지다가 따뜻해지고 다시 차가워진다는 점, 대부분의 인간은 네안데르탈인의 유전자를 어느 정도 보유하고 있고 우주는 바깥으로 팽창하는 것이 아니라 우주 자체가 팽창하고 있다는 점, 더운 여름날 냉장고 문을 열어두면 방이 좀 시원해지리라는 기대와 달리 더 더워진다는 점, 자동차에 헬륨 풍선을 매달고 달리다가 급정거하면 풍선은 앞이 아닌 뒤로 획 쓰러진다는 점, 숫자를 무한대까지 전부 더하면 그 답이 정확히 -1/12이 나온다는 사실로도 우주가 낯선 곳이라는 의미를 충분히 알 수 있을 것이다.[63]

어떤 수수께끼가 우리 앞에 밝혀지기만을 기다리고 있을까? 또 어떤 경이로운 일들이 우리의 상상력과 지적 능력을 자극해 "아하!" 외마디 소리를 외치며 무언가를 깨닫게 할까? 연약한 뇌를 가진 인류라는 생물이 기술을 '좋은 방향으로' 사용한다면, 몸과 뇌가 재설계되는 진화가 실현되고 행복과 뛰어난 도덕성이라는 결과가 따를 수도 있다.

과학과 철학, 예술, 문화, 음악, 문학, 시, 패션, 스포츠, 그 밖에 문명을 구성하는 모든 분야가 우리 삶을 살아갈 만한 '가치'가 있는 것으로 만들었지만, 삶이 가능한 일이 되려면 존재론적 재앙을 피해야 한다. 이것이 종말론의 탄생 배경이며, 서로 연관된 두 갈래로 이루어진 이 종말론은 인류에게 가장 중요한 학문 분야라 할 수 있다. 지금 우리에게 어떤 위기가 닥쳤고 서로 다른 종말론이 충돌하면서 세계 역사가 어떻게 변화했는지 알지 못한다면 인류의 전멸을 일으킬 수 있는 (혹은 인류가 자초할) 위협을 제대로 막을 수 없다. 우리는 현재 지구상에 남아 있는 유일한 인류다. 우리 바로 전까지 살았던 인류는 인도네시아에서 약 1만 2,000년 전에 사라진 호모 플로레시엔시스Homo floresiensis다. 위태로운 상황이 인류를 늘 따라다닌 것도 사실이지만 지금처럼 위태로웠던 적도 없다. 우리 아이들이 '좋은 삶'을 살아볼 기회를 누리게 하려면, 혹은 그저 세상을 살아보게라도 하려면 믿음보다는 증거를, 계시보다는 관찰을, 종교보다는 과학에 더 주목해야 한다. 그래야 대단히 위험하지만 멋진 미래로 나아갈 수 있다.

감사의 글

나는 이 책을 전 세계를 유랑하면서 썼다. 내 파트너인 휘트니 트레티엔과 나는 노스캐롤라이나주 더럼에 있던 집을 팔고 1년 동안 유럽과 북미 대륙 곳곳을 돌며 에어비앤비 아파트와 친구들 집에서 지냈다. 제네바, 로잔, 오브로나즈, 모르쟁(이상 스위스), 라이프치히, 베를린(독일), 보카 라턴(플로리다), 샌프란시스코(캘리포니아), 더럼(노스캐롤라이나), 워싱턴 D.C., 이타카(뉴욕), 런던, 피시가드, 블라에나우 페스티니오그(영국), 더블린(아일랜드), 밴쿠버(캐나다), 세인트피터즈버그(플로리다), 프레더릭(메릴랜드), 그리고 마지막으로 지금 살고 있는 카버러(노스캐롤라이나)에서 이 책의 상당 부분을 완성했다.

고된 작업을 이어갈 수 있게 해준 내 파트너에게 다른 누구에게보다 먼저 감사 인사를 전한다. 영리한 학자이자 내게 끊임없이 영감을 주는, 진심으로 놀라운 사람이다. 말로 표현할 수 있는 것보다 훨씬 더 많이 사랑한다(상투적인 표현이지만 내 마음이 정확히 그렇다).

이 책의 내용은 대부분 런던의 북적이는 카페나 베를린 시가지가 내려다보이는 10층 높이 발코니 같은 곳에서 나 혼자 작업한 결과물이지만, 대략적인 초고가 나왔을 때(글쓰기는 무조건 고쳐 쓰기가 필요한 법이니만큼 매우 대략적인 상태) (특별한 순서 없이) 러셀 블랙퍼드, 앤드루 메이너드, 마이클 램피노, 앨런 헤일, 로만 얌폴스키, 배리 데인턴, J. M. 버거, 마티아스 슈테움, 애덤 B. 스미스, 마이클 스비젤, 조제프 시라쿠사, 대니얼 커크데이비도프, 마신 쿨치츠키Marcin Kulczycki, 허브 실버먼, 프레드 애덤스, 론 기브스, 크리스 피닉스, 토니 배럿, 데이비드 쿡, 장 기유맹, 존 로프터스, 헤릿 크레옌브루크Gerrit Kreyenbroek, 피터 포러스트, 스티븐 스펙터, S. 마이클 하우드만, 래리 포스턴, 로버트 스미스, 오언 코튼배럿, 매슈 샤프, 요나단 리옹Jønathan Lyons, 브루스 리델, 커트 볼컨, 프랜 맥도널드, 크리스 노타로, 윌리엄 치틱, 켄 올럼, 피터 루이스 등 아주 많은 학자들이 제시해준 예리한 의견과 비판이 큰 도움이 되었다.

그리고 이 책 전반에 걸쳐 광범위하게 조언을 해준 존 레슬리와 철자, 문장부호, 문법에 대해 깜짝 놀랄 만큼 세밀한 부분을 집어내 나를 '충격과 놀라움'의 상태로 만든 행크 펠리시에, 마르첼로 리네시Marcelo Rinesi, 릭 설, (특히) 숀 매니언에게도 특별한 감사를 드린다. 더불어 존재론적 위기와 관련된 각종 이슈를 이메일로 보내 내가 많은 영감을 떠올 수 있게 해준 밀란 치르코비치와 내 작업을 따뜻하게 지지해준 윤리학·신생기술 연구소에도 감사드린다.

이 책의 몇몇 장에는 원래 IEET 웹사이트에 기사로 게재했던 글을 전체 또는 부분적으로 가져왔다. 내가 초창기에 제기했던 생각에 의견을 제시하고 비판해준 IEET의 여러 학식 있는 독자들께도 감사드린다.

마지막으로 이 책에서 여러분이 오류를 발견한다면 모두 전적으로 나의 책임이며 제시된 의견은 모두 나의 것임을 밝혀둔다.

우리 부모님 스테파니 토레스와 J. P. 토레스, 그리고 멋진 내 누이와 매제, (너무 사랑스러운) 조카 루시, 그리고 내 파트너의 구직 인터뷰 때문에 우리가 플로리다를 찾았을 때 머물 곳을 제공해준 노스캐롤라이나 대학교의 부교수 필리스 트레티엔에게도 감사 인사를 전한다.

부록 1

위기 유형 분류 체계

닉 보스트롬의 위기 유형 분류 체계(표 A-1)는 2002년 학술지 『진화·기술 저널Journal of Evolution and Technology』에 실린 「존재론적 위기: 인류 멸종 시나리오와 관련 위험성에 관한 분석Existential Risks: Analyzing Human Extinction Scenarios and Related Hazards」에서 처음 소개되었다.[1] 표 A-1에 나와 있듯이 이 분류 체계는 멸종 시나리오의 일시성을 반영하지 않은 2차원 매트릭스 형태이며, y축 전체가 공간적인 항목으로 구성된다. 이후 보스트롬은 2008년 밀란 치르코비치와 공동 편집해 출간한 저서 『전 지구적 재앙 위험』에서 분류 체계를 업데이트했다(표 B-1).[2] 새로 마련된 분류 체계에는 시간 항목이 도입되었으나 개념적으로 일관성이 없고 실증적으로 부정확하다.

개념적 문제부터 살펴보면, 분류 오류를 피하기 위해서는 동일한 항목이 같은 축에 놓여야 하는데 y축에서 이 요건이 지켜지지 않았다. 즉 세 가지 공간 유형(개인, 지역, 세계)이 차례로 나오다가 맨 위에 시공간적 항목(세계적이면서 영원히 지속된다는 의미가 담긴 '통세대성')이 나타난다. 실증적 문제는 개인적인 동시에 지역적인 통세대적 위기가 존재한다는 점에

표 A-1 최초로 제안된 위기 유형 분류 체계

범위			
세계	오존층이 얇아지는 현상	X	
지역	개별 국가의 경기 침체	대량 학살	
개인	승용차 도난	죽음	
	견딜 만한 수준	종점	위기의 강도

서 발생한다. 생식 계통에 발생한 돌연변이가 그 예가 될 것이다. 보스트롬과 치르코비치의 분류 체계대로라면 전 세계적으로 영향을 주는 위기만 장시간에 걸쳐 그 영향력이 나타난다는 의미가 되는데, 이는 사실과 다르다.

x축에서도 비슷한 문제가 발견된다. 보스트롬과 치르코비치는 '종점'을 '죽음을 유발하거나 삶의 질이 영구적으로 매우 심각하게 저하되는 것' 중 하나라고 정의했다.[3] 즉 종점에 해당하는 사건 중 '견딜 만한' 유형도 포함되어 있다는 의미다. 이는 '죽음'과 '생존'을 구분하기 위한 분류 체계를 만들면서 '죽음'을 '죽거나 살아 있는 것 중 하나'라고 정의하는 것이나 마찬가지다. '인지하지 못하는 수준'과 '견딜 수 있는 수준'을 x축 항목으로 각각 따로 선정한 것도 거주 공간에 관한 분류 체계를 만들면서 '부엌'과 '집'을 구분하려는 것이나 매한가지다. 부엌은 집 '대신' 사는 공간이 아니라 집의 '일부'이기 때문이다. 인지 불가능한 수준이라는 분류 항목은 '견딜 수 있는 수준'의 하위항목에 해당하는 개념이다. 그러므로 이 두 항목은 견딜 만한 사건의 '유형'을 구분해 '다소 인지할 수 있는 것'과 '상당히 잘 인지할 수 있는 것', '뚜렷하고 확실한 것'으로 나누려는 것으로 해석할 수 있으나, 이런 세부 항목은 '견딜 수 있는 수준'이나 '종점'이라는 나머지 항목과 분류 항목의 수준이 달라진다. 지극

표 B-1 업데이트된 위기 유형 분류 체계

범위 ↑ / 강도 →	인지 불가능한 수준	견딜 만한 수준	종점	(지옥?)
(우주?)				
통세대성	딱정벌레 멸종	생물 다양성의 심각한 손실	인류 멸종	
세계	지구 온난화 – 전 세계 기온 0.001도 상승	스페인 독감 대유행	노화?	
지역	차량 한 종류가 크게 늘어나 발생한 교통 혼잡	개별 국가의 경기 침체	대량 학살	
개인	탈모	승용차 도난	치명적인 교통사고	

※참고 사항: 연회색 부분은 전 세계적인 재앙 위기를 나타내며 진회색 부분은 존재론적 위기에 해당한다.

히 일반적인 뜻, 사전에 나오는 의미만 생각해봐도 이 두 항목은 서로 대체 가능할 정도로 동등함을 알 수 있다.

표 C-1 위기 유형 분류 체계 3차

범위 ↑ / 강도 →	인지 불가능한 수준	견딜 만한 수준	치명적인 수준	(지옥?)
(우주?)				
범세대성	피카소의 회화 작품 원본 한 점 파손	문화유산 파괴	X	
통세대성	딱정벌레 멸종	전 세계적인 암흑 시대	노화	
세계	지구 온난화 – 전 세계 기온 0.01도 상승	오존층이 얇아지는 현상	단기적인 세계 독재정치	
지역	차량 한 종류가 크게 늘어나 발생한 교통 혼잡	개별 국가의 경기 침체	대량 학살	
개인	탈모	승용차 도난	치명적인 교통 사고	

※참고사항: 연회색 부분은 전 세계적인 재앙 위기를 나타내며 진회색 부분은 존재론적 위기에 해당한다.

이후 보스트롬은 2012년 『세계 정책Global Policy』에 발표한 「전 세계적 우선 목표가 되어야 할 존재론적 위기 예방Existential Risk Prevention as Global Priority」이라는 글에서 또 다른 분류 체계를 제안했다.[4] 그러나 안타깝게도 이 세 번째 분류 체계에서도 위기로 인한 결과의 시간적, 공간적 요소가 합쳐져 있고 x축의 개념적 문제도 수정되지 않았다. 다만 '종점' 항목은 약간 더 생생한 표현인 '치명적인 수준'으로 바뀌었다(원문의 이미지에도 구불구불한 녹색 선이 추가되었다). 상당수의 위기는 개념적으로 일관성 있고 실증적으로 정확한데, 지금까지 살펴본 이 분류 체계는 이 점이 반영되어 있지 않으므로 결코 가벼운 오류로 넘길 수 없다.

내가 이 부록에서 이야기하고자 하는 요지는, 이 책 전반에 걸쳐 내가 사용한 "존재론적 위기"라는 표현의 정의는 보스트롬(그리고 치르코비치)이 제시한 정의, 즉 인류를 전멸시키거나 인류의 미래 전망에 영속적이고 극히 심각한 악영향을 줄 수 있는 재앙이라는 의미와 거의 일치하지만, 이를 목적지라고 한다면 그곳까지 도달하는 여정은 다르다는 것이다. 나는 이 부록에 제시된 모든 분류 체계 대신 이 책 1장의 그림 B를 채택할 것을 권장한다. 그림 B에는 여기서 살펴본 문제들이 나타나지 않고 보스트롬의 분류 체계와 달리 위기의 정의도 인류의 존재를 뒤흔들 만한 문제라고 판단할 수 있는 두 가지 필수 요건을 모두 충족한다. 본 부록에 제시된 것과 같은 분류 체계는 사람들에게 존재론적 위기가 무조건 '종말'로 이어진다는 잘못된 인식을 심어줄 수 있다. 그러나 존재론적 위기는 그림 B에 분명하게 나와 있듯이 종말로 이어질 수도 있지만 견딜 만한 수준으로 발생할 수도 있다.

부록 2

조로아스터교 이야기

조로아스터가 말씀하시길

기록된 역사에서 대부분의 시간 동안 종말론이 본질적으로 종교적인 특징을 보여온 것은 분명한 사실이다. 도덕적으로 대립되는 선과 악이 대대적인 싸움을 벌이고 여기에 초자연적인 존재가 개입하는 기적 같은 사건이 종교적 종말론의 핵심이다. 1장에서 설명한 것처럼 종말론을 체계적으로 제시한 가장 초기의 사례 중 하나는 지금으로부터 약 3,000년 전, 고대 페르시아의 선지자 조로아스터('자라투스트라'로도 불린다)가 밝힌 종말론이다. 조로아스터교의 종말론을 살펴보면 지금 우리에게는 아주 친숙한 주제들이 놀랍도록 생생하게 종합되어 있다. 즉 처녀에게서 태어난 구세주(고대 이란어로 '사오시안트Saoshyant')가 등장해 죽은 이들을 부활시키고 신(아후라 마즈다Ahura Mazdâ)과 사탄(아리만Ahriman) 사이에서 아마겟돈과 유사한 전쟁이 일어나며 우주가 거대한 변화를 겪는 와중에 모든 인간의 영혼에 최후의 심판이 이루어진다는 내용으로 구성된다. 이 같은 유사성을 토대로 많은 학자들은 조로아스터교의 종말론이 유대교 종말론에 영향을 주고, 결과적으로 기독교와 이슬람 종말론에도 영향을 주었을 것으로 본다. 만약 이것이 사실이라면 역사 속 인물인 조로아스터는 '동서양을 막론하고 공자, 플라톤Platon, 예수, 모하메드, 심지어 카를 마르크스Karl Marx보다도 전 세계 문화에 인류 역사상 가장 큰 영향력을 발휘한 존재'라고 할 수 있다. 조로아스터가 한 말을 모두가 표절한 셈이기 때문이다.

이번 부록은 크리스마스 이야기로 시작해보려고 한다. 우리 모두가 잘 알고 있는 것처럼, 마리아와 요셉은 당시 전 세계적으로 실시되던 인구조사(로마 제국의 총독이던 구레뇨의 지시로 시작된 조사)를 받기 위해 베들레헴으로 향했다. 그러나 여관에 손님이 꽉 차 빈방이 없어 마구간에서 쉬게 되고, 마리아는 이곳에서 하느님의 아들 예수를 낳는다. 얼마 지나지 않아 동쪽에서 베들레헴에 뜬 밝은 별을 따라온 "현자", 혹은 "마기magi"라 부르는 몇몇 사람들이 마구간을 찾아온다. 이들은 예수를 향해 절을 하고 경배하며 황금, 유향, 몰약을 바쳤다고 전해진다.

대체 이 낯선 여행자들은 누구인가? 예수를 찾아온 동방박사들은 어떤 사람들인가? '마기'라는 용어에는 조로아스터교의 사제라는 뜻이 있으므로, 이들은 조로아스터교를 믿는 사람들일 가능성이 있다('마기'라는 용어 자체는 고대 그리스어로 추정된다). 이것이 사실이라면 동방박사들은 사실 예수를 찾아온 것이 아니라 자신들의 종교에서 예언된 메시아, 즉 처녀가 낳은 조로아스터의 세 아들('사오시안트') 중 막내아들을 찾아온 것으로 해석할 수 있다. 또한 이 세 사람의 현자는 오래전부터 중동 지역을 돌아다녔으므로, 오늘날 기독교가 덧붙인 이야기와 전혀 다른 내용의 이야기가 전개된다. 그러니 여러분도 다음에 크리스마스카드에서 아기 예수 옆에 서 있는 이 여행자들을 보게 되면 조로아스터를 떠올리기 바란다!

종말(이야기)의 시작

위대한 선지자들은 모두 그렇듯이 조로아스터도 자연의 궁극적인 본질과 우주의 목적에 관한 '지식'을 신의 계시를 통해 얻었다. 그는 세상이 존재하는 이유는 아리만이 존재하기 때문이며, 아리만을 물리칠 수 있는 유일한 방법으로 아후라 마즈다가 떠올린 방법이 선과 악이 전쟁을 벌일 수 있는 우주를 만드는 것이라는 사실을 깨달았다고 전해진다. 아후라 마즈다는 우주를 딱 1만 2,000년 동안 유지하고, 이 기간을 정확히 네 개의 시대로 구성하기로 했다('세대주의'라 칭할 수 있는 부분이다).* 조로아스터 자신은 이 네 시대 중 네 번째 시대가 시작될 때 나타나 우주 역사의 세 번째 시대가 종료되었음을 알리는 역할을 한다. 조로아스터가 태어난 시기는 기원전 1000년경으로 추정되므로, 현재 우리는 조로아스터교에서 이야기하는 마지막 시대를 살고 있는 셈이다.

조로아스터에 따르면 우주의 역사는 다음과 같이 이루어진다. 우주가 만들어지고 첫 3,000년 동안은 정신적인 창조물만 등장한다. 이 시기의 세상은 시간도, 물질도 존재하지 않는 '이상적인' 상태다(그러나 해가 바뀌는 것은 시간을 측정해야 확인할 수 있는 일이므로 어떻게 이런 상태가 가능한지는 명확하지 않다). 이 시대가 끝나갈 때쯤 아후라 마즈다는 아리만에게 자신과 평화롭게 공존하며 살 수 있는 기회를 제시하지만 아리만은 어리석게도 이를 거부한다. 그러자 아후라 마즈다는 영겁의 시간에서 일부를 떼어내 "선과 악이 대결을 벌이게 될" 시간을 마련하고 성가를 읊는다(조로아스

* 뒤에서 설명하겠지만, 사오시안트는 12000년에 등장하므로 이 이야기에서 세계 역사는 총 12,057년이 된다. 다른 이야기에서는 세계 역사가 세 가지 시대로 구성되고 총 9,000년간 지속된다고 본다.

터교에서는 아직까지도 이 성가가 불린다).[1] 이 영광스러운 성가로 인해 아리만은 다음 3,000년 동안 암흑 속에 빠진 채 지낸다.

두 번째 시대가 열리면 아후라 마즈다는 세상을 물질이 없는 곳에서 물질적인 곳으로 바꾸지만 '이상적인' 상태는 그대로 유지된다. 우주는 거대한 구의 형태를 이루고 그 안에 납작한 모양으로 거대한 해양을 떠도는 지구가 존재한다. 하늘은 그 위가 둥그렇게 구형으로 형성되어 지구에 섬처럼 자리한 대륙 중앙에 놓인 단 하나의 산, 하리티산Mount Haritî을 중심으로 지구 둘레를 회전한다. 아후라 마즈다는 시간도 창조하지만 흐르도록 하지는 못해 이 시대에 태양은 하늘 위 한자리에 고정된 상태로 존재한다. 조로아스터교에 따르면 이 시대에 일곱 가지 창조물이 세상에 등장한다. 사람, 동물, 식물, 금속, 물, 불, 땅이다. 변화, 움직임과 관련된 불을 제외한 나머지 모든 창조물들은 이 시기에 구체적인 형태로 나타난다. 즉 땅이 생기고 땅속에는 금속과 물이 존재하며 땅 위에는 사람 한 명, 황소 한 마리, 식물 하나가 존재한다. 구 모양의 폐쇄된 공간에 둥둥 떠 있는 납작한 지구, 모든 것이 멈춰 있는 세상에 움직임 없이 서 있는 세 가지 생물, 여기까지가 두 번째 시대에 아후라 마즈다가 창조한 결과물이다. 이 두 번째 시대의 마지막은 우주 역사에 중대한 전환기이다. 동적 요소인 불이 등장하면서 아후라 마즈다의 창조물이 처음으로 생기를 띤다. 이와 함께 아후라 마즈다는 영속적인 요소인 인간의 영혼도 세상에 존재하도록 하여 인간으로 하여금 아리만과 싸우도록 하고 인간은 그 뜻에 동의한다[2](인간의 영혼은 세 부분으로 나뉘며 그중 영속적인 영혼은 한 가지밖에 없다). 이로써 인류는 아후라 마즈다와 그의 신성한 종들을 도와 악을 물리칠 태세를 갖춘다.

그러나 잠에 취한 것처럼 암흑 속에 머물던 아리만이 돌연 깨어나 영향력을 휘두르고 아후라 마즈다가 만든 세상의 선을 파괴시킨다. 빛을 무력화시키기 위해 어둠을 만들고, 달콤한 물은 짠 소금물로 만들고 불을 피우면 연기가 생기도록 한 것도 모두 아리만이다.[3] 아리만은 이처럼 우주를 해로운 오염으로 채우는 데 그치지 않고 최초로 창조된 사람과 황소, 식물을 죽인다. 우주 역사가 절반가량 지나온 이 시점에 '혼합물'의 세상에서 처음으로 격렬하게 맞닥뜨린 선과 악의 싸움은 아리만의 승리로 끝나는 것 같았다.

그러나 아리만의 승리는 환상에 불과했다. 최초의 인간과 황소가 숨을 거두기 전, 정액이 세상으로 분출되어 사람의 정액은 인류를 탄생시키고, 황소의 정액은 오늘날까지도 살아남은 온갖 종류의 동물들이 만들어진다.[4] 덕분에 아리만의 공격을 받던 선이 다시 힘을 되찾아 세상은 싸움이 끊이지 않는 혼란의 장으로 바뀐다. 조로아스터교에서는 낮과 밤, 순한 동물과 사나운 동물, 평원과 산 등이 공존하는 이유가 이 싸움 때문이라고 생각한다.[5] 세 번째와 네 번째 시대에도 혼합물의 세상은 그대로 이어지고, 악이 완전히 사라지고 세상이 다시 물질이 없는 순수하고 이상적인 상태로 되돌아갈 때, 비로소 세상은 정점에 다다른다.

세 번째 시대는 전설적인 전투와 신비한 존재들의 이야기가 복잡하게 뒤엉켜 있다. 고대 영웅들이 적들과 거친 싸움을 길게 이어가던 중 이 세 번째 시기가 끝나기 직전에 조로아스터가 태어난다. 한 기록에 따르면 세 번째 시대가 시작된 초반에 아리만이 갑작스러운 맹습과 함께 등장해 거의 승리를 거둘 뻔했던 시기에 아후라 마즈다는 조로아스터의 '선재 영혼pre-soul'을 만들었다. 이 선재 영혼은 금빛 나는 녹색의 향기롭고 키가 큰 식물을 통해 세상으로 전해지고, 조로아스터의 육체는 그 식물 위로 떨어진 비에서 생겨났다고 전해진다. 조로아스터의 모친은 이

식물을 우유와 섞어서 마신 뒤 조로아스터교의 위대한 선지자이자 창시자를 잉태한다.[6]

이제 우주 역사의 마지막 3,000년을 살펴볼 차례다. 조로아스터는 서른 살에 아후라 마즈다로부터 계시를 받아 남은 생을 악과 싸우며 보냈다.[7] 그러다 아프가니스탄의 고대 도시이자 조로아스터교의 중심지인 발흐를 페르시아인의 일족인 투라니아인들이 공격했을 때 죽임을 당했다. 그러나 조로아스터의 정액은 카얀세호Lake Kayânsê에 보존된다.

네 번째 시대의 마지막 200년이 끝날 무렵 세 명의 처녀가 각각 이 호수에서 수영을 하다가 조로아스터의 정액과 접촉해 임신한 뒤 구세주, '생명을 주는 자' 또는 '생을 만드는 자'로 여겨지는 세 아들을 낳는다.[8] 세 아들은 한 세기 간격으로 태어나며 첫째는 10000년에, 둘째는 11000년에, 셋째는 네 번째 시기가 거의 끝나가는 12000년에 태어난다(조로아스터의 셋째 아들은 57년간 생존하므로 우주의 역사는 총 12,057년으로 여겨진다). 첫째 사오시안트는 아버지처럼 아후라 마즈다로부터 인류에 관한 계시를 받아, 태양이 10일 밤낮을 지구 바로 위에 가만히 멈춰 있는 것과 같은 여러 신비한 사건들이 벌어진다.[9]

삶의 환경은 점차 개선되어 나무는 한 번에 수년씩 푸르게 자라고 "누구도 죽을병에 걸릴 일이 없는 효과적인 약"[10]도 등장한다. 그러나 이 시대가 끝나면서 좋았던 상황도 역전된다. 조로아스터를 죽인 자와 관계있는 악의 마법사가 온갖 파괴를 일으키고, 3년간 극도로 추운 겨울이 이어진 뒤 폭우가 쏟아지는 시기가 찾아온다.[11]

그러나 조로아스터의 두 번째 아들, 또 다른 구세주가 11000년에 태어나 세계 역사의 마지막 세기가 시작되면서 흐름은 또다시 바뀐다. 아후라 마즈다는 첫째 아들과 마찬가지로 둘째 아들에게도 계시를 내려 무수한 기적이 일어난다. 이번에는 태양이 스무 날 밤낮을 하늘에 걸린 채 그대로 머무르고[12] 나무는 6년간 내리 푸르른 생명력을 잃지 않는다. 삶도 악의 마법사가 공격을 감행한 이후 계속 개선되지만 이전 세기처럼 이 상황이 그대로 지속되지는 않는다.[13]

이 세기가 끝날 무렵, 즉 아후라 마즈다가 맨 처음 생명을 창조한 때로부터 거의 1만 2,000년이 흐른 뒤에는 삶의 환경이 악화된다. 바로 이 시점에 조로아스터의 세 번째 아들이 선구자로 등장하고, 그가 죽은 자들을 부활시키면 되살아난 이들마다 어떤 생을 살았는지 세밀한 평가를 받는 최후의 심판이 이루어지는 등 종말론적 사건들이 수없이 일어난다. 죄 많은 이들은 지옥으로 보내져 3일 밤낮으로 고문을 받는다.[14]

이후 천상의 영역에서 거대한 용이 내려와 땅에 불을 지른다. 세상이 생겨나고 최초로 창조된 물질 중 하나가 금속이었다는 사실을 다시 떠올려보자. 화마에 집어삼켜진 땅의 틈마다 금속이 녹은 끈끈한 액체가 흘러나와 골짜기로 흘러들어간다. 이것이 거대한 강을 형성하고, 온전히 정화되기 위해서는 이 강을 건너야만 한다.[15] 죄가 없는 이들은 아무 고통 없이 "따뜻한 우유에 목욕하는" 느낌으로 강을 유유히 건너가지만[16] 해로운 생각과 말, 행동이 아직 남아 있는 사람들은 녹은 금속이 닿으면 엄청난 고통을 느낀다. 일부 학자들이 지적하는 것처럼 이 부분은 모든 인류가 반드시 지옥의 다리를 건너야 한다고 이야기하는 이슬람교의 예언과 놀랍도록 비슷하다.

이 과정이 끝나면 모든 인류가 죄를 벗고 "서로를 깊이 사랑하는 마음으로 모인다. 아버지들, 아들들, 형제들, 모두가 친구가 되어 서로에게 묻는다. '지금까지 어디서 살았습니까? 당신의 영혼은 어떤 판결을 받았습니까?'"[17] 다음으로 선과 악의 최종 전투가 벌어지고, 아리만은 '가타스Gathas', 즉 조로아스터가 만든 17곡의 찬송에서 발산되는 신비한 힘으로 무참히 파괴된다. 결국 아리만은 "다시 처음 세상에 쏟아져 들어왔던 하늘 길을 따라 암흑과 절망의 영역으로 돌아가고" 용은 "녹아내린 금속에 타버린다". 또한 녹은 금속은 "지옥으로 흘러들어가고, 지상의 악취와 오물은 지옥에서 이 금속에 모두 불타 순수해진다". 마지막으로 평평한 땅이 몰락하면서 생겨났다고 여겨지던 땅 위의 모든 산들이 모조리 파괴된다.[18]

악, 죽음, 타락한 행위의 모든 흔적이 영원히 사라진 세상은 절대적으로 완벽한 영겁의 상태에 진입하고(시간도 더 이상 흐르지 않을 것이라 예견된다[19]) 우주 역사는 끝이 난다.[20]

부록 3

신이 없는 종교

종말론이 전 세계에서 벌어진 일들에 끼치는 영향은 단순한 '종교적인' 믿음의 범위를 훌쩍 넘어선다는 점에 주목할 필요가 있다. 지나온 역사에는 일반 대중 사이에서 폭넓게 수용된 '세속적' 종말론도 무수히 등장했고, 이는 문명의 역사가 흘러가는 방향에 적지 않은 영향을 발휘했다. 그러한 종말론은 엄격히 구분하자면 '세속적'이라고 할 수 있지만 여러 중요한 특징이 종교적 종말론과 일치한다. 특히 가장 일치하는 부분은 인식론적 바탕이 증거보다 믿음에 있다는 점이다(부록 4 참고). 그래서 나는 이러한 종말론을 세속적 종말론이 아닌 종교적인 종말론으로 분류한다. 세속적 종말론이라는 용어는 이데올로기적 신조에만 기대기보다 경험적 관찰과 논리적 추론에서 나온 종말 시나리오에 적용하는 것이 마땅하다고 보기 때문이다.

종교적 종말론과 유사한 종말 시나리오 가운데 상당한 영향력을 발휘한 예로 19세기 철학자 카를 마르크스가 제시한 종말론을 들 수 있다.* 대니얼 치롯Daniel Chirot과 클라크 매콜리Clark McCauley가 『왜 전부 죽이지 않는가?Why Not Kill Them All?』에서 밝힌 것처럼 마르크스주의자들의 종말론은 사실상 "기독교의 신조를 모방한 것"으로 볼 수 있다.[1] 이들의 종말론에 따르면, 인류는 개인 재산이나 계급, 소외 등이 없는 유토피아 같은 환경에 처음 등장했다. 그러다 개인 재산과 착취(죄)가 시작되고 세상이 타락하기 시작하더니 노예 사회, 봉건 사회, 자본주의 사회 등 각기 다른 '세대'를 지나던 중 메시아적 존재(마르크스)가 나타나 사람들에게 유토피아로 돌아갈 수 있는 방법을 보여준다. 마지막에 "대대적인 최후의 혁명이 일어나 자본주의와 소외, 착취, 불평등을 모두 쓸어버리고" 특별히 "선택받은 자들(공산주의자들)"은 부가 평등하게 분배되고 부족한 것이 없는 역사 이후의 시대로 진입한다.[2] 자본주의에 대한 마르크스의 비판은 분명 알아둘 만한 가치가 있는 내용이지만(무엇보다 자본주의가 탐욕과 착취, 소외와 밀접한 관계가 있는 것은 사실이므로), 역사를 변증법적으로 해석한 이론이나 공산주의가 종말론적으로 불가피하다는 추종자들의 주장은 명백히 잘못되었다. 이들의 생각을 잘 살펴보면 마틴 리스 경, 닉 보스트롬과 같은 세속적 위기주의자들이 제시하는 합리적인 경고보다는 세대주의 신학을 믿는 기독교인들이 주장하는 터무니없는 천년왕국설과 너무나 닮은 특징들이 여러모로 나타난다.

나치즘도 뿌리 깊은 종교적 바탕에서 생겨난 '세속적' 종말론에 해당한다. 치롯과 매콜리는 『왜 전부 죽이지 않는가?』에서 다음과 같이 설명했다.

* 향후 수십 년 내에 중국이 세계에서 더욱 막강한 영향력을 발휘할 것으로 예상되므로, 여기서 다룬 공산주의식 종말론에 관한 논의도 더욱 활발해질 것이다. 나중에 이 책의 개정판이 나온다면 마르크스주의의 이데올로기에서 이야기하는 '세속적' 종말론이 더 상세히 다루어질 수도 있다.

> 히틀러가 '천년제국'을 약속한 것은 결코 우연이 아니었다. 그가 이야기한 모든 것이 완벽한 천년의 세상은 요한계시록에서 악마가 돌아와 선과 악의 거대한 전쟁이 벌어지고 마침내 하느님이 사탄에게 최후의 승리를 거두기 전, 선이 통치하는 천 년의 기간이 찾아온다고 약속되어 있다는 내용과 비슷하다. 히틀러가 만든 나치당과 통치체제에는 기독교를 중심으로 한 종교적 요소와 예배와 같은 상징주의 등 신비주의적 요소가 다분하며 운명으로 주어진 임무, 그리고 히틀러라는 선지자에게 맡겨진 임무를 수행해야 한다는 도덕률을 주장한다.[3]

요지는 1장에서 설명한 천년왕국설의 범위가 종교적 영역에 국한되지 않는다는 것이다. '세속적'인 믿음 체계 중에서도 근본적으로는 종교체계를 바탕으로 하는 유형들이 많다. 그러한 믿음 체계 중 몇 가지는 신을 국가나 카리스마 넘치는 독재자, 또는 다른 형태의 권위로 대체한다. 레이 커즈와일이 제시한 기술적 특이점의 개념조차 '기술의 붕괴'가 발생해 우주에 천년왕국식 변화가 일어나고 이것이 노화 걱정 없이 생각을 업로드할 수 있는, 상상할 수 없는 유토피아 상태로 이어진다는 믿음으로 이어진다. 종교적 믿음 체계와 크게 일치하는 특징이다. 종말론의 위험성을 극복하기 위해서는 미래에 대한 믿음에 증거가 충분한 비율을 차지해야 한다. 이어지는 부록 4에서 이 점을 다시 이야기할 것이다.

부록 4

거시적 미래에 관한 분명한 생각

근본적인 차이

1장에서 종말론이 두 갈래로 나뉘는 가장 중대한 차이는 미래에 대해 '무엇'을 이야기하느냐가 아니라 그러한 이야기가 나온 '이유'에 있다고 설명했다. 종교에서 이야기하는 미래는 초자연적인 존재와 특별히 접촉한 선지자(보통 수 세기 혹은 1,000년 전에 이러한 접촉이 일어난다)가 은밀하게 얻은 계시로 전해진 일이 거의 전적인 바탕이 된다. 세속적인 종말론의 경우 자연계를 경험하고 관찰하여 획득한 증거(그리고 진실이 보존된 개연성 있는 추론)가 미래에 관한 이야기의 바탕이 된다. 세속적 종말론은 진지하게 받아들여야 하지만 종교적인 종말론은 그러지 말아야 하는 이유도 바로 이런 차이 때문이다. 세속적 위기론자가 "늑대가 나타났다!"고 외치면 곧바로 그 말에 귀를 기울여야 하고, 실제로 그런 이야기를 들으면 동공이 확장되고 심장이 쿵쿵 뛰는 반응이 뒤따르기도 하는 반면, 터무니없는 주장의 대명사가 된 종교적 종말론자들이 똑같은 말을 외치면 그저 무시당하는 것도 마찬가지 이유에서다.

이번 부록에서는 이 차이점을 좀 더 상세히 설명하려고 한다. 인간이 이토록 번성할 수 있었던 근원에 인식론만큼 중요한 역할을 한 연구 영역은 없는 것 같다. 인식론의 핵심은 '합리적인 사람'이 되는 것을 최대 목표로 삼는 것이고, 합리적인 사람은 그렇지 않은 사람들보다 나쁜 생각들이 넘쳐나는 이 세상에서 훨씬 더 좋은 위치를 찾을 수 있다(세상에 괜찮은 생각보다 안 좋은 생각이 더 많다는 것은 분명한 사실이다). 무신론자인 신경학자 샘 해리스는 『선 매거진Sun Magazine』과의 인터뷰에서 다음과 같이 설명했다. "인류 역사상 그 어떤 문화권에서도, 사람들이 지나치게 합리적이거나 자신의 핵심적인 신념을 방어할 수 있는 증거를 제시하려고 너무 노력하는 바람에 문제가 생기거나 고통이 발생한 사례는 단 한 가지도 없다."[1] 이러한 기준은 개인과 사회, 인류 문명 전체에도 적용할 수 있을 것이다.

그러나 합리적인 사고가 말처럼 쉬운 것은 아니다. '사유 능력'이 무엇을 의미하는지 이해하려면 기본적으로 '인식론의 기초'를 알아야 한다. 그래서 이번 부록에서는 인식론이 무엇인지 개략적으로 설명하고 진실, 타당성, 믿음, 신앙, 지식을 둘러싼 쟁점을 개념적으로 명확히 정리해 보고자 한다. 철학이 세상에 이바지할 수 있는 부분이 있다면 괜찮은 생각을 나쁜 생각과 구분하는 데 반드시 필요한 정신적 도구를 제공하는 것이라 생각한다. 여기에서 다루는 논의는 시뮬레이션 가설에서부터 우리 시대 가장 큰 갈등의 동력이 된 '종말론의 충돌'에 관한 생각에 이르기까지, 이 책에서 다룬 모든 내용의 기본적인 틀이 된다. 이 부분을 (책의 한 장이 아닌) 부록으로 구성했다고 해서 중요성이 덜한 것은 아니다. 지적인 기준에서는 오히려 이 책에서 가장 중요한 부분을 볼 수 있고, 단지 책 구성상의 유기성을 고려해 부록으로 분리한 것임을 밝혀둔다.

무엇을 진실로 보아야 하는가?

진실(참)은 입자물리학의 표준 모형이나 진화생물학의 하디-와인버그 법칙Hardy-Weinberg principle처럼 난해하고 심오하지 않다. 우리가 일상적으로 나누는 대화에도 진실이 등장한다. "네", "맞습니다", "옳아요", "당연하죠", "동의합니다"라는 표현뿐만 아니라 "글쎄"와 같은 말에도 진실에 대한 확신이 담겨 있다. 그럼에도 진실이 정확히 '무엇'이고 어떤 요소들로 '구성'되어 있는지 확실하게 이해하는 사람은 별로 없다. "예수가 적그리스도와 맞서 싸울 것이다"라든가 "5월 5일에 소행성이 지구와 충돌할 것이다", 또는 "우주는 멋지게 탄생했으나 흐지부지 끝을 맞이할 것"이라는 주장에는 정확하게 무슨 의미가 담겨 있을까? 그리고 이러한 주장 중 하나가 옳다고 '동의'한다는 것은 어떤 의미일까?

진실의 특징을 이해하기 위해서는 먼저 무엇이 진실이 될 수 있는지부터 정해야 한다. 유명 코미디언인 리키 저베이스Ricky Gervais의 특징은 '재미있는' 사람이라는 것이고, 거대한 세쿼이아 나무의 특징은 '키가 큰 것'인 것처럼 진실도 어떤 주체에서 나타나는 한 가지 특징이 될 수 있다. 그렇다면 진실을 특징으로 가질 만한 주체는 어떤 것들이 있을까? 쉽게 생각해보자. 의자는 어떤가? 바보 같은 질문처럼 들릴 수도 있고 실제로 바보 같은 질문일 수도 있지만, 철학에서는 놀라움으로 훈련되지 않은 직관력을 깨우는 방법이 활용되기도 한다. 그러나 이번 질문의 경우에 답은 "아니요"인 것 같다. 어떤 두 사람이 의자가 '진실'이냐 '거짓'이냐를 두고 언쟁을 벌인다면 그야말로 터무니없는 일일 것이다.

그렇다면 커피를 마시는 '행위'는 어떨까? 나는 아침마다 일어나면 뜨거운 커피 한 잔을 마시는 습관이 있다. 여기까지는 얼추 맞는 소리 같은데, 이 행동 자체를 진실하다고 이야기할 수 있을까? 이번에도 답은 "아니요"인 것 같다. 의자와 마찬가지로 이러한 행동은 진실이나 거짓이 될 수 없다. 철학자 길버트 라일Gilbert Ryle은 이와 같이 특성을 잘못 적용하는 사례를 '범주 오류'라고 칭했다. 의자나 커피 마시는 행위를 두고 진실이라고 하는 것은 민주주의의 무게가 10킬로그램이라고 한다거나 시간이 실제로 기어갈 수 있다고 주장하는 것이나 다름없다.

철학자들은 무엇이 진실의 특성인가를 두고 2,000년 넘게 고민해왔다. 그리고 최선의 답으로 다음과 같은 결론에 도달했다. 이 세상에서 진실 또는 거짓이 특징이 될 수 있는 것은 '명제'라 불리는 추상적 주체가 유일하다는 것이다. 철학자들의 표현대로 명제는 곧 "진실(참)이 될 수 있는 주체"다. 명제가 무엇인지 정확하게 설명하기는 어렵다. 철학적인 개념이 대부분 그렇듯이 처음에는 알 것 같다가도 어리둥절해지게 마련이다. 철학자들은 보통 명제를 문장의 '의미'라고 본다. 고전적인 철학적 예를 들어보면, 'Schnee ist weiss'라는 독일어나 'La neige est blanche'라는 프랑스어 모두 '눈은 하얗다'는 말과 동일한 명제에 해당한다. 지금부터는 편의상 명제를 **눈은 하얗다**와 같이 진한 글씨체로 구분하자.

명제는 문장의 의미를 담고 있으므로 현실의 모습, 세상에서 일어나는 일의 어떤 상황을 나타낸다. 예를 들어 **IS는 시리아에서 전쟁이 일어나기를 바란다**는 말은 현실에서 나타날 수 있는 한 가지 모습을 나타내고, 우리는 글자를 이용해 이것을 "IS는 시리아에서 전쟁이 일어나기를 바란다"라고 표현한다. **예수는 신이다**라는 말도 세상에서 나타날 수 있는 또 다른 모습을 나타내며, 스페인어를 사용하는 사람은 자신이 아는 글자로 이를 "Jesús es Dios"라고 표현한다. **철학은 어렵다**는 말도 마찬가지로, 포르투갈 사람은 이것을 "Filosofia é difícil"로 표현할 것이다. 즉 다른 언어로 된 문장에 같은 뜻이 담길 수 있는 것이 명제다.

여기까지는 명제를 상당히 전문적으로 설명한 것이다. 이보다 훨씬 더 쉽게 이해할 수 있는 방법도 있다. 지도를 만드는 과정에 비유하면, 명제는 '현실의 지도(또는 그 속에 포함된 일부 지역)'라고 할 수 있다. 다만 종이나 컴퓨터 화면에서 볼 수 있는 실제 지도와 달리 명제라는 지도는 우리 양쪽 귀 사이에 있는 의식의 공간에 존재한다. 예를 들면 제2차 세계 대전은 1945년에 끝났고, 그에 따라 **제2차 세계 대전은 1945년에 끝났다**라는 명제가 내 머릿속에 저장되어 있다. 그런데 **베를린은 아프리카 북부에 있다**는 명제의 경우 원한다면 머릿속에 저장할 수는 있겠지만 베를린은 독일에 있으므로 저장하지 않는다. 나도 여러분도 그런 명제를 저장해서는 안 된다.

이처럼 우리 머릿속에는 셀 수 없이 많은 명제의 지도가 떠다니고 우리는 손을 뻗어 붙잡을 수 있다. 다시 앞에서 들었던 예로 돌아가보면 "Schnee ist weiss"라는 문장이나 "La neige est blanche", "눈은 하얗다"는 모두 똑같은 현실의 지도이므로, 그 속에 담긴 의미가 동일하다고 할 수 있다.

Q: 세상에서 참과 거짓을 구분할 수 있는 유일한 것은 무엇인가?

A: 명제.

Q: 명제란 무엇인가?

A: 문장의 의미. 현실의 어떤 측면을 나타내는 마음속의 지도로 생각할 수 있다.

하지만 무엇이 진실인가?

진실이 우리 머릿속에 있는 의식의 지도가 가진 특징이라면, 그리고 의식의 지도가 세상의 여러 가지 모습을 나타내는 것이라면 지도가 참인지 거짓인지는 어떻게 정해질까? **지구는 태양 주변을 돈다**는 명제는 참인데 **태양은 지구 주위를 돈다**는 명제가 거짓인 이유는 무엇일까? 명제를 지도 제작에 비유할 수 있다는 점을 다시 한 번 떠올리면 이 의문을 쉽게 해결할 수 있다. 이 세상을 나타낸 '정치적 지도'가 존재하고 거기에는 각국의 국경이 나와 있다고 가정해보자. 이 지도가 정확하다고 판단하려면 어떤 조건을 갖추어야 할까? 지도에 나타난 세상이 실제 세상과 충분히 일치할 때, 그 지도는 정확하다고 할 수 있다. 러시아가 중국의 북쪽에 있고, 중국은 인도 동쪽에 자리하며, 인도는 북아프리카의 북쪽 끝에, 남아프리카는 프랑스 남쪽에 위치하는 세계 지도라면 "참"이라고 할 수 있다. 핵심은 정확한 지도가 되기 위해서는 지도(현실을 나타낸 결과물)와 현실 사이에 '대응'되는 부분이 있어야 한다는 것이다.

그러므로 **지구는 태양 주변을 돈다**는 명제가 참인 이유는 태양계의 실제 상황과 정확하게 일치하기 때문이다. 지도를 현실 '위에 겹쳐놓았을 때' 일대일로 대응한다면 우리는 그 지도를 진실(참)이라고 할 수 있다. 반면 **베를린은 아프리카 북쪽에 있다**는 문장은 현실이라는 지도에 겹쳐도 전혀 정확하지 않으므로 거짓이 된다. 진실은 의식의 지도와 그 지도가 나타내는 실제 세상이 대응될 때 성립한다. 이것이 데이비드 차머스David Chalmers와 데이비드 부르제David Bourget가 2013년에 발표한 '진리 대응론'으로, 오늘날 철학계에서 가장 유명한 진리 이론이다.[2]

주목해야 할 사항은, 이 이론에서 진리와 인간을 비롯해 우주에 사는 지각 있는 모든 존재가 세상에 대해 '믿는'것은 전혀 무관하다는 사실이다. 즉 사람들이 수용하든 거부하든, 가능성을 생각해본 적도 없는 일이든 상관없이 지도는 그 자체로 참이거나 거짓이다. **너비 1킬로미터 크기의 소행성이 지구를 향해 돌진하고 있다**는 지도가 있다면, 사람들이 정말 그런 소행성이 있다고 믿는 것과 무관하게 지도는 참이거나 거짓으로 나뉜다. 철학자들은 이러한 특징을 두고 명제는 "생각과 상관없이" 참 또는 거짓이라고 이야기한다. 다시 말해 명제가 진실이냐 거짓이냐는 사람들이 그 명제에 대해 머릿속으로 생각하는 것과 아무 상관 없다. 예를 들어 태양이 지구와 1억 5,000만 킬로미터 떨어져 있다는 것은 사람들이 믿든 안 믿든 사실이다. 진실은 객관적인 현상인 것이다.

Q: 진리란 무엇인가?

A: 현실 지도와 현실 사이에 대응 관계가 성립하는 것. 우리가 지도에 대해 갖는 생각과는 상관없다. 따라서 진리는 객관적이고 '생각과 무관'하다.

믿음의 위치는 어디인가?

지금까지 믿음이라는 표현이 여러 차례 등장했다. 무언가를 믿는다는 것은 정확히 무엇을 의미할까? 여러 철학자들은 믿음이 서로 상당히 다른 두 가지 사이에 형성되는 '관계'라고 설명한다. 어떤 관계를 의미하는지 살펴보기 위해 기독교 신앙의 믿음을 나타내는 간단한 문장 하나를 자세히 살펴보자.

어떤 사람이 "나는 예수가 침으로 이긴 진흙으로 맹인의 눈을 낫게 했다고 믿는다"(마가복음 8장 22~25절)라는 말을 했다고 가정해보자. 우선 이 문장을 보면, 주어는 '나'이고 관계를 나타내는 표현으로 '믿는다'가 사용되었다. 여기까지만 봐도 화자(더 넓은 범위에서는 '인지의 주체')와 다른 무언가 사이에 믿음의 관계가 형성된다는 것을 알 수 있다. 문장을 조금 더 자세히 살펴보면, '했다고'라는 표현은 현실의 여러 모습 중 하나를 설명했다는 점에서 중요한 역할을 한다. 즉 명제를 도입한 것이다. 그러므로 의식의 지도에서 '믿는다'가 자리한 위치와 '예수가 침으로 이긴 진흙으로 맹인의 눈을 낫게 했다'라는 문장 구조가 존재하는 곳의 위치는 다르다. 결국 믿음은 사람과 명제 사이에 형성되는 추상적인 관계인 것이다.

이와 같은 이유로 철학자들은 믿음을 '명제적 태도'의 하나로 구분한다. 명제적 태도란 어떤 명제에 대해 취할 수 있는 특정한 자세이며, 이러한 자세는 대체로 '인지적 동의'를 의미한다. 즉 믿음이란 인지적 주체가 주어진 지도를 보면서 그 지도에 현실이 정확하게 반영되어 있다고 수용할 때 생겨난다. 명제에는 '참이 될 수 있는' 특성이 존재한다는 결론에 도달하는 것도 마찬가지다. 반면 욕구는 똑같이 명제적 태도에 해당하지만 명제를 진실로 받아들이기보다는 그 명제가 실제로 참인지 여부와 상관없이 참이기를 '바라는' 것이라 할 수 있다. 수많은 철학자들은 인간의 행동은 대부분(혹은 전부) 믿음과 욕구의 상호 관계로 설명할 수 있다고 주장한다. 예를 들어 피자를 먹고 싶다는 욕구와 냉동실에 피자가 있다는 믿음이 만나면 오븐을 켜고 냉동실 문을 여는 행동으로 이어진다. 이러한 해석에는 직관적인 판단이 개입한다는 점에서(우리 대부분은 타인의 행동을 자연스레 믿음과 욕구의 관점에서 생각한다), 이러한 접근 방식은 보통 '통속 심리학'으로 불린다.

Q: 믿음은 명제와 어떤 관계가 있는가?

A: 믿음은 어떤 명제가 참이라고 마음이 수용할 때 발생한다. 수용되지 않으면 믿음도 생기지 않는다.

무언가를 반드시 믿어야만 하는 때가 있는가?

심리적으로 어떤 명제가 참이라고 수용하는 일이 타당하고 확실하면서도 이성적인, 즉 합리적인(이 표현들은 지금 설명하는 맥락에서는 의미가 거의 동일하다) 일이 되려면 어떤 조건을 충족해야 할까? 의식의 지도를 참으로 수용해야 할 때는 언제인가? 철학자들이 도출한 최선의 대답은 '명제가 증거에 뒷받침될 때'만 인지적 주체와 명제의 관계가 타당해진다는 것이다. 20세기 철학자 W. V. 퀸W. V. Quine과 J. S. 울리언J. S. Ullian의 말을 인용하면 "우리가 믿는 것이 이성적인 영역에 해당하는 한, 확인된 증거의 확실성과 믿음의 강도가 일치하는 경향이 나타난다".[3] 증거가 놀랄 만큼 확실하면 믿음이 더 강해지고, 증거가 불확실하면 믿음이 약화되는 것이다. 이와 같은 타당성 이론을 '증거주의'라고 한다.[4]

이 모든 관계를 정리해보면, 인식론에서는 무언가를 믿는다면 반드시 '이유'가 있어야 한다고 보고, 증거주의에서는 증거가 존재한다는 것은 믿을 만한 이유가 있음을 의미한다고 본다. 증거주의도 통속 심리학과 마찬가지로 '이론이 정립되기 전'에 나타난 우리의 직관력을 꽤 정확하게 포착한 것으로 해석할 수 있다. 대부분의 사람들은 삶의 거의 모든 영역에서 자신이 증거주의자인 것처럼 행동한다. 이제 좀 더 자세히 살펴보겠지만, 종교는 그 예외에 해당하는 것 중에서도 가장 두드러지고 동시에 가장 중요하다. 예를 들어 어젯밤 스포츠 경기에서 어느 팀이 이겼는지 알고 싶을 때 우리는 눈을 감고 '직관'을 이용해 답을 찾으려 하거나 하느님이 보낸 천사가 나타나 점수를 알려주기를 '기도'하지 않는다(아마도 그럴 것이라 생각한다). 대신 텔레비전을 켜보거나 인터넷에서 결과를 찾아보고, 잘 알 만한 친구에게 물어보기도 한다. 이러한 행동이 바로 증거 수집 활동이다. '전날 밤의 경기 결과가 현실과 정확히 일치한다고 믿으려면 그 믿음을 정당화할 수 있는 증거가 어느 정도 필요하다'는 생각에서 비롯되는 행동이다.

그러므로 증거주의는 자신의 세계관을 정당화해야 하는 '규범적' 이론일 뿐만 아니라 자신의 주장을 뒷받침하기 위해 사람들이 자주 이용하는 방식이 무엇인지 알맞게 '기술'한 설명이기도 하다(철학과 과학의 이론들 중에는 우리의 훈련되지 않은 직관과 어긋나는 것들이 많다. 상대성 이론과 양자물리학, 다윈의 진화론이 얼마나 직관에 어긋나는지 생각해보라! 증거주의는 현재까지 제안된 이론 중에는 우리의 직관과 별 충돌 없이 가장 일치하는 이론에 속한다). 세속적 종말론의 중심에도 증거주의가 있다. 가령 핵폭발과 발전된 생명공학 기술, 초지능의 등장으로 발생할 수 있는 위험을 진지하게 고민해봐야 하는 이유는 모두 증거를 토대로 추론된, 실현 가능성이 있는 시나리오이기 때문이다. 그러므로 종교적 종말론이 신학의 한 갈래라면 세속적 종말론은 과학의 한 분야다. 세속적 종말론에서 이야기하는 우울한 종말의 이야기들도 과학의 실증적 방식을 통해 도출된 미래에 관한 가설인 것이다.

몇 가지 요건

증거주의는 내용은 상당히 간단하지만 증거주의가 성립되기 위해서는 여러 가지 특징이 갖추어져야 한다. 첫째, 타당성이 '몇 가지' 증거가 아니라 해당 시점에 '확인할 수 있는 증거 전체'에서 비롯된 것이어야 한다. 우리가 사는 실제 세상에는 서로 양립할 수 없는 두 가지 현실 지도가 부딪쳐서 반드시 어느 한쪽을 택해야 하는 상황이 무수히 발생한다. A라는 지도가 B라는 지도와 상충된다고 가정해보자. 만약 A가 세 가지 '단편적인' 증거(각각의 '단편'이 얼마나 다양한지는 무시하기로 하고)로 뒷받침된다고 한다면 A를 충분히 수용할 수 있을까? 그 답은 B를 뒷받침하는 근거가 어느 정도냐에 달려 있다. B가 20가지 '단편적인' 증거로 뒷받침된다면, A에 관한 몇 가지 '긍정적인' 증거가 있다고 하더라도 A를 받아들이는 것은 '합리적이지 않은' 일이 될 것이다.[5] 여기서 핵심은 모든 증거를 상세히 살펴보고 '증거를 통한 상대적 입증 수준'을 토대로 이론을 택해야 한다는 것이다. 마찬가지로 수많은 음모론이 잘못된 내용을 담고 있는 것도 상황을 전체적으로 보지 않고 해당 이론을 뒷받침하는 것처럼 보이는 몇 가지 증거에만 주목하기 때문이다. 9·11 사태의 경우 미국 정부가 저지른 내부 소행으로 볼 수 있는 증거도 몇 가지 존재할 수 있지만, 전체 상황을 살펴보면 총체적 증거는 그와 정반대되는 결론을 뒷받침한다는 사실을 알 수 있고, 9·11은 미국의 내부 소행이 아니라 알카에다가 자행한 테러 공격이라는 것이 드러난다.*

둘째, 증거가 특정한 믿음이 참인지 여부는 '절대 보장할 수 없다'. 절대적인 확신으로 보장할 수 있는 것은 논리적인 진실(광범위한 의미로)뿐이다. 예를 들어 원에는 모서리가 없다는 사실에 대해, 우리는 확신 가능한 범위 중 가장 큰 확신을 가질 수 있다. 원의 개념만 이해해도 이를 충분히 이해할 수 있다. 마찬가지로 펜로즈 삼각형Penrose triangle은 실제로 절대 만들 수가 없고, 총각은 현재 사전에 정의된 의미로는 아내가 없는 사람이며, 비모순의 법칙에 따라 수염이 덥수룩한 하느님과 말끔하게 면도된 하느님은 동시에 존재할 수 없다. 이러한 일들은 우리가 굳이 확인하려고 연구할 필요가 없는 사실이다. 경험적으로나 논리적으로 입증된 일이기 때문이다. 개념을 '이해'하는 것만으로 증명되는 이런 일들은 '자명하다'고 표현할 수 있다.

여기서 한 가지 매우 중요한 사실은, 명제를 논리만으로 입증할 수 없는 경우 증거로 따져볼 수밖에 없다는 점이다. 문제는 현시점에서 우리가 확보한 가장 확실한 증거의 총체가 '확보할 수 있는' 증거 전체가 아니라는 데서 발생한다. 증거가 전부 밝혀지지 않았고 지금도 연구가 계속 진행 중인 분야가 대부분이다. 과학계에서 시간이 흐르면 예전과 다른 결과가 나오는 것도 정확히 이런 이유 때문이다. 예를 들어 공간과 시간은 완전히 분리된 주체로 여겨지던 때가 있었지만 아인슈타인 이후의 물리학자들은 이 두 가지가 연속체를 형성한다고 본다. 혈중 납 농도도 과거에는 어린이를 기준으로 데시리터당 10마이크로그램 정도까지는 안전하다고 여겨졌으나 오늘날 독성학자들은 인체에 납이 존재해도 안전한 농도는 없다고 이야기한다. 또한 1960년에는 미국의 의사들 중 흡연이 암을 일으킨다고 믿는 비율이 3분의 1에 불과했지만, 현재는 의

* 가설과 일치하는 증거와 가설을 '뒷받침'하는 증거도 다르다는 사실을 유념해야 한다. 관찰로 얻은 증거를 토대로 보이지도 않고 아무런 소리도 나지 않는 유니콘이 우리 주변에 가득하다고 주장할 수 있지만, 존재하지 않는 유니콘을 보았다고 해서 그 유니콘이 실제로 존재한다고 판단할 만한 근거가 되는 것은 아니다.

사는 물론 환자들도 거의 모두 흡연과 암의 연관성에 동의한다.[6]

이렇게 급격한 반전이 일어나는 이유는 아주 간단하다. '하드' 사이언스라 불리는 자연과학의 실험, '소프트' 사이언스라 불리는 사회과학 연구를 모두 포괄하는 과학적인 연구가 계속 진행되면서 전체적인 증거가 계속 늘어나기 때문이다. 이러한 반전은 인식론적으로 '긍정적인' 변화이며 정치인들이 좀 본받았기를 바라는 부분이기도 하다. 즉 이 반전은 정치, 사회, 경제, 종교적 요소보다는 증거를 검토하고 숙고해서 이루어진 결과다.

최첨단 과학과 관련된 가설을 수립하는 것은 1,000개의 조각으로 이루어진 그림 퍼즐 중 조각 몇 개만 보고 완성된 그림을 추측하는 것과 마찬가지다. 그 부분만 보면 꼭 나무의 녹색 잎처럼 보일 수도 있지만 이 정도로는 증거가 너무나 한정적이다. 그런데 이것이 현시점에 구할 수 있는 최선의 증거라면 그 퍼즐의 그림은 숲이라는 제안이 나올 수 있다. 그러나 퍼즐을 더 맞춰보고는 이 그림이 숲이 아니라 집안 풍경임을 깨닫고(벽과 카펫이 나왔다고 한다면) 새로운 가설을 세우게 된다. 말을 바꾸어 처음에 본 녹색 잎은 방 한쪽 구석에 놓인 화분이라고 이야기한다. 퍼즐 맞추기는 계속되고 마침내 950개의 조각을 맞추고 나니 거의 완성된 그림이 나타난다. 그러자 퍼즐에 담긴 그림은 어느 집 거실이고 벽에 숲의 풍경이 담긴 '그림'이 걸려 있다는 사실이 드러난다(구석에 화분 같은 건 없다). 증거를 토대로 연이어 추론을 하고 매번 정당하고 합리적인 추정 결과를 도출했지만 결국 처음 가설은 둘 다 틀린 것으로 밝혀진다.

실제로 과학에서도 증거가 점점 더 많이 축적되면 몇 가지 핵심적인 동시에 서로 일치하지 않는 정보들이 밝혀진다. 미래에 확인될 증거가 과거에 이미 밝혀진 사실과 모두 일치한다는 법도 없다. 증거는 그저 진실로 이끄는 '가이드'일 뿐, 그 이상은 아니다. 때로는 증거가 우리를 잘못된 방향으로 이끌기도 하지만 시간이 흐를수록 열 추적 미사일처럼 진실 쪽으로 곧장 나아간다. 철학가들이 사람들은 이성적이며 시간이 흐르면 현실에 대한 생각이 점차 한곳으로 모이는 경향이 있다고 이야기하는 것도 이와 같은 이유 때문이다.* 과학계는 각 분야 전체가 생각을 뒷받침할 만한 증거를 수집하고 분석하는 절차를 기초로 삼는다는 점에서 이러한 수렴이 발생하는 완벽한 예라고 할 수 있다. 물리학의 법칙들, 우주의 기원, 주기율표, 진화 과정, 말의 해부학적 특징, 지구의 나이, 사람의 뇌 구조, 공룡이 멸종된 시기, 지구와 태양의 거리 등 세계 곳곳에서 가장 기본적인 과학적 쟁점에 관한 무수히 많은 '합의'가 이루어졌다. 중국에서 칠레까지, 브라질에서 벨기에까지, 그리고 미국에서 아랍에미리트에 이르기까지 세계 모든 과학자들은 이러한 현상을 두고 거의 완벽한 합의를 이끌어낸다.

이러한 특성이 증거를 기초로 삼지 않는 종교계에서 일어나는 상황과 얼마나 대조적인지 주목해볼 필요가 있다. 하느님의 특징, 인간 영혼의 운명, 선지자의 적합성, 다양한 의례의 중요성, 우주가 맞이할 최후의 운명까지, 종교계에서는 가장 근본적인 신학적 쟁점에서부터 엄청난 '의견 충돌'이 일어난다. 그 이유는 간단하다. 과학의 경우 믿음은 '종착지'

* 프린스턴 대학교의 철학자 토머스 켈리(Thomas Kelly)는 이에 대해 다음과 같이 설명했다. "개인과 기관이 객관성을 유지하는 선에서, 우리는 이 개인과 기관의 견해가 시간이 갈수록 한곳으로 수렴되리라 예상할 수 있다. 공유된 증거가 축적되고 과거에 논쟁이 된 문제들도 의견 일치가 이루어진다. 객관적인 탐구란 증거로 이루어지는 탐구이며 답을 찾으려는 주체 간의 주관적 견해에 합의가 이루어지는 과정이다." 토머스 켈리의 글, "증거" 참고. 『스탠퍼드 철학 백과사전(The Stanford Encyclopedia of Philosophy)』, 에드워드 잘타(Edward Zalta) 편집, 2014년 가을. https://plato.stanford.edu/archives/fall2014/entries/evidence/.

이고, 그곳에 다다르는 과정은 전적으로 현시점에 확보할 수 있는 최선의 증거로 결정되는 데 반해 종교에서는 믿음이 '출발점'이기 때문이다. 과학은 증거를 가이드 삼아 어디로 데려가든 그쪽으로 따라가는 것이 목표지만(심지어 그 과정에서 이전에 굳게 믿었던 사실을 버려야 하는 상황도 발생한다) 종교는 종교적 전통이 시작된 지점, 즉 초자연적인 힘에 의해 선지자가 은밀하게 발견한 '진실'을 방어하는 데 전력을 기울인다. 간단히 정리하면 과학의 바탕은 언제든 틀릴 가능성이 있음을 인정하는 '오류가능주의'이고, 종교의 바탕은 최초의 믿음이 영원히 옳다고 확신하는 '교조주의'이다. 인식론적 관점에서 이것이 과학과 종교의 근본적인 차이이고, 세속적 종말론과 종교적 종말론이 다른 이유다.

증거주의의 마지막 특징적 요건은 증거로 볼 수 있는 현상을 구분하는 기준과 관련이 있다. 한 가지 놀라운 이야기를 예로 들어 생각해보자. 2008년, 에벤 알렉산더Eben Alexander라는 신경외과 전문의가 세균성 수막염으로 7일간 혼수상태에 빠졌다. 생사를 넘나드는 위태로운 상태에서 그의 영혼은 신비한 사후세계를 향해 황홀한 모험을 떠났다. 나비처럼 날개를 펄럭이며 날아가는 동안 활짝 핀 꽃들과 나무가 가득한 만화경 같은 다채로운 풍경이 눈앞에 펼쳐졌다. 나중에 베스트셀러 대열에 오른 저서 『하늘의 증거: 사후세계에 다녀온 신경외과 전문의Proof of Heaven: A Neurosurgeon's Journey into the Afterlife』에서 그는 하느님도 직접 만났다고 밝혔다. 여기서 흥미로운 사실은 알렉산더가 자신이 경험한 일을 '스스로' 무언가를 믿는 증거로 여길 뿐만 아니라 '누구나' 그렇게 믿을 수 있는 증거로 제시했다는 점이다. 즉 그는 자신의 경험이 "하늘나라가 존재한다"라든가 "사후에 또 다른 생이 존재한다"와 같은 명제에 인지적으로 동의할 수 있는 합당한 근거라고 결론 내렸다. 이런 논리대로라면 알렉산더의 영적 모험에 관한 이야기를 듣고도 신은 실제로 존재하지 않고 우리 영혼이 불멸하는 것도 아니라는 생각을 굽히지 않는 사람은 합리적이지 않은 사람이 된다.

알렉산더 박사의 경험을 참된 증거로 볼 수 있을까? 그에게도 그렇지 않을뿐더러 우리 모두에게도 분명히 그렇지 않다. '우수한 증거는 확인이 가능해야' 하기 때문이다. 우리의 생각은 취약하기 짝이 없고 오류가 발생할 가능성이 있어서 혼란스러운 문제들이 수시로 생겨나는데, 이를 막을 수 있는 최고의 방법은 과연 확인할 수 있는 증거인지 따져보는 것이다. 인간은 너무나 쉽게 실수하고, 속고, 착각하고, 실제 사실과 다른 것을 사실이라고 믿는다. 확인 가능성은 이러한 인식론적 위협에 휘둘리지 않도록 우리를 지켜준다. 물론 자신이 펼치는 주장이 옳은지 옳지 않은지 결코 확인할 수 없는 경우도 분명히 있지만 최소한 '원칙적으로' 확인이 가능하다는 것이 중요하다. 같은 방식으로 진실을 알려주는 믿을 만한 정보원을 찾고, 심지어 그 정보원에 대해서도 얼마나 신뢰할 수 있는지 점검해볼 수 있다.

이와 달리 '원칙적으로' 확인이 불가능한 것들도 있다. 북아메리카에서부터 중동 지역까지 전 세계 종교인들이 이야기하는 주관적인 '느낌'이라든가 귀에 들려왔다는 '음성', 분명히 느꼈다는 '존재'가 바로 그러한 예다. 아담, 노아, 모세, 아브라함, 이스마엘, 솔로몬, 에스겔, 예수, 사도 바울, 사도 요한, 모하메드, 조지프 스미스, 데이비드 코레시, 아사하라 쇼코麻原彰晃, 비사리온Vissarion, 브라이언 데이비 미첼(엘리자베스 스마트라는 아이를 유괴하고 하느님이 시킨 일이라고 밝힌 사람)을 포함해 신의 선지자가 전하는 무수한 계시의 이야기도 마찬가지다.

인식론이 현대 과학에 일으킨 커다란 변화 중 하나는 모든 이론이

'확인 가능한 증거로 정당성이 확실하게 입증되어야 한다'는 요건을 마련한 것이다. 그러므로 과학계에서 전적으로 인정받는 이론이 되려면 증거를 토대로 정립되어 다른 지역, 다른 시대에 서로 다른 관점을 가진 다양한 사람들이 사실임을 입증할 수 있는 이론이 되어야 한다. 이러한 전략은 누구도 다른 사람의 의견을 억지로 믿지 않아도 된다는 훌륭한 이점이 있다. 교육적, 지적, 기술적인 제약으로 인해 현실적으로 불가능한 경우도 있지만, 원칙적으로는 원하면 얼마든지 직접 확인해볼 수 있다.

주관적인 경험에서 도출된 '증거'의 문제는 모순점이 끊임없이 발견되어 과연 믿음을 뒷받침할 만한 자료로 볼 수 있는지 심각한 의구심을 갖게 된다는 점이다. 무슬림들이 이야기하는 신에 대한 느낌은 기독교에서 이야기하는 신의 존재에 대한 느낌 못지않게 실제 현상이라 볼 수 없음에도 기독교와 양립할 수 없는 이슬람교의 세계관을 뒷받침하는 일로 여겨진다. 마찬가지로 사도 바울이 받은 계시는 모하메드가 받은 계시만큼이나 심리적인 현상에 불과하지만 이슬람교와 근본적으로 다른 기독교의 종교적 전통이 되었다. 이것이 다 무엇을 의미하는지 잠시 생각해보면, 초자연적인 계시를 비롯한 신에 대한 주관적 경험은 참된 현실을 알려주는 자료로서 신뢰도가 매우 낮다는 것을 알 수 있다.

세상에 존재하는 종교 중 어느 하나가 진짜라고 하더라도 통계적 관점에서 이 결론은 달라지지 않는다. 기독교의 세계관을 한번 생각해보자. 전 세계 인구의 약 31퍼센트는 이 세계관에 현실의 가장 심원한 특성이 완전하게 담겨 있다고 여긴다. 그런데 기독교는 이슬람교와 양립할 수 없고, 세계 인구의 23퍼센트를 차지하는 무슬림들은 마치 어린아이가 눈에 보이지 않는 친구와 놀이를 하듯 매일 신과 밀접하게 연결되어 있다고 느끼면서 살아간다. 나머지 인구 중 15퍼센트(힌두교), 7퍼센트(불교),

6퍼센트(민간신앙), 0.2퍼센트(유대교) 모두 제각기 전혀 사실이 아닌 '진실'에 집착하며 살아간다. 전 세계의 신실한 신도들이 이야기하는 종교적 경험이 수학적인 다수를 차지하는 것과 실제 현실과의 일치성은 무관하다는 사실을 알 수 있는 대목이다. 더 구체적으로 이야기하면 어떤 종교인이 경험했다고 이야기하는 일이 정말 사실인지 아닌지를 두고 내기할 일이 생기면 착각이라는 쪽에 걸어야 이길 확률이 훨씬 높다.[7]

계시도 이와 마찬가지로 설명할 수 있다. 세상에 존재하는 종교 중 하나가 진짜라 해도 지나온 역사에서 선지자들이 밝힌 계시의 대다수는 망상에 불과하다. 통계적으로도 세상의 진실을 깨닫는 여러 가지 방법 중에서 계시의 정확성을 분석한 결과는 '그야말로 암담하다'. 즉 계시의 내용은 거의 전부 틀린 것으로 밝혀졌다. 종교적 배타주의(세상에 옳은 종교는 단 하나밖에 없다고 보는 관점)가 결국 자멸로 가는 길인 이유도 이 때문이다. 가령 기독교가 진짜 종교라고 믿는다면 그 자체가 기독교가 틀렸다는 것을 보여주는 한 가지 근거가 된다. 왜 그럴까? 종교적 배타주의에는 종교적 경험과 오랜 역사를 통해 신실한 사람들이 밝힌 계시가 결국 사실이 아니라는 의미가 담겨 있기 때문이다.

그러므로 진실을 이와 같이 수용하는 방식은 아무리 둘러서 좋게 표현해도 통계적으로 신뢰할 수 없다고 할 수 있다. 그럼에도 기독교의 근간은 계시와 종교적 경험이니, 결과적으로 기독교가 이야기하는 '진실'은 틀린 것이다. 이슬람교, 모르몬교, 바하이교, 그 밖에 특별한 계시가 바탕이 되는 종교는 모두 마찬가지다. 계시를 받아 생겨난 종교가 단 한 가지 유일한 진실을 이야기한다고 믿는 것은 그 진실성을 의심하게 만드는 근거가 된다.

과학은 무언가를 발견하는 방법이 관찰이라는 점에서 종교와 극명히 대비된다. 계시는 그 자체가 진실보다는(진실이 있기나 한다면) 너무나 많은 오류를 드러내는 데 반해, 관찰은 어떤 생각의 적합성을 입증하는 데 필요한 정보를 획득할 수 있는 매우 우수한 방법이다. 컵에 물을 담아서 연필 한 자루를 집어넣고 반으로 구부러지는지 지켜보는 것도 엄밀히 말하면 관찰에 해당하니 관찰이 무조건 완벽하다고 할 수는 없지만, 과학 철학자인 피터 고드프리 스미스Peter Godfrey Smith의 말처럼 과학은 이러한 경험적인 방식을 통해 우리가 처한 상황의 '측면'을 살펴봄으로써 "세상을 알아가려는 우리의 시도를 얼마나 신뢰할 수 있는지" 파악한다. 그리고 이러한 접근 방식은 "과학적 추론과 모형화 전략에도 적용할 수 있다".[8] 즉 잘못된 관찰이 될 수 있는 방법까지 모두 고려해 이론을 정립할 수 있으므로 훨씬 더 탄탄한 이론을 도출해낼 수 있다.[9]

이런 깊은 분석까지 하지 않는다고 하더라도, "모순점이 끊임없이" 발견되는 계시와 달리 관찰로는 그러한 일이 벌어지지 않는다. 특정 지층에서 하악골이 발견되면 현미경으로 소포체와 골지체를 관찰하고 오스트랄로피테쿠스속의 턱인지 아닌지 구분하는 일 정도는 두 눈만 멀쩡하면 약간의 훈련을 거쳐 거의 누구나 할 수 있다. 관찰은 과학의 가장 중심이 되는 방법이고, 과학의 핵심에는 '실증주의'라는 철학적 태도가 존재한다. 증거주의가 "당신은 왜 X를 믿습니까?"라는 질문에 답하는 것이라면("전체 증거가 X쪽으로 기울기 때문입니다"), 경험주의는 "X를 어떻게 알게 되었습니까?"라는 질문에 답하는 것이다("관찰 결과 X임을 나타내는 증거를 얻었습니다").

이번 부록에서 이야기한 것을 정리하면, 정당한 믿음이란 해당 시점에 확보할 수 있는 총체적 증거뿐만 아니라 그 증거를 다른 사람들이 최소한 원칙적으로라도 사실인지 공개적으로 확인할 수 있는지 여부에 따라 결정된다. 확인 가능성은 우리가 누군가 저지른 실수나 자기기만 또는 망상에서 나온 생각, 다른 사람의 거짓말에 속은 결과를 증거로 여기지 않도록 자신감을 불어넣어준다. 그러나 어리석게도 종교는 이러한 안전장치를 거부한다. 대신 선지자의 말을 토대로 서로 극렬히 엇갈리는 확신을 하나의 시스템으로 구축해 자신들이 하늘이 주신 진실에 다가설 수 있는 특별한 권한이라도 가진 것처럼 사람들을 설득한다. 이들이 주장하는 진실에 대한 접근성이야말로 종교를 이끄는 유일한 원동력이고 사람들을 끌어당기는 요소다. 그러나 그 선지자 중 어느 누구에 대해서도 그 말이 맞는지 확인할 수가 없으므로 그저 '믿음'이라는 자세로 받아들일 수밖에 없다. 이 부록의 마지막 부분과 연결되는 문제다.

Q: 어떤 명제가 참인지 어떻게 알 수 있을까?

A: "원에 모서리가 있는가?"라든가 "수염이 난 신과 깔끔하게 면도한 신이 동시에 존재할 수 있는가?"와 같은 논리적인 주장을 제외하면 현실을 담은 지도에 대해 우리는 절대로 완벽한 확신을 가질 수 없다.

Q: 어떤 명제를 믿어야 하는가?

A: 논리로는 답을 알 수가 없을 때, 우리는 증거를 토대로 참일 가능성이 어느 정도인지 따져야 한다. 그리고 이 가능성은 해당 시점에 확보할 수 있는 총체적 증거를 바탕으로 도출되어야 한다. 증거가 많을수록 명제가 참인지 여부를 보다 확실하게 판단할 수 있고, 증거가 적을수록 확실성은 떨어진다.

지식과 신앙

무언가를 '안다'는 건 어떤 의미일까? 어떤 종교인이 "종말이 임박했다"고 적힌 팻말을 들고 서서 오는 수요일에 우주에 재앙이 일어나 지구가 파괴될 것이라고 말했는데 실제로 수요일에 그런 일이 발생한다면, 그 종교인이 정말 사고가 일어날 것을 '알고 있었다'고 할 수 있을까? 수많은 증거를 토대로 어떤 것을 사실이라고 믿었는데 틀린 것으로 드러난다면? 앞에서도 설명했지만 과거 어느 시점에는 당시에 구할 수 있는 최선의 증거를 바탕으로 공간과 시간이 분리되어 있다고 생각했지만, 지금 우리는 그것이 틀렸다는 사실을 안다. 구석기시대 우리 선조들은 매일 해가 하늘을 가로질러 움직이고 두 발을 딛고 선 땅은 가만히 있다고 생각했다. 그 정도가 당시에 확보할 수 있는 최선의 증거였고, 이를 토대로 태양이 지구 주변을 회전한다고 믿었다(그 정도 정보뿐이라면 여러분도 동의하지 않을 수 있었겠는가?). 그렇다면 이들이 믿은 지구중심설('천동설')은 최선의 증거를 토대로 나온 것이므로, 지식으로 봐야 할까?

이러한 궁금증을 해결하려면 지식 이론을 알아야 한다. 현재까지 나온 지식 이론 가운데 가장 우수한 것은, 놀랍게도 고대 그리스 철학자 플라톤이 제시한 이론이다. 몇 가지 문제점이 있는 것도 사실이고 현대 철학자 에드먼드 게티어Edmund Gettier가 1963년에 발표한 3쪽 분량의 논문 한 편으로 2,000년 넘게 전해온 플라톤의 이론을 뒤집어놓기도 했지만, 아직까지는 이를 대체할 만한 이론이 나오지 않았다(젊은 철학자들이 해결해야 할 일이다). 플라톤의 이론은 지식이 세 가지 필요충분조건으로 구성된다고 본다. 즉 이 가운데 한 가지 조건이라도 충족되지 않으면 지식을 얻을 수 없고, 세 가지가 모두 충족되면 지식을 얻게 된다는 것을 의미한다. 필요충분조건은 어떤 현상의 '핵심'을 명시하는 방법이다. 거시적 위험을 예로 들어보면 '전 세계적인 영향이 발생하는 것'이 유일한 필요충분조건이다. 따라서 어떤 위험이 거시적 위험으로 분류되려면 반드시 이 특성을 갖추어야 한다.

플라톤이 이야기한 지식을 얻기 위한 첫 번째 필요충분조건은 X를 알기 위해서는 X를 믿어야만 한다는 것이다. 믿지도 않는 무언가를 안다고 이야기하는 건 이치에 맞지 않는다. "지구가 둥글다는 건 알지만 정말 그렇다고 믿지는 않아"라는 말은 상당히 혼란스럽다("진화가 사실인 건 알지만 믿지는 않습니다"라는 말도 마찬가지다). 알기 위해서는 믿어야 한다. 그러나 곧 살펴보겠지만, 믿기 위해 알아야 하는 것은 아니다. 지식을 얻기 위한 두 번째 조건은 X가 인식론적으로 타당성이 입증되어야 한다는 것이다. 어느 종교인의 예언(위에서 예로 들었던)이 사실일지언정 지식이 아닌 이유는 이 점을 충족하지 않기 때문이다. 세 번째 조건은 X가 반드시 참이어야 한다는 것이다. 지구가 정지해 있다는 주장은 증거가 과거 어느 특정 시기에 얼마나 많이 모였든 상관없이 실제 사실과 다르므로 지식이 될 수 없다. 따라서 구석기시대 우리 조상들이 믿은 지구중심설은 증거를 토대로 타당성이 입증되었다 하더라도(혹은 지금도 그런 증거가 제기된다 하더라도) 지식에 해당하지 않는다. 이렇듯 플라톤이 제시한 모형에 따르면 지식은 세 가지 요소, 즉 심리적(믿음), 인식론적(타당성 입증), 형이상학적(진실) 요소로 나뉜다.

신앙은 지식과 비슷한 면도 있지만 다른 면에서는 정반대로 다른 특징이 나타난다(표 D-1 참고). 한 가지 짚고 넘어가야 할 점은 영어에서 신앙을 의미하는 단어 'faith'는 일반적으로 두 가지 다른 의미로 사용되지만, 여기서는 그중 한 가지에 대해서만 이야기하고 있다는 것이다.

표 D-1 지식 vs. 믿음

	지식	믿음
신념	O	O
진실(참)	O	O 또는 X
정당성 입증	O	X

'faith'의 첫 번째 의미는 기독교인들이 '하느님을 믿는다'거나 무슬림들이 '알라신을 믿는다', 조로아스터교 신도들이 '아후라 마즈다를 믿는다'고 할 때의 '믿는다'는 뜻이다. 여기서 믿음은 '신뢰'와 대체로 동일한 뜻을 가지고 '~을(를)'이라는 조사와 함께 쓰이는 경우가 많다. 철학자들은 신뢰를 뜻하는 라틴어 'fiduci(신탁)'를 토대로 이러한 믿음을 신심fiducial으로도 칭한다.[10] 이와 달리 'faith'는 어떤 명제에 동의한다는 의미로도 사용된다. "기독교인들은 하느님이 존재한다고 믿는다"거나 "무슬림들은 알라신이 존재한다고 믿는다", "조로아스터교 신자들은 아후라 마즈다가 존재한다고 믿는다"와 같은 명제가 그러한 예에 해당한다. 여기서 '믿는다'는 표현은 신념에 속하고, '~한다고(라고)'라는 표현과 함께 사용되는 경우가 많다(앞에서 설명한 '명제적 태도'와 정확히 일치하는 부분이다). 이는 'faith'라는 용어의 '인식론적' 의미라고 할 수 있다. 철학적인 관점에서는 종교인들이 이야기하는 믿음의 의미가 훨씬 더 흥미롭고 중요하다. 또한 X를 믿는다면서 X가 실재한다고는 믿지 않는다는 것은 이치에 맞지 않는 점에서 종교적인 의미가 1차적으로 사용되는 것 같다.

그러므로 지식과 신앙에는 믿음이라는 공통분모가 존재한다. 그러나 지식과 신앙을 가르는 중대한 차이가 있다. 첫째, 지식과 달리 신앙에서는 명제가 '반드시' 참일 필요가 없다. 우리는 제우스가 그리스 신화라는 허구 이야기에 등장하는 존재임을 알고 있지만, 그렇다고 제우스의 존재를 믿지 못하는 것은 아니다. 사실이 아님을 아는 상태에서도 얼마든지 신앙심은 생길 수 있다. 마찬가지로, 신앙심을 바탕으로 수용되려면 반드시 틀린 명제여야만 하는 것도 아니다. 제우스가 실존 인물이었다는 사실이 밝혀진다 하더라도 제우스에 대한 고대 그리스인들의 신앙심에 영향을 주지는 못한다. 무언가에 대한 믿음이 신앙심이라 할 수 있는지 여부와 그 명제가 참인지 거짓인지 여부는 서로 무관하다. 그 반대도 마찬가지다.

두 번째 차이는 이보다 훨씬 더 중요하다. 지식이 성립되려면 믿음의 정당성이 입증되어야 하지만 신앙에서는 정반대다. 사실상 신앙의 결정적인 특징으로 볼 수 있는 부분으로, 믿음의 근거가 '부족해야' 신앙심이 형성될 수 있다. "신은 세 명의 사람이 하나로 모인 존재"라거나 "예수는 처녀에게서 태어났다", "적그리스도가 이스라엘을 공격하고 사원을 파괴할 것이다", "열두 이맘이 지금도 살아 있지만 어딘가에 숨어 있다", "예수는 두 천사와 함께 다마스쿠스 동쪽에 내려왔다", "지옥은 고문이 영원토록 이어지는 곳"이라는 종교적 명제를 입증할 증거를 제시할 수 있다면 신앙심이 있어야만 종교를 받아들이는 일도 없을 것이고 종교는 과학이 될 것이다. 신앙심은 '믿는 이유'라는 상자에 담을 만한 괜찮은 증거, 확인 가능한 증거를 찾을 수 없을 때 대신 그 상자를 채우는 데 충실히 활용된다. 만약 증거로 그 상자를 채울 수 있다면 신앙은 없어도 된다.

너무 극단적인 정의라고 생각할 수도 있다. 무신론자가 의미론적 속임수를 써서 종교인들을 개념적 궁지로 몰려는 수작이라고 생각하는 사람들도 있으리라. 그러나 세속적 철학자들만이 이러한 생각에 동의하는 것은 아니다. 종교철학과 종교인식론, 신학의 특정 갈래를 비롯한 다른 분야에서도 근거 없는 믿음으로서 신앙의 인식론적 측면에 대한 논의가 이루어지고 있다.[11] 종교적 신념의 특성을 연구하는 학자들도 개인적인 의견과 별도로 이와 같은 정의를 논의의 시작점으로 삼는다. 동시에 종교철학자들, 신학자들이 믿음은 '결코' 비합리적이지 않다고, 그리고 온갖 정신 나간 믿음들에 그저 휩쓸리는 대상이 아니라고 설명하기 위해 너무나 많은 시간과 정신적 에너지를 쏟아붓는 이유이기도 하다.

믿음 없이 신념을 받아들이는 것은 인식론적 측면에서 어리석은 일이다. 세속적 종말론과 종교적 종말론의 입장이 완전히 다른 것도 이런 이유 때문이다. 그럼에도 전 세계 무수한 사람들은 증거를 중시하는 과학자들이 제시한 종말 시나리오보다 종교적 종말 시나리오에 주목한다. 인간과 같은 이성적 존재는 머릿속에 존재하는 신념, 즉 우리의 세계관을 머리 바깥 세상인 현실과 서로 연결해 최대한 일치시키는 것을 궁극적인 목표로 삼아야 한다. 그리고 이 목표를 이룰 수 있는 가장 좋은 방법은 논리와 확률이라는 도구를 쥐고 증거를 따르는 것이다.

주

추천사

1 현재는 '백악기-고(古) 제3기(cretaceous-paleogene) 경계'가 더 적절한 용어로 여겨지고 널리 활용되지만, 전문적인 자료를 다루는 지리학계가 아닌 다른 분야에서는 이전 명칭인 이 백악기-제3기 경계로 더 많이 알려져 있다.

머리말

1 닉 보스트롬(Nick Bostrom), "존재론적 위기: 인류 멸종 시나리오와 관련 위험성에 관한 분석(Existential Risks: Analyzing Human Extinction Scenarios and Related Hazards)", 『진화·기술 저널(Journal of Evolution and Technology)』 9, no. 2(2002).

2 이 책에서 다루어지는 주제는 워낙 광범위해 사실상 대부분의 독자들이 최소 몇 가지 주제에 대해서는 비전문가에 해당하리라 생각된다.

3 윌프리드 셀러스(Wilfrid Sellars), "철학과 인간의 과학적 이미지(Philosophy and the Scientific Image of Man)", 『과학, 인지, 그리고 현실(Science, Perception, and Reality)』 ed. Robert Colodney(Humanities Press/Ridgeview, 1963), pp. 35~78.

4 제이 로젠버그(Jay Rosenberg)가 『스탠퍼드 철학 백과사전(Stanford Encyclopedia of Philosophy)』(Edward Zalta, Winter 1997 edition) 중 '윌프리드 셀러스' 항목에서 이러한 표현을 사용했다. http://plato.stanford.edu/archives/sum1998/entries/sellars/.

1장

1 바트 어먼(Bart Ehrman)이 운영하는 블로그, '고대 역사와 기독교(Christianity in Antiquity: The Bart Ehrman Blog)'의 게시물 중 "지금도 기독교인이 될 수 있는 사람은 누구인가(Who Can Still Be a

Christian)" 참조. 2013년 11월 10일 작성. http://ehrmanblog.org/can-still-christian/

2 바트 어먼의 저서, 『잘못 인용되는 예수: 성경을 비꾼 자에 관한 뒷이야기와 변화의 이유(Misquoting Jesus: The Story Behind Who Changed the Bible and Why)』(HarperOne, 2007), p. 35.

3 로버트슨은 보다 최근인 2014년에 TV 프로그램 〈700 클럽(700 Club)〉에서 IS가 하는 일이 성경의 예언을 실행하는 것이라고 주장했다.

4 이 발췌문은 레온 페스팅어(Leon Festinger)와 헨리 리켄(Henry Riecken), 스탠리 샤흐터(Stanley Schachter)의 저서, 『예언의 실패(When Prophecy Fails)』에도 포함되어 있다(Pinter & Martin Ltd, 1956, p. 23).

5 찰스 파하디안(Charles Farhadian)의 저서, 『세계 종교 입문: 기독교의 기능(Introducing World Religions: A Christian Engagement)』(Baker Academic, 2015, p. 482)에 나오는 표현이다.

6 프랜시스 니콜(Francis Nichol)의 저서, 『한밤중의 외침: 1844년에 예수가 두 번째로 세상에 온다고 착각했던 윌리엄 밀러와 밀러교파의 특징, 그들이 한 일에 관한 항변(The Midnight Cry: A Defense of the Character and Conduct of William Miller and the Millerites, Who Mistakenly Believed that the Second Coming of Christ Would Take Place in the Year 1844)』 참고. (TEACH Services, Inc., 2000, 초판 발행년도 1944), p. 213.

7 "업데이트 기사 1-5월 21일 종말 예견자, TV로 시청할 예정(UPDATE 1 — Predictor of May 21 Doomsday to Watch It on TV)", 「로이터(Reuters)」, 2011년 5월 19일.

8 폴 보이어(Paul Boyer)의 글, "미국 외교정책과 성경 예언의 반영(When US Foreign Policy Meets Biblical Prophecy)", Alternet, 2003년 2월 19일. http://www.alternet.org/story/15221/when_u.s._foreign_policy_meets_biblical_prophecy.

9 알렌 프롬헤르츠(Allen Fromherz), "최후의, 심판(Final, Judgment)", 『옥스퍼드 이슬람 백과사전(The Oxford Encyclopedia of the Islamic World)』, ed. 존 에스포지토(John Esposito), 2009년 2월. http://www.oxfordislamicstudies.com/article/opr/t236/e1107. 이슬람교 종말론 전문가인 데이비드 쿡(David Cook)도 저서, 『무슬림의 현대 종말문학(Contemporary Muslim Apocalyptic Literature)』(Syracuse University Press, 2008)에서 다음과 같이 비슷한 견해를 밝혔다. "이슬람교는 종말론적 움직임의 하나로 시작된 것으로 보이며 이슬람 역사 내내 종말과 구세주 사상의 특성이 계속해서 강력히 남아 있다. 이와 같은 특징은 문학으로 확대되었을 뿐만 아니라 사회적으로도 폭발적인 사태를 주기적으로 일으켜왔다."(p. 1)

10 The "100,000" number comes from Steve Inskeep's interview with Yaroslav Trofimov. 10만 명이라는 숫자는 미국 방송인인 스티브 인스키프(Steve Inskeep)가 저술가 야로슬라프 트로피모프(Yaroslav Trofimov)와 나눈 인터뷰에서 나왔다. "1979년: 메카가 포위된 날의 기억(1979: Remembering 'The Siege of Mecca)" 참고, NPR, 2009년 8월 20일.
http://www.npr.org/templates/story/story.php?storyId=112051155.

11 "수많은 메시아가 등장한 이란: 여러분도 속고 있을지 모른다(Iran's Multiplicity of Messiahs: You're a Fake)", 『이코노미스트(Economist)』, 2013년 4월 27일 참고. http://www.economist.com/news/middle-east-and-africa/21576700-authorities-think-too-many-people-are-claiming-be-mahdi-youre.

12 자일스 프레이저(Giles Fraser), "이슬람국가가 중시하는 도시 다비크-그것이 종말은 아니다(To Islamic State, Dabiq Is Important — But It's Not the End of the World)", 「가디언(Guardian」, 2014년

10월 10일. http://www.theguardian.com/commentisfree/belief/2014/oct/10/islamic-state-dabiq-important-not-end-ofthe-world.

13 팀 흄(Tim Hume), "동방의 빛: 불법 종교단체에 대한 중국의 우려('Eastern Lightning': The Banned Religious Group That Has China Worried)", CNN, 2015년 2월 3일. http://edition.cnn.com/2014/06/06/world/asia/ china-eastern-lightning-killing/ index.html.

14 존 해넌(John Hannon), "중국, 종말론 퍼드린 단체 단속(China Cracking Down on Doomsday Group)", 「로스앤젤레스 타임스(Los Angeles Times)」, 2012년 12월 17일. http://articles.latimes.com/2012/dec/17/world/ la-fg-china-doomsday-arrests-20121218.

15 찰스 퍼거슨(Charles Ferguson), 윌리엄 포터(William Potter), 『핵 테러의 네 가지 얼굴(The Four Faces of Nuclear Terrorism)』 (Routledge, 2005), p. 18.

16 노먼 콘(Norman Cohn)을 비롯한 일부 학자들이 이 같은 주장을 펼쳐왔다.

17 본 내용은 필자인 필 토레스(Phil Torres)의 글, "위기의 새로운 분류(A New Typology of Risks)", 첨단기술윤리연구소(IEET), 2015년 2월 5일(http://ieet.org/ index.php/IEET/more/ torres20150205)과 "존재론적 위기의 정의에 관한 문제(Problems with Defining an Existential Risk)", IEET, 2015년 1월 21일(http://ieet.org/index.php/IEET/more/torres20150121)의 내용을 대부분 그대로 인용했다.

18 한 세대에 발생하는 영향과 여러 세대에 걸쳐 나타나는 영향의 중간에 해당되는 분류는 더 세부적으로(아마도 무한정으로) 나눌 수 있다. 가령 한 세대의 영향, 여러 세대에 걸친 영향, 세대 전체에 나타나는 영향으로 분류할 경우 마지막 항목은 처음부터 끝까지 전 세대에 발생하는 영향을 의미하고 여러 세대에 걸친 영향은 두 세대 이상에서 위기로 인해 발생하는 모든 영향을, 한 세대의 영향은 단 하나의 세대에서만 나타나는 영향을 가리킨다. 따라서 한 세대/여러 세대에 걸친 영향으로 구분하는 것으로도 본 책의 목적에는 충분히 부합한다고 판단되며 이에 따라 그림 B에도 그와 같은 분류를 적용했다.

19 보스트롬의 분류에서 발견되는 여러 문제 중 하나다. 보다 상세한 내용은 부록 1을 참고하기 바란다.

20 닉 보스트롬이 제시한 분류 체계에는 본 위기가 포함되지 않는다. 부록 1에 상세한 내용이 나와 있다.

21 좀 더 쉽게 설명하기 위해 원문의 표현을 바꾸었다(파핏은 '1퍼센트'라는 표현 대신 '평화'로 비유했다).

22 한 연구에서 나온 결과다. 데니스 오버바이(Dennis Overbye), "대략 70억 5,900만 년 내에 지구와 작별하게 될 것(Kissing the Earth Goodbye in about 7.59 Billion Years)", 「뉴욕 타임스(New York Times)」, 2008년 3월 11일자 기사 참고. http://www.nytimes.com/2008/03/11/ science/space/11earth.html.

23 밀란 치르코비치는 다음과 같이 설명했다. "[전 지구적 재앙 위험을] 연구할 때, 현시대에 인류가 존재하기 위해 반드시 갖추어져야 할 요건을 고려하다보면 과거의 재앙과 미래의 재앙 사이에서 시간적 대칭성이 무너지고 이로 인해 선택 효과라는 중요한 문제가 발생한다. 특히 과거 기록을 바탕으로 한 예측은 관찰 선택의 문제(본문에 곧 이에 대한 설명이 나온다)로 '과거는 미래를 푸는 열쇠'라는 일반적인 견해 또는 점진주의자들이 비판 없이 수용하는 견해가 반드시 끼어들고 결과적으로 신뢰할 수 없는 경우가 있다." 본 내용은 밀란 치르코비치의 글, "관찰 선택 효과와 전 지구적 재앙 위험(Observation Selection Effects and Global Catastrophic Risks)"을 참고하기 바란다. 닉 보스트롬과 밀란 치르코비치, 『전 지구적 재앙 위험(Global Catastrophic Risks)』, ed. (Oxford University Press, 2008), p. 121.

24 닉 보스트롬, "존재론적 위기: 인류의 멸종에 관한 시나리오와 관련 위험에 관한 분석(Existential Risks: Analyzing Human Extinction Scenarios and Related Hazards)" 참고, 『진화·기술 저널』 9, no. 1 (2002).

25 닉 보스트롬과 밀란 치르코비치의 저서, 『전 지구적 재앙 위험』(2008), "머리말", p. 10.

26 치르코비치는 위의 주 23번와 동일한 맥락에서 다음과 같이 설명했다. "지난 천 년은 물론 수백 년 동안 인류에 존재론적 재앙이 발생한 적이 없으니 지나치게 두려워해서는 안 된다는 주장은 틀린 생각이다. 과거 기록을 바탕으로 한 예측은 관찰 선택의 문제로 '과거는 미래를 푸는 열쇠'라는 일반적인 견해 또는 점진주의자들이 비판 없이 수용하는 견해가 반드시 끼어들고 결과적으로 신뢰할 수 없는 경우가 있다." 본 내용은 밀란 치르코비치의 글, "관찰 선택 효과와 전 지구적 재앙 위험"을 참고하기 바란다. 닉 보스트롬과 밀란 치르코비치, 『전 지구적 재앙 위험』, ed. (2008), p. 121.

27 이 숫자는 닉 보스트롬이 논문에서 밝힌 인적 위기를 대략적으로 간추린 결과다. 닉 보스트롬, "존재론적 위기: 인류의 멸종에 관한 시나리오와 관련 위험에 관한 분석(Existential Risks: Analyzing Human Extinction Scenarios and Related Hazards)" 참고, 『진화·기술 저널』 9, no. 1 (2002).

28 레이 커즈와일(Ray Kurzweil)은 저서, 『특이점이 온다: 생물학을 초월한 인류(The Singularity Is Near: When Humans Transcend Biology)』(Penguin Group, 2005)에서 다음과 같이 설명했다. "정보 기술에는 기하급수적인 증가가 이중으로 나타난다. 즉 기하급수적인 성장 속도 자체가 기하급수적으로 증가한다." (p. 25).

29 크리스토퍼 시바(Christopher Chyba), "생명공학기술과 무기 관리의 문제(Biotechnology and the Challenge to Arms Control)", 미국군축협회(Arms Control Association) 참고. https://www.armscontrol.org/act/2006_10/BioTechFeature.

30 구아탐 무쿤다(Guatam Mukunda), 케네스 오이(Kenneth Oye), 스콧 모어(Scott Mohr)의 논문, "무엇이 사나운 야수인가? 합성생물학, 불확실성, 생물안보의 미래(What Rough Beast? Synthetic Biology, Uncertainty, and the Future of Biosecurity)"에 포함된 내용을 재구성했다. 『정치학과 생명공학(Politics and the Life Sciences)』 28, no. 2 (2009).

31 마틴 리스(Martin Rees), 『우리의 마지막 시간: 어느 과학자의 경고(Our Final Hour: A Scientist's Warning)』 참고(Basic Books, 2003).

32 C. W. 추(C. W. Chou), D. B. 흄(D. B. Hume), T. 로젠밴드(T. Rosenband), D. J. 와인랜드(D. J. Wineland)의 논문, "광학시계와 상대성(Optical Clocks and Relativity)", 『사이언스(Science)』, 329 (2010): pp. 1630~1633. http://tf.boulder.nist.gov/general/pdf/2447.pdf.

33 더 분명하게 설명하면, 이 거리는 로제타호가 10년간 이동한 거리를 가리킨다.

34 엘리저 유드코프스키(Eliezer Yudkowsky)의 글, "인지 편향, 세계적 위기에 대한 판단에 영향을 줄 수 있다(Cognitive Biases Potentially Affecting Judgement of Global Risks)", 닉 보스트롬과 밀란 치르코비치, 『전 지구적 재앙 위험』, ed. 2008, p. 10.

2장

1 그레이엄 앨리슨(Graham Allison)의 글, "쿠바 미사일 사태 이후 50년(The Cuban Missile Crisis at 50)" 참고. 『포린어페어스(Foreign Affairs)』 (2012년 7/8월호). https://www.foreignaffairs.com/articles/cuba/2012-07-01/cuban-missile-crisis-50.

2 그레이엄 앨리슨의 저서, 『핵 테러리즘: 결국에는 막을 수 있는 재앙(Nuclear Terrorism: The Ultimate Preventable Catastrophe)』 (Owl Books, 2004), p. 15.

3 로버트 갈루치(Robert Gallucci)의 글, "핵 재앙을 피하려면(Averting Nuclear Catastrophe)", 『하버드 국

제 리뷰(Harvard International Review)』, 2005년 1월 6일. http://hir.harvard.edu/archives/1303.

4 댄 파버(Dan Farber), "전문가들, 핵 공격 임박했다고 경고(Nuclear Attack a Ticking Time Bomb, Experts Warn)", CBS 뉴스, 2010년 5월 4일. http://www.cbsnews.com/news/nuclear-attack-a-ticking-time-bomb-experts-warn/.

5 위의 글.

6 게리 애커먼(Gary Ackerman), 윌리엄 포터(William Potter)의 글, "재앙을 불러올 핵 테러: 막을 수 있는 위기(Catastrophic Nuclear Terrorism: A Preventable Peril)", 닉 보스트롬, 밀란 치르코비치의 저서, 『전 지구적 재앙 위험』, ed. (2008) 중에서. p. 417.

7 니컬러스 크리스토프(Nicholas Kristof)의 글, "아메리칸 히로시마(An American Hiroshima)", 「뉴욕 타임스」, 2004년 8월 11일. http://www.nytimes.com/2004/08/11/opinion/an-american-hiroshima.html.

8 게리 애커먼, 윌리엄 포터의 글, "재앙을 불러올 핵 테러: 막을 수 있는 위기", 닉 보스트롬과 밀란 치르코비치의 저서, 『전 지구적 재앙 위험』 (2008) 중에서. p. 418.

9 『핵과학자회보(Bulletin of the Atomic Scientists)』, 보도발표문, "자정까지 남은 시간 3분(It Is Now 3 Minutes to Midnight)", 2015년 1월 22일. http://thebulletin.org/press-release/press-release-it-now-3-minutes-midnight7950.

10 "핵의 지휘 통제: 역사 속 오경보와 재앙이 일어날 뻔했던 순간들(Nuclear 'Command and Control': A History of False Alarms and Near Catastrophes)", NPR, 2014년 8월 11일. http://www.npr.org/2014/08/11/339131421/nuclear-command-and-control-a-history-of-false-alarms-and-near-catastrophes.

11 "1952년 11월 1일-아이비 마이크(1 November 1952—Ivy Mike)", 포괄적 핵실험 금지조약 기구(CTBTO Preparatory Commission). https://www.ctbto.org/specials/testing-times/1-november-1952-ivy-mike.

12 "에너지와 방사능(Energy and Radioactivity)", 원자폭탄 박물관(Atomic Bomb Museum). http://atomicbombmuseum.org/3_radioactivity.shtml.

13 조지프 시린시온(Joseph Cirincione)의 글, "핵전쟁의 위협은 계속된다(The Continuing Threat of Nuclear War)", 닉 보스트롬, 밀란 치르코비치의 저서, 『전 지구적 재앙 위험』, (2008) 중에서. pp. 391~392.

14 "1945년 이후 발생한 핵폭발 전체를 다룬 타임랩스 지도(A Time-Lapse Map of Every Nuclear Explosion Since 1945)", 유튜브 영상, 업로드 일자 2010년 10월 24일. https:// www.youtube.com/watch?v =LLCF7vPanrY.

15 "어떤 피해가 발생하는가(What's the Damage?)", 그린피스(GreenPeace), 2006년 4월 26일. http://www.greenpeace.org/international/en/campaigns/peace/abolish-nuclear-weapons/the-damage/.

16 북한은 〈핵확산금지조약〉에 두 번이나 동의했다가 탈퇴했다. 미국군축협회가 발행한 자료, 『핵무기, 한눈에 반해버린 나라(Nuclear Weapons: Who Has What at a Glance)』와 『연대순으로 보는 미국과 북한의 핵과 미사일 외교(Chronology of US-North Korea Nuclear and Missile Diplomacy)" 참고.

17 줄리언 보거(Julian Borger)의 기사, "핵무기: 2009년 현황, 보유국(Nuclear Weapons: How Many Are There in 2009 and Who Has Them?)"에서 발췌, 「가디언」, 2009년 9월 25일. http://www.

theguardian.com/news/datablog/2009/sep/06/nuclear-weapons-world-us-north-korea-russia-iran#data.

18 그레이엄 앨리슨의 글, "핵 문제: 핵 위협에 관한 조사(Nuclear Disorder: Surveying Atomic Threats)", 『외교』, 2010년 2월. http://www.foreignaffairs.com/articles/65732/graham-allison/nuclear-disorder.

19 조지프 시린시온(Joseph Cirincione)의 글, "핵전쟁의 위협은 계속된다(The Continuing Threat of Nuclear War)", 닉 보스트롬, 밀란 치르코비치의 저서, 『전 지구적 재앙 위험』(2008) 중에서. p. 390.

20 위의 글, p. 392.

21 그레이엄 앨리슨, 위의 글.

22 무집 아메드(Mujeeb Ahmed), "파키스탄에 관한 ISIS의 기본 계획, 기밀 메모로 드러나(ISIS Has Master Plan for Pakistan, Secret Memo Warns)", NBC 뉴스, 2014년 11월 10일. http://www.nbcnews.com/storyline/isis-terror/isis-has-master-plan-pakistan-secret-memo-warns-n244961.

23 그레이엄 앨리슨, 위의 글.

24 이완 맥아스킬(Ewen MacAskill), "미국, 2013년까지 발생 가능성 있는 핵, 생물학적 공격 예측한 보고서 발표(US Report Predicts Nuclear or Biological Attack by 2013)", 「가디언」, 2008년 12월 3일. http://www.theguardian.com/world/2008/dec/03/terrorism-nuclear-biological-obama-white-house.

25 찰스 퍼거슨, 윌리엄 포터의 저서, 『핵 테러의 네 가지 얼굴』(Routledge, 2005), p. 18.

26 위의 책.

27 마크 위르겐스마이어(Mark Juergensmeyer), 『신이 생각하는 테러: 종교적 폭력사태의 세계적인 증가(Terror in the Mind of God: The Global Rise of Religious Violence)』(University of California Press, 2003), p. 31.

28 "사건의 전말(The Full Story)", ibiblio.org. http://www.ibiblio.org/bomb/initial.html.

29 루돌프 헤르조그(Rudolph Herzog), 『핵과 어리석은 판단에 관한 짧은 역사(A Short History of Nuclear Folly)』(Melville House, 2013), p. 200.

30 "사건의 전말", ibiblio.org. http://www.ibiblio.org/bomb/initial.html.

31 루돌프 헤르조그의 저서에서 많은 부분을 발췌했다. 『핵과 어리석은 판단에 관한 짧은 역사』, pp. 199~202.

32 "공군, 핵무기 탑재된 전투기 사고 관련 70명 처벌(Air Force Punishes 70 in Accidental Nuclear-Weapons Flight)", 「아칸소 온라인(Arkansas Online)」, 2007년 10월 19일. http://www.arkansasonline.com/news/2007/oct/19/air-force-punishes-70-accidental-nuclear-weapons-f/.

33 피터 림부르크(Peter Limburg), 『심해를 뒤지는 사람들: 해상의 수수께끼와 과학수사(Deep-Sea Detectives: Maritime Mysteries and Forensic Science)(ASJA Press, 2005), pp. 194~195.

34 헬렌 쿠퍼(Helene Cooper), "공군, 업무능력시험 부정행위에 연루된 장교 9명 해고(Air Force Fires 9 Officers in Scandal Over Cheating on Proficiency Tests)", 「뉴욕 타임스」, 2014년 3월 27일. http://www.nytimes.com/2014/03/28/us/air-force-fires-9-officers-accused-in-cheating-scandal.html?_r=1.

35 위의 글. 추가로 그레그 보텔로(Greg Botelho), "공군 지휘관 9명, 핵미사일 관련 시험 부정행위로 해

고(9 Air Force Commanders Fired from Jobs over Nuclear Missile Test Cheating)" 참조, CNN, 2014년 3월 27일. http://edition.cnn.com/2014/03/27/us/air-force-cheating-investigation/.

36 루이스 마르티네즈(Luis Martinez), "핵 공격 실행암호 보유한 공군 장교 17명, 자격 박탈(17 Air Force Officers Have Nuke Launch Keys Revoked)", ABC 뉴스, 2013년 5월 8일. http://abcnews.go.com/blogs/politics/2013/05/17-air-force-officers-have-nuke-launch-keys-revoked/. 이 사건을 코믹하게 풍자한 자료도 있다. "핵무기(Nuclear Weapons)", 존 올리버와 함께하는 지난주 다시보기(Last Week Tonight with John Oliver), 2014년 7월 27일. https://www.youtube.com/watch?v = 1Y1ya-yF35g.

37 토니 마글리아노(Tony Magliano), "핵무기, 여전히 세계를 위협하고 있다(Nuclear Weapons Still Threaten the World)", 「가톨릭 온라인(Catholic Online)」, 2014년 8월 1일. http://www.catholic.org/news/hf/faith/story.php?id=56371.

38 토니 배럿(Tony Barrett)과 조제프 시라쿠사(Joseph Siracusa)가 이 부분을 명확히 짚어주었다.

39 "유엔 안전보장이사회 정상회의에서 대통령 발언 내용(Remarks by the President At the UN Security Council Summit)", 백악관, 2009년 9월 24일. https://www.whitehouse.gov/the_press_office/Remarks-By-The-President-At-the-UN-Security-Council-Summit-On-Nuclear-Non-Proliferation-And-Nuclear-Disarmament.

40 리비우 호로비츠(Liviu Horovitz), "비관주의를 넘다: 핵확산금지조약이 깨지지 않을 이유(Beyond Pessimism: Why the Treaty on the Non-Proliferation of Nuclear Weapons Will Not Collapse)", 『전략연구 저널(Journal of Strategic Studies)』 38, no. 1 – 2 (2015).

41 그레이엄 앨리슨의 글, "핵 문제: 핵 위협에 관한 조사(Nuclear Disorder: Surveying Atomic Threats)", 『포린어페어스』, 2010년 2월. http://www.foreignaffairs.com/articles/65732/graham-allison/nuclear-disorder.

42 그레이엄 앨리슨, 위의 글을 참고하여 풀어 썼다.

43 "사고 및 불법거래 데이터베이스(ITDB)," 국제원자력기구. http://www-ns.iaea.org/security/itdb.asp.

44 조제프 시라쿠사, 『핵무기: 아주 간략한 소개(Nuclear Weapons: A Very Short Introduction)』 (Oxford University Press, 2008), p. 108.

3장

1 캔디다 모스(Candida Moss)의 글, "종말을 위협한 전염병은 어떻게 기독교의 확산에 도움이 되었나(How an Apocalyptic Plague Helped Spread Christianity)" 참고, CNN, 종교 분야 블로그(Religion Blogs), 2014년 6월 23일. http://religion.blogs.cnn.com/2014/06/23/how-an-apocalyptic-plague-helped-christianity/.

2 범미주 보건기구(Pan American Health Organization), "대유행병과 식량안보(Food Security in a Pandemic)". https://www.google.com/url?sa=t&rct=j&q=&esrc=s&source=web&cd=1&ved =0CB8QFjAAahUKEwiHwpKqgpXGAhXhPowKHUqcDPQ&url=http%3A%2F%2Fwww.paho.org% 2Fdisasters%2Findex.php%3Foption%3Dcom_docman%26task%3Ddoc_download% 26gid%3D533%26Itemid%3D&ei=XoKAVYebF-H9sATKuLKgDw&usg= AFQ

jCNEuIngBP4BVNp5RhqdWrFlje1KlcQ&sig2=ZYldqMYVwC2Y4YkQcA1nfA&bvm=bv.96041959,d.cWc.

3 7장과 8장, 9장에 예외가 제시된다.

4 전염병이 무기로 사용된 역사는 흥미롭게도 수백 년 전까지 거슬러 올라간다. 예를 들어 중세 시대에는 선페스트로 사망한 사람의 시신을 전투 중에 성벽 너머로 멀리 던져 적군을 감염시키려는 시도가 있었다고 전해진다. 미국 독립전쟁 시기에 조지 워싱턴은 영국이 "천연두를 미국에 퍼뜨리려는 의도"를 가지고 있다고 믿었으며, 천연두 바이러스를 "미국군에게 가장 큰 적"이라고 묘사했다. 미국 남북전쟁이 한창이던 1863년에는 남부연합의 병사들이 북부군이 사용하는 우물을 동물의 사체로 오염시켰고, "동물들을 연못으로 유도한 뒤 그 자리에서 [총으로 쏴] 죽이는" 방식으로 음용수를 오염시킨 사례도 있었다. "남부연합에 동조했다가 나중에 켄터키 주지사가 된" 어떤 인물은 천연두에 오염된 천을 북부군에게 돈을 받고 판매하려고 했다(이 시도는 성공한 것으로 보인다). 보다 최근에는 제2차 세계 대전 기간에 일본군이 탄저균, 콜레라균, 페스트균과 같은 끔찍한 병원균으로 중국의 여러 마을을 오염시켜 중국인 40여만 명이 목숨을 잃었다. 미국도 한국전쟁에서 생물무기를 사용했을 가능성이 있으나, 이 문제는 아직까지 주장이 엇갈리고 있다.

5 보다 상세한 정보는 미국 국립연구회의 산하 '기술발달과 선진기술의 차세대 생물전의 위협요소화 방지를 위한 위원회'가 펴낸 자료, 『세계화, 생물안보, 생명과학의 미래(Globalization, Biosecurity, and the Future of the Life Sciences)』(2001)를 참고하기 바란다. http://www.biosecurity.sandia.gov/ibtr/subpages/papersBriefings/2005-2006G/FutureLifeSciences.pdf.

6 엘리저 스트리클랜드(Eliza Strickland)의 글, "크레이그 벤터가 합성된 생명을 만들었다? 아직은 확실치 않다(Did Craig Venter Just Create Synthetic Life? The Jury Is Decidedly Out)" 참고, 『디스커버리 매거진(Discover Magazine)』 80 Beats blog, 2010년 5월 20일. http://blogs.discovermagazine.com/80beats/2010/05/20/did-craig-venter-just-create-synthetic-life-the-jury-is-decidedly-out/#. VBddiS5dXBc.

7 마이클 번스타인(Michael Bernstein), 마이클 우즈(Michael Woods), "J. 크레이그 벤터 박사, 맞춤형 미생물로 생물연료와 백신, 식품 생산법 밝혀(J. Craig Venter, Ph.D., Describes Biofuels, Vaccines and Foods Form Made-to-Order microbes)", 미국화학협회(American Chemical Society), 2012년 3월. http://www.acs.org/content/acs/en/pressroom/newsreleases/2012/march/craig-venter-phd-describes-biofuels-vaccines-and-foods-from-made-to-order-microbes.html.

8 레슬리 쳉(Leslie Tzeng), "합성생물학: 이점, 위험성, 그리고 관리규정(Synthetic Biology: Benefits, Risks, and Regulations)", 트리플 헬릭스 온라인(Triple Helix Online), 2013년 9월 12일. http://triplehelixblog.com/2013/09/synthetic-biology-benefits-risks-and-regulations/.

9 "미국 국립연구회의 산하 '기술발달과 선진기술의 차세대 생물전의 위협요소화 방지를 위한 위원회'가 펴낸 자료 『세계화, 생물안보, 생명과학의 미래』, 2006, p. ix.

10 『테러 시대, 생명공학 연구: '이중용도'의 딜레마에 직면하다(Biotechnology Research in an Age of Terrorism: Confronting the 'Dual-use' Dilemma)』, 국립아카데미출판사(National Academies Press), 2003.

11 "생물무기의 어두운 미래(The Darker Bioweapons Future)", CIA, 2003년 11월 3일. http://fas.org/irp/cia/product/bw1103.pdf.

12 조너선 터커(Jonathan Tucker), "테러리스트들이 합성생물학을 활용할 수 있을까?(Could Terrorists Exploit Synthetic Biology?)", 『뉴아틀란티스(New Atlantis)』, 2011년 봄. http://www.

thenewatlantis.com/publications/could-terrorists-exploit-synthetic-biology.

13 "인류 문명을 위협하는 열두 가지 위험(12 Risks That Threaten Human Civilisation)", 글로벌 챌린지 재단, 2015년 2월, p. 15.

14 앤드루 폴락(Andrew Pollack), "테러의 흔적: 과학, 그리고 살아 있는 소아마비 바이러스를 만든 과학자들(Traces of Terror: The Science; Scientists Create a Live Polio Virus)", 「뉴욕 타임스」, 2002년 7월 12일. http://www.nytimes.com/2002/07/12/us/ traces-of-terror-the-science-scientists-create-a-live-polio-virus.html.

15 조너선 터커, 위의 글.

16 J. 반 에이큰(J. van Aken), "스페인 독감 바이러스의 재건과 윤리학적 문제: 치명적인 바이러스를 되살리는 것이 과연 현명한 일일까?(Ethics of Reconstructing Spanish Flu: Is It Wise to Resurrect a Deadly Virus?)", 『네이처(Nature)』 98, no. 1-2 (2007). http://www.nature.com/hdy/journal/v98/n1/full/6800911a.html.

17 제임스 랜더슨(James Randerson), "현행 법률, 치명적인 바이러스의 DNA 조합도 가능할 만큼 허술한 상황(Revealed: The Lax Laws That Could Allow Assembly of Deadly Virus DNA)", 「가디언」, 2006년 6월 14일. http://www.theguardian.com/world/2006/jun/14/terrorism.topstories3.

18 "에볼라 바이러스 감염 질환(Ebola Virus Disease)", 세계보건기구, 2014년 9월 14일. http://www.who.int/mediacentre/factsheets/fs103/en/.

19 이러한 문제에 대해서는 이 책에서 다루지 않는다.

20 "인류 문명을 위협하는 열두 가지 위험", 글로벌 챌린지 재단, 2015년 2월, p. 85.

21 조시 힉스(Josh Hicks), "조사 결과, 국토안보부 잠재적 대유행병 대비 수준 '형편없어'(Audit: Homeland Security 'Ill-prepared' for Potential Pandemics)", 「워싱턴 포스트(Washington Post)」, 연방정부 이모저모 블로그(Federal Eye blogs), 2014년 9월 8일. http://www.washingtonpost.com/blogs/federal-eye/wp/2014/09/08/audit-homeland-security-ill-prepared-for-potential-pandemics/.

22 "프린스턴 대학교 방문, 사무총장 연설(Secretary-General's Lecture at Princeton University)", 국제연합, 2006년 11월 28일. http://www.un.org/sg/statements/?nid=2330.

23 조 슐레인저(Zoe Schlanger), "생물 테러 실험실 사고, 생각보다 훨씬 빈번하게 발생(Bioterror Lab Accidents Happen Far More Often Than We Thought)", 『뉴스위크(Newsweek)』, 2014년 8월 18일. http://www.newsweek.com/bioterror-lab-accidents-happen-far-more-often-we-thought-265334.

24 사브리나 타버니스(Sabrina Tavernise), 도널드 맥닐 주니어(Donald McNeil Jr.)의 글, "CDC, 자체 시설에서 발생한 연구진 탄저균 노출 사고 상세내용 발표(CDC Details Anthrax Scare for Scientists at Facilities)", 「뉴욕 타임스」, 2014년 6월 19일. http://www.nytimes.com/2014/06/20/health/up-to-75-cdc-scientists-may-have-been-exposed-to-anthrax.html.

25 도널드 맥닐, "CDC, 사고로 탄저균, 인플루엔자 연구실 폐쇄(CDC Closes Anthrax and Flu Labs after Accidents)", 「뉴욕 타임스」, 2014년 7월 11일. http://www.nytimes.com/2014/07/12/science/cdc-closes-anthrax-and-flu-labs-after-accidents.html?_r = 0.

26 젠 크리스텐슨(Jen Christensen), "CDC, 국립보건원 창고에서 발견된 천연두 바이러스 살아 있다고 밝혀(CDC: Smallpox Found in NIH Storage Room Is Alive)", CNN, 2014년 7월 11일. http://www.

cnn.com/2014/07/11/health/smallpox-found-nih-alive/.

27 브래디 데니스(Brady Dennis), 레나 선(Lena Sun)의 글, "FDA, 창고에서 천연두 바이러스 담긴 바이얼 추가로 발견(FDA Found More Than Smallpox Vials in Storage Room)", 「워싱턴 포스트」, 2014년 7월 16일. http://www.washingtonpost.com/national/health-science/fda-found-more-than-smallpox-vials-in-storage-room/ 2014/ 07/ 16/ 850d4b12-0d22-11e4-8341-b8072b1e7348_story.html.

28 스티브 코너(Steve Connor)의 글, "실험실 유출 사고로 돼지독감 발생?(Did Leak from a Laboratory Cause Swine Flu Pandemic?)", 「인디펜던트(Independent)」, 2009년 6월 30일. http://www.independent.co.uk/news/science/did-leak-from-a-laboratory-cause-swine-flu-pandemic-1724448.html.

29 "CDC, 2009년 미국에서 발생한 H1N1 인플루엔자 감염자, 입원치료 환자, 사망자 수 추정결과 발표(CDC Estimates of 2009 H1N1 Influenza Cases, Hospitalizations and Deaths in the United States)", CDC, http://www.cdc.gov/h1n1flu/estimates_2009_h1n1.htm.

4장

1 프라치 파텔 프레드(Prachi Patel-Predd)의 글, "급진적 환경운동가를 위한 우주기지(A Spaceport for Treehuggers)" 참고. 『디스커버 매거진(Discover Magazine)』, 2007년 11월 26일. http://discovermagazine.com/2007/dec/a-spaceport-for-tree-huggers.

2 수로지트 채터지(Surojit Chatterjee)의 글, "2050년까지 6만 마일 상공 우주로 이동하는 우주 엘리베이터가 개발될 수 있다(Space Elevator That Soars 60,000 Miles into Space May Become Reality by 2050)" 참고, 「인터내셔널 비즈니스 타임스(International Business Times)」, 2012년 2월 21일. http://www.ibtimes.com/ space-elevator-soars-60000-miles-space-may-become-reality-2050-709656; 마이크 월(Mike Wall)의 글, "일본 업체, 2050년 목표로 우주 엘리베이터 개발(Japanese Company Aims for Space Elevator by 2050), Space.com, 2012년 2월 23일. http://www.space.com/14656-japanese-space-elevator-2050-proposal.html.

3 "탄소 나노튜브, 예상보다 두 배 더 강해(Carbon Nanotubes Twice as Strong as Once Thought)", 「사이언스 데일리(Science Daily)」, 2010년 9월 16일. http://www.sciencedaily.com/releases/2010/09/ 100915140334. htm.

4 크리스 피닉스(Chris Phoenix), 마이크 트레더(Mike Treder)의 글, "전 지구적 재앙 위험과 나노 기술(Nanotechnology as Global Catastrophic Risk)", 『전 지구적 재앙 위험』, ed. 닉 보스트롬, 밀란 치르코비치(2008), p. 481.

5 이 테니스공의 이름은 윌슨 더블 코어(Wilson Double-Core)로, 현재 데이비스컵 테니스대회 공식 볼로 사용되고 있다. 로버트 폴(Robert Paull)의 기사, "2003년 최고의 나노 기술 제품 10종(The Top Ten Nanotech Products of 2003)", 『포브스(Forbes)』, 2003년 12월 29일. http://www.forbes.com/2003/12/29/cz_jw_1229soapbox.html.

6 톰 시모나이트(Tom Simonite), "IBM, 나노튜브 트랜지스터가 포함되어 다섯 배 더 빠른 칩, 2020년까지 개발되어야 한다고 입장 밝혀(Chips Made with Nanotube Transistors, Which Could Be Five Times Faster, Should Be Ready around 2020 Says IBM)", 『MIT 테크놀로지 리뷰(MIT Technology

Review)』, 2014년 7월 1일. http://www.technologyreview.com/news/528601/ibm-commercial-nanotube-transistors-are-coming-soon/.

7 미하일 로코(Mihail Roco)의 글, "나노 기술의 발전에 관한 장기적 전망: 국립 나노 기술사업 10주년을 맞이하며", 미국 국립과학재단 참고. https://www.nsf.gov/crssprgm/nano/reports/nano2/chapter00-2.pdf.

8 크리스 피닉스와 마이크 트레더, 위의 글, pp. 483~484 참고.

9 크리스 피닉스와 마이크 트레더, 위의 글, pp. 483 참고.

10 에릭 드렉슬러(Eric Drexler), 『급진적 풍요로움: 나노 기술 혁명은 문명을 어떻게 바꿀 것인가(Radical Abundance: How a Revolution in Nanotechnology Will Change Civilization)』(Perseus Books Group, 2013), p. 51.

11 "분자 제조의 이점(Benefits of Molecular Manufacturing)" 참고. '책임 있는 나노기술센터' 웹 사이트, 2015년 6월 16일 접속 기준. http://www.crnano.org/benefits.htm.

12 존 바이너(Jon Weiner)의 글, "칼테크 연구진, 표적 나노 입자로 인체 RNA 간섭 기능 입증", 『칼테크(Caltech)』, 2010년 3월 21일. http://www.caltech.edu/article/13334.

13 알링턴 휴이스(Arlington Hewes)의 글, "미국 방위고등연구계획국, 나노 크기 기계장치 개발을 현실화하기 위한 신규 사업 마련", 싱귤래리티 허브(Singularity HUB), 2014년 8월 31일. http://www.singularityhub.com/2014/08/31/darpas-new-initiative-aims-to-make-nanoscale-machines-a-reality.

14 아직까지 추정에 해당되는 내용이다. 자세한 내용은 레이 커즈와일의 저서, 『특이점이 온다』(Penguin Group, 2005), p. 200 참고.

15 로버트 프리에타스 주니어(Robert Frietas Jr.)와 랠프 머클(Ralph Merkle)의 글, "분자 수준까지 정확한 제조품과 거대한 병렬 생산 라인: 21세기 제조 산업의 두 가지 핵심", 몰레큘러 어셈블러(Molecular Assembler), 2002년 10월 28일. http://www.molecularassembler.com/Nanofactory/TwoKeys.htm; 로버트 프리에타스 주니어의 논문, "개인 나노공장의 경제적 영향", 『나노기술 인식(Nanotechnology Perception』 2(2006) 참고. http://www.rfreitas.com/Nano/NoninflationaryPN.pdf.

16 미래예측연구소의 글, "파인먼부터 나노 공장까지(From Feynman to Nanofactories)" 참고, 2015년 6월 17일 접속 기준. http://www.foresight.org/nano/nanofactories.html. 개인적인 대화 중에 이 내용을 알려준 크리스 피닉스에게 감사드린다.

17 크리스 피닉스와 마이크 트레더, 위의 글, pp. 485~486. 이 내용을 상세히 설명해준 크리스 피닉스에게 감사드린다.

18 위의 글, p. 485.

19 위의 글, p. 486.

20 "나노 제품과 나노 무기의 첫 단계(First-stage Nanoproducts and Nanoweaponry)", 라이프보트 재단 「특별보고서」 참고, 2015년 6월 17일. http://www.lifeboat.com/ex/nanoweaponry.

21 크리스 피닉스와 마이크 트레더, 위의 글, p. 490.

22 '책임 있는 나노기술센터'에서는 이와 반대되는 주장을 제기한다. "경제 기반이 무너질 가능성이 매우 높고", "나노 기술로 만들어진 제품은 실제보다 크게 부풀려진 가격에 판매될 수 있어서 불필요한 빈곤이 발생할 수 있다"는 것이다. '책임 있는 나노기술센터'의 글, "분자 제조 기술의 위험성"

참고, 2015년 6월 17일. http://www.crnano.org/dangers.htm

23 정보는 계속해서 거래되지만 물건 거래는 그렇지 않을 가능성이 있다. 에릭 드렉슬러의 저서, 『급진적 풍요로움: 나노 기술 혁명은 문명을 어떻게 바꿀 것인가』, p. 35 참고.

24 '글로벌 챌린지 재단'의 글, "인류 문명을 위협하는 열두 가지 위험(12 Risks That Threaten Human Civilisation)" 참고, 2015년 2월, p. 117.

25 크리스 피닉스와 마이크 트레더, 위의 글, p. 490.

26 T. 매카시(T. McCarthy)의 글, "분자 나노 기술과 세계 시스템" 참고. http://www.mccarthy.cx/WorldSystem/intro.htm.

27 에릭 드렉슬러, 위의 책, p. 76 참고.

28 크리스 피닉스와 마이크 트레더, 위의 글, p. 490.

29 '책임 있는 나노기술센터'의 글, "분자 제조 기술의 위험성" 참고, 2015년 6월 17일. http://www.crnano.org/dangers.htm.

30 위의 글.

31 루이스 시어도어(Louis Theodore), 로버트 쿤츠(Robert Kunz)의 저서, 『나노 기술: 환경 영향과 해결 방안(Nanotechnology: Environmental Implications and Solutions)』(John Wiley & Sons, Inc., 2005) 참고.

32 '책임 있는 나노기술센터', 위의 글.

33 위의 글.

34 레이 커즈와일, 『특이점이 온다』(Penguin Group, 2005), p. 425.

35 크리스 피닉스, 마이크 트레더의 글, "전 지구적 재앙 위험과 나노 기술"을 읽어보면 도움이 될 것이다. 개인적으로 이 글은 나노 기술에 관한 위험을 정리한 글 중 최고라고 생각한다.

5장

1 호킹의 견해를 전한 기사를 참고하기 바란다. 카리나 콜로드니(Carina Kolodny)의 기사, "스티븐 호킹, 인공지능을 두려워하다", 「허핑턴 포스트(Huffington Post)」, 2014년 5월 5일. http://www.huffingtonpost.com/2014/05/05/stephen-hawking-artificial-intelligence_n_5267481.html.; 엘리저 유드코프스키의 글, "인공지능, 전 지구적 위기의 긍정적 요소이자 부정적 요소", 『전 지구적 재앙 위험』(닉 보스트롬, 밀란 치르코비치, 2008)도 함께 참고하기 바란다.

2 '삶의 미래연구소'의 글, "인공지능의 강건하고 유익한 활용을 위한 연구 우선순위" 참고. 2015년 6월 25일 접속 기준. http://www.futureoflife.org/misc/open_letter.

3 내가 필리프 베르두(Philippe Verdoux)라는 필명으로 작성한 논문, "신생 기술과 철학의 미래" 참고. 『메타필로소피(Metaphilosophy)』 42, no.5(2011). pp. 682~707. 이 내용은 보스트롬이 「초지능까지 남은 시간」이라는 논문에서 밝힌 '허술한 초지능'의 정의와도 일치한다. 『언어와 철학 탐구(Linguistic and Philosophical Investigations)』 5, no. 1(2006): pp. 11~30.

4 그레그 제이컵스(Gregg Jacobs), 『인류 조상들의 생각: 되찾아야 할 힘(The Ancestral Mind: Reclaim the Power)』(Viking Adult, 2003), p. 22 참고.

5 필 토레스의 글, "'트랜스휴머니즘이 말이 안 된다'는 소리가 말이 안 되는 이유" 참고, IEET, 2010년 6월 24일. https://www.ieet.org/index.php/IEET2/more/verdoux20100624.

6 닉 보스트롬의 저서, 『초지능: 길, 위험, 전략(Superiintelligence: Paths, Dangers, Strategies)』(Oxford

University Press, 2014), p. 59 참고.

7 엘리저 유드코프스키의 글, "인공지능, 전 지구적 위기의 긍정적 요소이자 부정적 요소", 닉 보스트롬과 밀란 치르코비치의 저서, 『전 지구적 재앙 위험』, ed. (2008) p. 331 참고.

8 셀레스테 비버(Celeste Biever), "양자물리학이 이해하기 어렵다면? 너무나 안타까운 일" 참고, 「뉴사이언티스트(New Scientist)」, 2011년 11월 2일. http://www.newscientist.com/article/mg21228372.500-quantum-mechanics-difficult-to-grasp-too-bad.html.

9 신학자인 가브리엘 마르셀(Gabriel Marcel)도 이 용어를 사용했다. 대니얼 미글리오레(Daniel Migliore)의 저서, 『이해할 방법을 찾기 위한 믿음: 기독교 신학의 기초(Faith Seeking Understanding: An Introduction to Christian Theology)』(Wm. B. Eerdmans Publishing Co., 2014), pp. 3~4 참고.

10 적어도 이론상으로는 전통적인 방식이 새로운 형태로 바뀔 가능성도 존재한다. 앞서 우주는 결정론적이라고 한 것을 예로 들어 생각해보자. 이 말이 사실이라면 과거에 일어난 일과 미래에 일어날 일 모두 자연의 법칙에 따라 정해진다. 이는 곧 t1이라는 시점에 그 법칙을 완벽하게 알고 우주의 세부 구조를 완벽하게 파악할 경우 t2라는 미래의 시점에 일어날 일도 완벽히 알 수 있다는 것을 의미한다. 또한 t0이라는 과거 시점에 일어난 일도 알 수 있다. 이것이 가능하다면 역사, 범죄학, 고생물학, 기타 시간을 거슬러 올라가 탐구하는 모든 영역에 대대적인 변화를 일으킬 수 있다(한계점도 있을 것이다). 우주의 인과 구조 중 어느 한 부분에 대한 지식을 충분히 획득하면, 즉 과거에 관심을 가진 어떤 사건에서 광원뿔로 정해진 시간의 절편(timeslice)의 한 부분을 충분히 알게 된다면('설명의 대상') 히틀러의 최후의 순간이나 부시, 체니가 이라크 침공 전에 했던 말 등 해당 사건이 일어났을 때 정확히 어떤 일들이 벌어졌는지 자연의 법칙으로 추론할 수 있다. 그러므로 지금 여러분이 지극히 개인적인 순간이라 생각하는 일들(남편과 아내, 범죄자들이 나누는 이야기나 학계에서 이루어지는 대화들, 누군가와 함께하는 친밀한 순간들)을 언젠가 다른 존재가 관찰할 수도 있다. 인지적 기능을 갖춘 초지능이 생겨난다면 필요한 지식을 확보할 수 있다.

11 "인류 문명을 위협하는 열두 가지 위험", 글로벌 챌린지 재단, 2015년 2월, p. 121.

12 닉 보스트롬의 논문, "초지능의 의지: 발전된 인공 주체의 동기와 제도적 합리성" 참고. 『정신과 기계(Minds and Machines)』 22, no. 2(2012).

13 캐서린 닉시(Catherine Nixey)의 글, "'똑똑해지는 약', 학생들이 먹어도 안전할까?", 「가디언」, 2010년 4월 5일. https://www.theguardian.com/education/2010/apr/06/students-drugs-modafinil-ritalin; 스티브 버드(Stive Bird)의 글, "뇌 비아그라에 중독된 학생들과 위험성: 지능을 높여준다는 약이 대학가를 휩쓴 실태, 그 대가는 무엇인가?", 「데일리 메일(Daily Mail)」, 2013년 10월 10일. http://www.dailymail.co.uk/health/article-2451586/More-students-turning-cognitive-enhancing-drug-Modafinil-hope-boosting-grades-job-prospects.html.

14 『네이처』 팟캐스트, 2008년 1월 31일자 참고. http://www.nature.com/nature/podcast/v451/n7178/nature-2008-01-31.html.

15 조지 시겔(George Siegel) 등이 쓴 저서, 『신경화학 기초: 분자, 세포, 의학적 측면(Basic Neurochemistry: Molecular, Cellular and Medical Aspects)』(Elsevier Academic Press, 2006), p. 867 참고.

16 내가 필리프 베르두라는 필명으로 작성한 논문, "신생 기술과 철학의 미래"에 쓴 내용을 인용했다. 『메타필로소피』 42, no. 5(2011): pp. 682~707.

17 보다 자세한 내용은 로버트 스패로(Robert Sparrow)의 논문, "실험관 속 우생학" 참고, 『의료윤리 저널(Journal of Medical Ethics)』(2013), doi:10.1136/medethics-2012-101200; 아서 캐플런

(Arthur Caplan), 글렌 맥지(Glenn McGee), 데이비드 매그너스(David Magnus)의 논문, "우생학이 불멸하는 이유는 무엇인가?"도 함께 참고하기 바란다. BMJ(1999). http://www.bmj.com/content/319/7220/1284.

18 닉 보스트롬의 저서, 『초지능: 길, 위험, 전략』(Oxford University Press, 2014), p. 30 참고.

19 내가 필리프 베르두라는 필명으로 작성한 논문, "신생 기술과 철학의 미래" 참고, 『메타필로소피』 42, no.5(2011): pp. 682~707.

20 여기서는 개략적으로 설명했지만, '생각(minds)'과 '사람(persons)', '의식(consciousness)'과 '자아(self)'는 다르다. 기술적 특이점을 옹호하는 학자들 중 일부가 주장하는 것과 달리 생각을 업로드하는 것과 자아를 업로드하는 것은 '같지 않다'. 생각은 복제할 수 있지만 자아는 그럴 수 없고, 업로드하려면 복제가 가능해야 하기 때문이다. 그러므로 자아를 업로드하는 일은 불가능하지만 의식을 업로드할 수는 있다.

21 레이 커즈와일의 저서, 『특이점이 온다: 생물학을 초월한 인류』(Penguin Group, 2005), pp. 163~164 참고.

22 대니얼 시프먼(Daniel Shiffman)의 글, "신경 네트워크" 참고, 『코드의 자연(Nature of code)』, 2015년 6월 17일 접속 기준. http://natureofcode.com/book/chapter-10-neural-networks/.

23 마지막 문단 중 일부는 나의 저서, 『신앙의 위기(A Crisis of Faith)』(Dangerous Little Books, 2012), pp. 38~42를 참고하거나 그대로 가져왔다.

24 조슈아 브라운(Joshua Brown)의 글, "강건한 로봇을 만들려면 아기 단계가 먼저다", 버몬트 대학 고등전산센터(Vermont Advanced Computing Core) 참고, 2011년 1월 20일. http://www.uvm.edu/~vacc/?Page=news&storyID=11482&category=vacc.

25 "인류 문명을 위협하는 열두 가지 위험", 글로벌 챌린지 재단, 2015년 2월, p. 125.

26 닉 보스트롬의 논문, "초지능의 의지: 발전된 인공 주체의 동기와 제도적 합리성", 『정신과 기계』 22, no. 2(2012) 참고.

27 엘리저 유드코프스키의 글, "인공지능, 전 지구적 위기의 긍정적 요소이자 부정적 요소" 참고, 닉 보스트롬과 밀란 치르코비치의 저서, 『전 지구적 재앙 위험』, ed. p. 325.

28 위의 글, pp. 318~323.

29 닉 보스트롬의 저서, 『초지능: 길, 위험, 전략』(Oxford University Press, 2014), p. 97에도 이 가능성이 언급된다.

30 '우호적이지 않은 인공지능' 개념에는 용어와 달리 적의와 호의의 문제, 무관심 문제가 모두 포괄된다.

31 닉 보스트롬의 저서, 『초지능: 길, 위험, 전략』, pp. 96~104 참고.

32 레이 커즈와일의 저서, 『특이점이 온다』(Penguin Group, 2005), p. 21 참고.

6장

1 닉 보스트롬의 글, "컴퓨터 시뮬레이션 속에 살고 계십니까?", 『필로소피컬 쿼털리(Philosophical Quarterly)』 53, no. 211(2003) pp. 243~255.

2 사적인 대화에서 나온 내용임.

3 닉 보스트롬, 위의 글, pp. 243~255.

4 인디 포크밴드 봄바딜(Bombadil)의 가수 스튜어트 로빈슨(Stuart Robinson)의 노래, 〈So Many

Ways to Die〉의 가사를 가져온 것이다.

5 조지 드보르스키(George Dvorsky)의 글, "물리학자들, 우리가 컴퓨터 시뮬레이션 속에 살고 있다는 사실이 입증될 수도 있다" 참고, io9, 2012년 10월 10일. http://io9.gizmodo.com/5950543/physicists-say-there-may-be-a-way-to-prove-that-we-live-in-a-computer-simulation.

6 닉 보스트롬, 위의 글, pp. 243~255.

7 철학자 마크 워커(Mark Walker)는 이 주제를 멋지게 다룬 글에서 이러한 설명과 함께, "[어쩌면 우리보다 훨씬 더 지능이 뛰어난] 트랜스휴머니즘과 철학이 빛의 속도가 기본적인 물리학의 법칙이라고 이야기하는 우리를 보면서 우리가 켈빈 경이 공기보다 무거운 기계가 하늘을 나는 건 불가능하다고 했던 발언을 보며 미소 짓는 것처럼 슬며시 미소 짓고 있을지도 모른다"고 밝혔다. 미래의 컴퓨팅 기술은 현재 우리는 전혀 인지하지 못하는 현상을 만들어내고 엄청난 숫자의 시뮬레이션 환경이 겹쳐지는 일도 가능해질 수 있다. 또는 여러 겹으로 된 시뮬레이션을 계산해 형성하는 데 드는 비용이 우리가 살고 있는 우주보다 훨씬 저렴한 물리적 상수와 물리학의 법칙이 적용되는 우주가 만들어지고 인간은 그 속에 살게 될지도 모른다. 마크 워커의 글, "미래의 모든 철학에 대한 서론", 『진화·기술 저널』 10(2002). http://www.jetpress.org/volume10/prolegomena.html.

8 이번 장의 내용 중 일부는 내가 쓴 글, "시뮬레이션 운영이 종말이 임박했음을 의미하는 이유"에 담긴 내용을 참고한 것이다. IEET, 2014년 11월 3일. https://www.ieet.org/index.php/IEET2/more/torres20141103.

7장

1 이 내용 중 일부는 "AGU 2012: 미국 지구물리학회(AGU) 추계 회의"를 참고했다. 「인사이드 GNSS(Inside GNSS)」. http://www.insidegnss.com/node/3297.

2 브라이언 머천트(Brian Merchant)의 글, "과학자들, 지구가 망할 가능성에 관한 설명", 『마더보드(Motherboard)』, 2012년 12월 10일. https://motherboard.vice.com/en_us/article/scientist-its-a-statistical-probability-that-earth-is-fucked.

3 케빈 플락스코(Kevin Plaxco)와 마이클 그로스(Michael Gross)의 저서, 『우주생물학: 간단한 소개(Astrobiology: A Brief Introduction)』(Johns Hopkins University Press, 2011), p. 188.

4 리 스윗러브(Lee Sweetlove)의 글, "지구상에 존재하는 생물종의 수, 약 870만 종에 이르러", 『네이처』(2011), doi:10.1038/news.2011.498.

5 생물다양성센터의 글, "멸종 위기(The Extinction Crisis)" 참고. http://www.biologicaldiversity.org/programs/biodiversity/elements_of_biodiversity/extinction_crisis/.

6 생물 다양성 협약 제2조, 용어 설명 참고, 2015년 6월 18일 접속 기준. https://www.cbd.int/convention/articles/default.shtml?a=cbd-02.

7 생물 다양성 협약 중 "세계적 생물 다양성에 관한 전망 3", 2010 참고. https://www.cbd.int/doc/publications/gbo/gbo3-final-en.pdf.

8 세계야생기금의 글, 「지구 생명 보고서 2014(Living Planet Report 2014)」, 2014년 10월. http://wwf.panda.org/about_our_earth/all_publications/lpr_2016/

9 "조사 결과, 전 세계 영장류의 절반이 멸종", CNN, 2010년 2월 18일. http://www.edition.cnn.com/2010/TECH/science/02/17/endangered.species/index.html?_s=PM:TECH; 생물다

양성센터의 글, "멸종 위기". http://www.biologicaldiversity.org/programs/biodiversity/elements_of_biodiversity/extinction_crisis/; 존 비달(John Vidal)의 글, "연구 결과, 파충류 다섯 종 중 한 종이 멸종 위기", 「가디언」, 2013년 2월 15일.
10 생물 다양성 협약 중 "세계적 생물 다양성에 관한 전망 3", 2010 참고. https://www.cbd.int/doc/publications/gbo/gbo3-final-en.pdf.
11 멸종 지대는 자연적으로도 발생할 수 있으나 인간에 의해 생겨날 가능성이 더 높다.
12 애널리 뉴위츠(Annalee Newitz)의 글, "태평양 쓰레기 섬, 여러분이 지금까지 들어온 거짓말", io9, 2012년 5월 5일. http://io9.gizmodo.com/5911969/lies-youve-been-told-about-the-pacific-garbage-patch.
13 캐시 마크스(Kathy Marks)와 대니얼 하우든(Daniel Howden)의 글, "세계의 쓰레기장: 하와이부터 독일까지 이어진 쓰레기장", 「인디펜던트」, 2008년 2월 5일.
14 엘리 킨티시(Eli Kintisch)의 글, "태평양에서 달팽이가 녹고 있다", 『사이언스(Science)』, 2014년 5월 1일. http://www.sciencemag.org/news/2014/05/snails-are-dissolving-pacific-ocean.
15 줄리엣 에일페린(Juliet Eilperin)의 글, "연구 결과, 전 세계 어획량 고갈 경고", 「워싱턴 포스트」, 2006년 11월 3일. http://www.washingtonpost.com/wp-dyn/content/article/2006/11/02/AR2006110200913.html.
16 앤서니 바르노스키(Anthony Barnosky) 연구진, "지구 생물권에서 진행 중인 상태 변화", 『네이처』 486, no. pp. 52~58(2012). http://www.nature.com/nature/journal/v486/n7401/full/nature11018.html.
17 생물 다양성 협약 중 "세계적 생물 다양성에 관한 전망 3", 2010 참고. https://www.cbd.int/doc/publications/gbo/gbo3-final-en.pdf.
18 '밀레니엄 생태계 평가', 『생물 다양성과 인간의 행복: 생물 다양성의 합성(Biodiversity & Human Well-being: Biodiversity Synthesis)』(워싱턴 D.C: 세계자원연구소, 2005), pp. 31~32.
19 나피즈 아메드(Nafeez Ahmed)의 글, "NASA 지원 연구: 산업화된 문명, '비가역적인 몰락을 향하고 있다?", 「가디언」, 2014년 3월 14일. https://www.theguardian.com/environment/earth-insight/2014/mar/14/nasa-civilisation-irreversible-collapse-study-scientists.

8장

1 톰 젤러 주니어(Tom Zeller Jr.)의 글, "핵과학자들, 종말이 더 가까워졌다고 밝혀", 「뉴욕 타임스」, 2007년 1월 17일. https://thelede.blogs.nytimes.com/2007/01/17/the-end-is-nearer-say-atomic-scientists/comment-page-5/?_r=0.
2 "보도발표: 이제 자정까지 남은 시간은 3분", 『핵과학자회보』. http://thebulletin.org/press-release/press-release-it-now-3-minutes-midnight7950.
3 대니얼 슐먼(Daniel Schulman)의 글, "눈이 만든 종말: 앨 고어, 이건 어때!", 『마더 존스(Mother Jones)』, 2010년 2월 10일. http://www.motherjones.com/mojo/2010/02/gop-snowpocalypse-global-warming-al-gore.
4 잭 케니(Jack Kenny)의 글, "인호프, 지구 온난화에 반대하며 상원 회의실에 눈덩이 던져", 「뉴 아메리칸(New American)」, 2015년 3월 2일. https://www.thenewamerican.com/usnews/

congress/item/20237-inhofe-throws-snowball-in-senate-to-refute-global-warming.

5 "요약 정보", 미국 국립환경정보센터. https://www.ncdc.noaa.gov/sotc/summary-info/global/201412.

6 "긴 시간 동안 지속될 경우" 해당되는 값이다. "초화산 폭발, 전 지구적 영향과 미래의 위험 요소", 런던 지질학회 실무단. https://www.geolsoc.org.uk/~/media/shared/documents/education%20and%20careers/Super_eruptions.pdf?la=en.

7 안드레아 톰슨(Andrea Thompson)의 글, "2014년, 역사상 가장 더운 해로 기록", 『사이언티픽 아메리칸(Scientific American)』, 2014년 9월 23일. https://www.scientificamerican.com/article/2014-on-track-to-be-hottest-year-on-record/.

8 인간의 눈이 가시광선을 볼 수 있도록 진화된 이유도 이 때문이다. 태양빛의 대부분이 가시광선으로 구성된다.

9 온실은 이러한 기능 외에도 대류를 막는 기능이 있으나 여기서 이야기하는 핵심에 영향을 주지는 않는다.

10 중국과 미국은 최근 이산화탄소 배출에 관한 '역사적인' 합의에 도달했다. 그러나 이 합의도 지구 전체 기온이 3.6도 이상 오르지 않도록 노력하자는 2009년 코펜하겐 협약의 목표를 달성하기에는 충분치 않은 것으로 평가된다. 에드워드 왕(Edward Wong)의 글, "중국의 기후 변화 계획에 관한 의문", 「뉴욕 타임스」, 2014년 11월 12일. https://www.nytimes.com/2014/11/13/world/asia/climate-change-china-xi-jinping-obama-apec.html?_r=0.

11 앞 장에서 언급한 해양 산성화와 페름기-트라이아스기 경계 멸종 사건에 관한 연구 결과에도 그 당시 대기 중 이산화탄소 농도가 "현대 사회의 방출량과 비슷한 속도로" 상승했다는 언급이 등장한다(그로 인해 해양의 산성 수준이 더 높아졌다는 설명이 나온다). "연구 결과, 해양 산성화로 최대 규모의 대량 멸종이 발생한 것으로 밝혀져", 「사이언스 데일리」, 2015년 4월 9일. https://www.sciencedaily.com/releases/2015/04/150409143033.htm.

12 "기후 변화로 전 세계에 발생할 수 있는 열한 가지 영향", CNN, 2015년 4월 22일. http://edition.cnn.com/2014/09/24/world/gallery/climate-change-impact.

13 대릴 피어스(Darryl Fears)의 글, "항공우주국 연구진, 향후 수십 년 내 미국에 '대형 가뭄' 닥칠 것", 「워싱턴 포스트」, 2015년 2월 12일.

14 지구 온난화로 인한 이 같은 결과 중 많은 부분은 다음 자료를 참고했다. "지구 온난화의 영향: 기후 변화의 결과가 이미 나타나고 있다", 참여 과학자 모임. http://www.ucsusa.org/our-work/global-warming/science-and-impacts/global-warming-impacts#.WOo5p4VOKUl.

15 킴 크리스버그(Kim Krisberg)의 글, "리더들이 나서 기후 변화의 영향과 미국인 건강의 관련성 확인: 새로운 추진 사업", 『네이션스 헬스(Nation's Health)』 45, no. 5(2015): pp. 1~14.

16 데이비드 롬프스(David Romps) 연구진, "지구 온난화와 예상대로 증가한 미국의 낙뢰 사례", 『사이언스』 346, no. 6211(2014), p. 851.

17 저스틴 길리스(Justin Gillis)의 글, "UN 패널, 지구 온난화 관련 엄중한 경고 발표", 「뉴욕 타임스」, 2014년 11월 2일. https://www.nytimes.com/2014/11/03/world/europe/global-warming-un-intergovernmental-panel-on-climate-change.html?_r=0.

18 수안 솔로몬(Suan Solomon) 연구진, "이산화탄소 배출로 인한 비가역적 기후 변화", 「PNAS」(2008), doi:10.1073/pnas.0812721106.

19 구체적으로는 30배 정도 더 강력하다.

20 스위스-러시아-미국 공동연구단(SWERUS-C3)의 문서, "SWERUS-C3: 북극 해양 수화물에서 처음으로 메탄 검출". http://www.swerus-c3.geo.su.se/index.php/swerusc3-in-the-media/news/177-swerus-c3-first-observations-of-methane-release-from-arctic-ocean-hydrates.

21 참고 자료로, 나피즈 아메드(Nafeez Ahmed)의 글, "제임스 한센: 화석연료 추가되면 통제 불가능한 지구 온난화 부추겨", 「가디언」, 20113년 7월 10일. https://www.theguardian.com/environment/earth-insight/2013/jul/10/james-hansen-fossil-fuels-runaway-global-warming.

9장

1 바이런 경이 1816년 6월에 쓴 「암흑(Darkness)」이라는 시의 한 부분이다. 런던 지질학회가 제공한 정보 덕분에 이 시를 인용할 수 있었다. 클라이브 오펜하이머(Clive Oppenheimer)의 논문, "역사상 최대 규모의 화산 폭발로 기후, 환경, 인류에 발생한 결과: 인도네시아 탐보라 화산(Climatic, Environmental and Human Consequences of the Largest Known Historic Eruption: Tamboa Volcano)", 『자연지리학의 발달(Progress in Physical Geography)』 27, no. 2 (2003)에도 이 시가 인용되었다.

2 메리 고드윈과 퍼시는 그해 후반에 결혼식을 올렸다. 제네바로 여행을 떠났을 때만 해도 메리는 그를 '셸리 씨'라고 불렀다.

3 넬 그린필드보이스(Nell Greenfieldboyce)의 글, "기후가 괴물의 탄생을 부추겼을까?(Did Climate Inspire the Birth of a Monster?)" 참고, NPR, 2007년 8월 13일. http://www.npr.org/2007/08/13/12688403/did-climate-inspire-the-birth-of-a-monster.

4 존 클러브(John Clubbe)의 논문, "폭풍우가 몰아친 1816년 여름: 메리 셸리의 프랑켄슈타인", 『바이런 저널(Byron Journal)』 19(1991), pp. 26~40. http://knarf.english.upenn.edu/Articles/clubbe.html; 넬 그린필드보이스, 위의 글.

5 클라이브 오펜하이머의 논문, "역사상 최대 규모의 화산 폭발로 기후, 환경, 인류에 발생한 결과: 인도네시아 탐보라 화산", 『자연지리학의 발달』 27, no. 2 (2003), p. 244 참고.

6 조지 모델스키(George Modelski), 테살레노 데베자스(Tessaleno Devezas), 윌리엄 톰슨(William Thompson)의 저서, 『진화 과정의 일부로서 세계화: 국제적 변화의 모형(Globalization as Evolutionary Process: Modeling Global Change)』 (Routledge, 2008), p. 230 중 데니스 피라지스(Dennis Pirages)의 글, "자연, 질병, 세계화: 진화적 관점에서" 참고.

7 로버트 에번스(Robert Evans), "과거의 폭발(Blast from the Past)", 『스미소니언 매거진(Smithsonian Magazine)』, 2002년 7월. http://www.smithsonianmag.com/history/blast-from-the-past-65102374/?no-ist=&page=1.

8 조지 모델스키, 테살레노 데베자스, 윌리엄 톰슨, 위의 책.

9 길런 다시 우드(Gillen D'Arcy Wood)의 글, "역사를 바꾼 화산" 참고, 『슬레이트(Slate)』, 2014년 4월 9일. http://www.slate.com/articles/health_and_science/science/2014/04/tambora_eruption_caused_the_year_without_a_summer_cholera_opium_famine_and.html.

10 로버트 에번스, 위의 글 참고. 더불어 스탬퍼드 라플스 경(Sir Stamford Raffles)의 회고록도 참고하기 바란다.

11 리처드 스머더스(Richard Smothers)의 논문, "1815년 탐보라 화산의 대폭발과 그 이후의 사태", 『사

이언스』 224, no. 4654(1984). doi:10.1126/science.224.4654.1191.

12 로버트 에번스, 위의 글.

13 이 책의 서문을 쓴 러셀 블랙퍼드는 이 부분을 7만 년 전이라고 밝혔는데, 이는 본문에 필자가 쓴 기간과 크게 다르지 않다고 볼 수 있다. 현시점에서 가장 정확하게 추정한 결과가 6만 9,000년부터 7만 7,000년 전이기 때문이다.

14 앤 카셀먼(Anne Casselman)의 글, "아시아 지역에 살던 고대 인류, 연구 결과 초대형 화산 폭발 이후 살아남은 것으로 밝혀져", 「내셔널 지오그래픽 뉴스(National Geographic News)」, 2007년 7월 5일. http://news.nationalgeographic.com/news/2007/07/070705-india-volcano.html.

15 찰스 최(Charles Choi)의 글, "초화산, 인류가 멸망 직전까지 가게 만든 원인 아니야", 「라이브 사이언스(Live Science)」, 2013년 4월 29일. http://www.livescience.com/29130-toba-supervolcano-effects.html.

16 로버트 로이 브릿(Robert Roy Britt)의 글, "지질학자들, 초화산이 인류 문명에 위협이 될 것이라 경고", 「라이브 사이언스」, 2005년 3월 8일. http://www.livescience.com/200-super-volcano-challenge-civilization-geologists-warn.html.

17 닉 보스트롬, 밀란 치르코비치의 저서, 『전 지구적 재앙 위험』, ed. (2008), p. 212 중에서 마이클 램피노의 글, "초화산, 그리고 재앙과 관련된 지구물리학적 현상" 참고. 그러나 스티븐 스파크스(Stephen Sparks)는 필자와의 개인적인 대화를 통해 이 같은 병목현상이 발생한 시기를 유전학적으로 정확하게 파악할 수는 없으므로 실제와 크게 다를 수 있다고 지적했다.

18 스티브 코너(Steve Connor)의 글, "옐로스톤의 잠자는 거인", 「렌즈(Rense)」. http://www.rense.com/general63Risks/yellowstonesslumbering.htm.

19 마이클 램피노, 위의 글 참고.

20 마이클 램피노, 위의 글 참고. 이 같은 가능성에 관한 내용이 보다 상세히 나와 있다.

21 「초대형 화산 폭발: 세계적인 영향과 미래의 위협 요소(Super-eruptions: Global Effects and Future Threats)」, 영국 지질학회 실무단, p. 6.

22 닉 보스트롬, 밀란 치르코비치의 저서, 『전 지구적 재앙 위험』, ed. (2008), p. 216 중에서 마이클 램피노, 위의 글.

23 「초대형 화산 폭발: 세계적인 영향과 미래의 위협 요소」, 영국 지질학회 실무단, p. 2.

24 이 내용은 다음 두 자료를 많이 참고해서 썼다. 마이클 램피노의 위의 글과 「초대형 화산 폭발: 세계적인 영향과 미래의 위협요소」, 영국 지질학회 실무단.

25 카티아 모스크비치(Katia Moskvitch)의 글, "지구 대기를 날려버리고 달을 생성시킨 거대한 여파", Space.com, 2013년 10월 1일. http://www.space.com/23031-moon-origin-impact-earth-atmosphere.html.

26 현재 수용되는 이론의 내용이지만 정확한 사실인지에 대해서는 아직 몇 가지 의문점이 남아 있다. 그러나 현재까지는 이를 대체할 만한 다른 이론이 없는 상황이다.

27 『전 지구적 재앙 위험』, ed. p. 185 중에서 리처드 포스너(Richard Posner)의 글, "대재앙에 관한 공공정책".

28 "오늘의 천문학 사진", 미국 항공우주국, 2009년 3월 2일. https://apod.nasa.gov/apod/ap090302.html.

29 이 문단을 쓰는 데 많은 도움을 준 앨런 헤일에게 감사드린다. 1972년 대낮에 나타난 거대한 불덩이

에 대해서도 설명해주었다.

30 최근 진행된 연구 결과에서는 이 충돌체가 소행성이 아니라 혜성으로 밝혀졌다. 타냐 루이스(Tanya Lewis)의 글, "연구 결과 공룡을 없앤 건 소행성이 아니라 혜성인 것으로 밝혀져", 「라이브 사이언스」, 2013년 3월 22일 참고. http://www.livescience.com/28127-dinosaur-extinction-caused-by-comet.html.

31 『전 지구적 재앙 위험』, ed. p. 52 중에서 크리스토퍼 윌스(Christopher Wills)의 글, "진화 이론과 인류의 미래" 참고.

32 『전 지구적 재앙 위험』, ed. p. 258 중에서 아넌 다(Arnon Dar)의 글, "초신성과 감마선 폭발, 태양 플레어, 우주 방사선이 지구 환경에 끼친 영향" 참고.

33 마이클 램피노, 위의 글 참고.

34 닐 디그래스 타이슨(Neil deGrasse Tyson)의 글, "소행성을 없애고 살아남을 수도 있다-그러나 쉽지 않을 전망", 『와이어드』, 2012년 4월 2일. https://www.wired.com/2012/04/opinion-tyson-killer-asteroids.

35 한 가지 재미있는 사실은 마틴 리스 경의 저서, 『우리의 마지막 시간: 어느 과학자의 경고』(Basic Books, 2003), p. 89에서 『전 지구적 재앙 위험』, ed. p. 215. 중에서 마이클 램피노의 글, "초화산, 그리고 재앙과 관련된 지구물리학적 현상" 참고.

36 타리크 말리크(Tariq Malik)의 글, "NASA, 지구에 위협이 될 수 있는 위험한 소행성 파악", Space.com, 2013년 8월 14일. http://www.space.com/22369-nasa-asteroid-threat-map.html.

37 "NASA 소행성 방어 프로그램, 감사 결과 부족한 점 드러나", 2014년 9월 15일. https://phys.org/news/2014-09-nasa-asteroid-defense-falls-short.html.

38 세라 티터톤(Sarah Tittertoon)의 글, "소행성과 지구 충돌 시 NASA가 조언하는 대응법: 기도하라", 「텔레그래프(Telegraph)」, 2013년 3월 20일. http://www.telegraph.co.uk/news/science/space/9943048/Nasas-advice-on-asteroid-hitting-Earth-pray.html.

39 개인적인 대화에서 들은 이야기다.

40 "지원금은 추가됐지만 진전은 없어: NASA 감사단, 소행성 추적 사업 질책", rt.com, 2014년 9월 16일. https://www.rt.com/usa/188036-nasa-watchdog-asteroid-program/.

41 닐 디그래스 타이슨, 위의 글.

10장

1 닉 보스트롬의 논문, "존재론적 위기: 인류 멸종 시나리오와 관련 위험", 『진화·기술 저널』 9, no. 1(2002).

2 "현대 기온 동향(The Modern Temperature Trend)", 미국 물리학회, 2015년 2월. http://history.aip.org/history/climate/20ctrend.htm.

3 에릭 모리스(Eric Morris)의 글, "말의 힘으로 마력이 만들어지기까지", 『액세스(Access)』 30(2007).

4 말의 분변으로 도시가 오염된 것은 잘 알려진 사실이다. 본 내용은 위 에릭 모리스의 글을 많이 참고하여 작성했다.

5 에릭 모리스, 위의 글.

6 랭든 위너(Langdon Winner)의 저서, 『자율적인 기술: 통제 범위를 벗어난 기술에 관한 정치적 논

의(Autonomous Technology: Technics-out-of-Control as a Theme in Political Thought)』(MIT Press, 1978), p. 97.

7 슬라보예 지젝(Slavoj Žižek)의 글, "아부그라이브 수용소를 잘 안다는 럼스펠드가 모르는 것", 「인디즈 타임스(In These Times)」, 2004년 5월 21일. http://www.lacan.com/zizekrumsfeld.

8 "인류 문명을 위협하는 열두 가지 위험", 글로벌 챌린지 재단, 2015년 2월, p. 20.

9 "전 지구적 관점에서 바라본 지구의 기후", 미국 항공우주국, 2015년 6월 17일 접속. https://climate.nasa.gov/nasa_science/history/

10 닉 보스트롬, 위의 논문.

11 닉 보스트롬, 위의 논문. 이러한 가능성을 따져보는 이유는 '새롭고 놀라운' 것, 누구도 예측할 수 없는 것을 찾아내기 위해서다.

12 종말 논법의 내용은 기본적으로 다음과 같다. 지금 바로 앞에 상자 두 개가 있고 그 안에 번호가 적힌 탁구공이 여러 개 들어 있다고 상상해보자. 상자 A에는 총 100개의 공이 있고 상자 B에는 10개의 공이 들어 있다. 여러분은 두 상자 중 어느 쪽에 공이 100개 들어 있고 어느 쪽에 10개 들어 있는지 알아내야 한다. 그래서 일단 상자 A에 손을 집어넣고 공을 하나 꺼냈는데 7이라는 숫자가 적혀 있다. 이 정보만으로 어떤 결론을 내려야 할까? 정답은 상자 A에는 공이 100개가 아닌 10개가 들어 있다고 보아야 한다는 것이다. 이제 내용을 바꿔서, 우주에 등장한 전체 인류의 수를 추정하는 두 가지 가설이 있다고 해보자. 가설 A는 인류가 멸망 전까지 총 2,000억 명이라 보고, 가설 B에서는 100조 명으로 추정한다. 미국 인구조회국의 자료(2011)에 따르면 지금까지 지구에 태어난 사람은 총 1,070억 명이다. 여러분이 이 두 가지 가설 중 하나를 선택해야 한다면, 어느 쪽을 택할 것인가? 당연히 가설 A가 정답일 가능성이 더 높다. 우리가 우주에 태어난 최초의 인류가 아닐 가능성도 매우 높고, 이 가설대로라면 지구 종말은 우리가 예상하는 것보다 더 가까이 다가왔다. 더 구체적으로는 개개인이 얼마나 비관적인가와 상관없이 모두가 '약간 더' 비관적으로 생각해야 한다는 것이 이러한 주장에 포함된다. 낙관주의자는 약간 덜 낙관적인 시각을 가져야 하고, 비관주의자는 좀 더 비관적으로 보아야 한다는 것이다. 1983년에 천체물리학자 브랜든 카터(Brandon Carther)가 처음 제안한 이 종말 논법은 존 레슬리가 『충격 대 예측 세계의 종말: 과학과 윤리학으로 본 인류의 멸종(The End of the World: the science and ethics of human extinction)』이라는 흥미로운 저서에서 더욱 발전시켰다. 조지 드보르스키(George Dvorsky)의 글, "종말 논법으로 인류의 생존 확률을 예측할 수 있을까?", io9, 2013년 4월 10일도 참고하기 바란다. http://io9.com/can-the-doomsday-argument-predict-our-odds-of-survival-472097460.

13 이 부분은 필자의 글, "멸종 가능성, 우리는 구조적 이유로 과소평가하고 있는지도 모른다"를 대부분 참고하여 작성했다. 첨단기술윤리연구소(IEET), 2015년 5월 27일. https://www.ieet.org/index.php/IEET2/more/torres20150526.

14 리처드 도킨스의 저서, 『에덴에서 흘러나온 강: 다윈주의적 관점으로 바라본 생명(River Out of Eden: A Darwinian View of Life)』(Weidenfeld & Nicolson, 1995).

11장

1 이것이 생물의 또 다른 유형과 관련 있다면, 트랜스휴머니즘으로 인한 인류 존재의 위기를 생각해 볼 수 있다. 트랜스휴머니즘이란 인간의 고유한 특성이 새롭고 '더 나은' 특성으로 바뀐 포스트휴

먼을 가리킨다(그러나 트랜스휴머니즘을 주장하는 학자들이 곧 인류 존재에 재앙이 될 사태를 실현시키기 위해 노력하는지 여부는 언급하지 않기로 하자). 실존 위기연구센터의 설명을 빌리자면, "존재론적 위기란 인류 전체의 존재를 위협하는 위기"이다.

2 크리스 무니(Chris Mooney)와 조비 워릭(Joby Warrick)의 글, "연구 결과, 남극 서쪽 지역 빙하 감소 경고", 「워싱턴 포스트」, 2014년 12월 4일. https://www.washingtonpost.com/national/health-science/research-casts-alarming-light-on-decline-of-west-antarctic-ice-sheets/2014/12/04/19efd3e4-7bbe-11e4-84d4-7c896b90abdc_story.html.

3 미국 항공우주국의 글, "남극 서부 빙상, '불안정' 상태: 기본 설명", 2014년 5월 12월. https://www.nasa.gov/jpl/news/antarctic-ice-sheet-20140512/.

4 "사라질지도 모르는 것들", 「뉴욕 타임스」, 2012년 11월 24일자. http://www.nytimes.com/interactive/2012/11/24/opinion/sunday/what-could-disappear.html?_r=0.

5 앤드루 레프킨(Andrew Revkin)의 글, "다음 빙하기는 언제 시작될까?". 「뉴욕 타임스」, 2003년 11월 11일. http://www.nytimes.com/2003/11/11/science/when-will-the-next-ice-age-begin.html.

6 "충돌하는 대륙들: 판게아 울티마", 미국 항공우주국, 2000년 10월 6일. https://www.science.nasa.gov/science-news/science-at-nasa/2000/ast06oct_1.

7 애덤 해드헤이지(Adam Hadhazy)의 글, "소설 속 사실: 낮이(그리고 밤도) 점점 길어지고 있다", 『사이언티픽 아메리칸』, 2010년 6월 14일. http://www.scientificamerican.com/article/earth-rotation-summer-solstice.

8 O. 네론 드 서지(O. Neron de Surgy)와 J. 라스카(J. Laskar)의 글, "지구의 회전과 장기적인 진화", 『천문학과 천문물리학(Astronomy and Astrophysics)』 318 (1997).

9 프레이저 케인(Fraser Cain)의 글, "우리 은하가 안드로메다와 충돌하면, 태양은 어떻게 될까?", 「유니버스 투데이(Universe Today)」, 2007년 5월 10일. https://www.universetoday.com/1604/when-our-galaxy-smashes-into-andromeda-what-happens-to-the-sun/.

10 천체물리학자 마이클 리치먼드(Michael Richmond)는 다음과 같이 설명했다. "지구가 태양 대기와 직접 접촉하지 않을 방법이 있다고 하더라도 죽음이 찾아오는 건 매한가지다. 태양의 빛이 수천 배까지 증가한 붉고 거대한 모습이 되어 지구 기온을 약 2,000켈빈(섭씨 약 1,730도)까지 높일 것이기 때문이다. 대기는 우주로 뿜어져 나오고 바다는 증발되고 육지 대부분이 녹아버릴 것이다.", "우주의 미래" 참고, 2015년 6월 17일 접속 기준. http://spiff.rit.edu/classes/phys240/lectures/future/future.html.

11 피터 워드(Peter Ward)와 도널드 브라운리(Donald Brownlee)의 저서, 『지구 행성의 삶과 죽음: 우주생물학의 새로운 지식은 세상 최후의 운명을 어떻게 전망하는가(The Life and Death of Planet Earth: How the New Science of Astrobiology Charts the Ultimate Fate of Our World)』(Times Books, 2003).

12 천문학자 로버트 스미스(Robert Smith)가 이 부분에 매우 유용한 의견을 제시해주었다.

13 K-P 슈뢰더(K-P Schroder)와 로버트 스미스의 글, "다시 보는 태양과 지구의 먼 미래", 『영국 왕립천문학회 월간보고(Monthly Notices of the Royal Astronomical Society)』 386, no. 1 (2008): pp. 155~163.

14 데니스 오버바이(Dennis Overby)의 글, "약 75억 9,000만 년 뒤에는 지구와 작별해야 한다", 「뉴욕 타임스」, 2008년 3월 11일. http://www.nytimes.com/2008/03/11/science/space/11earth.html .

15 데니스 오버바이, 위의 글.

16 미치오 가쿠(Michio Kaku)의 저서, 『평행 우주: 창조, 더 높은 차원을 지나온 여정, 그리고 우주의 미

래(Parallel Worlds: A Journey Through Creation, Higher Dimensions, and the Future of the Cosmos)』(Doubleday, 2005), p. 301.

17 프리먼 다이슨(Freeman Dyson)은 동면으로 이러한 상황에서 생존하는 방법을 연구해왔다. 그러나 로런스 크라우스(Lawrence Krauss)와 글렌 스타크먼(Glenn Starkman)은 다이슨의 주장이 틀렸다고 밝혔다. 미치오 가쿠, 위의 책, pp. 301~302.

18 미치오 가쿠, 위의 책 참고.

19 『스탠퍼드 철학 백과사전(The Stanford Encyclopedia of Philosophy)』(2015년 봄), ed. 에드워드 잘타(Edward Zalta) 중 브루스 웨버(Bruce Weber)의 글, "생명(Life)" 참고. https://plato.stanford.edu/entries/life/. 질병이 '항상성의 붕괴'로 정의되는 경우가 많은 것도 여기서 이야기하는 항상성이 엔트로피가 곧 엔트로피를 저지하려는 과정을 의미하기 때문이다.

12장

1 제프리 빙엄(Jeffrey Bingham)과 글렌 크레이더(Glenn Kreider)의 저서, 『세대주의와 구원의 역사: 전통의 발전과 다양화(Dispensationalism and the History of Redemption: A Developing and Diverse Tradition)』 (Moody Publishers, 출간 예정) ed. 중 마이클 스비젤(Michael Svigel)의 글, "일곱 시대에 관한 세대주의의 역사" 참고. 마이클 스비젤이 출판 전 초안을 내게 보내주었다.

2 존 왈부드(Johm Walvoord)의 글, "세대주의에 관한 소견(Reflections on Dispensationalism)", 2007년 7월 18일. http://walvoord.com/article/151.

3 존 왈부드, 위의 글.

4 "종말론의 저녁-존 파이퍼, 윌슨, 스톰스, 그리고 해밀턴", 유튜브 영상, 2011년 10월 19일 업로드. https://www.youtube.com/watch?v=W75bzrvJtLs.

5 부록 2에 보다 자세한 설명이 나와 있다.

6 "죽은 뒤에 무슨 일이 벌어질까?", 'Got Questions?' 사이트 게시 정보. https://www.gotquestions.org/what-happens-death.html.

7 '놀라운 진실(Compelling Truth)'이라는 사이트에 실린 기사에서는 이를 다음과 같이 설명한다. "첫 번째 세 가지, 즉 허물이 그치고 죄가 끝나고 죄악이 용서되는 것은 예수가 십자가에 희생되면서 달성되었으나 이스라엘 사람들에게는 그 결과가 아직 적용되지 않았다. 그리고 그다음 세 가지는 아직 한 번도 일어나지 않았으므로 우리는 70일 하고도 그 '일곱 번째 날'이 아직 오지 않았음을 알고 있다.", '놀라운 진실'의 기사 "종말의 환란이란 무엇인가?" 참고. https://www.compellingtruth.org/end-times-tribulation.html.

8 "환란이란 무엇인가? 환란이 7년간 계속된다는 것을 어떻게 알 수 있는가?" 'Got Questions?' 사이트 게시 정보. https://www.gotquestions.org/Tribulation.html.

9 위의 글.

10 "적그리스도는 누구인가?", 'Got Questions?' 사이트 게시 정보. https://www.gotquestions.org/antichrist.html.

11 "지금 우리는 종말의 시대를 살고 있는가?", 'Got Questions?' 사이트 게시 정보. https://www.gotquestions.org/living-in-the-end-times.html.

12 "틀린 종말을 이야기하는 선지자는 누구인가?", 'Got Questions?' 사이트 게시 정보. https://

www.gotquestions.org/false-prophet.html.

13 이레나이우스와 같은 초창기 주교는 이러한 차이를 인지했다.

14 '놀라운 진실'에 실린 "종말의 환란이란 무엇인가?"에도 비슷한 내용이 나온다. https://www.compellingtruth.org/end-times-tribulation.html.

15 위의 글, "종말의 환란이란 무엇인가?" 참고.

16 "틀린 종말을 이야기하는 선지자는 누구인가?", 'Got Questions?' 사이트 게시 정보. https://www.gotquestions.org/false-prophet.html.

17 'Got Questions?' 사이트의 시어 하우드먼(Shea Houdmann)이 이 점을 짚어주었다.

18 연대순으로 정리된 정보는 "종말에 무슨 일이 벌어지는가?"를 참고하기 바란다. 'Compelling Truth' 사이트 게시 정보. https://www.compellingtruth.org/end-times.html.

19 '놀라운 진실'의 기사, "종말의 환란이란 무엇인가?" 참고. https://www.compellingtruth.org/end-times-tribulation.html. 이 기사에서 일부 세대주의 신학자들은 이와 같은 예언이 세계 전체가 아니라 이스라엘의 땅과 지중해 주변 바다에 국한되어 발생한다고 해석한다.

20 "하느님이 이스라엘에 약속한 땅은 무엇인가?", 'Got Questions?' 사이트 게시 정보. https://www.gotquestions.org/Israel-land.html.

21 "천년왕국이란 무엇인가? 문자 그대로 해석해야 하는가?", 'Got Questions?' 사이트 게시 정보. http://www.gotquestions.org/millennium.html.

22 세대주의자들이 모두 팔레스타인 땅이 약속된 곳이라고 믿는 것은 아니라는 점을 유념해야 한다.

23 위의 글, "종말에 무슨 일이 벌어지는가?" 참고.

24 "밀레니엄/천년왕국이란 무엇인가?", 'Compelling Truth' 사이트 게시 정보. https://www.compellingtruth.org/millennium.html.

25 위의 글, "종말에 무슨 일이 벌어지는가?" 참고.

26 위의 글.

27 요한계시록 20장 14절.

28 위의 글, "종말에 무슨 일이 벌어지는가?" 참고.

29 마샤 헤르만센(Marcia Hermansen)이 (필자와의 개인적인 대화에서) 지적한 것처럼 이 일이 깨어나 있을 때 일어난 일일 가능성도 있다.

30 『위대한 코스(The Great Courses)』(Teaching Company, 2003) 중에서 존 에스포시토(John Esposito)의 글, "위대한 세계 종교: 이슬람" 참고.

31 위의 글.

32 사실 이것은 지나치게 단순한 생각임에도 모하메드뿐만 아니라 예수, 모세, 심지어 살아 있는 존재 전체에 적용된다. 최근에는 모하메드를 그린 여러 만화작가가 살해당하는 사건이 몇 차례 발생하였으나 과거에는 사실 그리 엄격하게 금지하지 않았다. 윌리엄 치티크(William Chittick)와 마샤 헤르만센이 이러한 내용을 짚어주었다.

33 존 에스포지토(John Esposito)의 저서, 『이슬람: 직선으로 뻗은 길(Islam: The Straight Path)』(Oxford University Press, 2011), p. 85 참고; 『위대한 코스』(Teaching Company, 2003) 중에서 존 에스포지토의 글, "위대한 세계 종교: 이슬람"도 함께 참고.

34 용어의 의미상으로 '시아(Shia)'는 '알리의 무리(party of Ali)'라는 표현에서와 같이 '무리'를 뜻한다. '시이트(Shiite)'는 이 무리의 일원을 가리킨다. 이 책에서는 알리의 무리를 의미하는 표현으로 '시

이트' 대신 더 간단한 '시아'를 사용했다.

35 론 기브스(Ron Geaves)의 저서, 『오늘날의 이슬람: 입문(Islam Today: An Introduction)』(Continuum International Publishing Group, 2010), pp. 23~24 참고.

36 마이크 슈스터(Mike Shuster)의 글, "시아파와 수니파 갈등의 기원" 참고, NPR, 2007년 2월 12일. http://www.npr.org/sections/parallels/2007/02/12/7332087/the-origins-of-the-shiite-sunni-split.

37 마이크 슈스터, 위의 글.

38 장피에르 필리유의 저서, 『이슬람의 종말(Apocalypse in Islam)』(University of California Press, 2011), p. 8 참고.

39 장피에르 필리유, 위의 책 참고.

40 론 기브스, 위의 책, p. 26 참고. 기브스는 이 책에서 다음과 같은 설명을 덧붙였다. "시아파는 알리를 칼리프의 지위가 '같은 집안사람'에게 전달된 최초의 칼리프로 보아야 마땅하다고 본다. 또한 알리는 선지자의 직계 후손이므로 모하메드의 영적인 능력과 권한의 일부가 신비롭게 남아 있는 혈통이 무슬림을 지배하게 되었다는 신학적, 정치적 입장을 수립했다(p. 24).

41 데이비드 쿡의 글, "시아 초승달 연대의 메시아 신앙(Messianism in the Shiite Crescent)", 허드슨연구소(Hudson Institute), 2011년 4월 8일 참고. https://hudson.org/research/7906-messianism-in-the-shiite-crescent.

42 윌리엄 치티크가 이 부분을 명확히 설명해주었다.

43 『옥스퍼드 종말론 입문(Oxford Handbook of Eschatology)』(Oxford University Press, 2008), ed. 제리 월스(Jerry Walls), p. 133 중 윌리엄 치티크의 글, "무슬림 종말론" 참고.

44 데이비드 쿡의 저서, 『종말에 관한 현대 무슬림 문헌』(Syracus University Press, 2005), p. 7 참고.

45 『케임브리지 컴패니언 시리즈, 전통 이슬람 신학(The Cambridge Companion to Classical Islamic Theology)』(Cambridge University Press, 2008), ed. 팀 윈터(Tim Winter), p. 310 중 마샤 헤르만센의 글, "종말론" 참고.

46 장피에르 필리유, 위의 책, p. 6 참고.

47 데이비드 쿡(2005), 장피에르 필리유(2011), 야시르 카디(Yasir Qadhi, 2009)의 설명을 참고했다. 이번 절의 내용 중 상당 부분을 이 세 사람의 자료 덕분에 채울 수 있었다. 야시르 카디의 2009년 강의 시리즈, "마디, 사실과 허구 사이에 놓인 존재"는 유튜브에서 확인할 수 있다. https://www.youtube.com/watch?v=1oCf7ae_kk.

48 이와 관련된 하디트의 내용은 다음과 같다. "선지자가 말씀하시기를, 만약 이 세상에 단 하루가 남게 된다면 알라께서 그날을 늘려(자이다[Za'idah]가 해석한 버전) 나에게 속한 사람, 혹은 나의 가족에게 속한 사람 중 아버지의 이름이 내 아버지의 이름과 같은 사람을 일으키리라. 그는 억압과 압제가 가득한 세상을 평등과 정의로 채울 것이다(피트르[Fitr]의 견해). 또한 수프얀(Sufyan)은 아랍인들이 내 가족의 사람 중 나와 이름이 같은 사람에게 지배받기 전까지는 세상에 끝이 오지 않는다고 해석한다. 아이들먼 스미스(Idleman Smith), 이본 야즈벡 하다드(Yvonne Yazbeck Haddad)의 책, 『죽음과 부활에 관한 이슬람의 시각(The Islamic Understanding of Death and Resurrection)』(Oxford University Press, 2002), p. 69도 참고하기 바란다.

49 이와 관련된 하디트의 내용은 다음과 같다. "선지자가 말씀하시기를, 마디는 나의 후손이며 넓은 이마와 툭 튀어나온 코를 가지고 있을 것이다. 그는 억압과 압제가 가득한 세상을 평등과 정의로 채

울 것이며, 70년간 통치할 것이다." 야시르 카디의 2009년 강의 참고.

50 데이비드 쿡의 저서, 『종말에 관한 현대 무슬림 문헌』(Syracus University Press, 2005), p. 128 참고.

51 이와 관련된 하디트의 내용은 다음과 같다. "선지자가 말씀하시기를, 마디는 나의 후손이며 넓은 이마와 툭 튀어나온 코를 가지고 있을 것이다. 그는 억압과 압제가 가득한 세상을 평등과 정의로 채울 것이며, 70년간 통치할 것이다." 아이들먼 스미스, 이본 야즈벡 하다드의 저서, 『죽음과 부활에 관한 이슬람의 시각』(Oxford University Press, 2002), p. 70도 참고하기 바란다.

52 야시르 카디의 2009년 강의 참고.

53 데이비드 쿡의 글, "시아 초승달 연대의 메시아 신앙" 참고. 이 글에서 쿡은 다음과 같이 설명했다. "고대 자료에서는 이 특별한 접경 지역, 즉 메카와 메디나 지역(성지순례 '하지'와 관련된 곳)이나 코라산(이란 동부와 아프가니스탄) 중 한 곳에서 마디가 나타날 것이라고 전한다. 마디와 관계있는 또 다른 후보지로는 그가 향후 수도로 삼는다는 쿠파(이라크 남부), 그리고 전통적으로 마디가 머무는 곳 또는 최소한 방문할 수 있는 곳으로 여겨지는 잠카란(Jamkaran, 이란 쿰 인근)을 꼽을 수 있다."

54 이 내용은 신빙성이 약한 하디트에 다음과 같이 나와 있다. "칼리프의 죽음과 메카로 넘어온 메디나 사람에 관한 사람들의 생각은 일치하지 않을 것이다. 메카 사람들 중 일부가 그를 찾아와 그가 바라지 않음에도 밖으로 나오도록 하여 검은 돌과 아브라함이 서 있던 곳(성소) 사이에서 충성을 서약한다. 시리아에서 그를 없애기 위한 군대가 파견되지만 메카와 메디나 사이 사막이 이들을 집어삼킨다. 사람들이 그 광경을 보게 되고, 시리아의 명망 있는 성인들과 이라크의 위대한 사람들이 그를 찾아와 검은 돌과 성소 사이에서 충성을 맹세한다." 장피에르 필리유 저서, 『이슬람의 종말』, p. 21 참고.

55 이와 관련된 하디트의 내용은 다음과 같다. "알라의 전령이시어, 어쩔 수 없이 이 군대에 참여해야만 했던 자들은 어찌합니까? 그러자 그가 대답했다. 그도 군대와 함께 가라앉을 것이나, 부활의 날 그가 품었던 의도에 따라 다시 일어날 것이다."

56 신빙성이 약한 하디트에 해당하며 자주 인용되는 내용이다. "우리가 알라의 전령과 함께 있을 때, 바누 하심(Banu Hashim) 가문의 젊은이 몇 명이 다가왔다. 그들을 보는 선지자의 눈에 눈물이 가득 고이고 안색이 변하였다. '우리가 보고 싶지 않아 하는 것이 여전히 보이십니까?' 내가 이렇게 묻자 그가 답하였다. '우리는 알라께서 장차 이 세상을 다스리도록 선택한 집안의 사람들이다. 내 집안의 사람들은 내가 없어지면 재앙을 맞이하고 축출되어 추방될 것이다. 동쪽에서 검은색 깃발을 든 사람들이 찾아와 선한 일을 요청할 것이나 원하는 것을 얻지 못하리라. 그들은 싸움에 나설 것이고 승리를 거두어 원하는 것을 얻을 것이나 인정받지 못하고 지도자의 자리를 내 집안의 사람에게 내어줄 것이다. 그리하여 불의로 가득하던 곳을 정의로 채우리라. 너희 중에 살아서 이를 보는 자가 있다면, 눈 위를 기어가는 한이 있더라도 그들에게 가도록 해야 할 것이다."

57 이와 관련된 하디트의 내용은 다음과 같다. "마지막 시대에는 재산을 나누어주지만 셈하지 않는 칼리프가 있을 것이다."

58 장피에르 필리유의 저서, 『이슬람의 종말』, p. 14에서 인용.

59 이와 관련된 하디트의 내용을 인용하면 다음과 같다. "우리가 마지막 시간에 대해 이야기하고 있을 때, 선지자께서 방 밖으로 내다보며 말씀하셨다. '마지막 시간은 열 가지 징조가 나타나기 전에는 시작되지 않으리라. 다잘(적그리스도), 연기, 그리고 해가 서쪽에서 떠오르는 것이 그러한 징조이다."

60 야시르 카디의 2009년 강의 참고.

61 이와 관련된 하디트 전문은 다음과 같다. "선지자가 (적그리스도에 대해) 말씀하시기를, 그는 눈이 하나이며 오른쪽 눈이 포도처럼 튀어나와 있다고 하셨다."

62 데이비드 쿡의 저서, 『종말에 관한 현대 무슬림 문헌』, p. 9 참고.

63 신빙성 있는 하디트에 해당되는 부분으로 그 내용은 다음과 같다. "그는 지상에 얼마나 머무릅니까? 우리가 묻자 그가 답하였다. 40일간 머물 것이며 하루는 1년처럼, 하루는 한 달처럼, 하루는 일주일처럼 흐르고 나머지는 너희들의 날과 같이 흐를 것이다."

64 야시르 카디의 2009년 강의 참고.

65 신빙성 있는 하디트에 해당되는 부분으로 그 내용은 다음과 같다. "마지막 시간이 찾아오면 콘스탄티노플이 정복당할 것이다." 또 다른 하디트에는 다음과 같은 설명이 나온다. "메디나가 무너지면 예수살렘이 번성하고, 대전쟁이 벌어지면 메디나가 무너지고, 대전쟁은 콘스탄티노플이 정복당하면 발발하고, 콘스탄티노플은 다잘이 나타나면 정복된다."

66 이와 관련된 하디트의 내용은 다음과 같다. "너희가 들은 것과 같이, 이 도시의 한쪽에는 육지가 있고 한쪽에는 바다가 있다(콘스탄티노플). 그러자 사람들이 말하였다. '알라의 전령이시여, 과연 그렇습니다.' 그러자 그가 이야기했다. 최후의 시간은 이삭의 자손(Bani Ishaq) 7만 명이 이곳을 공격하기 전까지는 찾아오지 않을 것이다. 이 도시에 당도한 그 자손들은 무기로 싸우지 않고 화살세례도 퍼붓지 않는다. 다만 이렇게 말할 뿐이다. '알라 외에 신은 없고 알라가 가장 위대하다.' 그러면 도시의 한쪽이 무너진다. 타우르(Thaur, 화자 중 한 사람)는 그가 말한 곳이 바다와 면한 쪽이라 생각한다고 밝혔다. 그러면 자손들은 두 번째로 소리칠 것이다. '알라 외에 신은 없고 알라가 가장 위대하다.' 그러면 문이 열리고 이들이 그 안으로 들어간다. 전리품을 모아 서로 나누어 갖고 있을 때 어디선가 소리가 들려온다. '정말로 다잘이 찾아왔구나. 그러니 너희는 모든 것을 그냥 두고 돌아가라.'"

67 데이비드 쿡의 저서, 『종말에 관한 현대 무슬림 문헌』, p. 133 참고.

68 장피에르 필리유의 저서, 『이슬람의 종말』, p. 16.

69 이와 관련된 하디트의 내용은 다음과 같다. "페르시아산 숄을 두른 이스파한의 유대인 7만 명이 다잘을 따를 것이다."

70 이와 관련된 하디트의 내용은 다음과 같다. "나의 영혼이 신의 손에 있나니! 이븐 마르얌(마리아의 아들, 즉 예수)이 곧 너희에게 내려와 공정하게 판결을 내릴 것이다. 그가 십자가를 부수고 돼지를 죽이고 지즈야(무슬림이 아닌 자들)를 없애리니, 부가 너무나 풍족하여 더 받으려는 자가 없으리라."

71 장피에르 필리유의 저서, 『이슬람의 종말』, p. 17.

72 장피에르 필리유, 위의 책.

73 이와 관련된 하디트의 내용은 다음과 같다. "곡과 마곡의 사람들이 자유를 찾아 알라께서 말씀하신 것과 같이 '곳곳에서 갑자기 나타나 맹렬히 몰려들더니' 온 땅으로 퍼져나간다. 무슬림들이 이들을 피해 달아나고 나머지 무슬림들은 도시와 요새에 키우던 가축들과 함께 지낸다. 어느 강을 지나다 강물을 마시고 뒤에 아무런 흔적도 남기지 않았으나 발자국을 마지막까지 쫓아온 곡과 마곡의 사람들 중 한 명이 '한때 이곳에 물이 있었다'고 말하리라. 이들이 온 땅에서 기세를 펼치고, 그 우두머리가 말하기를 '이들은 땅의 사람들이고 우리가 그들을 없앴다. 이제 하늘의 사람들과 싸우자!' 그러자 무리 중 하나가 창을 하늘로 던지는데 그 창은 피가 묻은 채로 돌아오리라. 그러자 이들이 말하기를, '우리가 하늘의 사람들을 죽였다.' 이들이 기뻐하는 사이 알라께서 양의 코에서 나타나는 벌레와 같은 벌레를 보내시고 이 벌레가 이들의 목을 뚫고 들어가자 모두 죽고 메뚜기처럼 차곡차곡 쌓이리라. 아침이 되어 무슬림들은 그 무리의 소리가 들리지 않자 '누가 알라를 대신하여 영혼을 팔고 저들이 무엇을 하고 있는지 알아볼 것인가?' 하고 묻는다. 한 사람이 죽임을 당할 각오를 하고 밖으로 나갔다가 죽은 것을 발견하고 외치리라. '적들이 죽었으니 이 얼마나 기쁜 일인가!' 사

람들은 밖으로 나와 가축을 풀어주지만 자신의 살 외에는 뜯어먹을 풀이 하나도 없다. 그러나 가축들은 여태 한 번도 본 적 없는 최고의 목초지에서 풀을 뜯은 것처럼 살이 오를 것이다."

74 데이비드 쿡의 저서, 『종말에 관한 현대 무슬림 문헌』, p. 10 참고.

75 이와 관련된 하디트의 내용은 다음과 같다. "알라의 전령이 말씀하시길, 에티오피아에서 온 (다리가 가는) 둘수와이콰타인(Dhul-Suwayqatayn)이 카바를 파괴할 것이다." 장피에르 필리유의 저서, 『이슬람의 종말』, p. 15도 참고하기 바란다.

76 아이들먼 스미스와 이본 야즈벡 하다드의 저서, 『죽음과 부활에 관한 이슬람의 시각』(Oxford University Press, 2002), p. 71 참고.

77 위의 책, p. 71 참고.

78 위의 책, pp. 78~79 참고.

79 우연히도 오사마 빈 라덴의 이름 중 '빈(bin)'이 이와 뜻이 동일하다. 즉 "라덴의 아들 오사마"라는 뜻이다.

80 데이비드 쿡의 글, "시아 초승달 연대의 메시아 신앙", 허드슨 연구소, 2011년 4월 11일. http://www.hudson.org/research/7906-messianism-in-the-shiite-crescent.

81 장피에르 필리유의 저서, 『이슬람의 종말』, p. 26.

82 데이비드 쿡, 위의 글. 장 피에르 필리유, 위의 책, p. 27도 함께 참고하기 바란다.

83 데이비드 쿡, 위의 글; http://www.hudson.org/research/7906-messianism-in-the-shiite-crescent.

84 장피에르 필리유의 저서, 『이슬람의 종말』, p. 27.

85 위의 책, p. 25.

86 위의 책, p. 25.

87 데이비드 쿡, 위의 글.

88 야시르 카디의 2009년 강의 참고.

89 이 단락은 장피에르 필리유의 글, "정치적 마디 존재설의 귀환"을 참고했다. 허드슨연구소, 2009년 5월 21일. https://hudson.org/research/9891-the-return-of-political-mahdism-. 데이비드 쿡, 위의 글도 함께 참고하기 바란다.

90 장피에르 필리유, 위의 책, p. 28.

91 장피에르 필리유, 위의 책, p. xi.

13장

1 찰스 타운센드의 글을 옮기면 다음과 같다. "1980년대의 테러는 몇몇 극단적인 혁명가와 너무나 유명한 국수주의자들이 벌인 일이었다. 그러나 10년 동안 이러한 양상은 크게 바뀌었다. 1990년대 말에 실시된 주요 조사에서는 '종교적인 이유로 발생하는 테러는 오늘날 테러에서 나타나는 가장 뚜렷하고 중요한 특성'이라는 결과가 도출되기도 했다. 미국 대학에서 활용하는 테러리즘 관련 교과서의 한 저자도 '종교에 대한 광신'을 테러리스트의 활동 동기 중 최우선 요소로 명시했다. 공식적인 평가에도 이러한 흐름이 담겨 있다. 예를 들어 캐나다 안보정보청(canadian security intelligence service)이 발표한 2000년 공공보고서에는 '현재 일어나는 테러의 주된 원인은 이슬람의 종교적 극단주의'라는 설명이 나와 있다. 미국 국무부도 종교와 정치의 방향이 동일하다는 입

장을 고수하고 있다. 국무부의 자료「전 세계 테러의 양상(Patterns of Global Terrorism)」에는 정치적 이유가 주를 이루던 테러가 종교나 이데올로기로 인한 테러의 비율이 늘어나는 변화가 나타나고 있다는 사실이 명시되어 있다." 찰스 타운센드의 저서,『테러리즘: 아주 간단한 입문(Terrorism: A Very Short Introduction)』(Oxford University Press, 2011), pp. 97~98 참고.

2 말리스 루트벤(Malise Ruthven)의 글, "지도로 표시한 ISIS의 증오",『뉴욕 리뷰 오브 북스(New York Review of Books)』, 2014년 6월 25일. http://www.nybooks.com/daily/2014/06/25/map-isis-hates/.

3 연구 결과 "소위 '외로운 늑대'로 불리는 사람들이 전체는 아니지만 상당수가 실제 진단이 가능한 정신질환을 앓고 있다"는 흥미로운 결과도 있다. 캐스린 세이페르트(Kathryn Seifert)의 글, "외로운 늑대로 불리는 테러리스트와 정신질환" 참고,「사이콜로지 투데이(Psychology Today)」, 2015년 1월 20일. https://www.psychologytoday.com/blog/stop-the-cycle/201501/lone-wolf-terrorists-and-mental-illness.

4 제시카 스턴(Jessica Stern)과 J. M. 버거(J. M. Berger)의 저서,『ISIS: 테러 국가(ISIS: The State of Terror)』(HarperCollins, 2015), p. 225.

5 제리 월스,『옥스퍼드 종말론 입문서』(2008), ed. p. 10.

6 장피에르 필리유의 저서,『이슬람의 종말』(University of California Press, 2011), p. xx.

7 매슈 샤프의 글, "종말론, 그리고 '종교의 귀환'",『아레나 저널(Arena Journal)』39, no. 40(2012).

8 토니 캠폴로(Tony Campolo)의 글, "기독교 시온주의의 이데올로기적 근원",『티쿤(Tikkun)』20, no. 1(2005).

9 도널드 와그너(Donald Wagner)는 이와 관련해 다음과 같이 밝혔다. "그 유명한 1917년 밸푸어 선언의 주인공인 아서 밸푸어 경과 영국 총리였던 데이비드 로이드조지(David Lloyd George)는 제1차 세계 대전이 끝날 무렵 영국 외교에 가장 큰 영향력을 발휘한 인물이다. 이 두 사람 모두 크면서 세대주의 신학 계열의 교회를 다니고 '성경'과 식민지주의적 관점을 이유로 들면서 시온주의의 목표를 공적으로 실행했다." "복음주의와 이스라엘: 정치적 연대의 신학적 뿌리" 참고,「크리스천 센추리(Christian Century)」, 1998년 11월 4일, pp. 1020~1026.

10 샘 해리스(Sam Harris)의 저서,『종교의 종말(The End of Faith)』(Norton, 2005), p. 153.

11 스티븐 스펙터(Stephen Spector)가 자신의 저서에 나온 이 내용을 내게 짚어주었다(개인적인 대화에서).『복음주의와 이스라엘: 미국 기독교 시온주의의 이야기(Evangelicals and Israel: The Story of American Christian Zionism)』, p. 27 참고.

12『잘못 인용된 예수: 성경을 바꾼 존재에 관한 뒷이야기와 이유(Misquoting Jesus: The Story Behind Who Changed the Bible and Why)』(HarperCollins, 2005), p. 12, 바트 어먼의 글을 참고했다.

13 토니 캠폴로의 글, "기독교 시온주의의 이데올로기적 근원",『티쿤』20, no. 1(2005).

14 마이클 셀스(Michael Sells),『옥스퍼드 종교와 폭력에 관한 입문(Oxford Handbook of Religion and Violence)』(Oxford University Press, 2013), ed. 마크 위르겐스마이어, 마고 키츠(Margo Kitts), 마이클 제리슨(Michael Jerryson), p. 475.

15 루이스 제이컵슨(Louis Jacobson)의 글, "행정부의 역할은 합의조건을 지키는 것" 참고.「폴리티팩트(Politifact)」, 2012년 2월 1일. http://www.politifact.com/truth-o-meter/promises/obameter/promise/133/provide-30-billion-over-10-years-to-israel/.

16 대니얼 쇼어(Daniel Schorr)의 글, "레이건의 입장 철회: 아마겟돈에서 데탕트까지" 참고,「로스

앤젤레스 타임스』, 1988년 1월 3일. http://articles.latimes.com/1988-01-03/opinion/op-32475_1_president-reagan.

17 하워드 러바인(Howard Levine), 대니얼 제이컵스(Daniel Jacobs), 로웰 루빈(Lowell Rubin)의 저서, 『심리 분석과 핵 위협: 임상학적, 이론적 연구(Psychoanalysis and the Nuclear Threat: Clinical and Theoretical Studies)』(Analytic Press, 1988), ed. 중 한나 시걸(Hanna Segal)의 글, "침묵이 진짜 범죄다" 참고. p. 42.

18 샘 해리스의 저서, 『종교의 종말』(Norton, 2005), p. 153.

19 제리 월스의 저서, 『옥스퍼드 종말론 입문』(2008), ed. p. 14 중 제리 월스의 "머리말".

20 맥스 블루멘털(Max Blumenthal)의 글, "새로운 기독교 시온주의, 탄생의 고통" 참고. 『네이션(Nation)』, 2006년 8월 14일. https://www.thenation.com/article/birth-pangs-new-christian-zionism/.

21 미국 전국교회협의회의 글, "기독교 시온주의에 대한 의견". http://www.nationalcouncilofchurches.us/common-witness/2007/christian-zionism.php.

22 스티븐 스펙터의 저서, 『복음주의와 이스라엘: 미국 기독교 시온주의의 이야기』(Oxford University Press, 2009), p. 57 참고.

23 캐서린 웨싱거(Catherine Wessinger)의 저서, 『옥스퍼드 천년왕국설 입문(The Oxford Handboopk of Millennialism)』(Oxford University Press, 2009), ed. 중 글렌 셕(Glenn Shuck)의 글, "기독교 세대주의" 참고. p. 525.

24 더 최근의 상황을 반영하기 위해 신도 수를 조정했다. 술로메 앤더슨(Sulome Anderson)의 글, "FP 50: 외교 분야에서 가장 영향력 있는 공화당원 50인" 참고. 『외교 정책(Foreign Policy)』, 2012년 8월 24일. http://foreignpolicy.com/2012/08/24/the-fp-50-2/.

25 맥스 블루멘털, 위의 글.

26 해기 목사는 나중에 이 발언에 대해 '유대인 비방 대응연맹(Jewish Anti Defamation League)'에 사과했다.

27 "녹취록", 『빌 모이어 저널(Bill Moyers Journal)』, 2007년 10월 5일. http://www.pbs.org/moyers/journal/10052007/transcript1.html.

28 존 하기의 글, "다가오는 신성 전쟁", 『카리스마 매거진(Charisma Magazine)』. http://www.charismamag.com/blogs/431-j15/features/israel-the-middle-east/1818-the-coming-holy-war.

29 애슐리 킬로우(Ashley Killough)의 글, "바크만, 크리스마스 파티에서 오바마에게 이란 폭탄 투하 제의", CNN, 2014년 12월 22일. http://edition.cnn.com/2014/12/12/politics/bachmann-bomb-iran

30 "바크만: 지금이 종말입니다, 고마워요 오바마", 「라이트 윙 워치(Right Wing Watch)」, 2015년 4월 13일. http://www.rightwingwatch.org/post/bachmann-end-times-are-here-thanks-obama/.

31 "녹취록", 「빌 모이어스 저널」, 2007년 10월 5일. http://www.pbs.org/moyers/journal/10052007/transcript1.html.

32 폴 보이어의 글, "존 다비와 사담 후세인의 만남: 외교 정책과 성경의 예언", 『더 크로니클 오브 하이어 에듀케이션(Chronicle of Higher Education)』 49, no. 23(2003).

33 마리엄 카로니(Mariam Karouny)의 글, "종말에 관한 예언, 시리아에서 종말을 위해 싸우는 양쪽 모

두에게 동기 부여" 참고, 「로이터」, 2014년 4월 1일. http://www.reuters.com/article/us-syria-crisis-prophecy-insight-idUSBREA3013420140401; 필리유는 저서, 『이슬람의 종말』(2011)에서 이를 다음과 같이 설명했다. "종말이 임박했다는 이 같은 생각은 2003년 미국의 이라크 침공 이후 더욱 악화되었다. 또한 시아파의 메시아 신앙에도 새로운 활기를 불어넣었다."

34 스펜서 애커먼(Spencer Ackerman)의 글, "미 국방부 고위 장교, ISIS가 믿는 '종말'은 우리가 상상할 수 있는 범위를 넘어", 「가디언」, 2014년 8월 22일. https://www.theguardian.com/world/2014/aug/21/isis-us-military-iraq-strikes-threat-apocalyptic.

35 스콧 발도프(Scott Baldauf)의 글, "'동굴인'과 알카에다", 「크리스천 사이언스 모니터(Christian Science Monitor)」, 2001년 10월 31일. http://www.csmonitor.com/2001/1031/p6s1-wosc.html.

36 피터 초크(Peter Chalk)의 저서, 『테러리즘 백과사전(Encyclopedia of Terrorism)』 1권, (ABC-CLIO), p. 469.

37 리즈 슬라이(Liz Sly)의 글, "알카에다, 시리아, 이라크 급진 이슬람주의 ISIS 그룹과의 연계성 부인", 「워싱턴 포스트」, 2014년 2월 3일. https://www.washingtonpost.com/world/middle_east/al-qaeda-disavows-any-ties-with-radical-islamist-isis-group-in-syria-iraq/2014/02/03/2c9afc3a-8cef-11e3-98abfe5228217bd1_story.html.

38 그레임 우드의 글, "ISIS가 진정 원하는 것", 『애틀랜틱(Atlantic)』, 2015년 3월. https://www.theatlantic.com/magazine/archive/2015/03/what-isis-really-wants/384980/.

39 매들린 그랜트(Madeline Grant)의 글, "설문조사 결과 프랑스 국민 16%가 ISIS 지지", 『뉴스위크(Newsweek)』, 2014년 8월 26일. http://www.newsweek.com/16-french-citizens-support-isis-poll-finds-266795; "영국 설문조사 결과 150만 명이 ISIS 지지", 「클라리온 프로젝트(Clarion Project)」, 2015년 7월 8일. http://www.clarionproject.org/news/uk-poll-shows-15-million-isis-supporters-britain.

40 "CIA 국장, ISIS '눈덩이처럼 커져'", 폭스 뉴스(Fox News), 2015년 3월 14일. http://www.foxnews.com/politics/2015/03/14/reports-success-against-isis-overinflated.html.

41 피터 버겐(Peter Bergen)의 글, "ISIS 전 세계로 확장", CNN, 2015년 3월 8일. http://www.cnn.com/2015/03/08/opinions/bergen-isis-boko-haram/index.html.

42 "이슬람국가(전문)", 「바이스 뉴스(Vice News)」, 2014년 8월 14일 발행.

43 그레임 우드, 위의 글.

44 그레임 우드와의 인터뷰에서 나온 내용이다. 그는 이와 함께, 마지막 칼리프는 마디가 될 것이라고 언급했다. "이슬람국가에 관한 저널리스트 그레임 우드의 생각: 바이스 뉴스의 취재" 참고. 「바이스 뉴스」, 2014년 11월 7일 발행. https://www.youtube.com/watch?v=AUjHb4C7b94.

45 윌리엄 매칸츠(William McCants)의 글, "시리아 북부에서 종말의 마지막 결전이 벌어진다는 ISIS의 환상", 브루킹스연구소, 2014년 10월 3일. http://www.brookings.edu/blogs/markaz/posts/2014/10/03-isis-apocalyptic-showdown-syria-mccants.

46 그레임 우드의 글, "ISIS가 진정 원하는 것", 『애틀랜틱』, 2015년 3월. https://www.theatlantic.com/magazine/archive/2015/03/what-isis-really-wants/384980/에서 발췌.

47 사바 아부 파르하(Sab Abu Farha)의 글, "파일럿의 죽음에도 불구하고 많은 요르단인들이 ISIL 지지", 「USA 투데이(USA Today)」, 2015년 2월 8일. http://www.usatoday.com/story/news/world/2015/02/08/jordan-islamic-state-support/22988539.

48 윌리엄 매칸츠, 위의 글.

49 데이비드 쿡은 무슬림 종말론자들이 대체로 "이상적인 국가를 되찾고 무슬림 공동체[움마]에 정의가 실현될 수 있는 유일한 방법은 폭력적인 사건을 통해 공동체를 정화하여 초점을 내부의 적에서 외부의 적으로 돌리는 것"이라 믿는다고 설명했다. 데이비드 쿡의 글, "수니파와 시아파의 종말 시나리오에서 이야기하는 마디의 재림과 메시아적 미래 국가" 참고. 네헤미아 레프지온 이슬람 연구 센터(Nehemia Levtzion Center for Islamic Studies), p. 5.
http://www.hum.huji.ac.il/upload/_FILE_1415823040.pdf.

50 알렉산더 세머(Alexander Sehmer)의 글, "인도, ISIS가 파키스탄에서 핵무기 마련할 수 있다고 경고", 「인디펜던트」, 2015년 5월 31일. http://www.independent.co.uk/news/world/asia/india-warns-isis-could-obtain-nuclear-weapon-from-pakistan-10287276.html; "NTI 핵물질 안보 지표", 핵위협안보구상, 2014년 1월. http://www.ntiindex.org/wp-content/uploads/2014/01/2014-NTI-Index-Report1.pdf. 미국은 이 자료에서 11위에 올라 있다.

51 다미엔 매켈로이(Damien McElroy)의 글, "이슬람국가, 선페스트를 전쟁 무기로 활용할 방안 연구 중", 「텔레그래프」, 2014년 8월 29일. http://www.telegraph.co.uk/news/worldnews/middleeast/iraq/11064133/Islamic-State-seeks-to-use-bubonic-plague-as-a-weapon-of-war.html.

52 위의 글.

53 민주주의의 요소도 몇 가지 포함되어 있다.

54 데이비드 쿡의 글, "시아 초승달 연대의 메시아 신앙", 허드슨연구소, 2011년 4월 8일 참고. https://hudson.org/research/7906-messianism-in-the-shiite-crescent.

55 폴 휴스(Paul Hughes)의 글, "이란 대통령의 종교적 견해에 관심 쏠려", 「워싱턴 포스트」, 2005년 11월 17일. http://www.washingtonpost.com/wp-dyn/content/article/2005/11/18/AR2005111801625_pf.html.

56 장피에르 필리유의 저서, 『이슬람의 종말』(2011), p. 8 참고.

57 골나즈 에스판디어리(Golnaz Esfandiari)의 글, "이란: 대통령이 UN 연설 중 빛이 자신을 감쌌다고 밝혀", Radio Free Europe, Radio Libery, 2005년 11월 29일. http://www.rferl.org/a/1063353.html.

58 릭 글래드스톤(Rick Gladstone)의 글, "이란 대통령, 이스라엘을 '인류의 모욕'이라 칭해", 「뉴욕 타임스」, 2012년 8월 17일. http://www.nytimes.com/2012/08/18/world/middleeast/in-iran-ahmadinejad-calls-israel-insult-to-humankind.html.

59 엘리엇 C. 매클러플린(Eliot C. McLaughlin)의 글, "이란 최고지도자: 25년 내에 이스라엘 같은 곳은 사라질 것", 2015년 9월 10일. http://edition.cnn.com/2015/09/10/middleeast/iran-khamenei-israel-will-not-exist-25-years.

60 레자 카흐릴리(Reza Kahlili)의 글, "이란 새 대통령, '메시아'에 승리 감사인사 돌려", WorldNetDaily, 2013년 6월 23일. http://www.wnd.com/2013/06/new-iran-president-thanks-messiah-for-victory/.

61 가라지는 다음과 같이 덧붙였다. "공적인 문서가 없고 이러한 추종자들은 책을 집필하거나 기사를 쓸 능력을 갖추지 못했으므로 이러한 견해에는 모호한 부분이 많다." 패트릭 클로슨(Patrick Clawson)과 마이클 아이젠슈타트(Michael Eisenstadt)의 저서, 『아야톨라를 단념시키려면: 냉전 전

략을 이란에 적용할 때 발생하는 문제(Deterring the Ayatollahs: Complications in Applying Cold War Streategy to Iran)』(Washington Institute for Near East Policy, 2007)에 실린 마이클 메디 가라지의 글, "종말의 비전과 이란의 안보 정책" 참고.

62 "이란, 핵 비밀유지에 관한 방어", 「글로벌 시큐리티 뉴스와이어(Global Security Newswire)」, 2007년 4월 2일. http://www.nti.org/gsn/article/iran-defends-nuclear-secrecy/.

63 에르네스토 론도노(Ernesto Londoño)와 카렌 디영(Karen DeYoung)의 글, "미국 군장성들, 미군에 대한 이라크 신규 제제조치 우려", 「워싱턴 포스트」, 2009년 7월 18일. http://www.washingtonpost.com/wp-dyn/content/article/2009/07/17/AR2009071703634.html.

64 제러미 다이아몬드(Jeremy Diamond)의 글, "퍼트레이어스: 장기적인 초대형 위협 요소, ISIS 아니야", CNN, 2015년 3월 21일. http://www.cnn.com/2015/03/20/politics/petraeus-greatest-threat-iraq-isis-shiite-militias.

65 마리엄 카라우니(Mariam Karouny)의 글, "종말을 이야기하는 선지자들, 시리아 종말 전쟁에서 양쪽 모두를 이끌다", 「로이터」, 2014년 4월 1일. http://www.reuters.com/article/us-syria-crisis-prophecy-insight-idUSBREA3013420140401. J. M. 버거(J. M. Berger)가 이메일로 이 내용을 알려주었다.

66 제프리 골드버그(Jeffrey Goldberg)의 글, "네타냐후, 오바마, 그리고 '메시아를 향한 종말의 광기'와 맞서다", 『애틀랜틱』, 2015년 3월 3일. https://www.theatlantic.com/international/archive/2015/03/netanyahu-vs-a-messianic-apocalyptic-cult/386650/.

67 토머스 에르드브링크(Thomas Erdbrink)의 글, "수많은 이란인들, ISIS가 미국의 발명품이라는 '증거' 명백하다고 본다", 「뉴욕 타임스」, 2014년 9월 10일.

68 누르 마살라(Nur Masalha)는 다음과 같이 밝혔다. "메시아 신앙을 믿는 시온주의자들은 '비유대인들'과 예루살렘을 두고 갈등을 빚거나 그들과 전쟁을 벌이는 일이 '그들에게 이로운 일'이라 생각한다. 그러한 충돌이 구세주의 구원을 앞당길 것이라 믿기 때문이다. 유대인은 신에게 '선택된 민족'이라는 우월주의를 수용하고 이스라엘은 신성한 민족의 땅이라 믿으면서 메시아 사상에 심취한 랍비들에게는 팔레스타인 토착민들도 불법 점유자 내지는 무단 점거자이며 메시아의 구원 과정에 위협이 되는 존재일 뿐이다. 그들이 가진 인권과 시민권은 신의 계획과 침략, 인종 청소, '약속된 땅'의 소유와 정착으로 정리할 수 있는 신성한 신의 계율과도 맞지 않는 것으로 치부된다. 누르 마살라의 저서, 『시온주의 성경: 성경에 나온 선례, 식민주의, 그리고 기억의 삭제(The Zionist Bible: Biblical Precedent, Colonialism and the Erasure of Memory)』(Routledge, 2014), p. 200 참고. 마크 위르겐스마이어의 저서 『신이 생각하는 테러: 종교적 폭력사태의 세계적인 증가』(University of California Press, 2001), p. 150도 함께 참고하기 바란다. 루이 서룩스(Louis Theroux)의 2011년 BBC 다큐멘터리 〈초시온주의자들(The Ultra Zionists)〉에서도 유대인 극단주의자들에 관한 흥미로운 이야기를 접할 수 있다.

69 종말론의 충돌에 관한 훌륭한 자료이자 쉽게 이해할 수 있는 분석 결과로는 폴 보이어의 글, "예정된 미래: 아브라함 지역 전체가 생각하는 종말론"을 참고하기 바란다. 『헤지호그 리뷰(Hedgehog Review)』 10, no. 1(2008).

70 제이슨 팔머(Jason Palmer)의 글, "연구 결과, 9개국에서 종교 사라질 가능성", BBC, 2011년 3월 22일. http://www.bbc.com/news/science-environment-12811197.

71 대니얼 버크(Daniel Burke)의 글. "세계에서 가장 빠른 속도로 성장하는 종교는…", CNN, 2015년 4

월 3일. http://edition.cnn.com/2015/04/02/living/pew-study-religion.

72 "미국 에너지위원회 의장 후보자, '하느님이 노아에게 하신 약속을 생각해보면 지구 온난화 때문에 지구가 파괴될 일 없다'고 밝혀", 「데일리 메일」, 2010년 11월 10일. http://www.dailymail.co.uk/news/article-1328366/John-Shimkus-Global-warming-wont-destroy-planet-God-promised-Noah.html.

73 퓨리서치센터의 글, "종말에 대한 믿음과 현실", 2011년 6월 22일. http://www.pewforum.org/2011/06/22/global-survey-beliefs/.

74 프랭크 뉴포트(Frank Newport)의 글, "종교, 이스라엘에 대한 미국 원조에 큰 역할", 갤럽(Gallup). http://www.gallup.com/poll/174266/religion-plays-large-role-americans-support-israelis.aspx.

75 러스 브라운(Ruth Brown)의 글, "여론조사 결과: 국민 13%는 오바마를 적그리스도로, 29%는 외계인이라 생각", 「USA 투데이」, 2013년 4월 3일. http://www.usatoday.com/story/news/nation/2013/04/03/newser-poll-conspiracy-theories/2049073.

76 퓨리서치센터의 글, "3장: 신조", 2012년 8월. http://www.pewforum.org/2012/08/09/the-worlds-muslims-unity-and-diversity-3-articles-of-faith/.

14장

1 닉 보스트롬의 글, "존재론적 위기 예방, 전 지구적 우선순위", 『세계 정책(Global Policy)』 4. no. 1 (2013). http://www.existential-risk.org/concept.pdf.

2 "러셀-아인슈타인 선언문", 1955년 7월 9일. https://pugwash.org/1955/07/09/statement-manifesto/.

3 내 첫 번째 저서인 『신앙의 위기(A Crisis of Faith)』(Dangerous Little Books, 2012)에서 이 문장을 인용한 후, 나는 마틴 리스 경의 책, 『우리의 마지막 시간(Our Final Hour)』 (Basic Books, 2003)에서도 이 내용이 비슷한 맥락으로 인용된 것을 발견했다. 순전히 우연하게 일어난 일이지만, 이 점을 밝혀두어야겠다는 의무감에 이렇게 알린다.

4 "스턴 리뷰: 기후 변화의 경제학", 2015년 6월 18일. http://www.wwf.se/source.php/1169157/Stern%20Report_Exec%20Summary.pdf.

5 앤더스 샌드버그와 닉 보스트롬의 글, "전 세계 재앙적 위기에 관한 조사", 인류미래연구소, 2008년. https://www.fhi.ox.ac.uk/reports/2008-1.pdf.

6 닉 보스트롬의 글, "존재론적 위기: 인류 멸종 시나리오와 관련 위험성에 관한 분석", 『진화·기술 저널』 9, no. 1 (2002).

7 마틴 리스, 『우리의 마지막 시간: 어느 과학자의 경고』 참고(Basic Books, 2003).

8 랭던 위너(Langdon Winner)의 저서, 『자율성을 가진 기술: 통제불능 기술이라는 주제에 관한 정치적 생각(Autonomous Technology: Technics-out-of-control as a Theme in Polical Thought)』(MIT Press, 1978), p. 97; 자크 엘룰(Jacques Ellul)의 고전적인 저서, 『기술적 사회(The Technological Society)』(Alfred A. Knopf, Inc, 1964)도 참고하기 바란다.

9 빌 조이(Bill Joy)의 글, "미래가 우리를 필요로 하지 않는 이유", 『와이어드』, 2000년 4월. https://www.wired.com/2000/04/joy-2/.

10 이 부분은 다음 자료에서 대부분 가져왔거나 일부의 경우 그대로 직역했다: 필 토레스, "지금 우리는 좁은 병목을 지나고 있는 중인가? 아니면 존재론적 위기가 폭발한 현 상황이 계속될 것인가?", IEET, 2015년 1월 25일.

11 마틴 리스, 『우리의 마지막 시간: 어느 과학자의 경고』 참고(Basic Books, 2003), p. 8.

12 장퀴레 베르그 올젠(Jan-Kyrre Berg Olsen), 에번 셀린저(Evan Selinger), 소렌 리스(Soren Riis)의 저서, 『기술 철학의 새로운 변화(New Waves in Philosophy of Technology)』(Palgrave McMillan, 2009), ed. 중 닉 보스트롬의 글, "인류의 미래" 참고, pp. 186~216.

13 닉 보스트롬의 글, "존재론적 위기 예방, 전 지구적 우선순위", 『세계 정책』 4. no. 1 (2013). http://www.existential-risk.org/concept.pdf.

14 닉 보스트롬의 글, "유토피아에서 온 편지", 『윤리, 법, 기술 연구(Studies in Ethics, Law, and Technology)』 2, no. 1 (2008).

15 '특이점'의 정의는 2001년 레이 커즈와일의 글, "돌아온 가속도의 법칙"을 참고했다(https://lifeboat.com/ex/law.of.accelerating.returns). 여기서 '특이점'은 다양하게 해석될 수 있음을 유념해야 한다. 5장에서 설명한 지적 능력의 폭발로 해석될 때도 있지만 기술 발전의 속도가 일반적인 수준을 크게 뛰어넘는 현상을 가리킬 때도 있다.

16 레이 커즈와일의 저서, 『특이점이 온다』(Penguin Group, 2005) 참고.

17 보스트롬이 제안한 경험법칙 '괜찮은 결과의 극대화(Maxipok)'를 참고한 설명이다. 닉 보스트롬의 글, "존재론적 위기 예방, 전 지구적 우선순위", 『세계 정책』 4. no. 1 (2013). http://www.existential-risk.org/concept.pdf.

18 인공지능의 선구자이자 트랜스휴머니스트인 한스 모라벡(Hans Moravec)은 아주 훌륭한 저서로 꼽히는 『마음의 아이들: 로봇과 인공지능의 미래(Mind Children: The future of Robot and Human Intelligence)』에서 인류가 현재 마지막으로 생존하는 시기에 도달했으며 멸종을 더욱 앞당길 수 있도록 우리가 노력해야 한다고 밝혔다(존 레슬리가 요약한 내용을 참고했다). 존 레슬리의 논문, "인류가 곧 멸종될 위기", 『철학(Philosophy)』 85, no. 4 (2010)와 한스 모라벡의 저서, 『마음의 아이들』(Harvard University Press, 1988)을 참고하기 바란다.

19 철학자 마크 워커(Mark Walker)는 이를 다음과 같이 생생하게 표현했다. "우리가 희망을 품을 수 있는 상한선은 우리 아이들이 우리의 능력을 초월하여 인과관계를 약간 바꿔 재림의 예언을 둘러싼 논란을 종식시키는 것인지도 모른다. 즉 신이 인간을 만든 것이 아니라, 우리 인간이 신과 같은 존재를 만들었다는 생각을 증명하는 것이다.", 마크 워커의 논문, "미래의 모든 철학에 대한 서문", 『진화·기술 저널』 10 (2002).

20 장퀴레 베르그 올젠, 에번 셀린저, 소렌 리스의 저서, 『기술 철학의 새로운 변화』(Palgrave McMillan, 2009), ed. 중 닉 보스트롬의 글, "인류의 미래" 참고, pp. 186~216.

21 레이 커즈와일의 저서, 『특이점이 온다』(Penguin Group, 2005) 참고.

22 에드 화이트(Ed White)의 글, "NASA, '이 세상에서 벗어나는' 일에 도전할 자원자 모집", 미국 우주사령부, 2008년 2월 6일. http://www.afspc.af.mil/News/Article-Display/Article/251161/nasa-recruiting-volunteers-for-out-of-this-world-jobs/.

23 로저 하이필드(Roger Highfield)의 글, "호킹, 우주 식민지는 희망에 그칠 수 있다고 밝혀", 「텔레그래프」, 2001년 10월 16일. http://www.telegraph.co.uk/news/uknews/1359562/Colonies-in-space-may-be-only-hope-says-Hawking.html.

24 재클린 하워드(Jacqueline Howard)의 글, "일론 머스크, 화성에 100만 명 보내고 싶어 해". 「허핑턴 포스트」, 2014년 9월 30일. http://www.huffingtonpost.com/2014/09/30/elon-musk-mars-aeon-interview_n_5907914.html.

25 크리스 매티시치크(Chris Matyszczyk)의 글, "스티븐 호킹: 신의 입자가 우주를 휩쓸어버릴 수 있어", CNET, 2014년 9월 7일. https://www.cnet.com/news/stephen-hawking-god-particle-may-wipe-out-the-universe/.

26 보다 상세한 내용은 제이슨 머시니(Jason Matheny)의 글, "인류 멸종 위기 줄이기", 『위기 분석(Risk Analysis)』 27, no. 5(2007):p. 1337과 앤더스 샌드버그, 제이슨 머시니, 밀란 치르코비치의 글, "인류 멸종 위기, 우리가 어떻게 줄일 수 있을까?", 『핵과학자회』, 2008년 9월 9일. http://thebulletin.org/how-can-we-reduce-risk-human-extinction.

27 닉 보스트롬의 글, "존재론적 위기: 인류 멸종 시나리오와 관련 위험성에 관한 분석", 『진화·기술 저널』 9, no. 1(2002).

28 닉 보스트롬의 저서, 『초지능: 길, 위험, 전략』(Oxford University Press, 2014).

29 엔리코 모레티(Enrico Moretti), "교육으로 범죄활동 참여를 줄일 수 있을까?" (2005년 10월 25일 컬럼비아 대학교, "불충분한 교육의 사회적 대가" 심포지엄 강의). https://www.tc.columbia.edu/centers/EquitySymposium/symposium/resourceDetails.asp?PresId=6.

30 피터 베르겐(Peter Bergen)과 스와티 팬디(Swati Pandey)의 글, "마드라사에 관한 오해", 「뉴욕 타임스」, 2005년 8월. http://www.nytimes.com/2005/06/14/opinion/the-madrassa-myth.html?_r=1.

31 에런 Y. 젤린(Aaron Y. Zelin)의 글, "아부 바크르 알바그다디: 이슬람국가의 동력", BBC, 2014년 7월 31일. http://www.bbc.com/news/world-middle-east-28560449.

32 위의 글.

33 피터 보고시안(Peter Boghossian)의 저서, 『신앙 없는 세상은 가능하다: 무신론자 만들기 매뉴얼(A Manual for Creating Atheists)』(Pitchstone Publishing, 2013).

34 윌 저베이스(Will Gervais)와 아라 노렌자얀(Ara Norenzayan)의 글, "분석적 사고, 종교적 불신 키운다", 『사이언스』 336(2012): 6080. http://science.sciencemag.org/content/336/6080/493.

35 발레리 스트라우스(Valerie Strauss)의 글, "텍사스주 공화당, '비판적 사고' 기술 거부, 실제 상황", 「워싱턴 포스트」, 2012년 7월 9일. https://www.washingtonpost.com/blogs/answer-sheet/post/texas-gop-rejects-critical-thinking-skills-really/2012/07/08/gJQAHNpFXW_blog.html.

36 반대의 결과를 밝힌 연구 결과는 없다. 크리스 무니의 글, "폭스 뉴스의 과학: 그 시청자들이 가장 잘못된 정보를 접하는 이유", Alternet, 2012년 4월 8일. http://www.alternet.org/story/154875/the_science_of_fox_news%3A_why_its_viewers_are_the_most_misinformed.

37 마이클 켈리(Michael Kelley)의 글, "연구 결과: 폭스 뉴스만 보면 뉴스를 아예 안 보는 것보다 정보를 더 많이 못 접한다", 「비즈니스 인사이더(Business Insider)」, 2012년 5월 22일. http://www.businessinsider.com/study-watching-fox-news-makes-you-less-informed-than-watching-no-news-at-all-2012-5.

38 브루스 바틀릿(Bruce Bartlett)의 글, "폭스 뉴스, 미국 미디어와 정치 역학을 어떻게 바꿔놓았나", 『이코노믹 리뷰(Economic Review)』(2005). http://cps-news.com/wp-content/misc_pdfs/How-Fox-News-Changed-American-Media-and-Political-Dynamics.pdf.

39 나오미 오레스크스(Naomi Oreskes)와 에릭 콘웨이(Erik Conway)의 저서, 『서구 문명의 붕괴: 미래에서

본 시각(The Collapse of Western Civilization: A View from the Future)』(Columbia University Pres, 2014).

40 케네스 창(Kenneth Chang)의 글, "연구 결과, 과학계 여성 편견 여전해", 「뉴욕 타임스」, 2012년 9월 24일. http://www.nytimes.com/2012/09/25/science/bias-persists-against-women-of-science-a-study-says.html?_r=0.

41 닉 보스트롬의 저서, 『초지능: 길, 위험, 전략』(Oxford University Press, 2014), p. 54 참고.

42 애니타 윌리엄스 우들리(Anita Williams Woodlley) 연구진, "인류가 이룩한 성과 중 총체적 지식 요인에 관한 증거", 『사이언스』 330(2010): 6004. http://science.sciencemag.org/content/330/6004/686; "총체적 지식: 한 그룹의 여성 숫자, 어려운 문제 해결 능력과 연관성", 「사이언스데일리(ScienceDaily)」, 2010년 10월 2일. http://www.sciencedaily.com/releases/2010/09/100930143339.htm.

43 "총체적 지식: 한 그룹의 여성 숫자, 어려운 문제 해결 능력과 연관성", 「사이언스데일리」, 2010년 10월 2일. http://www.sciencedaily.com/releases/2010/09/100930143339.htm.

44 닉 보스트롬, 밀란 치르코비치의 저서, 『전 지구적 재앙 위험』, ed. (2008) 중 로빈 한슨(Robin Hanson)의 글, "재앙, 사회 붕괴, 그리고 인류의 멸종". 보다 상세한 정보는 제이슨 매시니의 글, "인류 멸종 위기 줄이기", 『위기 분석』 27, no. 5(2007)을 참고하기 바란다.

45 "종말에 대비한 금융관리", 『이코노미스트(Economist)』, 2012년 3월 8일. http://www.economist.com/node/21549931.

46 로라 신(Laura Shin)의 글, "전 세계에서 가장 부유한 85명의 재산, 가장 가난한 사람 35억 명의 총재산과 동일", 『포브스』, 2014년 1월 23일. http://www.forbes.com/sites/laurashin/2014/01/23/the-85-richest-people-in-the-world-have-as-much-wealth-as-the-3-5-billion-poorest.

47 애넙 샤(Anup Shah)의 글, "빈곤, 실제와 통계", 「글로벌 이슈(Global Issues)」, 2013년 1월 7일. http://www.globalissues.org/article/26/poverty-facts-and-stats.

48 에이슬 로닝(Asle Ronning)의 글, "가장 편안한 계층, 탄소발자국 가장 많이 남긴다", 『사이언스노르딕(ScienceNordic)』, 2013년 8월 14일. http://www.sciencenordic.com/well-heeled-leave-biggest-carbon-footprint.

49 리즈 민친(Liz Minchin)의 글, "부유층의 탄소 발자국, 빈곤층의 두 배", 「에이지(Age)」, 2007년 6월 16일. http://www.theage.com.au/news/national/carbon-footprint-of-rich-twice-that-of-poor/2007/06/15/1181414549948.html.

50 로버트 위넷(Robert Winnett)의 글, "조지 부시 대통령: 세계 최고 오염 국가가 작별인사 드립니다", 「텔레그래프」, 2008년 7월 9일. http://www.telegraph.co.uk/news/worldnews/2277298/President-George-Bush-Goodbye-from-the-worlds-biggest-polluter.html.

51 'Development Education'의 글, "생태학적 발자국" 참고. http://www.developmenteducation.ie/de-in-action/ecological-footprinting/do-we-all.html.

52 찰스 Q. 최(Charles Q. Choi)의 글, "연구 결과, 부유층이 거짓말하고, 속일 가능성 더 커", 「라이브 사이언스」, 2012년 2월 27일. http://www.livescience.com/18683-rich-people-lie-cheat-study.html.

53 세계야생기금, 「지구 생명 보고서」, 2014년 10월. http://www.wwf.panda.org/about_our_earth/all_publications/living_planet_report.

54 앤더스 샌드버그와 닉 보스트롬의 글, "전 세계 재앙적 위기에 관한 조사", 인류미래연구소, 2008. https://www.fhi.ox.ac.uk/reports/2008-1.pdf.

55 "인류 문명을 위협하는 열두 가지 위험", 글로벌 챌린지 재단, 2015년 2월, p. 127.

56 닉 보스트롬의 저서, 『초지능: 길, 위험, 전략』(Oxford University Press, 2014), p. 65.

57 엘리저 유드코프스키의 글, "인공지능, 전 지구적 위기의 긍정적 요소이자 부정적 요소", 기계지능 연구소. https://intelligence.org/files/AIPosNegFactor.pdf(이 버전에는 사소한 변경 사항이 포함되어 있다).

58 시미언 베넷(Simeon Bennett)의 글, "돼지독감 사망자, 보도된 것보다 15배 더 많을 수 있어", 『블룸버그 비즈니스(Bloomberg Business)』, 2012년 6월 25일. http://www.bloomberg.com/news/articles/2012-06-25/swine-flu-deaths-may-have-been-15-times-higher-than-reported.

59 닉 보스트롬, 밀란 치르코비치의 저서, 『전 지구적 재앙 위험』, ed. (2008), p. 215 중 마이클 램피노의 글, "초화산, 재앙과 연결된 기타 지구물리학적 과정" 참고.

60 「초대형 화산 폭발: 세계적인 영향과 미래의 위협 요소」, 영국 지질학회 실무단, p. 6.

61 닐 디그래스 타이슨의 글, "소행성을 없애고 살아남을 수도 있다-그러나 쉽진 않을 전망", 『와이어드』, 2012년 4월 2일.

62 배리 파커(Barry Parker)의 글, 『외계 생명: 외계 지역과 더 먼 곳에 대한 탐사(Alien Life: The Search for Extraterrestrials and Beyond)』(Basic Books, 1998), pp. 171~176.

63 정확하지 않다고 할 수는 없지만 이것이 성립되려면 몇 가지 단서가 붙는다. 어떻게 무한급수의 결과로 음의 수가 나오는가에 관한 논의는 다음 두 자료를 참고하기 바란다. 에블린 램(Evelyn Lamb)의 글, "1+2+3이 정말 -1/12일까?", 『사이언티픽 아메리칸』, 2014년 1월 20일과 필 플레이트(Phil Plait)의 글, "추가 논의: 무한급수와 깜짝 놀랄 만한 결과", 『슬레이트(Slate)』, 2014년 1월 18일.

부록 1

1 닉 보스트롬, "존재론적 위기: 인류 멸종 시나리오와 관련 위험성에 관한 분석," 『진화·기술 저널』 9, no. 1(2002).

2 닉 보스트롬, 밀란 치르코비치의 저서, 『전 지구적 재앙 위험』, ed. (2008) 중 "머리말".

3 위의 책, p. 4.

4 "전 세계적 우선 목표가 되어야 할 존재론적 위기 예방", 『세계 정책』 4, no. 1(2013), 닉 보스트롬. http://www.existential-risk.org/concept.pdf.

부록 2

1 프로스 옥토르 셰르베(Prods Oktor Skjærvø)의 글, "조로아스터교 입문", p. 39. http://www.fas.harvard.edu/~iranian/Zoroastrianism/Zoroastrianism1_Intro.pdf.

2 아바스 아마낫(Abbas Amanat), 매그너스 번하드슨(Magnus Bernhardsson)의 저서, 『종말을 상상하다: 고대 중동 지역부터 현대 미국까지 종말의 비전(Imagining The End: Visions of Apocalypse from the Ancient Middle East to Modern America)』(IB Tauris & Co Ltd, 2002), ed. 중 필립 G. 크레엔브루크(Philip G. Kreyenbroek)의 글, "천년왕국설과 전통 조로아스터교의 종말론", p. 35.

3 위의 글.

4 『이란 백과사전(Encyclopedia Iranica)』 중 "조로아스터교에서 희생". http://www.iranicaonline.

org/articles/sacrifice-i

5 『종말을 상상하다』, 위의 글.
6 프로스 옥토르 셰르베, 위의 글.
7 위의 글.
8 위의 글.
9 『종말을 상상하다』, p. 38.
10 위의 글.
11 프로스 옥토르 셰르베, 위의 글.
12 『종말을 상상하다』, p. 39.
13 위의 글.
14 프로스 옥토르 셰르베, 위의 글.
15 위의 글.
16 『종말을 상상하다』, p. 36.
17 다른 버전의 이야기에서는 사악한 자들이 정화되지 않고 영원히 고통받는다고 전한다.
18 프로스 옥토르 셰르베의 저서, 『조로아스터교의 정신(The Spirit of zoroastrianism)』(Yale University Press, 2012), p. 171.
19 『종말을 상상하다』, p. 44.
20 이번 장은 아바스 아마낫, 매그너스 번하드슨의 저서, 『종말을 상상하다: 고대 중동 지역부터 현대 미국까지 종말의 비전』, ed. 중 필립 G. 크레엔브루크의 글, "천년왕국설과 전통 조로아스터교의 종말론"과 프로스 옥토르 셰르베의 저서 『조로아스터교의 정신』, 프로스 옥토르 셰르베의 글 "조로아스터교 입문", 그리고 마흐나즈 모아자미(Mahnaz Moazami)의 글. "이란 전통에서 천년왕국설, 종말론, 제시아의 존재"(http://www.mille.org/publications/winter2000/moazami.PDF)를 많이 참고했다. 나는 이 학자들의 놀라운 학문적 성과를 연대순으로 정리하기 위한 지적 노동을 감행했다. 이 부록을 쓰는 동안 유용한 조언을 제공해준 필립 G. 크레엔브루크에게 감사드린다.

부록 3

1 스티븐 핑커(Steven Pinker)의 저서, 『우리 본성의 선한 천사: 폭력은 왜 감소했나(The Better Angels of our Nature: Why Violence Has Declined)』(Penguin Books, 2011), p. 330.
2 스티븐 핑커, 위의 책.
3 스티븐 핑커, 위의 책, pp. 330~331.

부록 4

1 베서니 솔트먼(Bethany Saltman)의 글, "사유의 신전", 『선 매거진(Sun Magazine)』, 2006년 9월. http://www.thesunmagazine.org/issues/369/the_temple_of_reason?page=1. 해리스는 여러 매체에서 이러한 생각을 밝혔다.
2 데이비드 부르제(David Bourget)와 데이비드 차머스(David Chalmers)의 글, "철학자들은 무엇을 믿는가?", 『철학적 연구(Philosophical Studies)』 170(2014): p. 16.
3 W. V. 퀸(W. V. Quine)과 J. S. 울리언(J. S. Ullian)의 저서, 『믿음의 망(The Web of Belief)』(McGrawHill

Humanities/Social Sciences/Languages, 1978).

4 신빙론(reliabilism)에서는 믿음이 "신뢰할 수 있는 과정"을 거쳐서 나온 경우에만 정당성을 인정할 수 있다고 주장한다. 일부 기독교 철학자들은 이 이론을 받아들여 우리에게 '신 의식(sensus divinitatis)'이라 불리는 특별한 인지 모듈이 존재한다고 이야기한다. 이 모듈은 신뢰할 수 있는 기능이므로 이 기능에서 비롯된 신에 대한 믿음도 정당화될 수 있다는 것이 이들의 주장이다. 기독교 철학자 앨빈 플래팅가(Alvin Platinga)는 어떤 사람들은 지은 죄로 인해 이 모듈이 제대로 기능하지 못한다고 주장한다. 그러나 인식론을 연구하는 수많은 학자들이 '신 의식'을 극히 불충분한 개념으로 여긴다.

5 복잡한 것보다는 단순한 것을 택해야 한다는 발견에서 나온 원칙인 '오컴의 면도날'을 A와 B가 정확히 똑같은 증거 또는 강도가 똑같은 증거로 뒷받침되는 경우에도 적용할 수 있다. 즉 서로 경쟁하는 이론을 중재하는 용도로 증거를 사용할 수 없다면 방향을 '단순성'으로 돌려야 한다. 간단한 명제가 복잡한 명제에 비해 틀릴 가능성이 더 적기 때문이다. 그레이엄 오디(Graham Oddie)는 『스탠퍼드 철학 백과사전』 중 '진실과의 유사성(Truthlikeness)'을 다음과 같이 설명했다. "정보가 담긴 내용이 확률과 역비례하는 정도. 즉 해당 내용이 일어날 가능성이 적을수록 사실일 가능성이 높다."

6 로버트 프록터(Robert Proctor)의 글, "담배와 폐암의 연관관계 발견에 관한 역사: 증거 요소의 전통, 기업의 부인, 전 세계적 통계자료", 『흡연 조절(Tobacco control)』 22, no. 62(2012).

7 존 로프터스(John Lofters)가 발표해 큰 영향을 미친 저서, 『아웃사이더를 위한 신앙심 테스트(Outsider Test for Faith)』에도 이와 관련해 전혀 다른 설명이 나온다. 로프터스의 말을 그대로 인용하면, "누군가의 종교적 믿음을 테스트하는 가장 좋은 방법은 그 믿음과 동일한 수준의 회의적인 생각으로 다른 사람의 종교적 믿음을 평가하는 아웃사이더의 관점에서 평가하는 것이다." 그 이유는 (a) "전 세계 각기 다른 지역에 사는 이성적인 사람들이 양육 과정, 문화적 유산으로 인해 매우 다양한 종교적 믿음을 놀라울 정도로 깊이 수용하고 옹호하는데", (b) "종교적 믿음을 받아들이는 것은 독립적이고 이성적인 판단의 결과이기보다 문화적 여건에 좌우될 가능성이 매우 높은 것으로 보이기 때문"이며, (c) "따라서 종교적 믿음이 가짜일 가능성이 매우 높다". 존 로프터스의 글, "아웃사이더를 위한 신앙심 테스트(개정판)", 『기독교인들의 망상: 신앙은 왜 실패하는가(The Christian Delusion: Why Faith Fails)』, 존 로프터스 편집(Prometheus Books, 2010), p. 82.

8 피터 고드프리 스미스(Peter Godfrey Smith)의 저서, 『이론과 실제(Theory and Reality)』(University of Chicago Press, 2003), p. 223.

9 과학을 이용하면 앞장에서 언급한 여러 인지적 편향도 고려할 수 있다. 우리의 생각이 잘못된 방식으로 "사유"할 수 있다는 사실을 연구함으로써 그러한 경향을 방지할 수 있는 것이다.

10 『스탠퍼드 철학 백과사전』(Edward Zalta, 2010년 가을) 중 존 비숍(John Bishop)의 글, "믿음". http://www.plato.stanford.edu/archives/fall2010/entries/faith.

11 위의 글; 『스탠퍼드 철학 백과사전』(Edward Zalta, 2014년 겨울) 중 찰스 탈리아페로(Charles Taliaferro)의 글, "종교의 철학". http://www.plato.stanford.edu/archives/win2014/entries/philosophy-religion; 『스탠퍼드 철학 백과사전』(Edward Zalta, 2014년 겨울) 중 피터 포리스트(Peter Forrest)의 글, "종교의 인식론". http://www.plato.stanford.edu/archives/spr2014/entries/religion-epistemology.

찾아보기

ㄹ

ㅁ

ㅂ

ㅇ

ㅎ